数字电子技术及应用

◎郭宏 主编
◎赵建新 计京鸿 张昌玉 董岩 副主编

人 民 邮 电 出 版 社
北 京

图书在版编目（CIP）数据

数字电子技术及应用 / 郭宏主编. -- 北京 : 人民邮电出版社, 2019.10
普通高等学校电类规划教材
ISBN 978-7-115-49579-2

Ⅰ. ①数… Ⅱ. ①郭… Ⅲ. ①数字电路－电子技术－高等学校－教材 Ⅳ. ①TN79

中国版本图书馆CIP数据核字(2018)第227912号

内 容 提 要

本书从应用角度出发，全面介绍了数字电子技术的基本概念、基础理论和基本分析方法。全书共 10 章，主要内容包括逻辑代数基础知识、集成门电路、组合逻辑电路、触发器、时序逻辑电路、脉冲产生与整形电路、数模与模数转换电路、半导体存储器和可编程逻辑器件、可编程逻辑器件的应用以及数字电路的设计。本书针对重点章节的内容设计了一些联系实际应用的电路，帮助读者更加深入地学习、理解相应的知识点。

本书可作为应用型高等院校和高等职业技术院校的电子、通信、机电、自动化和计算机等专业的“数字电子技术”课程的教材或参考书，也可作为工程技术人员的参考书。

◆ 主　　编　郭　宏
　副 主 编　赵建新　计京鸿　张昌玉　董　岩
　责任编辑　李　召
　责任印制　陈　犇

◆ 人民邮电出版社出版发行　北京市丰台区成寿寺路 11 号
　邮编　100164　电子邮件　315@ptpress.com.cn
　网址　http://www.ptpress.com.cn
　固安县铭成印刷有限公司印刷

◆ 开本：787×1092　1/16
　印张：20　　　　　2019 年 10 月第 1 版
　字数：491 千字　　2024 年 12 月河北第 7 次印刷

定价：59.80 元

读者服务热线：(010)81055256　印装质量热线：(010)81055316
反盗版热线：(010)81055315
广告经营许可证：京东市监广登字20170147号

前言

随着电子科学技术的飞速发展，微电子技术和集成电路的广泛应用，以及电子信息技术在科学技术、国民经济、国防等领域日益深入的影响和渗透，当今的电子产品逐步趋于小型化、数字化和集成化，数字电子技术的理论知识和应用方法在相关领域的地位越来越重要。

为了适应普通院校不同专业的需求，特别是近些年来逐步采用的EDA技术辅助教学，开设“数字电子技术”这门课程就显得十分重要且必要。数字电子技术是电子、通信、机电、自动化等专业的主要基础课程之一，也是进一步学习专业课和从事相关专业工作的必修课程。

本书主要针对应用型高等院校和高等职业技术院校的电类专业学生编写的，在内容的编排上结合应用型人才的特点，力求基础理论适当，知识深入浅出，原理简洁易懂，对公式、定理的推导及证明从简。本书以能力培养为主线，以技术应用为目的，着重介绍电子电路的适用范围及分析、设计、调试方法，突出理论应用于实践的特色。全书叙述简明、概念清楚、结构合理、重点突出。学生通过本门课程的学习，可以提高实践应用能力，为今后的学习打下良好的基础。

本书理论内容主要包括逻辑代数基础知识、集成门电路、组合逻辑电路、触发器、时序逻辑电路、脉冲产生与整形电路，数模与模数转换电路、半导体存储器和可编程逻辑器件。在各章中，结合相应知识内容设有实际应用电路举例。本书第9章为可编辑逻辑器件的应用，第10章为数字电路的设计，其中列举了三个数字系统设计实例。理论与实践互相依托、紧密结合，构成本书的最大特点。此外，本书还附有部分习题参考答案及常用集成电路外引脚排列图及功能表，并提供多媒体课件等教学辅助材料（可登录人邮教育社区www.ryjiaoyu.com下载）。

本书由郭宏任主编，赵建新、计京鸿、张昌玉、董岩任副主编。其中，第5章、第9章和第10章的10.1节、10.2节中的应用举例1由郭宏编写，第1章和第2章由赵建新编写，第4章、第7章和第8章由计京鸿编写，第3章由张昌玉编写，第6章和第10章10.2节的应用举例2、举例3由董岩编写，附录由胡金龙编写。此外，刘训庆和王显博对本书部分内容进行了编写、整理和校对工作。

在本书的编写过程中，温海洋为本书的主审，在此表示感谢。

由于编者水平有限，书中难免有不足之处，敬请读者批评指正。

编　者

2019年2月

目　　录

第1章 逻辑代数基础知识

逻辑代数是分析和设计数字电路的重要工具。本章主要内容有数字信号和数字电路的概念，数字电路中常用的各种进制数的表示方法及其转换和编码的概念，逻辑代数的基本运算、公式和定理，以及逻辑函数的化简方法和常用的表示方法。

1.1 数字电路概述

1.1.1 数字信号与数字电路

客观世界存在的各种物理信号，按其幅值随时间的变化规律可以分为两大类：模拟信号和数字信号。模拟信号是在时间和幅值上都连续变化的信号，如正弦波交流电压。此外温度、速度、声音等物理量通过传感器转变成电信号后，在正常情况下是连续变化的电压或者电流，不会发生跳变，也属于模拟信号。模拟信号波形如图 1.1.1（a）所示。对模拟信号进行传输、加工和处理的电子电路称为模拟电路。而数字信号是在时间和幅值上都离散变化的（即间断的）信号。例如，生产传输线上，每隔一段时间就有一个产品要经过光电传感器，转变成电信号。该电信号只有两种状态（高电平或低电平），数字信号波形如图 1.1.1（b）所示。对数字信号进行传输、加工和处理的电子电路称为数字电路。

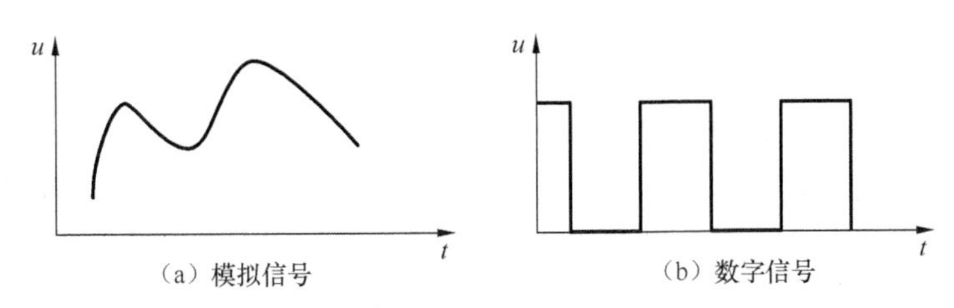

图 1.1.1 模拟信号和数字信号

1.1.2 数字电路的特点

（1）数字信号只在某些特定的时间内出现，数值范围都是某一最小数值单位的整数倍，反映在电路上就是低电平和高电平两种状态，可以分别用“0”和“1”表示。所以数字电路是采用二进制数来进行信息的传输和处理的，数字信号是一种脉冲信号，数字电路也称作脉冲电路。

（2）数字电路在稳态时，电子器件处于开关状态。对于数字电路来说晶体管只工作在截止区或饱和区，而在模拟电路中，晶体管需要工作在放大区。

（3）数字信号中的“0”和“1”没有任何数量上的含义，只是代表两种不同的状态，如电位的高与低、灯的亮与灭、开关的断开与闭合等，数字电路在工作时必须能够可靠地区分开“0”和“1”两种状态。

（4）数字电路研究的主要问题是电路的逻辑功能，即输入信号的状态和输出信号的状态之间的逻辑关系，因此数字电路又可以称作逻辑电路。

（5）分析数字电路的工具是逻辑代数，表达电路的功能主要使用真值表、逻辑表达式、波形图等。

1.1.3 数字电路的优点

与模拟电路相比，数字电路具有以下主要优点。

（1）抗干扰能力强，工作准确可靠，精度高。因为在数字电路中，我们只要按高、低电平的取值范围准确地区分出“0”和“1”两种电平信号即可，并不需要精确的数值，故受噪声和环境条件的影响极小。

（2）结构简单，便于集成化、系列化生产，成本低廉，使用方便。构成数字电路的基本单元对元器件的参数要求不高，允许有一定的误差，便于大规模、集成化生产。

（3）不仅能完成数值运算，还可以进行逻辑运算与判断。

（4）数字信号更便于存储、加密、压缩、传输和再现。

（5）可编程数字电路可以根据用户的需要方便地实现各种运算，具有很大的灵活性。

数字电路的发展是与电子元件的发展紧密相连的，集成电路工艺的高速发展，使数字电路设计技术不断地变革和更新。用户可以自己编程设计的可编程逻辑器件（Programmable Logic Device，PLD）为数字系统设计带来了更大的发展空间，系统可编程技术实现了电子设计自动化（Electronic Design Automation，EDA），使计算机成为逻辑设计的重要工具。因此，在学习数字电路时，读者既要打好基础，掌握数字电路的基本原理和基本方法，又要关注新知识、新技术。

1.1.4 数字电路的分类

依据分类方法的不同，数字电路通常分为以下几种。

（1）根据集成度的不同，可分为小规模、中规模、大规模、超大规模和甚大规模五类，如表 1.1.1 所示。

（2）根据所用器件制造工艺的不同，可分为双极型（如 DTL、TTL、ECL、IIL、HTL）和单极型（如 NMOS、PMOS、CMOS）两类。

（3）根据电路结构和工作原理的不同，可分为组合逻辑电路和时序逻辑电路两类。组合逻辑电路没有记忆功能，其输出信号只与当时的输入信号有关，而与电路以前的状态无关。时序逻辑电路具有记忆功能，其输出信号不仅和当时的输入信号有关，而且与电路以前的状态有关。

表 1.1.1　数字集成电路器件的分类

分　类	晶体管的个数	典型集成电路
小规模（SSI）	≤10	逻辑门、触发器
中规模（MSI）	10～100	计数器、加法器、编码器、译码器和寄存器等
大规模（LSI）	100～1 000	小型存储器、门阵列
超大规模（VLSI）	1 000～10^6	大型存储器、微处理器
甚大规模（ULSI）	10^6 以上	可编程逻辑器件、多功能集成电路

1.1.5　数字电路的典型应用

数字电子技术当前发展飞快，应用领域越来越广泛，技术也越来越成熟。

（1）数字通信系统用若干个“0”和“1”编制成各种代码，分别代表不同的含义，用以实现信息的传递。

（2）利用数字电路的逻辑功能，设计出各种各样的数字控制装置，用来实现对生产过程的自动控制，如数控机床、巡航导弹。

（3）近代测量仪表中，数字式仪表替代了指针式仪表，如数字万用表、数显温度计等。

（4）日常生活中人们也越来越多地感受到数字电路带来的方便和快捷，如电子手表、数字电视、DVD、数码照相机等。

（5）计算机是当代最杰出的应用数字电路的成就。计算机不仅成了近代自动控制系统中不可缺少的一个组成部分，而且几乎渗透到国民经济和人民生活的一切领域中，并且在许多方面引起了根本性的变革。

图 1.1.2 所示是一个用来测量电动机转速的数字转速表的逻辑框图，测量的结果可以直接用十进制数字显示出来。

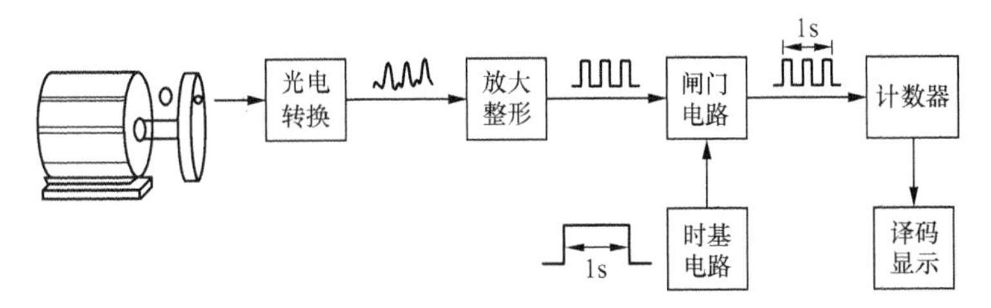

图 1.1.2　数字转速表的组成框图

光电转换电路：红外线发射管和接收管分别安装在和电动机同轴旋转的带孔圆盘两侧。电机每转一圈，圆盘都要经过红外线发射管和接收管一次。当发射管正对圆孔时，接收管接收到红外光，光电转换电路输出高电平；否则输出低电平。光电转换电路的功能就是把电机转的圈数转换成了脉冲信号，转速越高，输出脉冲的个数就越多。

放大整形电路：由光电转换电路产生的脉冲信号，其幅值和波形都不够理想，通过放大整形电路，将其变换为理想的数字脉冲信号。

时基电路：用来产生脉冲宽度为 1s 的标准定时信号。

闸门电路：当时基电路 1s 脉冲到来时，闸门开通，放大整形电路输出的脉冲信号可以通过闸门，进入计数器；否则，闸门关闭，封锁脉冲信号。所以闸门电路的作用就是保证每次测量中脉冲信号只允许通过 1s 的时间。

计数器和译码显示电路：通过闸门的脉冲信号由该环节按加法规律计数，并直接用十进制数字显示器显示出来。

这样数字转速表最终的显示结果是电动机每秒钟所转的圈数，若要显示出每分钟的转数，只要再加入一个 60 倍频环节，就可以通过数字显示器直接读出电动机每分钟所转的圈数了。

1.2 数制与编码

1.2.1 数制

数字电路经常遇到计数问题，数制（Number System）是计数的方法。将特定的数码按序排列，并按计数规律来表示数值的方法，称为进位计数制。人们在日常生活中习惯于用十进制，而在数字系统中，计算机使用二进制，也使用八进制或十六进制。无论使用哪种进位计数制，每个数值都可以表示为

$$(N)_J = \sum_{i=-\infty}^{+\infty} K_i \cdot J^i \tag{1.2.1}$$

其中，J 为进位制的基数，J 进制计数制可供选用的数码有 J 个；i 为数字符号所处位置的序号，K_i 为第 i 位的系数；J^i 为第 i 位的位权，简称权，计数规律为“逢 J 进 1”。

1. 十进制数

十进制数（Decimal）的基数为 10，采用 0、1、2、3、4、5、6、7、8、9 十个数码，任何一个十进制数都可以用上述十个数码按一定规律排列起来表示，其计数规律是“逢十进一”。

例如，5 位十进制数$(853.75)_{10}$可表示为

$$\begin{aligned}(853.75)_{10} &= \sum_{i=-2}^{+2} K_i \cdot 10^i \\ &= 8\times10^2+5\times10^1+3\times10^0+7\times10^{-1}+5\times10^{-2} \\ &= 800+50+3+0.7+0.05 \\ &= (853.75)_{10}\end{aligned}$$

任何进制数按权展开各多项式和的值，就是该进制数所对应的十进制数的值。

2. 二进制数

数字电路和计算机中的数值表示经常采用二进制。二进制数（Binary）只有 0 和 1 两个数码，各位的权为 2 的幂，计数规律是“逢二进一”。

例如，8 位二进制数$(10111.101)_2$可以表示为

$$\begin{aligned}(10111.101)_2 &= \sum_{i=-3}^{+4} K_i \cdot 2^i \\ &= 1\times2^4+0\times2^3+1\times2^2+1\times2^1+1\times2^0+1\times2^{-1}+0\times2^{-2}+1\times2^{-3} \\ &= (23.625)_{10}\end{aligned}$$

二进制的运算规则如下。

加法运算：0+0=0，0+1=1，1+0=1，1+1=10。

乘法运算：0×0＝0，0×1＝0 ，1×0＝0，1×1＝1。

【例 1.2.1】 已知 $A=(11010.101)_2$，$B=(1011.11)_2$，按二进制运算规则求 A＋B 及 A－B 的值。

解：

$$\begin{array}{r} 11010.101 \\ +\ 1011.11 \\ \hline 100110.011 \end{array} \qquad \begin{array}{r} 11010.101 \\ -\ 1011.11 \\ \hline 1110.111 \end{array}$$

所以，$A+B=(100110.011)_2$，$A-B=(1110.111)_2$

3. 八进制数

八进制数（Octal）的基数是 8，采用 8 个数码 0、1、2、3、4、5、6、7，各位的位权是 8 的幂，计数规律是“逢八进一”。

例如，3 位八进制数$(157)_8$可以表示为

$$\begin{aligned}(157)_8 &= \sum_{i=0}^{+2} K_i \cdot 8^i \\ &= 1\times 8^2+5\times 8^1+7\times 8^0 \\ &= (111)_{10}\end{aligned}$$

4. 十六进制数

十六进制数（Hexadecimal）的基数是 16，采用 16 个数码 0、1、2、3、4、5、6、7、8、9、A、B、C、D、E、F，其中 10～15 分别用 A～F 表示，各位的位权是 16 的幂，计数规律是“逢十六进一”。

例如，2 位 16 进制数$(8D)_{16}$可以表示为

$$\begin{aligned}(8D)_{16} &= \sum_{i=0}^{+1} K_i \cdot 16^i \\ &= 8\times 16^1+13\times 16^0 \\ &= (141)_{10}\end{aligned}$$

表示数制的下角标 2、8、10、16 也可分别用字母 B、O、D、H 来代替，不同计数体制对照如表 1.2.1 所示。

表 1.2.1 几种计数体制对照表

十 进 制 数	二 进 制 数	八 进 制 数	十六进制数
0	0	0	0
1	1	1	1
2	10	2	2
3	11	3	3
4	100	4	4
5	101	5	5
6	110	6	6
7	111	7	7

续表

十进制数	二进制数	八进制数	十六进制数
8	1000	10	8
9	1001	11	9
10	1010	12	A
11	1011	13	B
12	1100	14	C
13	1101	15	D
14	1110	16	E
15	1111	17	F
16	10000	20	10

1.2.2 不同进制数之间的相互转换

1．二进制数、八进制数、十六进制数转换为十进制数

若将 J 进制数转化为等值的十进制数，只要根据式 1.2.1 写出 J 进制数的按权展开式，然后按照十进制数的运算规律，求出该多项式的和数即可得到等值的十进制数。

2．十进制数转换为二进制数、八进制数、十六进制数

将十进制数转换为二进制数、八进制数、十六进制数，其整数部分采用“除基取余”法，小数部分采用“乘基取整”法。

【例 1.2.2】 将$(106.375)_{10}$转换成二进制数。

解：

（1）整数部分采用“除 2 取余”法，它是将整数部分逐次被 2 除，依次记下余数，直至商为 0 为止。第一个余数为二进制数的最低位，最后一个余数为二进制数的最高位。

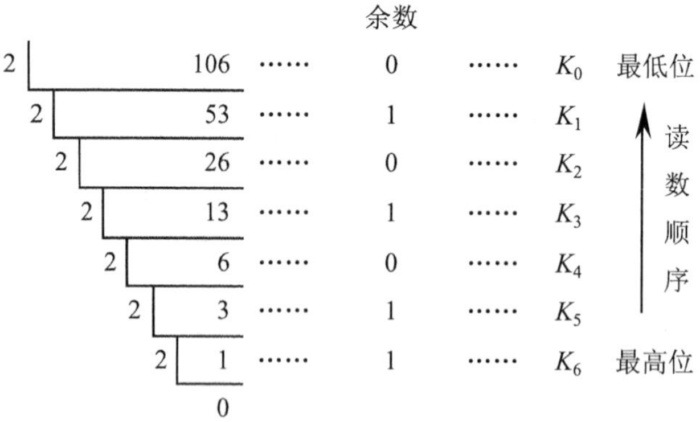

		余数		
2 | 106	……	0	…… K_0	最低位
2 | 53	……	1	…… K_1	读
2 | 26	……	0	…… K_2	数
2 | 13	……	1	…… K_3	顺
2 | 6	……	0	…… K_4	序
2 | 3	……	1	…… K_5	↑
2 | 1	……	1	…… K_6	最高位
0				

所以，整数部分$(106)_{10}=(K_6K_5K_4K_3K_2K_1K_0)_2=(1101010)_2$

（2）小数部分转换为二进制数采用“乘 2 取整”法，它是将小数部分连续乘以 2，依次记下整数，直至积为 0 或达到所需精度为止。第一个整数作为二进制小数的最高位，最后一

个整数为最低位。

		整数		
	0.375			
×	2			
	0.75 ……	0 ……	K_{-1}	最高位
×	2			↓ 读数顺序
	1.5 ……	1 ……	K_{-2}	
	0.5			
×	2			
	1.0 ……	1 ……	K_{-3}	最低位

所以，$(0.375)_{10}=(0.K_{-1}K_{-2}K_{-3})_2=(0.011)_2$

由此可得$(106.375)_{10}=(1101010.011)_2$

【例 1.2.3】 将$(139)_{10}$转换成八进制数和十六进制数。

解：

除数	被除数/商	余数		
8	139 ……	3 ……	K_0	最低位
8	17 ……	1 ……	K_1	↑
8	2 ……	2 ……	K_2	最高位
	0 ……			

除数	被除数/商	余数		
16	139 ……	11 ……	K_0	低位
16	8 ……	8 ……	K_1	高位
	0			

所以，$(139)_{10}$=$(213)_8$=$(8B)_{16}$

3. 二进制数与八进制数、十六进制数间的相互转换

（1）二进制数与八进制数的相互转换

因为二进制数与八进制数之间正好满足 2^3 的关系，所以可将 3 位二进制数看作 1 位八进制数，或者把 1 位八进制数看作 3 位二进制数。具体方法是以小数点为界，将二进制数的整数和小数部分分别每三位分为一组，头尾不足三位的分别在整数的最高位前和小数的最低位后加 0 补足一组，然后用对应的八进制数来代替，即得目的数。

【例 1.2.4】 将二进制数$(11011001.01101)_2$转换为八进制数。

解：

二进制数	011	011	001	.011	010
八进制数	3	3	1	3	2

所以，$(11\ 011\ 001.011\ 01)_2=(331.32)_8$

【例 1.2.5】 将八进制数$(753.24)_8$转换为二进制数。

解：

八进制数	7	5	3.	2	4
二进制数	111	101	011.	010	100

所以，$(753.27)_8=(111\ 101\ 011.010\ 1)_2$　（最低位的 0 可舍去）

（2）二进制数与十六进制数的相互转换

因为二进制数与十六进制数之间正好满足 2^4 的关系，所以可将 4 位二进制数看作 1 位

十六进制数，或者把 1 位十六进制数看作 4 位二进制数。具体方法和二进制数与八进制数的转换方法类似，只要将二进制数每四位分为一组，然后用对应的十六进制数来代替，即得目的数。

【例 1.2.6】 将二进制数$(1011011001.101101)_2$转换为十六进制数。

解：

二进制数　　0010 1101 1001 . 1011 0100

十六进制数　　2　D　9 .　B　4

所以，$(10\ 1101\ 1001.1011\ 01)_2=(2D9.B4)_{16}$

【例 1.2.7】 将$(7A5.1F)_{16}$转换为二进制数。

解：

十六进制数　　7　A　5 .　1　F

二进制数　　0111　1010　0101 . 0001　1111

所以，$(7A5.1F)_{16}=(111\ 1010\ 0101.0001\ 1111)_2$（最高位的 0 可舍去）

1.2.3 编码

在二进制数字系统中，每一位数的取值只有“0”或“1”两个数码，只限于表示两个不同的信号。如果将若干位二进制数码组合起来，就能够表示出更多的数字、文字符号以及其他不同的事物，我们称这种二进制数码为代码；赋予每个代码以固定含义的过程，被称为编码。例如，电子计算机是一个超大规模的数字系统，键盘上的每一个字符键或控制键，都对应各自不同的编码，系统内部就是通过识别每个按键对应的编码，才能够区分出人们的键盘操作过程。下面仅介绍比较常用的几种编码。

1. 二—十进制码（BCD 码）

所谓二—十进制码，指的是用 4 位二进制数来表示 1 位十进制数的编码方式，称为二进制编码的十进制数（Binary Coded Decimal，BCD）码。由于 4 位二进制数码有 16 种不同的组合状态，若从中取出 10 种组合用以表示十进制数中 0～9 的十个数码时，其余 6 种组合则不使用（又称为无效组合）。

在二—十进制码中，一般分为有权码和无权码。所谓有权码指的是每位都有固定的权，各组代码按权相加对应于各自代表的十进制数；无权码每位没有固定的权，各组代码与十进制数之间的关系是人为规定的。表 1.2.2 列出了几种常见的 BCD 码，8421BCD 码是一种最基本的、应用十分普遍的 BCD 码，它是一种有权码。另外，5421BCD 码、2421BCD 码也属于

表 1.2.2　　几种常用的 BCD 码

十进制数	有权码			无权码
	8421BCD 码	5421BCD 码	2421BCD 码	余 3BCD 码
0	0000	0000	0000	0011
1	0001	0001	0001	0100
2	0010	0010	0010	0101
3	0011	0011	0011	0110
4	0100	0100	0100	0111

续表

十进制数	有权码			无权码
	8421BCD 码	5421BCD 码	2421BCD 码	余 3BCD 码
5	0101	1000	1011	1000
6	0110	1001	1100	1001
7	0111	1010	1101	1010
8	1000	1011	1110	1011
9	1001	1100	1111	1100

有权码，均为四位代码，它们的位权自高到低分别是 5、4、2、1 及 2、4、2、1。余 3BCD 码是一种较为常用的无权码，若把余 3BCD 码的每组代码视为 4 位二进制数，那么每组代码总是比它们所表示的十进制数多 3，故称为余 3 码。

【例 1.2.8】 将$(276.8)_{10}$转换成 8421BCD 码和余 3BCD 码。

解：

十进制数	2	7	6 .	8
8421BCD 码	0010	0111	0110 .	1000
余 3BCD 码	0101	1010	1001	1011

所以，$(276.8)_{10}=(10\ 0111\ 0110.1)_{8421BCD}=(101\ 1010\ 1001.1011)_{余3BCD}$

【例 1.2.9】 有一数码 10010010011，作为二进制码或 8421BCD 码或 5421BCD 码或余 3BCD 码时，其相应的十进制数各为多少？

解：

$$(10010010011)_2=1\times2^{10}+1\times2^7+1\times2^4+1\times2^1+1\times2^0$$

$$=(1024+128+16+2+1)_{10}=(1171)_{10}$$

$$(10010010011)_{8421BCD}=(\underline{0100}\ \underline{1001}\ \underline{0011})_{8421BCD}=(493)_{10}$$

$$(10010010011)_{5421BCD}=(\underline{0100}\ \underline{1001}\ \underline{0011})_{5421BCD}=(463)_{10}$$

$$(10010010011)_{余3BCD}=(\underline{0100}\ \underline{1001}\ \underline{0011})_{余3BCD}=(160)_{10}$$

2. 可靠性编码

数据在传输过程中，由于噪声的存在，使得到达接收端的数据有可能出现错误，因此要采取某种特殊的编码措施检测并纠正这些错误。只能检测错误的代码称为检错码（Error Detection Code）；不仅能够检测出错误，还能纠正错误的代码称为纠错码（Correction Code）。检错码和纠错码统称为可靠性编码，采用这类编码可以提高信息传输的可靠性。目前，常采用的代码有格雷码、奇偶校验码等。

（1）格雷码

格雷（Gray）码有多种编码形式，但所有的格雷码都有一个共同的特点，就是任意两组相邻的代码之间只有一位不同。表 1.2.3 列出的是一种典型的格雷码与四位二进制数码的对照表。这种编码可靠性高，出现错误的机会少。

从表 1.2.3 中可以看出，格雷码不仅任意两个相邻的代码之间只有一位数码不同，而且整个四位二进制的首、尾格雷码也只相差一位数码，所以格雷码又称“循环”码。

（2）奇偶检验码

奇偶校验码（Party Check Code）是最简单也是比较常用的一种检错码。这种编码方法是在信息码组中增加 1 位奇偶校验位，使得增加校验位后的整个码组具有奇数个 1 或偶数个 1。如果每个码组中 1 的个数为奇数，则称为奇校验码；如果每个码组中 1 的个数为偶数，则称为偶校验码。例如，对 8 位一组的二进制码来说，若低 7 位为信息位，最高位为检测位，则码组 1011001 的奇校验码为 11011001，而偶校验码为 01011001。在代码传送的接收端，对所收到的码组中“1”码的个数进行计算，如“1”码的个数与预定的不同，则可判定已经产生了误码。表 1.2.4 列出了 8421BCD 码的奇校验和偶校验码。

表 1.2.3　　格雷码与四位二进制数码的对照表

十进制数	二进制码	格雷码	十进制数	二进制码	格雷码
0	0000	0000	8	1000	1100
1	0001	0001	9	1001	1101
2	0010	0011	10	1010	1111
3	0011	0010	11	1011	1110
4	0100	0110	12	1100	1010
5	0101	0111	13	1101	1011
6	0110	0101	14	1110	1001
7	0111	0100	15	1111	1000

表 1.2.4　　奇偶校验码

带奇校验的 8421BCD 码		带偶校验的 8421BCD 码	
信息位	校验位	信息位	校验位
0000	1	0000	0
0001	0	0001	1
0010	0	0010	1
0011	1	0011	0
0100	0	0100	1
0101	1	0101	0
0110	1	0110	0
0111	0	0111	1
1000	0	1000	1
1001	1	1001	0

3. 字符编码

数字系统中处理的数据除了数字之外，还有字母、标点符号、运算符号和其他特殊符号，这些符号统称为字符。所有字符在数字系统中必须用二进制代码来表示，通常称为字符编码。

ASCII 码是美国信息交换标准代码（American Standard Code for Information Interchange）

的简称，是目前国际上最通用的一种字符编码，如表 1.2.5 所示。它采用 7 位二进制编码表示十进制符号、英文大小写字母、运算符、控制符以及特殊符号等共 128 种编码，使用时加第 8 位作为奇偶校验位。

表 1.2.5　　ASCII 码

$b_6b_5b_4$ / $b_3b_2b_1b_0$	000	001	010	011	100	101	110	111
0000	NUL	DLE	SP	0	@	P	'	P
0001	SOH	DC1	!	1	A	Q	A	Q
0010	STX	DC2	"	2	B	R	B	R
0011	ETX	DC3	#	3	C	S	C	S
0100	EOT	DC4	$	4	D	T	D	T
0101	EOQ	NAK	%	5	E	U	E	U
0110	ACK	SYN	&	6	F	V	F	V
0111	BEL	ETB	'	7	G	W	G	W
1000	BS	CAN	(	8	H	X	H	X
1001	HT	EM	)	9	I	Y	I	Y
1010	LF	SUB	*	:	J	Z	J	Z
1011	VT	ESC	+	;	K	[	K	{
1100	FF	FS	,	<	L	\	L	|
1101	CR	GS	-	=	M	]	M	}
1110	SO	RS	.	>	N	^	N	～
1111	SI	US	/	?	O	_	O	DEL

读码时，先读列码 $b_6b_5b_4$，再读行码 $b_3b_2b_1b_0$，则 $b_6b_5b_4$ $b_3b_2b_1b_0$ 即为某字符的 7 位 ASCII 码。例如，字母 M 的列码是 100，行码是 1101，所以 M 的 7 位 ASCII 码是 1001101。表 1.2.5 中一些控制符的含义如下。

SP：空格　CR：回车　LF：换行　DEL：删除　BS：退格

1.3 逻辑代数基础

1.3.1 逻辑代数的基本概念与基本运算

1. 逻辑代数的基本概念

在客观世界中，事物的发展变化通常都有一定的因果关系，我们一般把这种因果关系称为逻辑关系。逻辑代数（又称布尔代数）就是研究事物因果关系所遵循的规律的一门应用数学，是英国数学家乔治·布尔在 1847 年首先创立的。在数字电路中，利用输入信号表示“条件”，用输出信号代表“结果”，则输入和输出之间就存在着一定的因果关系，可以借助与逻辑代数的运算方法分析和设计数字电路。

（1）逻辑变量

逻辑代数也和普通代数一样，用字母来表示变量，其中决定事物的原因称为逻辑自变量，也可以称为输入变量；被决定的事物的结果称为逻辑因变量，也可以称为输出变量。但是和普通代数不同的是，逻辑变量只有 1 和 0 两种取值，而且这里的 1 和 0 并不表示数值的大小，而是分别用来表示客观世界中存在的既完全对立又相互依存的两种逻辑状态。例如，用 1 和 0 分别表示开关的通与断、电位的高与低、灯的亮与灭等。

（2）逻辑函数

逻辑函数的定义与普通代数中函数的定义类似，如果逻辑自变量 A、B、C…的取值确定之后，逻辑因变量 Y 的值也就被唯一地确定了，那么就称 Y 是 A、B、C…的逻辑函数，写作

$$Y=F(A,B,C\cdots) \tag{1.3.1}$$

与普通代数不同的是，逻辑自变量和逻辑因变量的取值只有 0 或 1，并且逻辑函数中只有与、或、非 3 种基本运算。

2. 逻辑代数的 3 种基本运算

在逻辑代数中，有逻辑与、逻辑或和逻辑非 3 种基本逻辑关系，相应的基本逻辑运算为与运算、或运算和非运算。

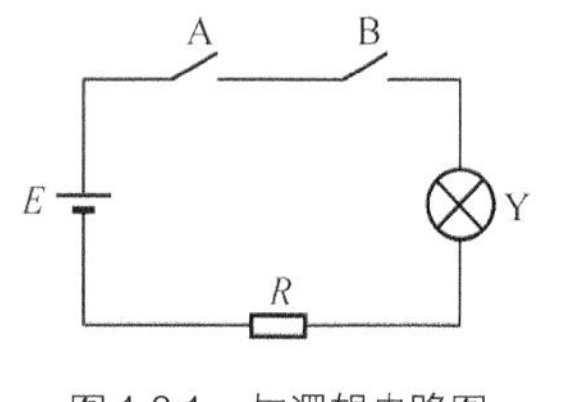

图 1.3.1 与逻辑电路图

（1）与逻辑关系及与运算

当决定某一事件能发生的所有条件都具备时，该事件才能发生，这种因果关系称为与逻辑关系，简称与逻辑。

在图 1.3.1 所示电路中，A、B 是两个串联开关，Y 是灯，可以列出关于两个开关状态和电灯状态所对应的关系表格，如表 1.3.1 所示。

表 1.3.1　与逻辑关系表

输　入		输 出
开关 A	开关 B	电灯 Y
断	断	灭
断	通	灭
通	断	灭
通	通	亮

如果将表 1.3.1 中灯亮和开关接通用 1 表示，灯灭和开关断开用 0 表示，则表 1.3.1 可以转换为表 1.3.2。我们把用 0 和 1 表示开关和电灯有关状态的过程称为状态赋值，经过状态赋值得到的包含了输入变量的所有取值组合和输出变量的一一对应关系的表格称为真值表。

表 1.3.2　与逻辑关系真值表

输　入		输 出
A	B	Y
0	0	0
0	1	0
1	0	0
1	1	1

若把开关闭合作为条件，灯亮作为结果，由表 1.3.1 不难发现，只有当开关 A 与开关 B 都闭合时，灯才亮，其中只要有一个开关断开灯就灭，则图 1.3.1 所示电路表示与逻辑关系。二输入与逻辑的逻辑符号如图 1.3.2 所示。与逻辑关系用表达式表示为

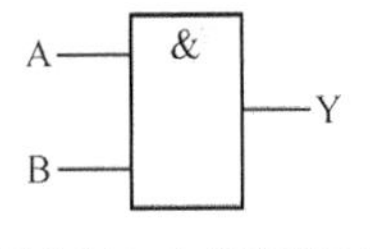

图 1.3.2　与逻辑符号

$$Y=A \cdot B \quad 或\ Y=AB \tag{1.3.2}$$

相应地将这种运算称为与运算，与运算也称逻辑乘，这里的“·”是与运算符，可以省略不写。

观察表 1.3.2，可以得出与逻辑的运算规则为

$$0 \cdot 0=0，0 \cdot 1=0，1 \cdot 0=0，1 \cdot 1=1$$

可见，只有输入变量 A、B 的取值都为 1 时，输出变量 Y 才为 1。反之，只要输入变量 A、B 中有一个的取值为 0，输出变量 Y 便为 0。其功能可概括为“有 0 出 0，全 1 出 1”。

以上介绍的是两变量与逻辑关系，可以扩展为多个变量，其表达式记作

$$Y=A \cdot B \cdot C \cdot D \cdots \quad 或 \quad Y=ABCD\cdots \tag{1.3.3}$$

（2）或逻辑关系及或运算

当决定某一事件能发生的所有条件中，只要有一个或一个以上条件具备，该事件就会发生，这种因果关系称为或逻辑关系，简称或逻辑。

在图 1.3.3 所示电路中，A、B 是两个并联开关，Y 是灯，同样可以列出关于两个开关状态和电灯状态所对应的关系表格，如表 1.3.3 所示。不难发现，只要两个开关中有一个闭合时，灯就会亮，只有当两个开关全部断开时，灯才会灭。若把开关闭合作为条件，灯亮作为结果，则图 1.3.3 所示电路表示或逻辑关系。二输入或逻辑的逻辑符号如图 1.3.4 所示。

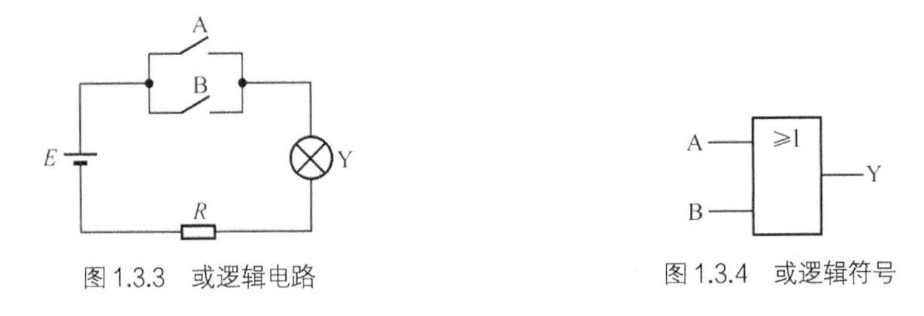

图 1.3.3　或逻辑电路　　图 1.3.4　或逻辑符号

二输入或逻辑关系用表达式表示为

$$Y=A+B \tag{1.3.4}$$

相应地将这种运算称为或运算，或运算也称逻辑加，这里的“+”是或运算符。

如果将表 1.3.3 中灯亮和开关接通用 1 表示，灯灭和开关断开用 0 表示，可以得到或逻辑的真值表如表 1.3.4 所示。观察表 1.3.4，可以得出或逻辑的运算规则为

$$0+0=0，0+1=1，1+0=1，1+1=1$$

可见，只有输入变量 A、B 的取值都为 0 时，输出变量 Y 才为 0。反之，只要输入变量 A、B 中有一个的取值为 1，输出变量 Y 便为 1。其功能可概括为“有 1 出 1，全 0 出 0”。

以上介绍的是两变量或逻辑关系，可以扩展为多个变量，其表达式记作

$$Y=A+B+C+D\cdots \tag{1.3.5}$$

（3）非逻辑关系及非运算

当条件不成立时，事件就会发生；条件成立时，事件反而不会发生。将这种因果关系称

为非逻辑关系，简称非逻辑。

表 1.3.3　或逻辑关系

输　入		输　出
开关 A	开关 B	电灯 Y
断	断	断
断	通	通
通	断	通
通	通	通

表 1.3.4　或逻辑关系真值表

输　入		输　出
A	B	Y
0	0	0
0	1	1
1	0	1
1	1	1

在图 1.3.5 所示电路中，A 是开关，Y 是灯，列出关于开关状态和电灯状态所对应的关系表格，如表 1.3.5 所示。不难发现，如果开关闭合，灯就灭，开关断开，灯才亮。若把开关闭合作为条件，灯亮作为结果，则图 1.3.5 所示电路表示非逻辑关系。非逻辑的逻辑符号如图 1.3.6 所示。

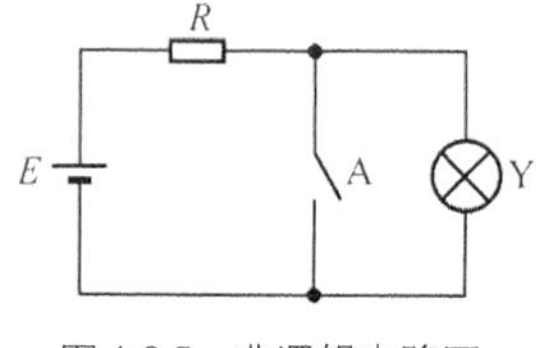

图 1.3.5　非逻辑电路图

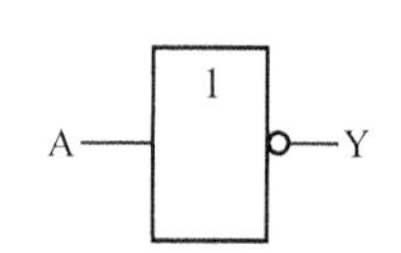

图 1.3.6　非逻辑符号

列出非逻辑的真值表如表 1.3.6 所示。从表中可以看出，当输入 A 是 0 时，输出 Y 是 1，当输入 A 是 1 时，输出 Y 是 0。将这种非逻辑关系用表达式表示为

$$Y = \overline{A} \tag{1.3.6}$$

相应地将这种运算称为非运算，习惯上常称为对变量 A 取反。这里变量上的“—”是非运算符。

表 1.3.5　非逻辑关系

输　入	输　出
开关 A	电灯 Y
断	亮
通	灭

表 1.3.6　非逻辑关系真值表

输　入	输　出
A	Y
0	1
1	0

观察表 1.3.6，可以得出非逻辑的运算规则为：$\overline{0}=1$，$\overline{1}=0$，其功能可概括为“入 0 出 1，入 1 出 0”。

在逻辑代数中，式（1.3.2）～式（1.3.6）统称为逻辑函数表达式，其中式（1.3.2）～式（1.3.5）中的 Y 是变量 A、B 的逻辑函数，而式（1.3.6）称 Y 是变量 A 的反函数，在变量上边无“—”的称为原变量，有“—”的称为反变量。

1.3.2　几种常用的复合逻辑运算

除了与、或、非这 3 种基本逻辑运算外，逻辑代数中还可以把它们组合起来，形成关系

比较复杂的复合逻辑运算。

1. 与非逻辑运算

与非逻辑运算是由与逻辑和非逻辑两种逻辑运算复合而成的一种复合逻辑运算，二输入与非逻辑真值表如表 1.3.7 所示，其逻辑符号如图 1.3.7 所示，逻辑表达式为

$$Y = \overline{AB} \tag{1.3.7}$$

由表 1.3.7 可见：只要输入 A、B 中有一个为 0，输出 Y 就为 1，只有输入 A、B 全为 1，输出 Y 才为 0，其功能可概括为："有 0 出 1，全 1 出 0"。

表 1.3.7　　与非逻辑关系真值表

输　入		输　出
A	B	Y
0	0	1
0	1	1
1	0	1
1	1	0

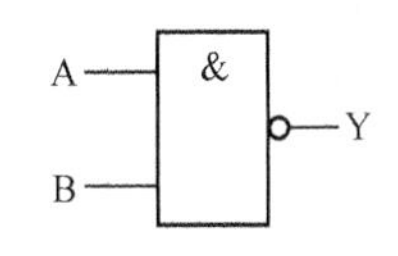

图 1.3.7　与非逻辑符号

2. 或非逻辑运算

或非逻辑运算是由或逻辑和非逻辑两种逻辑运算复合而成的一种复合逻辑运算，二输入或非逻辑真值表如表 1.3.8 所示，其逻辑符号如图 1.3.8 所示，逻辑表达式为

$$Y = \overline{A + B} \tag{1.3.8}$$

只要输入 A、B 中有一个为 1，输出 Y 就为 0，只有输入 A、B 全为 0，输出 Y 才为 1，其功能可概括为："有 1 出 0，全 0 出 1"。

表 1.3.8　　或非逻辑关系真值表

输　入		输　出
A	B	Y
0	0	1
0	1	0
1	0	0
1	1	0

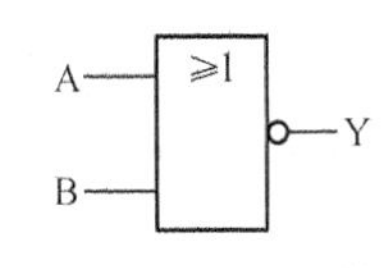

图 1.3.8　或非逻辑符号

3. 与或非逻辑运算

与或非逻辑运算是由与逻辑、或逻辑和非逻辑 3 种逻辑运算复合而成的一种复合逻辑运算，逻辑符号如图 1.3.9 所示，其逻辑表达式为

$$Y = \overline{AB + CD} \tag{1.3.9}$$

由式（1.3.9）可知，只要输入 AB 和 CD 中的任何一组全为 1，输出 Y 就为 0，而当 AB 和 CD 每组输入中只要有一个为 0，输出 Y 就为 1。

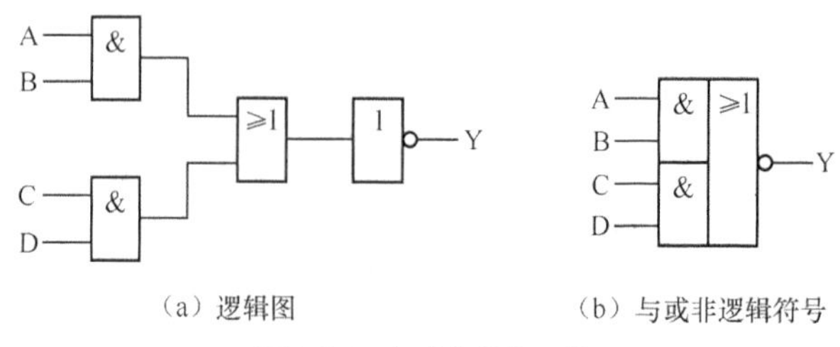

图 1.3.9　与或非逻辑运算

4．异或逻辑

异或逻辑也称异或运算，当只有两个输入变量时，逻辑表达式为

$$Y = A\overline{B} + \overline{A}B = A \oplus B \tag{1.3.10}$$

这里的“⊕”是异或运算符，由式 1.3.10 可以列出异或运算的真值表如表 1.3.9 所示。观察表 1.3.9，可以看出：当输入变量的取值不同时，输出为 1；当输入变量的取值相同时，输出为 0。异或运算的运算规则为

$$0 \oplus 0=0，0 \oplus 1=1，1 \oplus 0=1，1 \oplus 1=0$$

其逻辑功能可概括为：“同为 0，异为 1”。异或逻辑符号如图 1.3.10 所示。

表 1.3.9　　异或逻辑关系真值表

输　　入		输　　出
A	B	Y
0	0	0
0	1	1
1	0	1
1	1	0

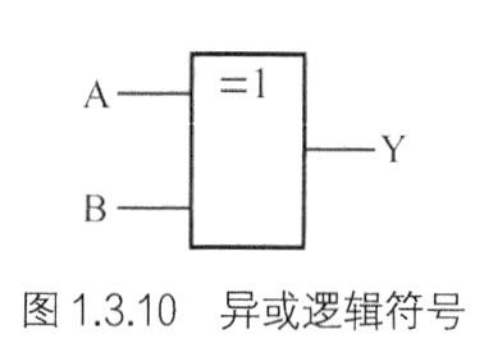

图 1.3.10　异或逻辑符号

以上介绍的是两个变量的异或逻辑关系，同样可以扩展为多个变量，其表达式记作

$$Y=A \oplus B \oplus C \oplus D\cdots \tag{1.3.11}$$

其功能为：在输入变量中，若值为 1 的变量个数是奇数时，输出为 1，反之，值为 1 的变量个数是偶数时，输出为 0。所以，异或运算常用于判奇或判偶电路的设计中。

5．同或逻辑

同或逻辑也称同或运算，当只有两个输入变量时，逻辑表达式为

$$Y = AB + \overline{A}\,\overline{B} = A \odot B \tag{1.3.12}$$

这里的“⊙”是同或运算符，由式 1.3.12 可以列出同或运算的真值表，如表 1.3.10 所示。观察表 1.3.10，可以看出：当输入变量的取值相同时，输出为 1；输入变量的取值不同时，输出为 0。即同或逻辑和异或逻辑的功能正好是相反的。逻辑符号如图 1.3.11 所示。

在一个逻辑表达式中，通常含有几种基本逻辑运算和复合运算，在实现这些运算时要遵照一定的顺序进行。逻辑运算的先后顺序规定如下：有括号时，先进行括号内的运算；没有括号时，按先与后或、最后取非的次序进行运算。

表 1.3.10　　同或逻辑关系真值表

输　入		输　出
A	B	Y
0	0	1
0	1	0
1	0	0
1	1	1

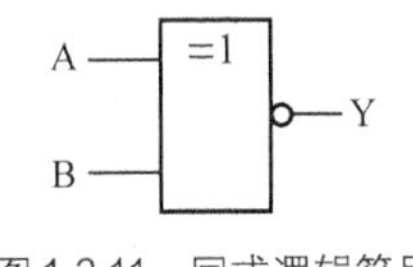

图 1.3.11　同或逻辑符号

1.3.3　逻辑函数的相等

假设有两个含有 n 个变量的逻辑函数 Y_1 和 Y_2，如果对应于 n 个变量的所有取值的组合，函数 Y_1 和 Y_2 的值相等，则称 Y_1 和 Y_2 这两个逻辑函数相等。换言之，两个相等的逻辑函数具有相同的真值表。

【例 1.3.1】 已知函数 $Y_1 = AB + \overline{A}C + BC$ ，$Y_2 = AB + \overline{A}C$ ，利用真值表证明 $Y_1=Y_2$。

解：

列出 Y_1 和 Y_2 的真值表如表 1.3.11 所示，其中 AB、$\overline{A}C$和BC是中间函数。

表 1.3.11　　例 1.3.1 的真值表

输　入			中间变量			输　出	输　出
A	B	C	AB	$\overline{A}C$	BC	$Y_1 = AB + \overline{A}C + BC$	$Y_2 = AB + \overline{A}C$
0	0	0	0	0	0	0	0
0	0	1	0	1	0	1	1
0	1	0	0	0	0	0	0
0	1	1	0	1	1	1	1
1	0	0	0	0	0	0	0
1	0	1	0	0	0	0	0
1	1	0	1	0	0	1	1
1	1	1	1	0	1	1	1

观察真值表可见，对于 A、B、C 3 个变量，共有 $2^3=8$ 种取值情况，而对于任何一种输入情况，Y_1 和 Y_2 都有相同的输出，所以 $Y_1=Y_2$。

1.4　逻辑代数中的基本公式、定律和规则

逻辑代数与普通代数相似，也有相应的运算公式、定律和基本规则，掌握这些内容可以对一些复杂的逻辑函数进行化简。

1.4.1　基本公式和定律

1．常量和常量的公式

（1）与运算

$$0 \cdot 0=0 \quad 0 \cdot 1=0 \quad 1 \cdot 0=0 \quad 1 \cdot 1=1 \tag{1.4.1}$$

（2）或运算

$$0+0=0 \quad 0+1=1 \quad 1+0=1 \quad 1+1=1 \tag{1.4.2}$$

（3）非运算

$$\overline{0}=1 \quad \overline{1}=0 \tag{1.4.3}$$

2．常量和变量的公式

（1）0、1 律

$$A+0=A \quad A\cdot 0=0 \tag{1.4.4}$$

$$A+1=1 \quad A\cdot 1=A \tag{1.4.5}$$

（2）互补律

$$A+\overline{A}=1 \quad A\cdot\overline{A}=0 \tag{1.4.6}$$

3．变量和变量的公式

（1）交换律

$$A+B=B+A \quad A\cdot B=B\cdot A \tag{1.4.7}$$

（2）结合律

$$A+(B+C)=(A+B)+C \quad A\cdot(B\cdot C)=(A\cdot B)\cdot C \tag{1.4.8}$$

（3）分配律

$$A\cdot(B+C)=A\cdot B+A\cdot C \quad A+B\cdot C=(A+B)(A+C) \tag{1.4.9}$$

（4）重叠律

$$A+A=A \quad A\cdot A=A \tag{1.4.10}$$

（5）还原律

$$\overline{\overline{A}}=A \tag{1.4.11}$$

（6）反演律（德·摩根定律）

$$\overline{A+B}=\overline{A}\cdot\overline{B} \quad \overline{A\cdot B}=\overline{A}+\overline{B} \tag{1.4.12}$$

在上述公式中，交换律、结合律、分配律（其中第 2 个公式除外）的公式与普通代数的一样，而重叠律、还原律、反演律的公式则是逻辑代数的特殊规律。

【例 1.4.1】 利用真值表验证反演律 $\overline{A+B}=\overline{A}\cdot\overline{B}$、$\overline{A\cdot B}=\overline{A}+\overline{B}$。

解：

列出反演律的真值表如表 1.4.1 所示，其中 AB、A+B、$\overline{A}$、$\overline{B}$ 是中间函数。

表 1.4.1　　反演律的真值表

A	B	AB	A+B	$\overline{A}$	$\overline{B}$	$\overline{A+B}$	$\overline{A}\cdot\overline{B}$	$\overline{A\cdot B}$	$\overline{A}+\overline{B}$
0	0	0	0	1	1	1	1	1	1
0	1	0	1	1	0	0	0	1	1
1	0	0	1	0	1	0	0	1	1
1	1	1	1	0	0	0	0	0	0

观察真值表可知$\overline{A+B}=\overline{A}\bullet\overline{B}$、$\overline{A\bullet B}=\overline{A}+\overline{B}$。

【例 1.4.2】 利用逻辑代数的基本定律证明分配律$A+BC=(A+B)(A+C)$。

证：

$$
\begin{aligned}
右边 &= AA+AC+AB+BC \\
&= A(1+C+B)+BC \\
&= A+BC \\
&= 左边
\end{aligned}
$$

4．若干常用公式

逻辑函数除上面基本公式外，还有一些常用的公式，这些公式对逻辑函数的化简是很有用的。

（1）并项公式

$$AB+A\overline{B}=A \qquad (A+B)\bullet(A+\overline{B})=A \tag{1.4.13}$$

（2）吸收公式

$$A+AB=A \tag{1.4.14}$$

（3）消去公式

$$A+\overline{A}B=A+B \qquad A(\overline{A}+B)=AB \tag{1.4.15}$$

（4）多余项公式

$$AB+\overline{A}C+BC=AB+\overline{A}C \tag{1.4.16}$$

【例 1.4.3】 利用逻辑代数的基本定律证明消去公式$\overline{A}+AB=\overline{A}+B$。

证：

$$
\begin{aligned}
左边 &= (\overline{A}+A)(\overline{A}+B) \qquad 因为A+BC=(A+B)(A+C) \\
&= 1\cdot(\overline{A}+B) \\
&= \overline{A}+B \\
&= 右边
\end{aligned}
$$

观察消去公式可以得出：在一个与或表达式中，如果一个乘积项的反，是另一个乘积项的因子，则这个因子是多余的，可以直接去掉。

例如，$\overline{A}+AB=\overline{A}+B$，$AB+\overline{AB}C\overline{D}=AB+C\overline{D}$等。

【例 1.4.4】 利用逻辑代数的基本定律证明多余项公式$AB+\overline{A}C+BC=AB+\overline{A}C$。

证：

$$
\begin{aligned}
左边 &= AB+\overline{A}C+(A+\overline{A})BC \\
&= AB+\overline{A}C+ABC+\overline{A}BC \\
&= AB(1+C)+\overline{A}C(1+B) \\
&= AB+\overline{A}C \\
&= 右边
\end{aligned}
$$

观察多余项公式可以看出：在一个与或表达式中，如果两个乘积项中分别包含有同一因子的原变量和反变量，而两项的剩余因子包含在第 3 个乘积项中，则第 3 个乘积项是多余的，可以直接去掉。

例如，$AB+\bar{A}C\bar{D}+BC\bar{D}(A+\bar{B}C)=AB+\bar{A}C\bar{D}$ 等。

1.4.2 逻辑代数中的基本规则

1. 代入规则

在任何一个逻辑等式中，如果将等式两边所有出现某一变量的位置，都用某一个逻辑函数来代替，等式仍然成立，这个规则称代入规则。例如，如果 $\overline{A+B}=\bar{A}\cdot\bar{B}$ 成立，用 $Y=B+C$ 代替变量 B，则 $\overline{A+B+C}=\bar{A}\cdot\overline{B+C}=\bar{A}\cdot\bar{B}\cdot\bar{C}$ 也成立。

可见，利用代入规则可以扩大等式的应用范围。

2. 反演规则

对于任意一个逻辑函数 Y，若要求其反函数 $\bar{Y}$ 时，只要将逻辑函数 Y 所有的“·”换成“+”，“+”换成“·”；“1”换成“0”，“0”换成“1”；原变量换成反变量，反变量换成原变量。所得到的新的逻辑函数式，即为原函数 Y 的反函数 $\bar{Y}$。这个规则称反演规则。

在使用反演规则时，应注意保持原函数的运算次序不变，即按着与、或、非的顺序进行，必要时适当地加入括号。对不属于单个变量上的非号，有如下两种处理方法。

① 非号保留，而非号下面的函数式按反演规则变换。

② 将非号去掉，而非号下的函数式保留不变。

例如，若函数 $Y=A\bar{B}C+\overline{(AB+\bar{C})B}+\bar{A}\bar{C}$，

其反函数为 $\bar{Y}=(\bar{A}+B+\bar{C})\overline{(\bar{A}+\bar{B})\cdot C+\bar{B}}(A+C)$，

或 $\bar{Y}=(\bar{A}+B+\bar{C})(AB+\bar{C})B(A+C)$。

【例 1.4.5】 利用反演规则求 $Y=A\bar{B}+\bar{A}B=A\oplus B$ 的反函数。

解：

利用反演规则有

$$\bar{Y}=(\bar{A}+B)(A+\bar{B})=\bar{A}\bar{B}+AB=A\odot B$$

观察上式可见，异或运算的反函数是同或运算，即两种运算关系是互为反函数。

3. 对偶规则

对于任意一个逻辑函数 Y，若要求其对偶函数 Y′时，只要将逻辑函数 Y 所有的“·”换成“+”，“+”换成“·”；“1”换成“0”，“0”换成“1”；而变量保持不变，所得到的逻辑函数式即为原函数 Y 的对偶函数 Y′。这个规则称为对偶规则。

如果两逻辑函数式相等，则它们的对偶式也相等。

在应用对偶规则时，要遵守运算符号的先与后或的优先次序，所有的非号均应保持不变。

例如，分配律 A(B+C)=AB+AC，如果对它两边的函数分别求出对偶式为 A+BC=(A+B)(A+C)，则该式也成立。

1.5　逻辑函数的化简

对于前面介绍的基本的和常用的逻辑运算，市场上都有能够实现其相应逻辑运算功能的集成电路，我们称其为门电路。由实际逻辑问题归纳出来的逻辑函数表达式往往不是最简单的逻辑函数式，形式也是多种多样的，这样用门电路设计出来的逻辑电路就不一定是最简单的和最合理的，所以有必要对逻辑函数进行化简。对逻辑函数进行化简和变换，可以得到最简的逻辑函数式和所需要的形式，设计出最简洁的逻辑电路。这对于节省元器件，优化生产工艺，降低成本，提高系统的运行可靠性和速度，具有很重大的意义。

1.5.1　逻辑函数的标准与或式和最简表达式

1．最小项的概念及性质

（1）最小项的定义

对于任意一个具有 n 个输入变量的逻辑函数，包含有全部 n 个变量的乘积项中，每个变量以原变量或者以反变量的形式出现，且仅出现一次，那么这样的乘积项称为该函数的最小项。可见，具有 n 个输入变量的逻辑函数，共有 2^n 个最小项。

例如，n=2，共有 4 个最小项，它们是 $\overline{A}\,\overline{B}$、$\overline{A}B$、$A\overline{B}$、$AB$。而具有 3 个变量 A、B、C 的逻辑函数，根据最小项的定义，它们一共可以组成 8 个最小项：$\overline{A}\,\overline{B}\,\overline{C}$、$\overline{A}\,\overline{B}C$、$\overline{A}B\overline{C}$、$\overline{A}BC$、$A\overline{B}\,\overline{C}$、$A\overline{B}C$、$AB\overline{C}$、$ABC$。根据定义，$A\overline{BC}$、$(A+B)C$ 等就不是最小项。

（2）最小项编号

n 个变量有 2^n 个最小项，为了叙述和书写方便，通常对最小项进行编号。最小项用“m_i”表示，其中 i=0～(2^n−1)称作最小项的编号。编号的方法是把最小项的原变量记作 1，反变量记作 0，把每个最小项表示为一个二进制数，然后将这个二进制数转换成相对应的十进制数，即为最小项的编号。例如，3 变量的最小项 $\overline{A}B\overline{C}$ 对应的二进制为 010，相应的十进制数为 2，则 $\overline{A}B\overline{C}$ 最小项可以记为 m_2。再比如，4 变量的最小项 $A\overline{B}CD$ 可以记为 m_{11}。

（3）最小项的性质

为了说明最小项的性质，以 3 变量函数为例，列出其所有最小项的真值表如表 1.5.1 所示。

表 1.5.1　　3 变量全部最小项真值表

变量取值	最小项值								最小项编号	
ABC	$\overline{A}\,\overline{B}\,\overline{C}$	$\overline{A}\,\overline{B}C$	$\overline{A}B\overline{C}$	$\overline{A}BC$	$A\overline{B}\,\overline{C}$	$A\overline{B}C$	$AB\overline{C}$	ABC	最小项	编号
000	1	0	0	0	0	0	0	0	$\overline{A}\,\overline{B}\,\overline{C}$	m_0
001	0	1	0	0	0	0	0	0	$\overline{A}\,\overline{B}C$	m_1
010	0	0	1	0	0	0	0	0	$\overline{A}B\overline{C}$	m_2
011	0	0	0	1	0	0	0	0	$\overline{A}BC$	m_3
100	0	0	0	0	1	0	0	0	$A\overline{B}\,\overline{C}$	m_4
101	0	0	0	0	0	1	0	0	$A\overline{B}C$	m_5
110	0	0	0	0	0	0	1	0	$AB\overline{C}$	m_6
111	0	0	0	0	0	0	0	1	ABC	m_7

观察表 1.5.1，可以看出最小项具有以下性质。

① 对于任意一个最小项，只有对应一组变量取值，才能使其的值为 1，而在变量取其他值时，这个最小项的值都是 0。例如，对于$\overline{A}\overline{B}C$这个最小项，只有变量取值为 001 时，它的值为 1，而在变量取其他各组值时，这个最小项的值均为 0。

② 对于变量的任意一组取值，任意两个最小项之积（逻辑与）恒为 0。

③ 对于变量的任意一组取值，全体最小项之和（逻辑或）恒为 1。

2. 逻辑函数的标准与或式

全部由最小项组成的与或式称为标准与或式。对于任何一个逻辑函数，都可以表示成若干个最小项之和的形式，也就是说都可以转化为标准与或式，而且这种形式是唯一的。从任何一个逻辑函数表达式转化为最小项表达式的常用方法如下。

（1）由真值表求标准与或式

① 在真值表中找出全部函数值为 1 的变量取值组合。

② 对于找出的每组变量取值，写出与之对应的最小项。取值为 0 的写成反变量，取值为 1 的写成原变量。

③ 将写出的全部最小项进行逻辑或，即得出标准与或式。

【例 1.5.1】 写出表 1.5.2 所示函数真值表的标准与或式。

解：

该例有 001、010、111 三项，其 Y 值为 1，与其对应的最小项是$\overline{A}\overline{B}C$、$\overline{A}B\overline{C}$、$ABC$，则逻辑函数 Y 的标准与或式为

$$
\begin{aligned}
Y &= \overline{A}\overline{B}C + \overline{A}B\overline{C} + ABC \\
&= m_1 + m_2 + m_7 \\
&= \sum m(1,2,7)
\end{aligned}
$$

表 1.5.2　例 1.5.1 的真值表

A	B	C	Y
0	0	0	0
0	0	1	1
0	1	0	1
0	1	1	0
1	0	0	0
1	0	1	0
1	1	0	0
1	1	1	1

（2）由一般表达式求标准与或式

首先利用逻辑代数的基本公式和定律将表达式变换成一般与或式，再利用公式$A+\overline{A}=1$，补足所缺少的变量，整理后即求得标准与或式。

【例 1.5.2】 求函数$Y=\overline{A}\overline{B}+A\overline{BC}$的标准与或式。

解：

$$
\begin{aligned}
Y &= \bar{A}\bar{B} + A\overline{B\bar{C}} \\
&= \bar{A}\bar{B} + A(\bar{B} + C) \\
&= \bar{A}\bar{B} + A\bar{B} + AC \\
&= \bar{A}\bar{B}(C + \bar{C}) + A\bar{B}(C + \bar{C}) + AC(B + \bar{B}) \\
&= \bar{A}\bar{B}C + \bar{A}\bar{B}\bar{C} + A\bar{B}C + A\bar{B}\bar{C} + ABC + A\bar{B}C \\
&= m_0 + m_1 + m_4 + m_5 + m_7 \\
&= \sum m\,(0,1,4,5,7)
\end{aligned}
$$

3．逻辑函数的最简表达式

对于一个给定的逻辑函数，标准与或式的形式是唯一的，但它可以有多种多样不同的表现形式。最简表达式归纳起来，可以分为以下 5 种形式。

（1）最简与或式

最简与或式的标准是乘积项的个数最少，每一个乘积项中变量的个数最少。

例如，$Y = AB + \bar{A}C + BC$ 的最简与或表达式为 $Y = AB + \bar{A}C$ 。

（2）最简与非-与非式

最简与非-与非式的标准是非号最少，每个非号下面相乘的变量个数最少。

【例 1.5.3】 求 $Y = AB + \bar{A}C$ 的最简与非-与非式。

解：

$$
\begin{aligned}
Y &= AB + \bar{A}C \\
&= \overline{\overline{AB + \bar{A}C}} \\
&= \overline{\overline{AB} \cdot \overline{\bar{A}C}}
\end{aligned}
$$

（3）最简与或非式

最简与或非式的标准是在非号下面的乘积项的个数最少，每个乘积项中相乘的变量个数也最少。

【例 1.5.4】 求 $Y = AB + \bar{A}C$ 的最简与或非表达式。

解：

$$
\begin{aligned}
Y &= AB + \bar{A}C \\
&= \overline{\overline{AB} \cdot \overline{\bar{A}C}} \\
&= \overline{(\bar{A} + \bar{B})(A + \bar{C})} \\
&= \overline{\bar{A}\bar{C} + A\bar{B} + \bar{B}\bar{C}} \\
&= \overline{\bar{A}\bar{C} + A\bar{B}}
\end{aligned}
$$

（4）最简或与式

最简或与式的标准是括号个数最少，每个括号中相加的变量的个数也最少。

【例 1.5.5】 求 $Y = AB + \overline{A}C$ 的最简或与表达式。

解：

$$
\begin{aligned}
Y &= AB + \overline{A}C \\
&= \overline{\overline{A}\,\overline{C} + A\overline{B}} \\
&= (A + C)(\overline{A} + B)
\end{aligned}
$$

（5）最简或非-或非式

最简或非-或非式的标准是非号个数最少，非号下面相加变量的个数也最少。

【例 1.5.6】 求 $Y = AB + \overline{A}C$ 的最简或非-或非表达式。

解：

$$
\begin{aligned}
Y &= AB + \overline{A}C \\
&= (A + C)(\overline{A} + B) \\
&= \overline{\overline{(A + C)(\overline{A} + B)}} \\
&= \overline{\overline{A + C} + \overline{\overline{A} + B}}
\end{aligned}
$$

在上述 5 种不同形式的逻辑函数表达式中，最简与或表达式是较常见的，由它可以较容易地得到其他不同形式的表达式。不同形式的逻辑表达式，需要不同的门电路来实现，因此变换逻辑表达式的意义就在于使逻辑设计适用于不同的逻辑门电路。

在对逻辑函数化简时，一般情况下要求得到最简的与或表达式。化简与或表达式的方法主要有代数法（公式法）和图形法（卡诺图法）两种。

1.5.2 逻辑函数的公式化简法

公式化简法就是利用逻辑代数的基本公式、基本规则和常用公式，消去表达式中多余的乘积项和每个乘积项中多余的变量，以此求得最简与或式。经常使用的方法如下。

1. 并项法

利用公式 $AB + A\overline{B} = A$，将两个乘积项合并成一项，并消去一个互补变量。

【例 1.5.7】 化简函数 $Y = AB + A\overline{C} + A\overline{B}C$。

解：

$$
\begin{aligned}
Y &= AB + A\overline{C} + A\overline{B}C \\
&= A(B + \overline{C}) + A(\overline{B + \overline{C}}) \\
&= A
\end{aligned}
$$

2. 吸收法

利用公式 $A + AB = A$，吸收多余的乘积项。

【例 1.5.8】 化简函数 $Y = AC + A\overline{B}C(D + E + \overline{F})$。

解：

$$
\begin{aligned}
Y &= AC + A\overline{B}C(D + E + \overline{F}) \\
&= AC(1 + \overline{B}(D + E + \overline{F})) \\
&= AC
\end{aligned}
$$

3．消去法

利用公式$A + \overline{A}B = A + B$，消去多余因子。

【例 1.5.9】 化简函数$Y = A\overline{B} + \overline{A}C + BC$。

解：

$$
\begin{aligned}
Y &= A\overline{B} + \overline{A}C + BC \\
&= A\overline{B} + C(\overline{A} + B) \\
&= A\overline{B} + C\overline{A\overline{B}} \\
&= A\overline{B} + C
\end{aligned}
$$

4．配项法

利用公式$A + \overline{A} = 1$，给某个不能直接化简的与项乘以$(A + \overline{A})$，增加必要的乘积项，然后再用公式进行化简。

【例 1.5.10】 化简函数$Y = A\overline{B} + B\overline{C} + \overline{B}C + \overline{A}B$。

解：

$$
\begin{aligned}
Y &= A\overline{B} + B\overline{C} + \overline{B}C + \overline{A}B \\
&= A\overline{B} + B\overline{C} + (A + \overline{A})\overline{B}C + \overline{A}B(C + \overline{C}) \\
&= A\overline{B} + B\overline{C} + A\overline{B}C + \overline{A}\overline{B}C + \overline{A}BC + \overline{A}B\overline{C} \\
&= A\overline{B}(1 + C) + B\overline{C}(1 + \overline{A}) + \overline{A}C(B + \overline{B}) \\
&= A\overline{B} + B\overline{C} + \overline{A}C
\end{aligned}
$$

5．取消法

利用公式$AB + \overline{A}C + BC = AB + \overline{A}C$，取消多余项 BC，或者加上多余项，以消去更多的乘积项。

【例 1.5.11】 化简函数$Y = A\overline{B} + B\overline{C} + \overline{A}B + AC$。

解：

$$
\begin{aligned}
Y &= A\overline{B} + B\overline{C} + \overline{A}B + AC \\
&= A\overline{B} + B\overline{C} + \overline{A}B + AC + A\overline{C} \\
&= A\overline{B} + B\overline{C} + \overline{A}B + A \\
&= A(1 + \overline{B}) + B\overline{C} + \overline{A}B \\
&= A + \overline{A}B + B\overline{C} \\
&= A + B + B\overline{C} \\
&= A + B(1 + \overline{C}) \\
&= A + B
\end{aligned}
$$

逻辑函数化简的途径并不是唯一的，往往需要对上述 5 种方法综合运用，这就要求对逻辑代数的基本定律、公式和规则有较熟练的掌握，并具有一定的技巧。化简结束后，还可以根据逻辑系统对所用门电路类型的要求，对逻辑表达式进行表现形式变换。

【例 1.5.12】 利用代数法化简 $Y = ABC + ABD + \overline{A}B\overline{C} + CD + B\overline{D}$，并将结果变换为与非-与非式。

解：

移项整理，得

$$
\begin{aligned}
Y &= ABC + \overline{A}B\overline{C} + CD + B(AD + \overline{D}) \qquad \text{因为} A + \overline{A}B = A + B \text{及} A(B + C) = AB + AC \\
&= ABC + \overline{A}B\overline{C} + CD + AB + B\overline{D} \\
&= AB(1 + C) + \overline{A}B\overline{C} + CD + B\overline{D} \\
&= AB + \overline{A}B\overline{C} + CD + B\overline{D} \\
&= B(A + \overline{A}\,\overline{C}) + CD + B\overline{D} \\
&= AB + B\overline{C} + CD + B\overline{D} \qquad \text{因为} CD + B\overline{D} = CD + B\overline{D} + BC \\
&= AB + B\overline{C} + CD + B\overline{D} + BC \\
&= B(A + \overline{C} + \overline{D} + C) + CD \\
&= B(1 + A + \overline{D}) + CD \\
&= B + CD \qquad \text{因为} \overline{\overline{A}} = A \text{及} \overline{A + B} = \overline{A}\,\overline{B} \\
&= \overline{\overline{B} \cdot \overline{CD}}
\end{aligned}
$$

1.5.3 逻辑函数的图形化简法

利用公式化简逻辑函数，不仅要求掌握逻辑代数的基本规则及常用公式等，而且要有一定的技巧，尤其是用公式化简的结果是否是最简的，往往很难确定。图形化简法又称卡诺图化简法，是一种既直观又简便的化简方法，可以较方便地得到最简的逻辑函数表达式。

1. 用卡诺图表示逻辑函数

（1）卡诺图的构成及其特点

卡诺图是逻辑函数的另一种表示方法，是真值表的一种特定的图示形式。将真值表中的每一行，在卡诺图中都用一个小方格来代替，也就是卡诺图中的每一个小方格都对应一个最小项。所以卡诺图又称最小项方格图。

图 1.5.1 分别给出二变量、三变量、四变量和五变量的卡诺图。卡诺图构成特点如下。

① 具有 n 个输入变量的逻辑函数，共有 2^n 个最小项，其卡诺图由 2^n 个小方格组成；

② 每个方格所代表的最小项的编号，就是其左边和上边二进制码的数值；

③ 卡诺图行和列的两组变量取值按循环码排列。这样排列的目的是使任意两个几何相邻的最小项之间只有一个变量的值发生改变，即具有逻辑上的相邻性。其中几何相邻包括任意

两个紧挨着的小方格，如图 1.5.1（B）中的 m_4 和 m_6 等，或将卡诺图对折起来，相重合的小方格，如图 1.5.1（C）中的 m_2 和 m_{10}、图 1.5.1（D）中的 m_9 和 m_{13} 等。

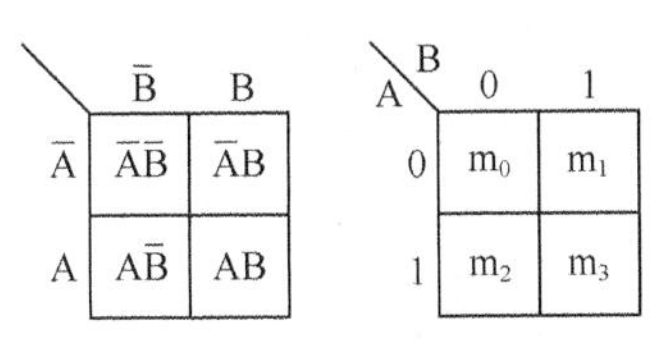

（a）二变量的卡诺图

A \ BC	00	01	11	10
0	m_0	m_1	m_3	m_2
1	m_4	m_5	m_7	m_6

（b）三变量的卡诺图

AB \ CD	00	01	11	10
00	m_0	m_1	m_3	m_2
01	m_4	m_5	m_7	m_6
11	m_{12}	m_{13}	m_{15}	m_{14}
10	m_8	m_9	m_{11}	m_{10}

（c）四变量的卡诺图

AB \ CDE	000	001	011	010	110	111	101	100
00	m_0	m_1	m_3	m_2	m_6	m_7	m_5	m_4
01	m_8	m_9	m_{11}	m_{10}	m_{14}	m_{15}	m_{13}	m_{12}
11	m_{24}	m_{25}	m_{27}	m_{26}	m_{30}	m_{31}	m_{29}	m_{28}
10	m_{16}	m_{17}	m_{19}	m_{18}	m_{22}	m_{23}	m_{21}	m_{20}

（d）五变量的卡诺图

图 1.5.1　卡诺图的构成

（2）用卡诺图表示逻辑函数

根据卡诺图的构成特点，只要先将该函数式转换成标准的与或式，然后选定相应变量数的卡诺图，将表达式含有的最小项所对应的小方格中填入 1，没有包含的最小项对应的方格内填 0 或不填，就可得到逻辑函数卡诺图。

【例 1.5.13】 将函数 $Y=\overline{A}\,\overline{B}CD+A\overline{B}\,\overline{C}D+AB\overline{D}+\overline{B}CD$ 用卡诺图表示。

解：

$$
\begin{aligned}
Y&=\overline{A}\,\overline{B}CD+A\overline{B}\,\overline{C}D+AB\overline{D}(C+\overline{C})+\overline{B}CD(A+\overline{A})\\
&=\overline{A}\,\overline{B}CD+A\overline{B}\,\overline{C}D+ABC\overline{D}+AB\overline{C}\,\overline{D}+A\overline{B}CD+\overline{A}\,\overline{B}CD\\
&=m_3+m_9+m_{12}+m_{14}+m_{11}\\
&=\sum m(3,9,11,12,14)
\end{aligned}
$$

根据逻辑函数最小项表达式，在其最小项对应的小方格中填 1 后得到函数的卡诺图，如图 1.5.2 所示。

【例 1.5.14】 将函数 $Y(A,B,C,D)=A\overline{B}+\overline{A}BC+AB\overline{C}D$ 用卡诺图表示。

解：

根据求标准与或式的方法和卡诺图构成的特点，可将给出的与或式直接填入卡诺图中。例如该题中的 $A\overline{B}$ 乘积项，若要转换成最小项之和的形式，应该补足变量 C 和 D，即 $A\overline{B}=A\overline{B}C\overline{D}+A\overline{B}CD+A\overline{B}\,\overline{C}\,\overline{D}+A\overline{B}\,\overline{C}D$。可见 $A\overline{B}$ 乘积项在卡诺图中应占有的区域为 A 取值为 1、同时 B 取值为 0 的所有方格，同理 $\overline{A}BC$ 乘积项在卡诺图中应占有的区域为 A 取值为 0、同时 B 和 C 取值均为 1 的所有方格。按此方法，可以将与或式直接填在四变量卡诺图中，如图 1.5.3 所示。

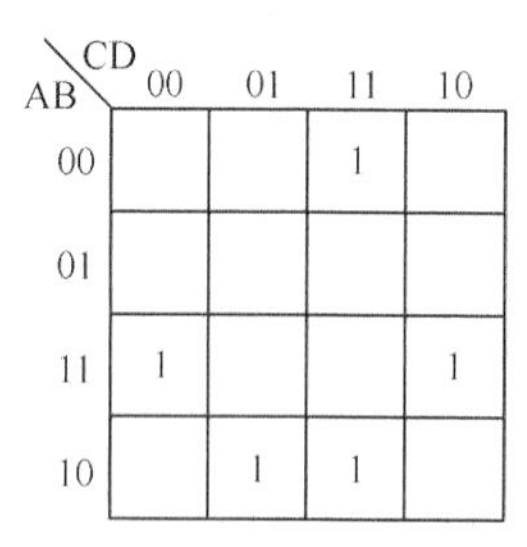

图 1.5.2　例 1.5.13 的卡诺图

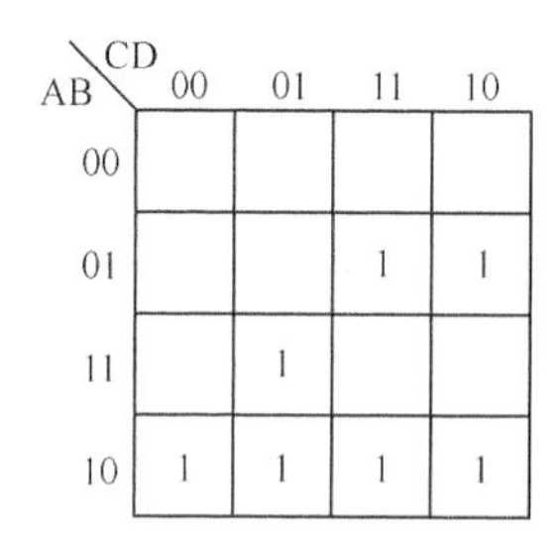

图 1.5.3　例 1.5.14 的卡诺图

2．逻辑函数的卡诺图化简法

（1）卡诺图化简逻辑函数的依据

由于卡诺图中的最小项是按逻辑相邻的关系排列的，即相邻小方格对应的最小项只有一个变量的取值不同，其他变量的取值都相同。这样就可利用公式 $A+\overline{A}=1$，把相邻两个值为“1”的小方格合并成一个与项，该与项是消去其中取值相反的一个变量，保留取值相同的变量所组成的。例如，图 1.5.4 中 m_3 和 m_7 两个相邻小方格的值均为 1，其中只有 A 变量的取值不同，故消去 A 变量，得到 BC 乘积项，m_4 和 m_6 两个相邻小方格的值均为 1，消去 B 变量，得到 $A\overline{C}$ 乘积项。同理，4 个相邻小方格的最小项合并时，可以消去两个变量。例如，图 1.5.5 中 m_4、m_5 、m_6 和 m_7 4 个相邻的最小项，可以消去变量 C 和 D，保留 $\overline{A}B$ 。m_0、m_2、m_8 和 m_{10} 4 个相邻的最小项，可以消去变量 A 和 C，保留 $\overline{B}\overline{D}$ 。

总之，在 n 个变量的卡诺图中，若有 2^m 个值为“1”的小方格相邻（m 为 0，1，2，…，n)，则它们可以圈在一起，消去 m 个取值不同的变量，保留 n～m 个取值相同的变量，即“去异取同”合并成一个与项。若 $m=n$，则合并后可消去全部变量，使函数值恒为 1，即全体最小项之和恒为 1。

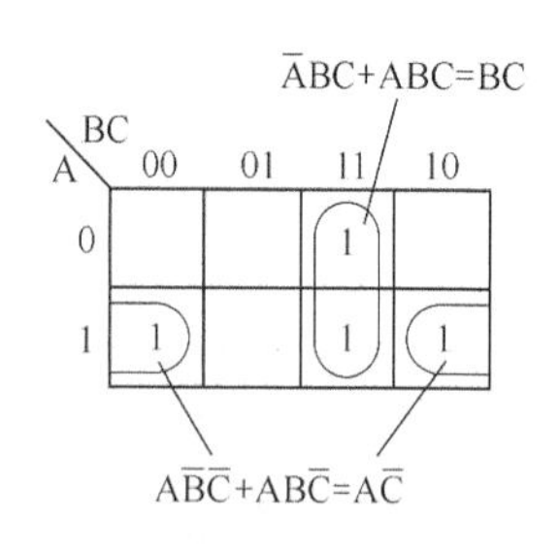

图 1.5.4　卡诺图中两个相邻最小项合并示例

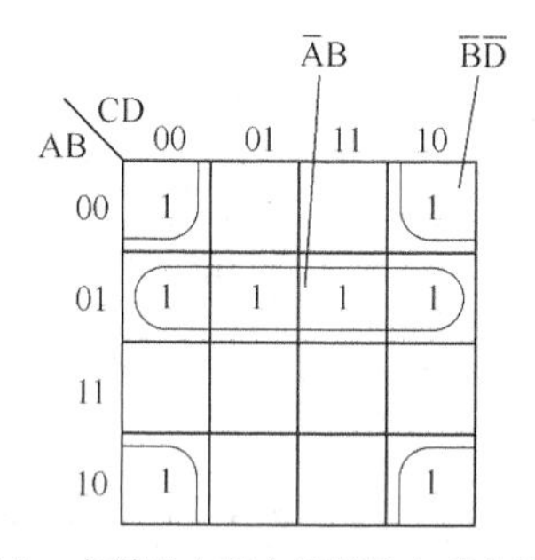

图 1.5.5　卡诺图中四个相邻最小项合并示例

（2）卡诺图化简逻辑函数的步骤及其注意事项

用卡诺图化简逻辑函数的步骤如下。

① 画出逻辑函数的卡诺图。凡表达式中包含了的最小项，其对应方格填 1，其余方格填 0 或不填。

② 合并最小项。按合并最小项的规律，为包含 2^m（m 为 0，1，2，…，n）个相邻的值为 1 的小方格画合并圈。

③ 写出最简与或表达式。对应每个合并圈按“去异取同”原则写出一个新的乘积项，然

后将所有合并圈对应的乘积项相加。

画合并圈时应注意的事项如下。

① 合并圈的个数应最少，以使得简化后得到的乘积项最少，但所有的最小项（即值为 1 的小方格）均应圈过。

② 合并圈应尽可能大，以使得每个乘积项中包含的变量数最少。但每个圈包含的值为“1”的小方格个数应为 2^m 个（m 为 0，1，2，…，n）。

③ 值为“1”的小方格可以被不同的合并圈重复使用，但新增合并圈中至少要包含一个在其他圈中未被圈过的“1”，否则该合并圈为多余。

④ 相邻小方格包括上下底相邻、左右边相邻和四角相邻。

⑤ 画合并圈的方法有时不是唯一的，所以得到的最简与或式往往也是不同的。

【例 1.5.15】 利用卡诺图求函数 $Y = A\overline{B}D + ABCD + \overline{A}B\overline{C}D + A\overline{C}D + \overline{B}CD + \overline{B}\,\overline{D}$ 的最简与或式和反函数 $\overline{Y}$ 的最简与或式。

解：

求 Y 的最简与或式。

画出 Y 的卡诺图后，对含有 1 的小方格圈圈合并最小项，如图 1.5.6（A）所示，可求得 Y 的最简与或表达式为 $Y = \overline{B}\,\overline{D} + AD + \overline{B}C + B\overline{C}D$。

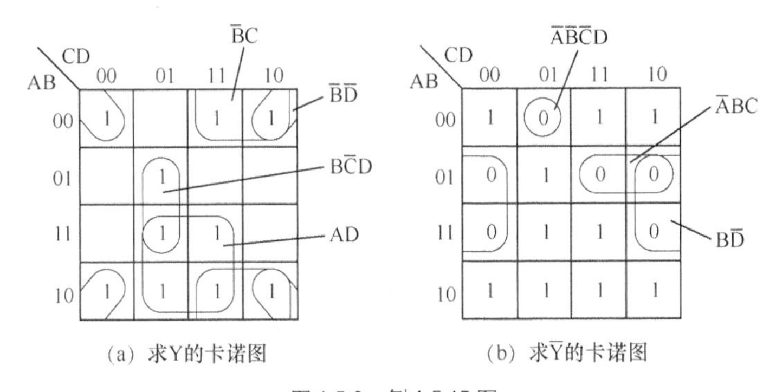

（a）求Y的卡诺图　　（b）求$\overline{Y}$的卡诺图

图 1.5.6　例 1.5.15 图

（3）求 $\overline{Y}$ 的最简与或式

在 Y 的卡诺图，对不含有 1 的小方格圈圈合并最小项，如图 1.5.5（B）所示，可求得 $\overline{Y}$ 的最简与或表达式为 $\overline{Y} = \overline{A}\,\overline{B}\,\overline{C}\,\overline{D} + \overline{A}BC + B\overline{D}$。

应用卡诺图化简逻辑函数比较直观，不需要熟练掌握逻辑代数的公式，也能够求出最简的与或式，比较适合手工计算，这是它的优点。但是如果组成最小项的变量个数超过 5 个，卡诺图会很大，小方格的相邻关系也不是很直观，计算过程将会很麻烦。所以当变量个数超过 5 个时，不适合用图形法化简。

1.5.4　具有约束的逻辑函数的化简

1．约束、约束项和有约束的逻辑函数

约束指的是逻辑函数的各个变量之间所具有的相互制约的关系。例如，有一些实际的逻

辑问题，抽象为逻辑函数后，输入逻辑变量的某些取值组合不允许出现，或不可能出现，或即使出现了，对输出函数值也没有影响。我们把这样的变量称为具有约束的逻辑变量，而这些不允许出现，或不可能出现的取值组合所对应的最小项统称为约束项。由有约束的变量所决定的逻辑函数，叫有约束的逻辑函数。约束项可以用 d_i 表示，其中下标 $i = 0 \sim (2^n-1)$为最小项的编号，在列真值表或填卡诺图时，将约束项所对应的函数值记作“×”。

2．约束条件和具有约束的逻辑函数的表示方法

将所有约束项相加所构成的函数值恒为零的逻辑表达式叫“约束条件”，记作 $\sum d_i = 0$ 。

表 1.5.3 所示为一个具有约束的逻辑函数的真值表，其逻辑函数表达式常用以下两种表示方法。

表 1.5.3　具有约束的逻辑函数的真值表

A	B	C	Y
0	0	0	×
0	0	1	1
0	1	0	1
0	1	1	0
1	0	0	1
1	0	1	0
1	1	0	0
1	1	1	×

$$\text{方法1:}\begin{cases} Y = \overline{A}\,\overline{B}C + \overline{A}B\overline{C} + A\overline{B}\,\overline{C} \\ \overline{A}\,\overline{B}\,\overline{C} + ABC = 0 \quad \text{（约束条件）} \end{cases}$$

$$\text{方法2:}\ Y = \sum m(1,2,4) + \sum d(0,7)$$

3．具有约束的逻辑函数的化简方法

在对具有约束的逻辑函数化简时，与约束项对应的函数值可以任意假定，既可以取 0，也可以取 1，完全视需要而定。

【例 1.5.16】 利用图形法化简下列具有约束的逻辑函数。

$$Y = \sum m(0,2,3,4,6,8,10) + \sum d(11,12,14,15)$$

解：

卡诺图如图 1.5.7（a）所示，利用约束项合并，得到最简与或式为 $Y = \overline{D} + \overline{B}C$ 。对约束项进行合并，如图 1.5.7（b）所示，得到约束条件的最简与或式为 $AB\overline{D} + ACD = 0$ 。

所以，该函数可表示为

$$\begin{cases} Y = \overline{D} + \overline{B}C \\ AB\overline{D} + ACD = 0 \quad \text{（约束条件）} \end{cases}$$

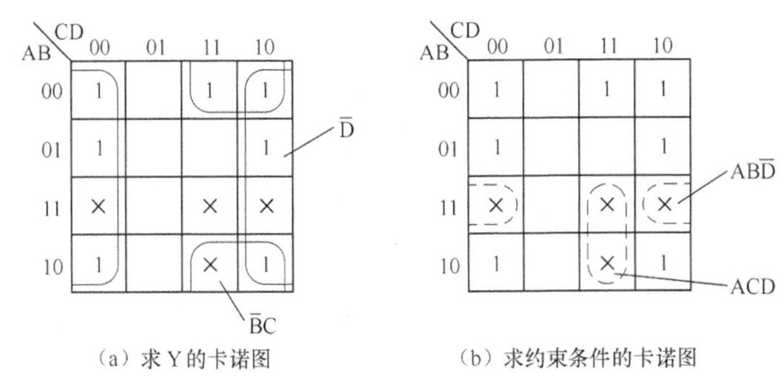

（a）求Y的卡诺图　　（b）求约束条件的卡诺图

图1.5.7　例1.5.16的卡诺图

这里要强调一点，在对具有约束的逻辑函数化简时，如果利用了约束项，那么在对输入变量赋值时，就一定要遵守约束条件；否则，输出结果将出现错误。

4．变量互相排斥的逻辑函数的化简

在实际的逻辑问题中常常遇到这种情况，即只要有一个变量的取值为 1，其他变量的取值就一定为 0。我们把具有这种约束条件的变量，称为互相排斥的变量。例如，有一个数字系统，用 A、B、C 3 个输入变量分别表示加、乘、除 3 种操作，由于在同一时间内机器只能进行加、乘、除 3 种操作中的一种操作运算，所以 A、B、C 3 个输入变量中不允许出现两个或 3 个变量取值同时为 1 的情况，可见 A、B、C 3 个变量是互相排斥的变量。假如用 2 位输出代码作为操作识别码，规定 Y_2Y_1=01 时为加运算，10 时为乘运算，11 时为除运算。可以列出该逻辑问题的真值表如表 1.5.4 所示，卡诺图如图 1.5.8 所示。

表 1.5.4　　互相排斥变量的真值表

A	B	C	Y_2	Y_1	说　明
0	0	0	0	0	不进行任何操作
0	0	1	1	1	除　法
0	1	0	1	0	乘　法
0	1	1	×	×	不允许
1	0	0	0	1	加　法
1	0	1	×	×	不允许
1	1	0	×	×	不允许
1	1	1	×	×	不允许

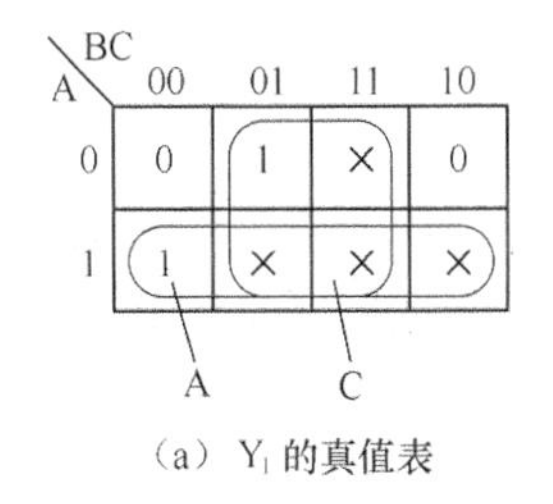

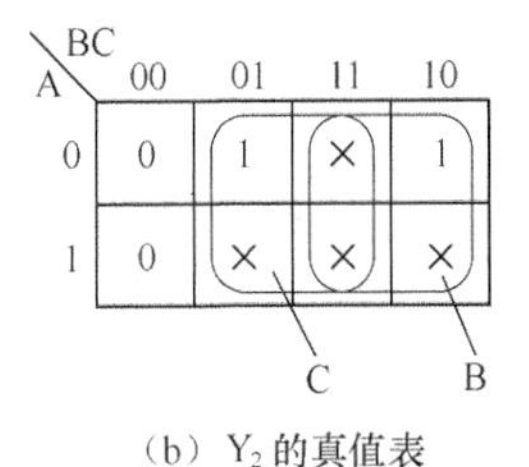

（a）Y_1的真值表　　（b）Y_2的真值表

图1.5.8　互相排斥变量的卡诺图

利用图形法化简，得到 Y_1 和 Y_2 的最简与或式为

$$Y_1=A+C \qquad Y_2=B+C$$

观察结果，可见对于变量互相排斥的逻辑函数，表达式可以直接写成各个变量之和的形式，而表 1.5.4 的真值表可以简化为表 1.5.5 的形式。

表 1.5.5　　互相排斥变量的简化真值表

	Y_2	Y_1
A	0	1
B	1	0
C	1	1

而对于该系统的约束条件为 AB+AC+BC=0。

1.6　逻辑函数的表示方法及其相互之间的转换

1.6.1　逻辑函数的几种表示方法

逻辑函数的表示方法通常有真值表、逻辑函数表达式、逻辑图、卡诺图和波形图等 5 种形式，它们各有特点，可以相互转换。

1．真值表

真值表是将输入逻辑变量的各种可能取值和对应的函数值排列在一起而组成的表格。它的主要优点是可以直观地反映逻辑变量的取值和函数值之间的对应关系。所以，许多数字集成电路手册常常都以真值表的形式给出器件的逻辑功能。它的主要缺点是当变量个数较多时，列写真值表麻烦，而且不能运用逻辑代数公式进行化简。

当把一个实际逻辑问题抽象成为数学问题时，使用真值表是最方便的。所以，在数字电路的逻辑设计过程中，首先就是分析要求列出真值表，然后由真值表再转换成其他的形式。

2．逻辑函数表达式

逻辑函数表达式是用与、或、非等逻辑运算的组合来表示逻辑变量之间关系的代数表达式。逻辑函数表达式有多种表示形式，逻辑函数表达式又简称为逻辑表达式、逻辑式或表达式。这种方法的主要优点是形式简单，书写方便，又能利用逻辑代数公式进行化简，同时根据逻辑表达式画逻辑图比较容易。缺点是不能直接反映输入、输出变量之间的对应关系。

3．逻辑图

逻辑图是用若干规定的逻辑符号连接构成的图。由于图中的逻辑符号通常都和电路器件相对应，所以逻辑图又称为逻辑电路图，用逻辑图实现电路是较容易的，它有与工程实际比较接近的优点。

4．卡诺图

卡诺图是真值表的一种特定的图示形式，是根据真值表按一定规则画出的一种方格图，它用每个小方格来表示真值表中每一行变量的取值情况和对应的函数值。卡诺图也是逻辑函数的一种表示方法，它可以直观而方便地化简逻辑函数。它的主要缺点在于变量增加后，用卡诺图表示逻辑函数将变得比较复杂，逻辑函数的化简也显得困难。

5．波形图

波形图是指能反映输出变量与输入变量随时间变化的图形，又称时序图。波形图能直观地表达出输入变量和函数之间随时间变化的规律。

1.6.2　5种表示方法的转换

逻辑函数的5种表示方法，是完全一一对应的关系，只要知道其中的任意一种表示形式，就可以方便地得到其他4种表示形式。这几种表示方法的转换，对于今后学习数字电路的分析和设计是十分重要的。

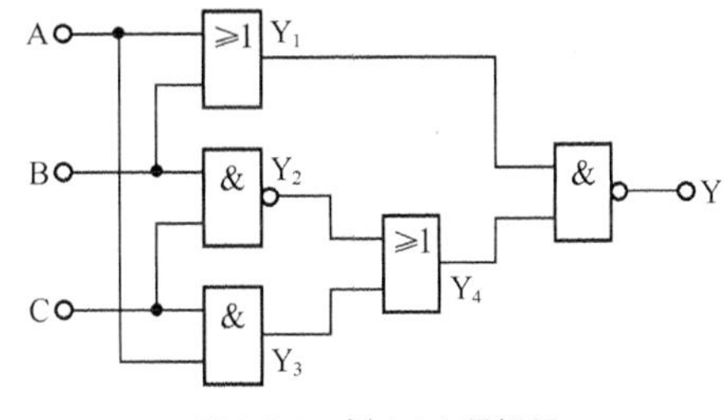

图1.6.1　例1.6.1逻辑图

【例1.6.1】 某逻辑函数的逻辑图如图1.6.1所示，试用其他4种方法表示该逻辑函数。

解：

（1）逻辑表达式

由逻辑图逐级写出输出端函数表达式如下

$$Y_1 = A + B \qquad Y_2 = \overline{BC} \qquad Y_3 = AC \quad Y_4 = Y_2 + Y_3 = \overline{BC} + AC$$

最后得到函数Y的表达式为

$$\begin{aligned} Y &= \overline{Y_1 Y_4} = \overline{(A+B)(\overline{BC}+AC)} = \overline{A+B} + \overline{\overline{BC}+AC} \\ &= \overline{A}\,\overline{B} + BC\overline{AC} = \overline{A}\,\overline{B} + BC(\overline{A}+\overline{C}) = \overline{A}\,\overline{B} + \overline{A}BC = \overline{A}\,\overline{B} + \overline{A}C \end{aligned}$$

（2）真值表

由逻辑表达式，可知在A=B=0或者A=0并且C=1的情况，Y为1，其他情况Y均为0，可以列出该逻辑图的真值表如表1.6.1所示。

表1.6.1　【例1.6.1】的真值表

A	B	C	Y
0	0	0	1
0	0	1	1
0	1	0	0
0	1	1	1
1	0	0	0
1	0	1	0
1	1	0	0
1	1	1	0

（3）卡诺图

由逻辑表达式，可以直接画出如图1.6.2所示的卡诺图。

（4）波形图

将变量 A、B、C 的取值情况按照 000、001、010……111 的排列规律画出输入波形，然后对应真值表的输出画出 Y 的波形，其波形图如图 1.6.3 所示。

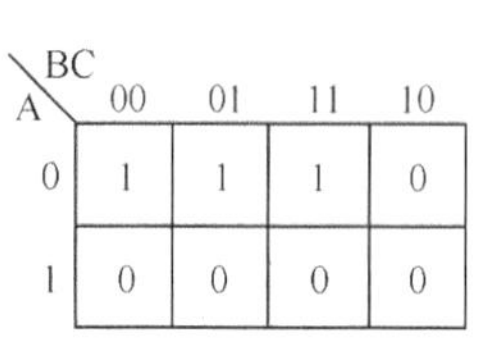

A \ BC	00	01	11	10
0	1	1	1	0
1	0	0	0	0

图 1.6.2 例 1.6.1 的卡诺图

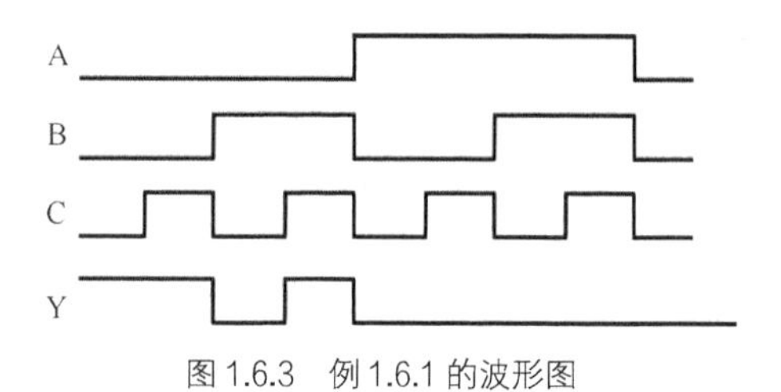

图 1.6.3 例 1.6.1 的波形图

【例 1.6.2】 已知某逻辑函数为 $Y = AB\overline{C} + ABC + \overline{A}BD + \overline{A}\,\overline{B}C$，按照与非-与非式画出它的逻辑图。

解：

首先将已知表达式化为最简与或式，然后再转换为与非-与非式。

$$Y = AB + BD + \overline{A}\,\overline{B}C = \overline{\overline{AB}\,\overline{BD}\,\overline{\overline{A}\,\overline{B}C}}$$

根据 Y 的最简与非-与非式画出逻辑图，如图 1.6.4 所示。

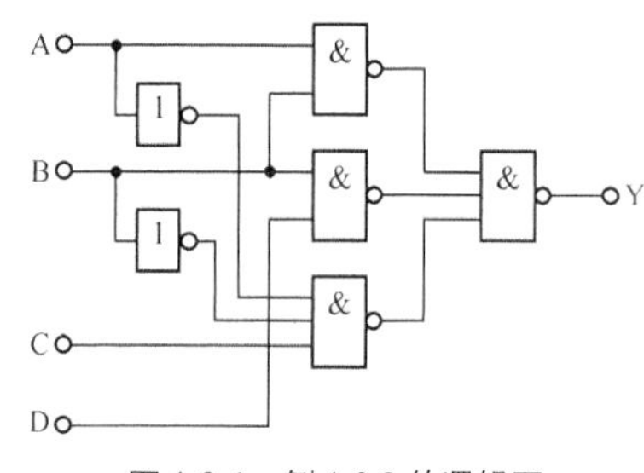

图 1.6.4 例 1.6.2 的逻辑图

本 章 小 结

本章主要介绍了数制、编码、逻辑运算、逻辑函数的表示方法和逻辑函数的化简等逻辑代数方面的基础知识。

（1）数字电路处理的信号是离散信号，这种信号的有无可以用二进制数 0 和 1 表示，其大小也可以用二进制数表示。在数字系统中，任何数字、字母、符号等都必须变成 0 和 1 的形式，才能够进行传送和处理。

（2）十进制、二进制、八进制、十六进制数的构成法是相同的，不同点仅在于它们的基数和权不相等。基数是指数制中使用的数码的个数，权是指数制中每一位所具有的值的大小。

（3）逻辑代数是分析和设计逻辑电路的工具。逻辑函数的化简和形式的转换，是合理设计数字电路所必须要有的过程。

（4）一个逻辑问题可用逻辑函数来描述。逻辑函数可用真值表、逻辑表达式、卡诺图、逻辑图和时序图表达，这 5 种表达方式各具特点，可根据需要选用。

习 题

习题 1.1 填空题

（1）人们在日常生活中习惯使用的数制是_________，而在数字电路中常用的数制是_________。

（2）将十六进制数$(5A)_{16}$化成二进制数为________、八进制数为________、十进制数为________。

（3）$(53.25)_{10}$所对应的二进制和十六进制数为________和________。

（4）$(1000\ 0011\ 0101)_{8421BCD}$所对应的十进制数为________。

（5）$(137)_{10}$所对应的 8421BCD 码为________，余 3 码为________。

（6）如果对 123 个符号进行二进制编码，则至少需要________位二进制数。

（7）逻辑代数中有________、________和________ 3 种基本逻辑运算。

（8）逻辑代数的 3 个基本规则是________、________和________。

（9）已知函数的对偶式为$\overline{A\overline{B}} + \overline{\overline{C}D + BC}$，则它的原函数为________。

（10）逻辑函数 $Y=A \oplus A=$________。

习题 1.2　选择题

（1）将二进制数 1101.11 转换为十六进制数为（　　）。

A．D.C　　B．15.3　　C．12.E　　D．21.3

（2）下列几种说法中与 BCD 码的性质不符的是（　　）。

A．一组 4 位二进制数组成的 BCD 码只能表示一位十进制数码

B．BCD 码就是人为选定的 0～9 十个数字的代码

C．BCD 码是一种用二进制数码表示十进制数码的方法

D．因为 BCD 码是一组 4 位二进制数，所以 BCD 码能表示十六进制以内的任何一个数码

（3）在函数 F=AB+CD 的真值表中，F=1 的状态有（　　）个。

A．3　　B．5　　C．7　　D．15

（4）用两个开关控制一个电灯，只有两个开关都闭合时灯才不亮，则该电路的逻辑关系是（　　）。

A．与　　B．与非　　C．或　　D．或非

（5）一个四变量的逻辑函数，最小项共有（　　）个。

A．4　　B．8　　C．12　　D．16

（6）下列哪些是四变量逻辑函数 F(A,B,C,D)的最小项（　　）。

A．$A\overline{B}CD$　　B．$\overline{A}\,\overline{B}CA$　　C．$BD\overline{C}$　　D．AB

（7）逻辑函数$F = A \oplus (A \oplus B) =$（　　）。

A．A　　B．B　　C．$\overline{A}B$　　D．$A\overline{B}$

（8）以下表达式中符合逻辑运算法则的是（　　）。

A．$A \cdot A = A^2$　　B．$A + A = 2A$　　C．1+1=10　　D．A+1=1

（9）A+BC=（　　）。

A．A+B

B．A+C

C．(A+B)(A+C)

D．B+C

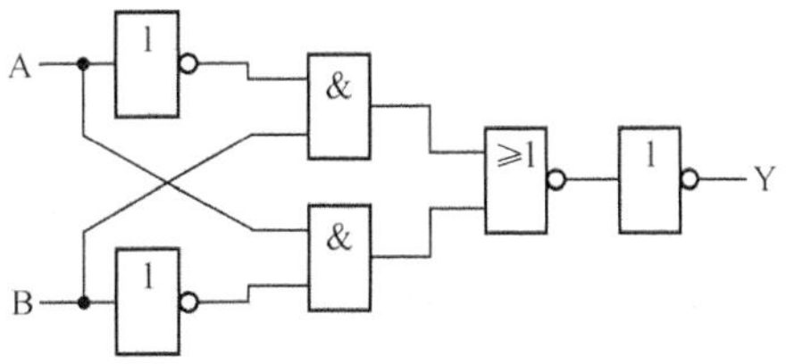

题图 1.1

（10）题图 1.1 表示的逻辑关系是（　　）。

A．与非逻辑　　B．或非逻辑　　C．异或逻辑　　D．同或逻辑

习题 1.3 把下列二进制数转换为十进制数。

（1）1001 （2）1100.101 （3）10101001 （4）10001001

习题 1.4 把下列十进制数转换为二进制数。

（1）11 （2）23 （3）98 （4）127.375

习题 1.5 把下列十进制数转换为十六进制数。

（1）19 （2）27 （3）88 （4）125

习题 1.6 把下列十六进制数转换为二进制数。

（1）1B （2）9C （3）AE （4）367

习题 1.7 分别写出下列十进制数的 8421BCD 码和余 3BCD 码。

（1）8 （2）25 （3）75 （4）266

习题 1.8 利用反演规则写出下列各函数的反函数。

（1）$Y_1 = AB + \bar{A}\bar{B}$

（2）$Y_2 = AB + AC + BC$

（3）$Y_3 = A + \overline{B + C\bar{D}} + \overline{AD}\,\overline{B}\,\overline{C}$

（4）$Y_4 = A\bar{B}\bar{C} + AC(\overline{BD} + \bar{D}E)$

习题 1.9 利用逻辑代数的基本公式和定理证明下列等式。

（1）$\overline{A + B + C} + A\bar{B}\bar{C} = \bar{B}\bar{C}$

（2）$AB + BCD + \bar{A}C + \bar{B}C = AB + C$

（3）$AB(C + D) + D + \bar{D}(A + B)(\bar{B} + \bar{C}) = A + B\bar{C} + D$

（4）$A + \overline{\bar{A}(B + C)} = A + \overline{B + C}$

（5）$ABCD + \bar{A}\bar{B}\bar{C}\bar{D} = \overline{A\bar{B} + B\bar{C} + C\bar{D} + D\bar{A}}$

（6）$A\bar{B} + B\bar{C} + C\bar{A} = \bar{A}B + \bar{B}C + \bar{C}A$

习题 1.10 证明下列异或运算公式。

（1）$A \oplus 0 = A$

（2）$A \oplus 1 = \bar{A}$

（3）$A \oplus A = 0$

（4）$A \oplus \bar{A} = 1$

（5）$\overline{A \oplus B} = AB + \bar{A}\bar{B}$

（6）$A \oplus \bar{B} = \overline{A \oplus B}$

习题 1.11 用公式法化简下列函数。

（1）$Y_1 = A\bar{B}C + A\bar{B} + A\bar{D} + \bar{A}\bar{D}$

（2）$Y_2 = AB + \bar{A}C + \bar{B}C + \bar{C}D + \bar{D}$

（3）$Y_3 = \bar{A}\bar{B} + AC + BC + \bar{B}\bar{C}\bar{D} + B\bar{C}E + \bar{B}CF$

（4）$Y_4 = (\bar{A} + \bar{B} + \bar{C})(B + \bar{B}\bar{C} + \bar{C})(\bar{D} + DE + \bar{E})$

（5）$Y_5 = \overline{\overline{\bar{A}\bar{B} + ABC} + BC}$

（6）$Y_6 = A + \overline{\bar{B} + \bar{C}\bar{D} + A} + \overline{\bar{A}}\,\overline{\bar{B}}\,\overline{\bar{D}}$

习题 1.12 写出题图 1.2（a）～（h）所示各函数的最简与或表达式。

A \ BC	00	01	11	10
0	1			1
1		1		1

（a）

A \ BC	00	01	11	10
0	1			1
1	1	1		1

（b）

AB \ CD	00	01	11	10
00	1	1		1
01	1	1		
11		1		
10		1		1

（c）

AB \ CD	00	01	11	10
00		1	1	1
01	1	1		1
11	1		1	1
10	1	1	1	

（d）

AB \ CD	00	01	11	10
00	1	1		1
01		1	1	1
11	1	1	1	
10	1		1	1

（e）

AB \ CD	00	01	11	10
00	1			1
01	1	1		1
11		1	1	
10				1

（f）

AB \ CD	00	01	11	10
00	1			
01	1			1
11	×	×	1	×
10				

（g）

AB \ CD	00	01	11	10
00	×			1
01	1			1
11	×	1	1	×
10	1		×	1

（h）

题图 1.2

习题 1.13 用图形法化简下列函数为最简与或式。

（1）$Y_1 = AB + \overline{A}C + \overline{B}C + \overline{C}D + \overline{D}$

（2）$Y_2 = \overline{A}\,\overline{B}C + AD + B\overline{D} + C\overline{D} + A\overline{C} + \overline{A}\,\overline{D}$

（3）$Y_3 = AC + BC + \overline{B}D + \overline{C}D + AB$

（4）$Y_4 = \overline{AC + \overline{A}BC + \overline{B}C} + A\overline{B}C$

（5）$Y_5(A,B,C) = \sum m(1,3,4,5,7)$

（6）$Y_6(A,B,C,D) = \sum m(1,5,6,7,11,12,13,15)$

（7）$Y_7 = AC\overline{D} + AB\overline{D} + BC + \overline{A}CD + ABD$　　$B\overline{C}D + \overline{A}\,\overline{B}\,\overline{D} = 0$　（约束条件）

（8）$Y_8(A,B,C,D)=\sum m(0,2,4,5,6,7,12)+\sum d(8,10)$

习题 1.14 写出如题表 1.1 真值表描述的逻辑函数表达式，进行化简，转换成与非-与非式，并用与非运算符号画出实现该逻辑函数的逻辑图。

题表 1.1 **真值表**

A	B	C	Y
0	0	0	0
0	0	1	1
0	1	0	1
0	1	1	0
1	0	0	1
1	0	1	0
1	1	0	0
1	1	1	1

习题 1.15 写出题图 1.3 所示逻辑图的表达式，进行化简，并画出它的波形图。

习题 1.16 逻辑图如题图 1.4 所示。试分析当输入变量 A、B、C 为何种组合时，输出函数 Y 和 Z 相等。

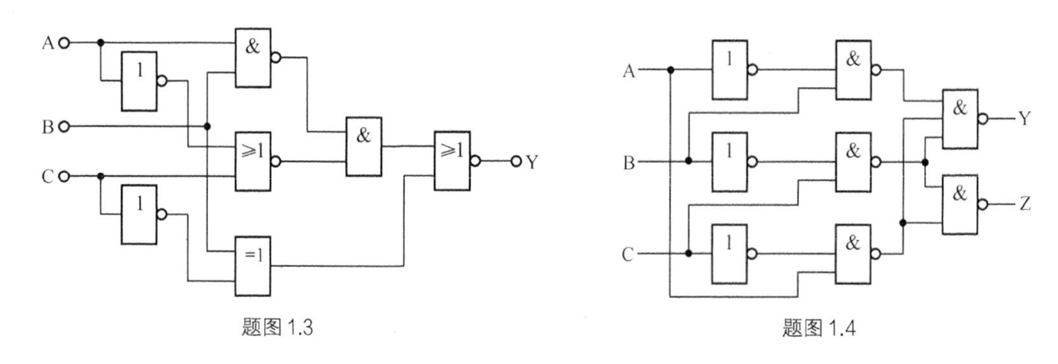

题图 1.3　　题图 1.4

第2章 集成门电路

本章全面介绍数字电路的基本逻辑单元——门电路。本章首先从半导体基础知识出发，介绍二极管、三极管和MOS管的基本原理，二极管、三极管和MOS管在开关状态下的工作特性，以及二极管、三极管和MOS管构成的门电路。重点讨论目前应用广泛的TTL门电路和CMOS门电路，侧重讨论它们的外部特性。外部特性主要包括两个内容，一是输出输入之间的逻辑关系，二是外部的电气特性，包括电压传输特性、输入特性、输出特性、动态特性等。通过本章学习，读者应熟悉相关集成门电路在使用中应注意的问题。本章内容是数字电路的电路基础。

2.1 概述

2.1.1 逻辑门电路的概念

逻辑门电路是指实现一定逻辑运算的电子电路，也称为门电路。例如，实现非运算的门电路叫非门，实现或运算的门电路叫或门。

在二值逻辑里，逻辑变量的取值只有0和1。在数字电子电路中，与之相对应的是电子开关的两个状态。在电子电路中，一般用高、低电平分别表示二值逻辑的1和0两种逻辑状态。获得高、低输出电平的基本原理可以用图2.1.1表示。当开关S断开时，输出电压u_O为高电平；而当S接通以后，输出便为低电平。

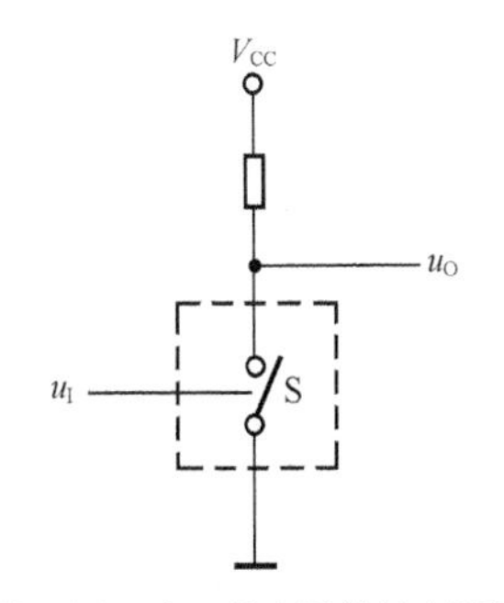

图2.1.1 高、低电平的基本原理

2.1.2 正逻辑与负逻辑

用高电平表示逻辑1，低电平表示逻辑0的规定称为正逻辑。用高电平表示逻辑0，低电平表示逻辑1的规定称为负逻辑。

对于同一电路，可以采用正逻辑，也可以采用负逻辑，正逻辑与负逻辑的规定不涉及逻辑电路本身的结构与性能好坏，但不同的规定可使同一电路具有不同的逻辑功能。

在后续章节中，无特殊说明，使用的都是正逻辑。

2.1.3 分立门电路和集成门电路

分立门电路是指每个门都是用若干个分立的半导体器件和电阻、电容连接而成的，目前虽然不使用，但可作为入门内容进行学习。而集成门电路是指采用半导体制作工艺，将许多晶体管及电阻器、电容器等元器件制作在一块很小的单晶硅片上，按照多层布线或遂道布线的方法将元器件组合成完整的电子电路。

2.2 半导体器件的开关特性

2.2.1 二极管的开关特性

二极管的开关特性表现在正向导通与反向截止这样两种不同状态之间的转换过程中。

1. 静态特性

典型二极管的静态特性曲线（又称伏安特性曲线）如图 2.2.1 所示。

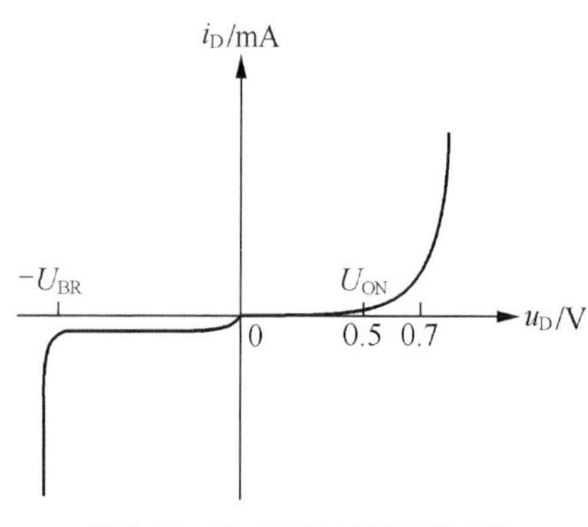

图 2.2.1 硅二极管的伏安特性曲线

伏安特性曲线是加在二极管两端的电压 u_D 和流过二极管的电流 i_D 两者之间的关系曲线。

（1）正向特性

当外加正向电压时，正向电流 i_D 随正向电压 u_D 的增加而增加，但当正向电压较小时，流过二极管的电流很小，几乎为零，将这段称为死区，U_{ON} 称为死区电压，通常硅管的死区电压约为 0.5V，锗管约为 0.1V。当外加正向电压超过死区电压 U_{ON} 后，二极管的电流明显增大，处于导通状态，二极管的正向压降变化不大，硅管约为 0.6～0.8V，锗管约为 0.2～0.3V。当温度上升时，死区电压和正向压降均相应降低。

（2）反向特性

伏安特性曲线上的 U_{BR} 称为反向击穿电压，当外加反向电压低于 U_{BR} 时，此时二极管反向电阻很大，反向电流很小，二极管处于反向截止区。当温度上升时，反向电流会有增长。当二极管外加反向电压超过 U_{BR} 后，反向电流突然增大，二极管失去单向导电性，这种现象称为击穿。普通二极管被击穿后，由于反向电流很大，一般会造成“热击穿”，不能恢复原来的性能，所以一般不允许反向电压超过此值。

由于二极管具有上述的单向导电性，所以在数字电路中经常把它当作开关使用。

图 2.2.2（a）所示为由二极管组成的简单的开关电路，图 2.2.2（b）所示为二极管导通状态下的等效电路，图 2.2.2（c）所示为二极管在截止状态下的等效电路，图中忽略了二极管的正向压降。

2. 动态特性

二极管的动态特性是指二极管在正向导通与反向截止两种状态转换过程中的特性，它表现在完成两种状态之间的转换需要一定的时间。而二极管的电容效应是产生延迟时间的主要原因。

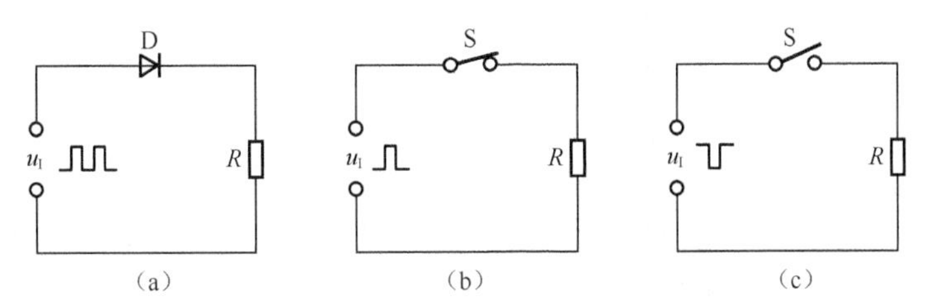

图 2.2.2 二极管开关电路及其直流等效电路图

（1）开通时间

当二极管两端的电压由 U_L 跳变到 U_H 时，如果二极管是一个理想开关，应该立即由截止转为导通，其理想波形如图 2.2.3（b）所示。但实际的波形并非如此，而是二极管不能随 U_L 跳变到 U_H 而立即导通，二极管要经过导通延迟时间 t_d 和上升时间 t_r 之后，才能由截止状态转换到导通状态。所以二极管的开通时间为 $t_{on}=t_d+t_r$，电路中电流变化过程如图 2.2.4 所示。半导体二极管的开通时间 t_{on} 一般很小，通常可以忽略不计。

（2）反向恢复时间

当二极管两端的电压由 U_H 跳变到 U_L 时，如果二极管是一个理想开关，应该立即由导通转为截止，其理想波形如图 2.2.3（b）所示。在实际情况下，二极管需要经过存储时间 t_s 和下降时间 t_f 之后，才能由导通状态转换到截止状态。所以二极管的反向恢复时间为 $t_{off}= t_s+t_f$，电路中电流变化过程如图 2.2.4 所示。

与二极管的开通时间相比，二极管反向恢复过程需要经过一段较长的时间，因此只考虑二极管的反向恢复时间，即关断时间 t_{off}。一般二极管的反向恢复时间也只有几纳秒。在信号频率非常高的情况下，二极管将失去开关作用。

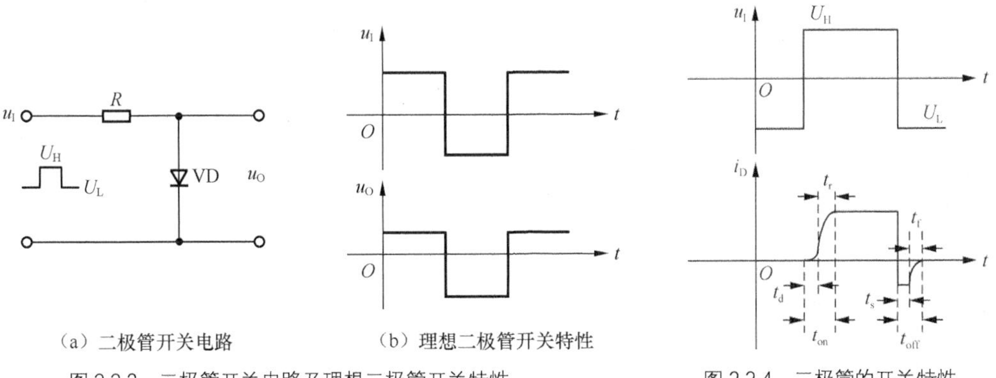

图 2.2.3 二极管开关电路及理想二极管开关特性

图 2.2.4 二极管的开关特性

2.2.2 三极管的开关特性

在模拟电路中，三极管通常作为线性放大元件或非线性元件被使用。在数字电路中，在大幅度脉冲信号作用下，三极管也可以作为电子开关，而且三极管易于构成功能更强的开关电路，因此它的应用比开关二极管更广泛。

1. 三极管的静态特性

三极管由集电结和发射结两个 PN 结构成。根据两个 PN 结的偏置极性，三极管有截止、放大、饱和 3 种工作状态。在数字逻辑电路中，三极管被作为开关元件工作在饱和与截止两种状态。

图 2.2.5 所示为一基本单管共射电路。输入电压 u_I 通过电阻 R_B 作用于三极管的发射结，输出电压 u_O 由三极管的集电极取出。

当输入电压 u_I 小于门限电压 U_{ON} 时，发射结处于反向偏置，三极管工作在截止区，$i_B≈0$，$i_C≈0$，$u_O≈V_{CC}$。三极管呈现高阻抗，类似于开关断开。

当输入电压 u_I 大于某一数值时，发射结与集电结均为正向偏置，此时三极管工作在饱和区，其饱和导通条件为

$$I_B \geqslant I_{BS} = \frac{V_{CC} - U_{CES}}{\beta R_C} \tag{2.2.1}$$

则有

$$u_O = U_{CES} \leqslant 0.3\text{V} \tag{2.2.2}$$

其中 I_{BS} 为三极管的饱和基极电流，U_{CES} 为三极管的饱和压降。三极管呈现低阻抗，类似于开关接通。

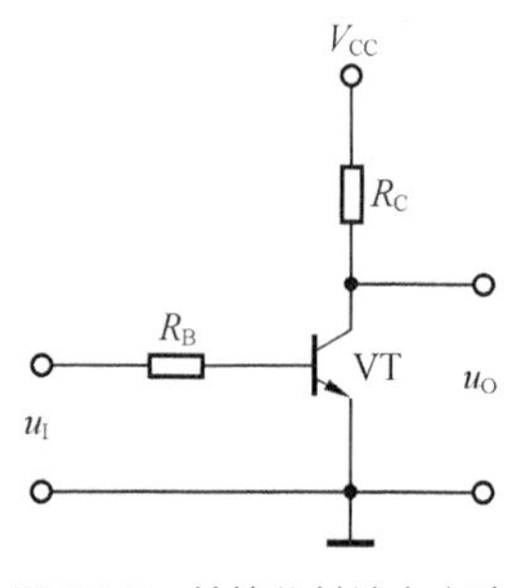

图 2.2.5 单管共射放大电路

【例 2.2.1】 图 2.2.5 所示的单管共射放大电路，已知 V_{CC}=5V，R_B=4.3kΩ，R_C=2kΩ，β=20，门限电压 U_{ON}=0.7V，U_{CES}=0.3V。求

（1）若 u_I=0V，则三极管 VT 处于什么状态，其输出电压 u_O 和基极电流 i_B 各为多少？

（2）若 u_I=5V，则三极管 VT 处于什么状态，其输出电压 u_O 和基极电流 i_B 各为多少？

解：

（1）因 u_I=0V，u_I 小于门限电压 U_{ON}，三极管的发射结不能导通，故三极管处于截止状态，所以 u_O=5V，基极电流为 0A。

（2）因 u_I=5V，三极管的发射结处于导通状态，$i_B = \frac{u_I - U_{ON}}{R_B} = 1\text{mA}$，而三极管的饱和基极电流为 $I_{BS} = \frac{V_{CC} - U_{CES}}{\beta R_C} = 0.12\text{mA}$，可得 $i_B>I_{BS}$，所以三极管处于饱和状态。输出电压为 $u_O=U_{CES}$=0.3V。

2. 三极管的动态特性

若三极管是一个理想的开关，那么输出电压 u_O 应重现输入 u_I 的波形，只是波形幅度增大和倒相而已。但实际上，三极管和二极管一样，在开关过程中也存在电容效应，都伴随着相应电荷的建立和消散过程，因此都需要一定的时间。

在图 2.2.5 单管共射放大电路中，当输入 u_I 为矩形脉冲时，令 U_L 使三极管处于截止状态，而 U_H 使三极管处于饱和状态。若 u_I 由低电平 U_L 跳变为高电平 U_H，则三极管需要经过导通

延迟时间 t_d 和上升时间 t_r 之后，才能完成由截止状态到饱和状态的转化。开通时间为

$$t_{on} = t_d + t_r \tag{2.2.3}$$

若 u_I 由高电平 U_H 跳变为低电平 U_L，则三极管需要经过存储时间 t_s 和下降时间 t_f 之后，才能完成由饱和状态到截止状态的转化。关断时间为

$$t_{off} = t_s + t_f \tag{2.2.4}$$

综上所述，u_O、i_C 和 u_O 之间的波形如图 2.2.6 所示。

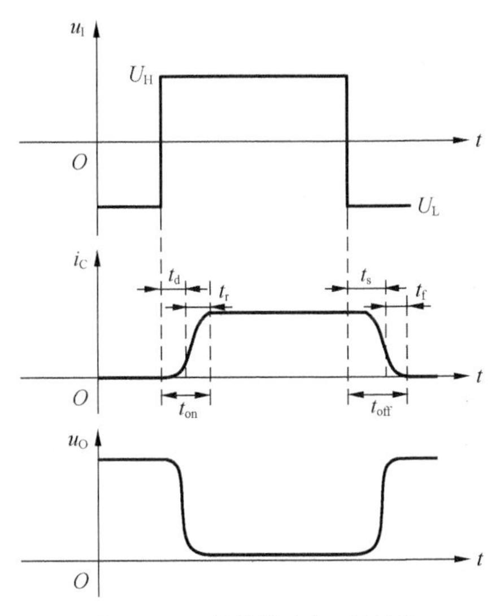

图 2.2.6 三极管的动态开关特性

三极管开关时间的存在，影响了开关电路的工作速度。一般情况下，由于 $t_{off} > t_{on}$，因此减少饱和导通时基区存储电荷的数量，尽可能地加速其消散过程，即缩短存储时间 t_s，是提高三极管开关速度的关键。

2.2.3 场效应管的开关特性

在 MOS 集成电路中，为了使电路前后两级的高低电平范围能大致相同，一般都采用增强型 MOS 管作为开关工作管。PMOS 集成电路的制造工艺较容易，它的产品较早问世，但从概念的叙述来讲，NMOS 各极所加电压均是正值，分析较为直观。所以，一般都以 NMOS 为例去分析 MOS 集成电路的组成及工作原理。PMOS 电路只是电压极性相反，分析的思路完全相同。

1. MOS 管的静态特性

由图 2.2.7 中可以看出，MOS 管是由金属-氧化物-半导体构成的。以一块掺杂浓度较低、电阻率较高的 P 型硅半导体薄片作为衬底，利用光刻、扩散等工艺方法制作两个 N^+ 区，然后在 P 型硅表面制作一层很薄的二氧化硅绝缘层，并在二氧化硅的表面及两个 N^+ 区的表面上引出电极，分别叫栅极（G）、源极（S）、漏极（D），这样就成了 N 沟道 MOS 管。

反应漏极电流 i_D 和漏极-源极间电压 u_{DS} 之间关系的曲线叫做漏极特性曲线。漏极电流

i_D与漏-源电压u_{DS}的关系函数为

$$i_D=f(u_{DS})\mid u_{GS} \tag{2.2.5}$$

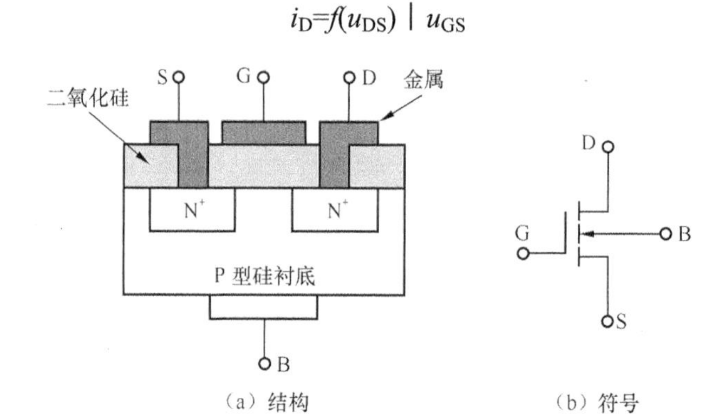

（a）结构　　（b）符号

图 2.2.7　N 沟道增强型 MOS 管的结构及符号

其特性曲线如图 2.2.8 所示。

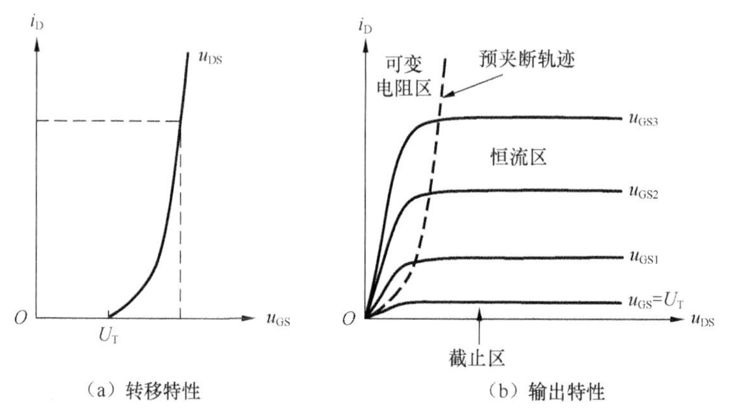

（a）转移特性　　（b）输出特性

图 2.2.8　N 沟道增强型 MOS 管的特性曲线

当u_{GS}为零或很小时，由于漏极（D）和源极（S）之间是两个背靠背的 PN 结，所以在漏极加上正电压，MOS 管中也不会有电流流过，即管子处于截止状态。

当u_{GS}大于U_T时，MOS 管开始导通了。因在$u_{GS}=U_T$时，栅极和衬底之间产生的电场已增加到足够强的程度，把 P 型衬底中的电子吸引到交界面处，形成了 N 型层，把两个N^+区连接起来，使漏极和源极导通。故而称该管为 N 沟道增强型 MOS 管。

当u_{GS}大于U_T后，在u_{DS}比较小时，i_D与u_{DS}成近似线性关系，因此可把漏极（D）和源极（S）之间看成一个可由u_{GS}进行控制的电阻，u_{GS}越大，曲线越陡，等效电阻越小，所以称此区域为可变电阻区，如图 2.2.8（b）所示。

当u_{GS}大于U_T后，在u_{DS}比较大时，i_D仅取决于u_{GS}，而与u_{DS}几乎无关，特征曲线近似水平线，所以称此区域为恒流区，如图 2.2.8（b）所示。

反应漏极电流i_D和栅极电压u_{GS}之间关系的曲线叫做转移特性曲线，其表达函数为

$$i_D=f(u_{GS})\mid u_{DS} \tag{2.2.6}$$

其转移特性曲线如图 2.2.8（a）所示。

当u_{GS}小于U_T后，MOS 管处于截止状态，而当u_{GS}大于U_T后，只要在恒流区，转移特

性曲线基本上是重合在一起的。

如图 2.2.9 所示的 NMOS 管开关电路，当输入电压 $u_I>U_T$ 时，MOS 管导通，由于漏极负载电阻 R_D 远远大于 MOS 管的导通电阻 R_{ON}，$u_O=\frac{V_{DD}}{R_D+R_{ON}}R_{ON}$，所以输出为低电平，相当于开关闭合。当 $u_I<U_T$ 时，MOS 管截止，$i_D\approx0$，输出 u_O 为高电平，相当于开关断开，其输出电压近似等于 V_{DD}。这样，漏极和源极之间就成了被栅极控制的电子开关。

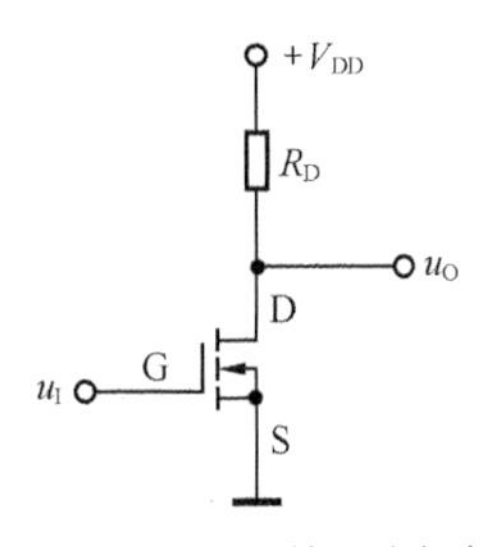

图 2.2.9 NMOS 管开关电路

2. MOS 管的动态特性

由于 MOS 管 3 个电极之间均有电容存在，它们分别是栅源电容 C_{GS}、栅漏电容 C_{GD} 和漏源电容 C_{DS}。在数字电路中，MOS 管的动态特性，即开关速度受到这些电容充、放电过程的制约。

在图 2.2.9 所示的开关电路中，当 u_I 改变时，MOS 管仍然存在着开通时间、关断时间，并且其动态开关特性与双极性三极管类似。另外，MOS 管工作时，其导通电阻要比双极性三极管饱和工作时大，并且 R_D 也比 R_C 大，这就使得 MOS 管电路在开关时间上一般要比三极管电路长，其动态特性较差。

2.3 分立元器件门电路

门电路是数字电路最基本的逻辑元件，应用十分广泛。门电路其实就是一种开关电路，当满足一定条件时它能允许数字信号通过，条件不满足时数字信号就不能通过。所以门电路是一种逻辑电路。

在数字电路中，最基本的逻辑运算有“与”“或”“非”运算。与此对应的基本门电路便是“与”门、“或”门和“非”门。在实际应用中，还经常将这些基本逻辑门组合为复合门电路，通常把这些常用的复合门电路也称为基本逻辑单元，如“与非”门电路、“或非”门电路等。

2.3.1 二极管与门和或门

1. 二极管与门电路

实现与逻辑关系的电路称为与门。图 2.3.1（a）所示为二极管与门电路，A、B、C 是它的 3 个输入端，Y 是输出端；图 2.3.1（b）所示为它的逻辑符号。对于 A、B、C 中的每一个输入端而言，都只能有两种状态：高电平（5V）或低电平（0V）。

（1）当输入端 A、B、C 的电位 $u_A=u_B=u_C=5V$ 时，VD_1、VD_2、VD_3 均截止，输出端 $u_Y=V_{CC}=5V$。

（2）当输入端电位只要有一个为 0V，不全为 0V 时，如 $u_A=0V$，$u_B=u_C=5V$，则 VD_1 优先导通。

当 VD_1 导通后，$u_Y=u_A+u_{D1}=(0+0.7V)=0.7V$，致使 $u_{D2}=u_Y-u_B=0.7V-5V=-4.3V$，$u_{D2}=$

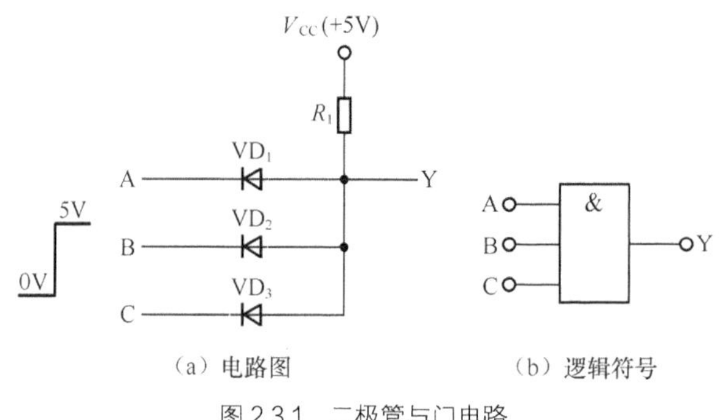

（a）电路图　　（b）逻辑符号

图 2.3.1　二极管与门电路

u_{D3}，VD_2、VD_3受反向电压而截止。Y 点被钳位于 0.7V，因此 u_Y=0.7V。

（3）当输入端 A、B、C 的电位 $u_A=u_B=u_C$=0V 时，VD_1、VD_2、VD_3均导通，输出端 $u_Y=u_A+u_{D1}=u_B+u_{D2}=u_C+u_{D3}$=0.7V。

将上述分析结果整理，可得如表 2.3.1 所示电压关系表。设输入端 A、B、C 为逻辑变量，Y 为逻辑函数，并用“0”表示低电平，用“1”表示高电平，则得到与门的逻辑状态表，如表 2.3.2 所示。根据以上分析可知：只有当 A、B、C 都为 1 时，Y 才能为 1，否则，Y 为 0，这就是与逻辑运算，此电路称为与门。与门的输出 Y 与输入 A、B、C 的关系可用如下逻辑式来表达

$$Y=A\cdot B\cdot C \tag{2.3.1}$$

表 2.3.1　　与门电压关系表

输　入			输　出
u_A/V	u_B/V	u_C/V	u_Y/V
0	0	0	0.7
0	0	1	0.7
0	1	0	0.7
0	1	1	0.7
1	0	0	0.7
1	0	1	0.7
1	1	0	0.7
1	1	1	5

表 2.3.2　　与门逻辑状态表

输　入			输　出
A	B	C	Y
0	0	0	0
0	0	1	0
0	1	0	0
0	1	1	0
1	0	0	0
1	0	1	0
1	1	0	0
1	1	1	1

2. 二极管或门电路

实现或逻辑关系的电路称为或门。图 2.3.2（a）所示为二极管或门电路，图 2.3.2（b）所示为它的逻辑符号。图中 A、B、C 为输入端，Y 为输出端。

（1）当 $u_A=u_B=u_C$= 5V 时，二极管 VD_1、VD_2、VD_3均导通，$u_Y=u_B-u_{D2}$=(5–0.7)V=4.3V。

（2）当输入端电位只要有一个为 5V，不全为 5V 时，例如，u_A= 5V，$u_B=u_C$= 0V，则 VD_1优先导通。

当 VD_1导通后，$u_Y=u_A-u_{D1}$=(5–0.7)V=4.3V，致使 $u_{D2}=u_Y-u_B$= 4.3V–0V= – 4.3V，$u_{D2}=u_{D3}$，VD_2、VD_3受反向电压而截止。Y 点被钳位于 4.3V，因此 u_Y=4.3V。

（3）当输入端 A、B、C 的电位 $u_A=u_B=u_C$= 0V 时，VD_1、VD_2、VD_3均截止，输出端 u_Y=0V。

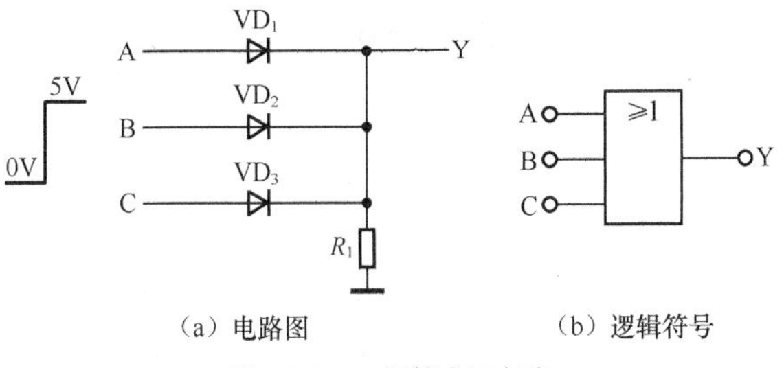

（a）电路图　　（b）逻辑符号

图 2.3.2　二极管或门电路

将上述分析结果整理，可得如表 2.3.3 所示或门电压关系表。设输入端 A、B、C 为逻辑变量，Y 为逻辑函数，并用“0”表示低电平，用“1”表示高电平，则得到或门的逻辑状态表，如表 2.3.4 所示。

表 2.3.3　　或门电压关系表

输　入			输　出
u_A/V	u_B/V	u_C/V	u_Y/V
0	0	0	0
0	0	1	4.3
0	1	0	4.3
0	1	1	4.3
1	0	0	4.3
1	0	1	4.3
1	1	0	4.3
1	1	1	4.3

表 2.3.4　　或门逻辑状态表

输　入			输　出
A	B	C	Y
0	0	0	0
0	0	1	1
0	1	0	1
0	1	1	1
1	0	0	1
1	0	1	1
1	1	0	1
1	1	1	1

或门的逻辑功能为：输入端中只要有一个为 1，输出就为 1；只有当 3 个输入端全为 0 时，输出端 Y 的逻辑值为 0，其余情况输出 Y 全为 1，这就是或逻辑运算。故称此电路为或门电路，其逻辑表达式为

$$Y=A+B+C \tag{2.3.2}$$

2.3.2　三极管非门

图 2.3.3 所示为三极管非门电路及其逻辑符号。当 A 端输入高电平 1 时，三极管处于饱和状态，故 $u_{CE}=U_{CES}=0.3V$，$u_E=0V$，$u_C=0.3V$，所以三极管的集电极即输出端 u_Y 为低电平；当 A 端输入为低电平时，晶体管截止，$u_C=V_{CC}=5V$，输出端 Y 为高电平 1。这就是逻辑非运算。由于三极管能完成非逻辑运算，所以称为非门电路，非门电路也称为反相器。

（a）电路图　　（b）逻辑符号

图 2.3.3　三极管非门电路

非逻辑关系可用下式表示

$$Y=\overline{A} \tag{2.3.3}$$

表 2.3.5 所示为非门逻辑状态表。

表 2.3.5　　非门逻辑状态表

输　入	输　出
A	Y
0	1
1	0

2.4 TTL 集成门电路

TTL 集成门电路，因为其输入级和输出级都采用三极管而得名，也叫晶体管-晶体管逻辑电路，简称为 TTL 电路。

2.4.1 TTL 与非门

1. 电路组成

图 2.4.1 所示是最常用的 TTL 与非门电路，由输入级、中间级和输出级 3 个部分组成。多发射极三极管 VT_1、R_1 组成了输入级，其作用为完成“与”门的逻辑功能。VT_2 管和电阻 R_2、R_3 组成中间级。三极管 VT_3、VT_4、VT_5 和电阻 R_4、R_5 组成输出级。

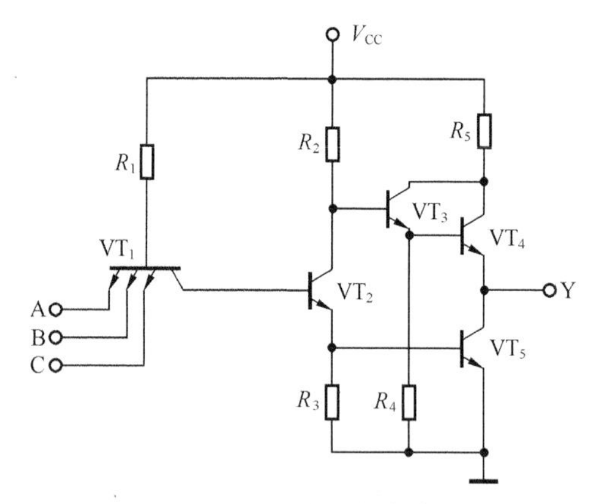

图 2.4.1　TTL 与非门电路

多发射极三极管可以看成如图 2.4.2 所示的 3 个三极管的连接关系，这样，VT_1 的作用就相当于与门的作用。

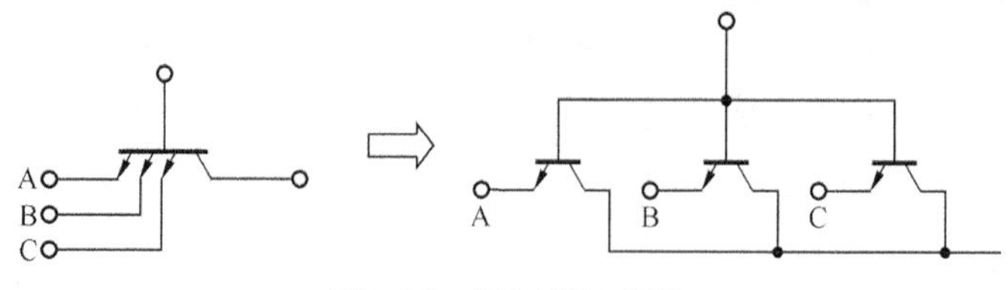

图 2.4.2　多发射极三极管

2. 电路原理

当输入端中只要有一个输入为低电平 0 时，则 VT_1 的基极与逻辑值为 0 的发射极间处于正向偏置。这时电源通过 R_1 为 VT_1 提供基极电流。VT_1 的基极电位约为 0.7V，这个 0.7V 的电压不具备打开 VT_1、VT_2 和 VT_5 的集电结的能力，此时 VT_2、VT_5 截止。又因为 VT_2 截止，其集电极电位接近于 V_{CC}，VT_3 和 VT_4 因此而饱和导通，所以输出端 Y 的电位近似为

$$u_Y=V_{CC}-u_{BE3}-u_{BE4}=5V-0.7V-0.7V=3.6V \tag{2.4.1}$$

即输出端 Y 的逻辑值为 1。

由于 VT_5 管处于截止状态，当与非门外接负载后，电流从 V_{CC} 经 R_5 向外流向每个负载门，这种电流称为拉电流。

当输入端中全部输入为高电平 1 时，则 VT_1 的基极与发射极间处于反向偏置。电源通过 R_1 和 VT_1 的集电结，能够向 VT_2 提供足够的基极电流，此时 VT_2 的基极电位为

$$u_{B2}=u_{BE2}+u_{BE5}=0.7V+0.7V=1.4V \tag{2.4.2}$$

VT_2 处于饱和状态，$u_{C2}= u_{B3}= U_{CES2} + u_{BE5}=0.3V +0.7V =1V$，因此 VT_3、VT_4 构成的复合管处于截止状态。VT_4 管截止，使 VT_5 管的集电极电流近似为 0，但 VT_5 管的基极因有 VT_2 管射极送来的相当大的基极电流，因其满足 $\beta I_{B5}>>I_{C5}$，所以 VT_5 管处于深度饱和状态，从而使输出电压 $u_Y=U_{CES5}=0.3V$，即输出端 Y 的逻辑值为 0。

由于 VT_4 管截止，当与非门外接负载后，VT_5 管的集电极电流全部由外接负载门灌入，这种电流称为灌电流。

整理结果可得如表 2.4.1 所示真值表。

表 2.4.1　　与非门逻辑状态表

输　入			输　出
A	B	C	Y
0	0	0	1
0	0	1	1
0	1	0	1
0	1	1	1
1	0	0	1
1	0	1	1
1	1	0	1
1	1	1	0

其逻辑关系表达式为

$$Y=\overline{A\cdot B\cdot C} \tag{2.4.3}$$

2.4.2　TTL 与非门电路的主要外部特性

从使用的角度说，除了解门电路的电路原理、逻辑功能外，还必须了解门电路的主要参数的定义和测试方法，并根据测试结果判断器件性能的好坏。下面在讨论电压传输特性的基

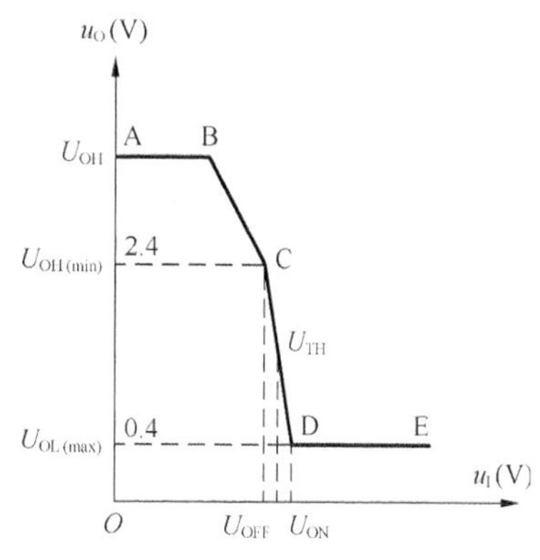

图 2.4.3　TTL 与非门的电压传输特性

础上，讨论 TTL 与非门的几个主要参数。

1．电压的传输特性

图 2.4.3 所示为 TTL 与非门电压传输特性曲线，是指输出电压与输入电压之间的关系曲线，这条曲线反映了与非门的重要特性。从输入和输出电压变化的关系中可以了解到关于 TTL 与非门电路在应用时的主要参数，如开门电平、关门电平、抗干扰能力等。

当与非门输入端中任意一个的输入电平 u_I<0.7V 时，输出电平 u_O≈3.6V，为图中的 AB 段。当 u_I 在 0.7～1.3V 时，u_O 随 u_I 的增大而线性地减小，为 BC 段。当输入端的输入电平 u_I 均增至 1.4V 左右时，VT_5 开始导通，VT_4 趋于截止，输出迅速转为低电平，即 CD 段。CD 段的中点对应的输入电压称为阈值电压或门槛电压，用 U_{TH} 表示，U_{TH} 约为 1.4V。当 u_I＞1.5V 时，保持输出为低电平，即 DE 段。

（1）输出高电平 U_{OH}

输出逻辑高电平 U_{OH} 是对应于 AB 段的输出电压。当输入端有一个（或几个）接低电平，输出端空载时的输出电平，U_{OH} 的典型值为 3.6V。但实际门电路的 U_{OH} 并不是恒定值，一般产品规定输出高电压的最小值 $U_{OH(min)}$=2.4V，即大于 2.4V 的输出电压就可称为输出高电平 U_{OH}。

（2）输出低电平 U_{OL}

输出逻辑低电平 U_{OL} 是对应于 DE 段的输出电压。输出低电平是指输入全为高电平时的输出电平，U_{OL} 的典型值为 0.3V。产品规定输出低电压的最大值 $U_{OL(max)}$=0.4V，即小于 0.4V 的输出电压称为输出低电平 U_{OL}。

（3）阈值电压 U_{TH}

U_{TH} 是电压传输特性的转折区中点所对应的 u_I 值，是 VT_5 管截止与导通的分界线，也是输出高、低电平的分界线。它的含义是：当 u_I<U_{TH} 时，与非门关门（VT_5 管截止），输出为高电平；当 u_I>U_{TH} 时，与非门开门（VT_5 管导通），输出为低电平。实际上，阈值电压有一定范围，通常取 U_{TH}=1.4V。

（4）关门电平 U_{OFF}

输出电压下降到 $U_{OH(min)}$时对应的输入电压称为关门电平。只要当 U_I＜U_{OFF}，输出电压 U_O 就为高电压，所以 U_{OFF} 就是输入低电压的最大值，在产品手册中一般称为输入低电平电压，用 $U_{IL(max)}$表示。从电压传输特性曲线上看，$U_{IL(max)}$（U_{OFF}）≈1.3V，产品规定 $U_{IL(max)}$=0.8V。

（5）开门电平 U_{ON}

输出电压下降到 $U_{OL(max)}$时，对应的输入电压称为开门电平。只要当 U_I＞U_{ON}，输出电压 U_O 就是低电压，所以 U_{ON} 就是输入高电压的最小值，在产品手册中一般称为输入高电平电压，用 $U_{IH(min)}$表示。从电压传输特性曲线上看，$U_{IH(min)}$（U_{ON}）略大于 1.3V，产品规定 $U_{IH(min)}$=2V。

（6）低电平噪声容限 U_{NL} 和高电平噪声容限 U_{NH}

集成电路中，经常以噪声容限的数值来定量地说明门电路的抗干扰能力。噪声容限电压是用来说明门电路抗干扰能力的参数，其值的大小说明抗干扰能力的强弱。

当输入信号为低电平并受到噪声干扰时，电路能允许的噪声干扰以不破坏其状态为原则。所以，输入低电平加上瞬态的干扰信号不应超过关门电平 U_{OFF}。因此，低电平噪声容限 U_{NL} 为

$$U_{NL}=U_{IL(max)}-U_{OL(max)} \tag{2.4.4}$$

将 $U_{IL(max)}$=0.8V，$U_{OL(max)}$=0.4V 代入上式，得 U_{NL}=0.4V。TTL 与非门在正常输入低电平为 0.4V 的情况下允许叠加一个噪声（或干扰）电压，只要干扰电压的幅值不超过 0.4V，电路仍能正常工作。

同理，在输入高电平时，为了保证稳定在打开状态，输入高电平加上瞬态的干扰信号不应低于开门电平 U_{ON}。因此，高电平噪声容限 U_{NH} 为

$$U_{NH}=U_{OH(min)}-U_{IH(min)} \tag{2.4.5}$$

将 $U_{OH(min)}$=2.4V，$U_{IH(min)}$=2V，则 U_{NH}=0.4V。在输入高电平时，只要干扰电压的幅值不超过 0.4V，输出就能保持正确的逻辑值。

（7）平均传输延迟时间 t_{pd}

在与非门输入端输入一个方波电压，输出电压较输入电压有一定的时间延迟。如图 2.4.4 所示，从输入波形上升沿的中点到输出波形下降沿的中点之间的时间延迟称为导通延迟时间 $t_{d(on)}$，从输入波形下降沿中点到输出波形上升沿中点之间的时间延迟称为截止延迟时间 $t_{d(off)}$。平均传输延迟时间定义为

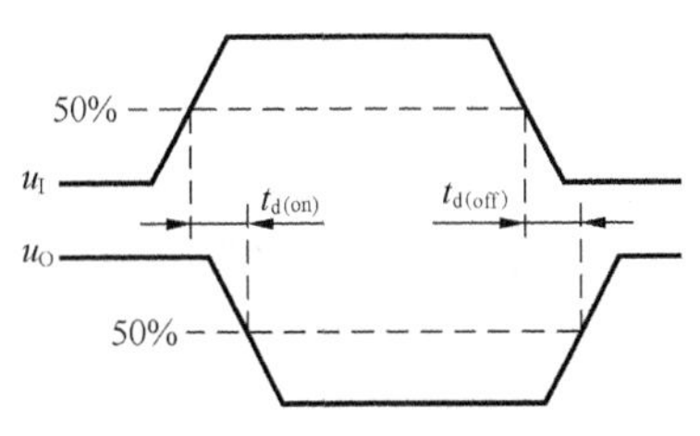

图 2.4.4　表明延迟时间的输入、输出电压的波形

$$t_{pd}=\frac{t_{d(on)}+t_{d(off)}}{2} \tag{2.4.6}$$

此值表示电路的开关速度，越小越好。

2. TTL 与非门静态输入特性与输出特性

（1）输入特性

① 输入伏安特性。输入伏安特性是指输入电流 i_I 随输入电压 u_I 变化而变化的规律，即 $i_I=f(u_I)$ 。典型的输入特性如图 2.4.5 所示，输入电流 i_I 正方向为流入门电路。

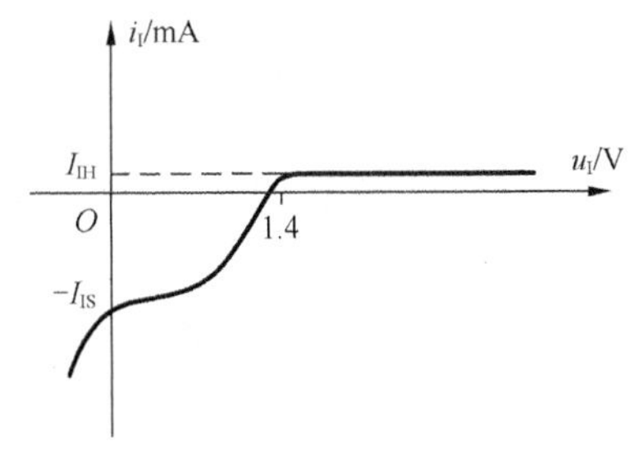

图 2.4.5　TTL 与非门的输入特性图

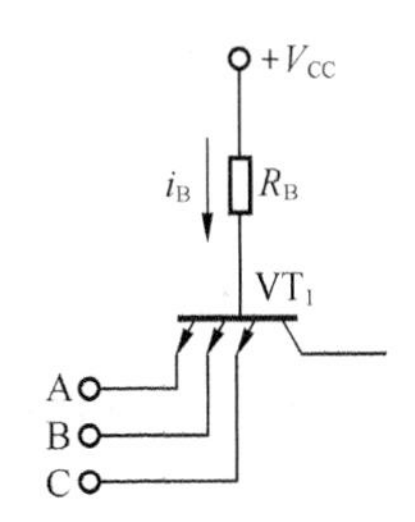

图 2.4.6　与非门输入端结构图

② 输入低电平电流 I_{IL}。当门电路的输入端接低电平时，从门电路输入端流出的电流称为输入低电平电流 I_{IL}。如图 2.4.6 所示，可以得出 $I_{IL}=\dfrac{V_{CC}-U_{BE}-U_I}{R_B}$，一般产品规定为 $I_{IL}<1.6\text{mA}$。当 u_I 为 0V 时的输入电流称为输入短路电流 I_{IS}。如果本级门的输入端是由前级门驱动的，I_{IL} 将从本级门的输入端流出，进入前级门的 VT_5 管，成为前级门的灌电流负载。

③ 输入高电平电流 I_{IH}。当门电路的输入端接高电平时，流入输入端的电流称为输入高电平电流 I_{IH}。输入端接高电平一般分为两种情况，一种是当与非门一个输入端接高电平，其他输入端接低电平，这时 $I_{IH}=\beta_P I_B$，β_P 为寄生三极管的电流放大系数。另一种是当与非门的输入端全接高电平，这时，VT_1 的发射结反偏，集电结正偏，工作于倒置的放大状态。这时 $I_{IH}=\beta_i I_B$，β_i 为倒置放大的电流放大系数。

由于 β_p 和 β_i 的值都远小于 1，所以 I_{IH} 的数值比较小，一般产品规定 $I_{IH}<40\mu\text{A}$。如果本级门的输入端是由前级门驱动的，I_{IH} 将由前级门供给，从本级门输入端流入 VT_1，从而成为前级门的拉电流负载。当将门电路的几个输入端并联使用时，总的输入低电平电流与单个输入端的输入低电平电流基本相等，而总的输入高电平电流将按并联输入端的数目加倍。

（2）输入端的负载特性

在实际使用中，经常会遇到在 TTL 与非门输入端与地之间或者输入端与信号源之间外接电阻 R_I 的情况，如图 2.4.7 所示。

由图可见，VT_1 的输入电流流过 R_I，形成输入电压 U_I。而且在一定的范围内，u_I 会随着 R_I 的增加而升高。u_I 随 R_I 变化而变化的规律，即 $u_I=f(R_I)$被称为输入端的负载特性，如图 2.4.8 所示。

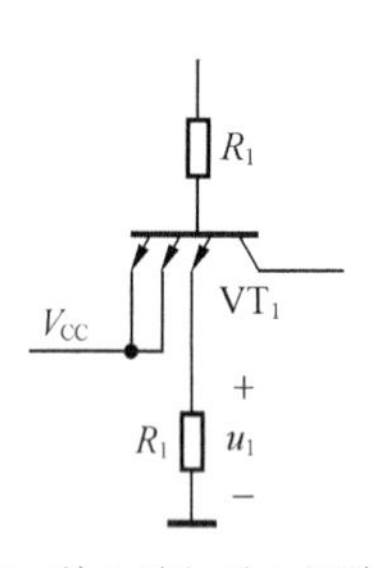

图 2.4.7　输入端与地之间外接电阻

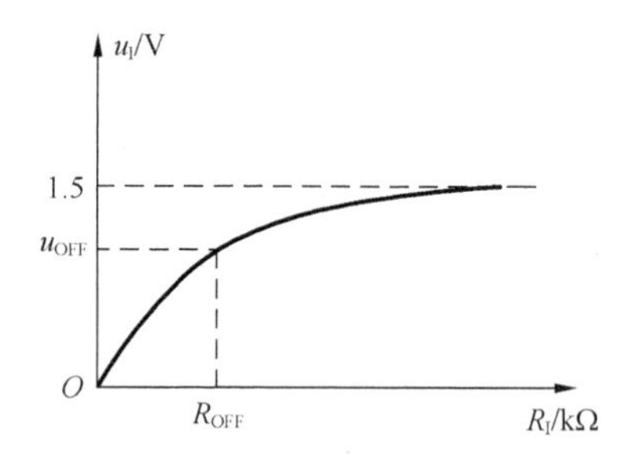

图 2.4.8　输入端负载特性

当 R_I 很小时，u_I 很小，相当于输入低电平，输出高电平。当 R_I 很大时，流过 R_1 的电流一部分经外接电阻 R_I 入地，但输入电压 u_I 不会超过 1.5V。另一部分流入 VT_2 管基极，使 VT_2 管饱和，VT_4 截止，VT_5 饱和，输出低电平。

R_I 的大小将影响 TTL 门电路的工作状态（CMOS 电路不存在此问题）。R_I 不大不小时，与非门工作在转折区。

在保证与非门电路输出高电平的条件下，所允许的 R_I 的最大阻值，我们称为关门电阻，用 R_{OFF} 表示。当 $R_I<R_{OFF}$ 时，相当于输入为低电平，输出为高电平。对于 STTL 系列，R_{OFF} 约为 700Ω。

在保证与非门电路输出低电平的情况下，所允许 R_I 的最小阻值，称为开门电阻，用 R_{ON} 表示。当 $R_I>R_{ON}$ 时，相当于输入为高电平，输出为低电平。对于 STTL 系列，R_{ON} 约为 2.1kΩ。

（3）输出特性

实际应用中，与非门后面总要与其他门电路相连接，前面的与非门称为驱动门，后面的门电路称为负载门。根据负载电流的流向不同有两种情况：一种是负载电流从负载门流入驱动门，称为灌电流负载；另一种是负载电流从驱动门流向负载门，称为拉电流负载。

输出特性曲线是指输出电压 u_O 随输出电流 i_O（即负载电流 i_L）变化而变化的规律，即

$$u_O=f(i_O)$$

输出特性反映了门电路驱动负载的能力。

图 2.4.9 所示为 TTL 门电路输出低电平和输出高电平时的输出特性，假设拉电流为正，灌电流为负。输出电流 i_O 正方向为流入门电路。

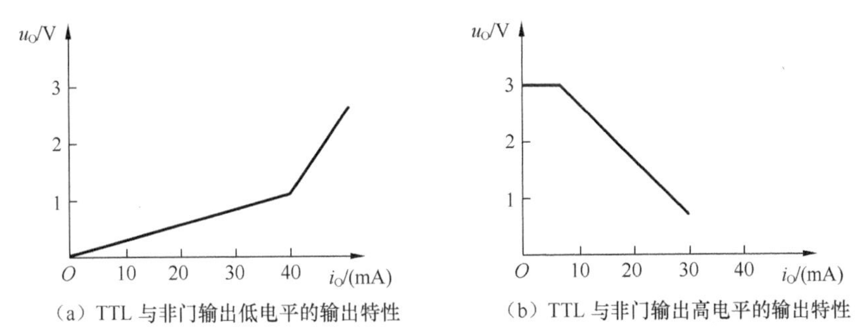

（a）TTL 与非门输出低电平的输出特性　（b）TTL 与非门输出高电平的输出特性

图 2.4.9 TTL 与非门输出特性

① 灌电流工作情况。当与非门输出端带几个同类型的与非门时，在驱动门输出为低电平的情况下，该门的 VT_5 饱和，VT_3、VT_4 截止。因此，每个负载门将有输入低电平电流 I_{IL} 流向驱动门的 VT_5。这些向驱动门流入的电流称为灌电流。随着负载门的个数增加，灌电流增大，将使输出低电平升高。因前面提到过输出低电平不得高于 $U_{OL(max)}=0.4V$。因此，把输出低电平时允许灌入输出端的电流定义为输出低电平电流 I_{OL}，这是门电路的一个参数，产品规定 I_{OL}=16mA。由此可得出，输出低电平时所能驱动同类门的个数为

$$N_{OL}=\frac{I_{OL}}{I_{IL}} \tag{2.4.7}$$

其中，N_{OL} 称为输出低电平时的扇出系数。

② 拉电流工作情况。在驱动门输出为高电平的情况下，该门的 VT_5 截止，VT_3、VT_4 导通。驱动门将有输出电流流向负载门。这些由驱动门流出的电流称为拉电流。由于拉电流是负载门的输入高电平电流 I_{IH}，所以随着负载门的个数增加，拉电流增大，将使驱动门的输出高电平 U_{OH} 降低。前面提到过输出高电平不得低于 $U_{OH(min)}$=2.4V。因此，把输出高电平时允许拉出输出端的电流定义为输出高电平电流 I_{OH}，这也是门电路的一个参数，产品规定 I_{OH}=0.4mA。由此可得出，输出高电平时所能驱动同类门的个数为

$$N_{OH}=\frac{I_{OH}}{I_{IH}} \tag{2.4.8}$$

其中，N_{OH}称为输出高电平时的扇出系数。

一般$N_{OL}≠N_{OH}$，常取两者中的较小值作为门电路的扇出系数，用N_O表示。对于TTL“与非”门，通常$N_O≥8$。

2.4.3 TTL反相器、或非门、与门、或门、与或非门和异或门

1. TTL反相器

（1）电路组成及其符号

图2.4.10所示为TTL的典型电路图，它由输入级、中间级和输出级3部分组成。输入级是由VT_1和R_1组成的，中间级是由VT_2、R_2和R_3组成的，输出级则由VT_3、VT_4、R_4和VD组成。

（2）工作原理

当u_I端输入低电平0时，VT_1基极电位u_{B1}为0.7V，不足以驱动VT_2和VT_4的发射结正向导通，VT_2和VT_4处于截止状态。因VT_2截止，所以VT_3的基极电位U_{B3}近似等于+5V，从而使VT_3和二极管VD处于导通状态，则输出电压$u_O≈V_{CC}-u_{BE3}-u_D$=3.6V，故u_O输出高电平。

当u_I端输入高电平1时，VT_1倒置，VT_1的基极电流流入VT_2基极，使VT_2饱和导通，近而使VT_4饱和导通，又因VT_2饱和导通，使VT_3和VD处于截止状态，所以输出电压$u_O=U_{CES3}$=0.3V，u_O输出低电平。

2. TTL或非门

图2.4.11所示为TTL或非门的电路图及其符号，R_1、VT_1、R_1'、VT_1'构成输入级；并连着的VT_2、VT_2'和R_2、R_3构成中间级；R_4、VT_4、VD、VT_5构成输出级。

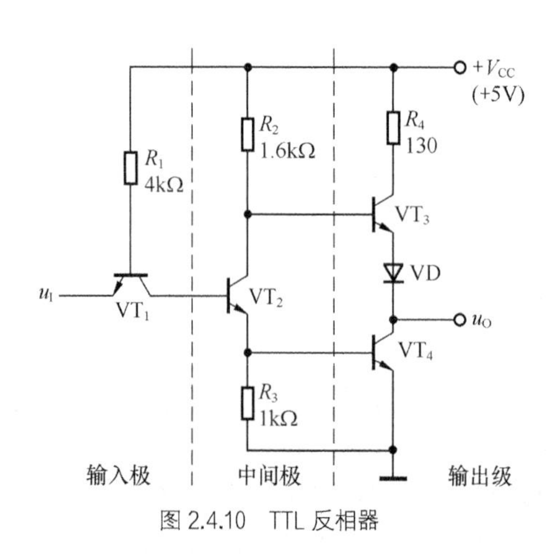

图2.4.10 TTL反相器

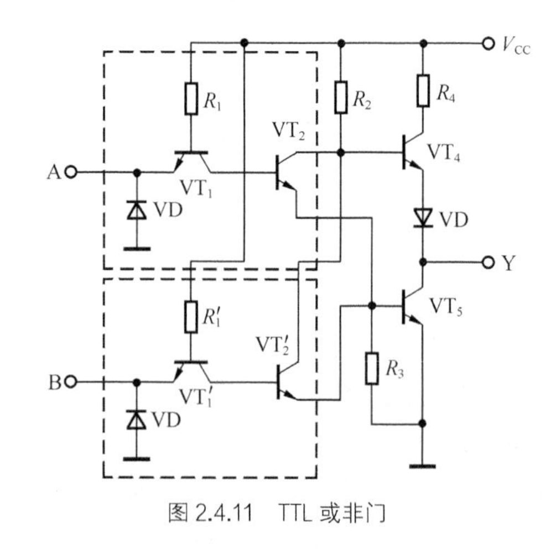

图2.4.11 TTL或非门

当输入端A和B中只要有一个为高电平1时，根据前面所讲的TTL反相器的工作原理可得，输出端Y输出低电平，即Y=0。

当输入端A和B全为低电平0时，同样根据TTL反相器的工作原理不难得出，输出端Y输出高电平，即Y=1。

归纳上述结果，可列出如表 2.4.2 所示真值表。

表 2.4.2　　　　或非门的真值表

输　入		输　出
A	B	Y
0	0	1
0	1	0
1	0	0
1	1	0

其逻辑关系表达式为

$$Y = \overline{A + B} \tag{2.4.9}$$

3. TTL 或门、与门和与或非门

在 TTL 或非门的中间级加一个反相电路，就可以得到或门；在 TTL 与非门的中间级加一个反相电路，就可以得到与门；将 TTL 或非门的输入级的三极管换成多发射极三极管便可得到与或非门。图 2.4.12 所示为与或非门的逻辑符号。

4. TTL 异或门

所谓异或关系，是指两个信号若是相同的就没有输出，而两个输入信号不相同时则有输出。实现这种逻辑关系的电路被称为异或门电路。图 2.4.13 所示为异或门的逻辑符号，两个输入端为 A、B，一个输出端为 Y。

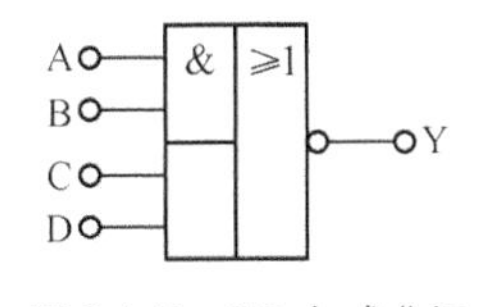

图 2.4.12　TTL 与或非门

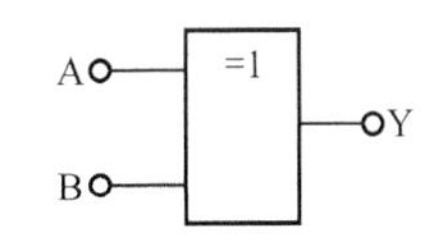

图 2.4.13　TTL 异或门符号

当 A、B 输入全为高电平 1 或者为低电平 0 时，则输出端 Y 输出为低电平 0；当 A、B 输入一个为高电平 1，而另一个为低电平 0 时，则输出端 Y 输出为高电平 1。输出 Y 与输入 A、B 的逻辑关系如真值表 2.4.3 所示。

表 2.4.3　　　　异或门的真值表

输　入		输　出
A	B	Y
0	0	0
0	1	1
1	0	1
1	1	0

异或运算的逻辑表达式为

$$Y = \overline{A}B + A\overline{B} = A \oplus B \tag{2.4.10}$$

与异或运算相比，还有一种复合运算——同或运算，其符号为“⊙”。同或运算的逻辑表达式为

$$Y=A\odot B$$

其含义是：当A、B取相同值时，Y的值为1；取值不同时，Y的值为0。

2.4.4 TTL集电极开路门和三态门

1. TTL集电极开路门

集电极开路门，又称OC门。图2.4.14所示为OC与非门内部电路及其逻辑符号，该电路把一般TTL与非门中的VT_3和VT_4去掉，令所示VT_3的集电极悬空，从而把一般TTL与非门电路的推拉式输出级改为三极管集电极开路输出。需要指出的是：集电极开路与非门只有在外接负载电阻R_L和电源V_{CC}后才能正常工作。

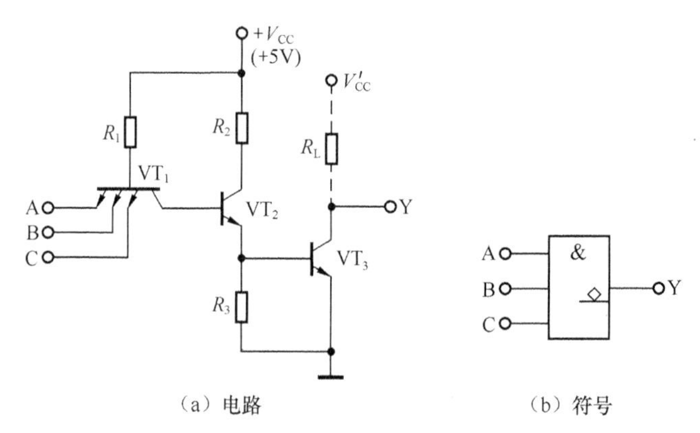

图2.4.14 集电极开路与非门电路及逻辑符号

具有OC结构的TTL门电路，除了与非门外，还有反相器、与门、或非门、异或门等。集电极开路与非门应用很广泛，可以用它实现“线与”逻辑、电平转换以及直接驱动发光二极管、干簧继电器等。

（1）OC门可以“线与”连接

将两个OC门的输出端相连，而后通过负载电阻R_L接电源，如图2.4.15所示。当OC门的输出全为高电平时，Y=1，这时每个门的输出管都截止；当只有1个OC门输出为0时，Y=0。这就实现了“线与”的功能，即$Y=Y_1\cdot Y_2=\overline{A_1B_1}\cdot\overline{A_2B_2}$，从而实现了两个与非门输出线与的逻辑功能。不过，这时的负载电阻R_L要选择适当，以保证线与输出高、低电平，并不会导致电流过大而损坏器件。设n个OC门线与，后面带m个负载门，则外接电阻R_L的取值范围为

$$\frac{V_{CC}-U_{OLmax}}{I_{OL}-mI_{IL}}\leqslant R_L\leqslant\frac{V_{CC}-U_{OHmax}}{I_{OH}-mI_{IH}} \tag{2.4.11}$$

而TTL门电路的输出结构决定了它不能进行线与。如果将两个TTL与非门的输出直接连接起来，当其中一个与非门G_1输出为高，而另一个G_2输出为低时，电源V_{CC}则通过G_1到G_2形成一个低阻通路，产生很大的电流，输出既不是高电平也不是低电平，逻辑功能将被破坏，还可能烧毁器件。所以普通的TTL门电路是不能进行线与的。

（2）OC 门能直接驱动较大电流的负载

OC 门的输出端可以直接驱动较大电流的负载，如继电器、指示灯、发光二极管等。如图 2.4.16 所示，OC 门可以直接驱动电压高于 5V 的继电器，而普通 TTL“与非”门不允许直接驱动电压高于 5V 的负载，否则“与非”门将被破坏。

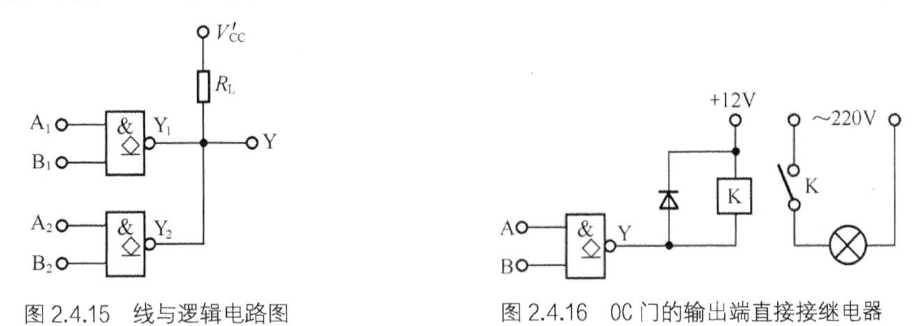

图 2.4.15 线与逻辑电路图

图 2.4.16 OC 门的输出端直接接继电器

2. 三态输出门

三态输出门简称三态门、TSL 门。它有 3 种输出状态：输出高电平、输出低电平和高阻状态，前两种状态为工作状态，后一种状态为禁止状态。值得注意的是，三态门并不是指具有 3 种逻辑值。在工作状态下，三态门的输出可为逻辑 1 或者逻辑 0；在禁止状态下，其输出高阻相当于开路，表示与其他电路无关，它不是一种逻辑值。图 2.4.17 所示给出了 TTL 三态输出与非门电路及其逻辑符号。该电路是在一般与非门的基础上，附加使能控制端和控制电路构成的。

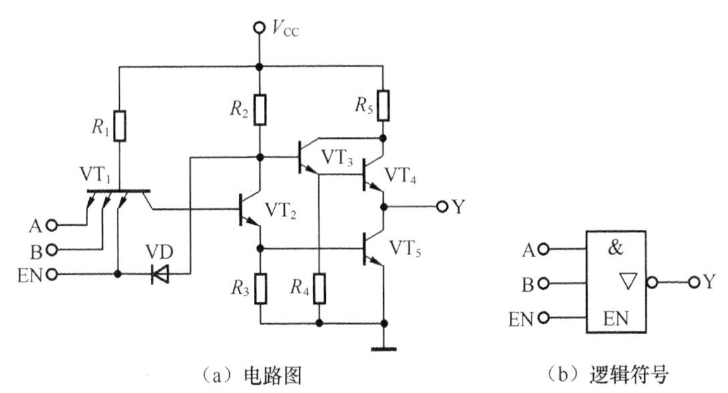

（a）电路图 （b）逻辑符号

图 2.4.17 TTL 三态输出与非门电路及其逻辑符号

当 EN=1 时，三态门的输出状态将完全取决于数据输入端 A、B 的状态，电路输出与输入的逻辑关系与一般与非门相同，这种状态称为三态与非门工作状态。

当 EN=0 时，由于 EN 端与 VT_2 的集电极相连，U_{C2} 也是低电平，这时 VT_2～VT_5 均截止，从输出端看进去，电路处于高阻状态，这是三态与非门的第三种状态（禁止态）。

三态门的真值表如表 2.4.4 所示。

利用三态门的总线结构图如图 2.4.18 所示，以实现分时轮换传输信号而不至于互相干扰。控制信号 EN_1～EN_n 在任何时间里只能有一个为 1，即只能使一个门工作，其余门处于高阻状态，三态门不需要外接负载，门的输出极采用的是推拉式输出，输出电阻低，因而开关速度比 OC 门快。

表 2.4.4　　三态门的真值表

使能端	数据输入端		输出端
EN	A	B	Y
1	0	0	1
	0	1	1
	1	0	1
	1	1	0
0	×	×	高阻

注：表中“×”表示取值任意

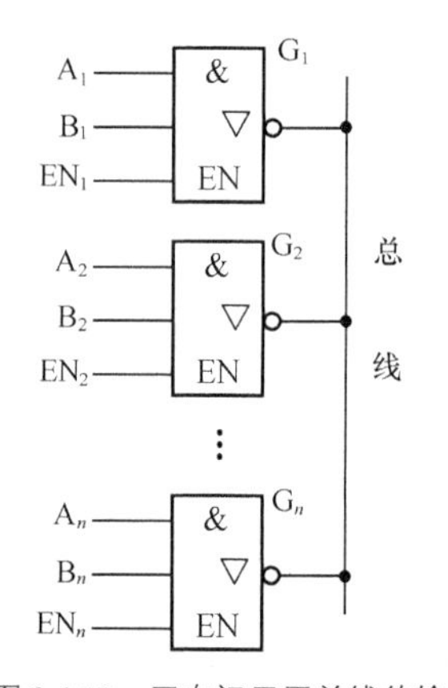

图 2.4.18　三态门用于总线传输

2.4.5　其他双极型集成电路

1．射极耦合逻辑电路

在提高门电路的开关速度，除了在 TTL 电路的基础上做某些改进之外，还有一种新型的高速数字集成电路，这就是发射极耦合逻辑电路（ECL 电路），也叫电流开关型逻辑电路（CML 电路）。

ECL 电路的主要优点是开关时间短、带负载能力强、内部噪声低、产品成品率高；主要缺点是功耗大、噪声容限低、输出电平易受温度影响。ECL 电路的缺点严重地制约了它的使用。ECL 电路主要应用在超高速和高速的中、小规模集成电路中。

2．I^2L 电路

提高芯片的集成度，即要在一片半导体硅片的有效面积上制造出尽量多的逻辑单元来。要达到这个目的，一方面要求每个逻辑单元的电路比较简单，占有的硅片面积比较小；另一方面则要求减小每个单元的功耗，这样才能保证总的功耗不致超过硅片所允许的功耗极限。而 TTL 电路不仅功耗大，而且每个逻辑单元的电路也很复杂，无法满足制造大规模集成电路的需要。

I^2L 电路是注入逻辑电路的简称，是一种高集成度的双极性逻辑电路，特别适于制造大规模数字集成电路。I^2L 电路的每个基本逻辑单元所占的面积非常小，而且工作电流不超过 1nA。它的集成度可达每平方米 500 门以上。而 TTL 电路的集成度一般仅为每平方米 20 门左右。

I^2L 电路的主要优点是电路简单，能在低电压、微电流下工作，功耗低，制作工艺简单，集成度高；主要缺点是抗干扰能力差，开关速度较低。

2.4.6 TTL 电路产品系列和主要参数

TTL 电路采用双极型工艺制造，具有高速度低功耗和品种多等特点。从 20 世纪 60 年代开发成功第一代产品以来，现有以下几代产品。

第一代 TTL 包括 SN54/74 系列，其中 54 系列工作温度为−55℃～+125℃，74 系列工作温度为 0℃～+75℃，低功耗系列简称 LTTL，高速系列简称 HTTL。现在已经基本被淘汰了。

第二代 TTL 包括肖特基箝位系列（STTL）和低功耗肖特基系列（LSTTL）。

第三代为采用等平面工艺制造的先进的 STTL（ASTTL）和先进的低功耗 STTL（ALSTTL）。由于 LSTTL 和 ALSTTL 的电路延时功耗积较小，STTL 和 ASTTL 速度很快，因此获得了广泛的应用。表 2.4.5 为 TTL 系列分类及其主要参数。

表 2.4.5　　TTL 系列分类及其主要参数

系列	名　称	国际符号	平均传输延迟时间 t_{pd}/ns	平均功耗 $\overline{P}$ /mW
TTL	标准 TTL 系列	CT54/74…	10	10
HTTL	高速 TTL 系列	CT54H/74H…	6	22
LTTL	低功耗 TTL 系列	CT54L/74L…	33	1
STTL	肖特基 TTL 系列	CT54S/74S…	3	19
LSTTL	低功耗肖特基 TTL 系列	CT54LS/74LS…	9.5	2
ALSTTL	先进低功耗肖特基 TTL 系列	CT54ALS/74ALS…	3.5	1
ASTTL	先进肖特基 TTL 系列	CT54AS/74AS…	3	8

2.5 CMOS 集成门电路

CMOS 电路是由 PMOS 管和 NMOS 管构成的互补 MOS 集成电路，具有静态功耗低、抗干扰能力强、工作稳定性好、开关速度高等优点。这种电路的制造工艺较复杂，但随着生产工艺水平的提高，产品的数量和质量提高很快，目前得到了广泛的应用。

2.5.1 CMOS 集成门电路的构成

1. CMOS 反相器

（1）电路组成

CMOS 反相器是 CMOS 集成电路最基本的逻辑元件之一，其电路如图 2.5.1 所示，驱

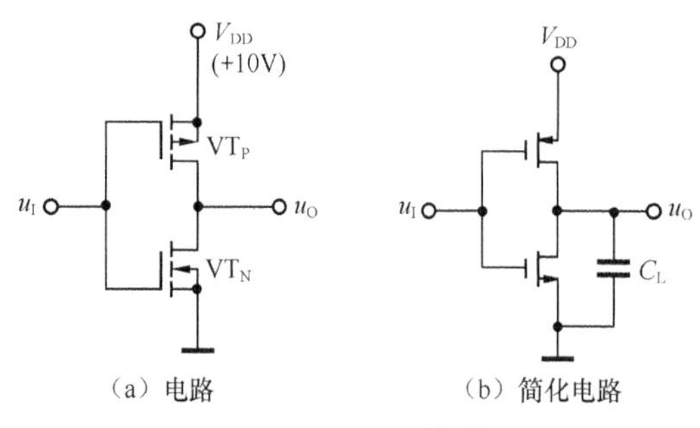

（a）电路　　（b）简化电路

图 2.5.1　CMOS 反相器

动管 VT_N 采用 N 沟道增强型（NMOS），负载管 VT_P 采用 P 沟道增强型（PMOS），它们同制作在一块硅片上。两管的栅极相联作为反相器的输入，两管的漏极相连由此引出输出端。两者联成互补对称的结构，衬底都与各自的源极相联。

（2）工作原理

当输入端电压为高电平时，VT_N 的栅-源电压大于开启电压，它处于导通状态；而负载管 VT_P 的栅-源电压小于开启电压的绝对值，处于截止状态。电源电压主要降在 VT_P 上，所以输出端为低电平 0。

当输入端电压为低电平时，VT_N 截止，而 VT_P 导通，这时 VT_N 管的阻抗比 VT_P 管的阻抗高得多，电源电压主要降在 VT_N 上，所以输出端为高电平 1。可见此电路实现了逻辑“非”功能。

与 NMOS、PMOS 相比，CMOS“非”门电路具有如下优点。

① 两管总是一个管子充分导通，这使得输出端的等效电容能通过低阻抗充放电，改善了输出波形，同时提高了工作速度。

② 无论输入是高电平还是低电平，VT_N 和 VT_P 两管中总是一个管子截止，另一个导通，流过电源的电流仅是截止管的沟道泄漏电流，因此静态功耗很小。

③ 由于输出低电平约为 0V，输出高电平为 V_{DD}，因此输出的逻辑幅度大。

2．CMOS 与非门

（1）电路组成

电路如图 2.5.2 所示，两个 P 沟道增强型 MOS 管 VT_1、VT_3 并联，两个 N 沟道增强型 MOS 管 VT_2、VT_4 串联，VT_1、VT_2 的栅极连接起来是输入端 A，VT_3、VT_4 的栅极连接起来成为输入端 B。

（2）工作原理

设 CMOS 管的输出高电平为 1，低电平为 0，当两个输入至少有一个为低电平 0 时，与低电平相连接的 NMOS 管仍截止，而 PMOS 管导通，使输出 Y 为高电平，只有当两个输入端同时为高电平 1 时，NMOS 管均导通，PMOS 管全都截止，输出 Y 为低电平。

3．CMOS 或非门

（1）电路组成

电路如图 2.5.3 所示，串联起来的是两个 P 沟道增强型 MOS 管，并联起来的是两个 N 沟道增强型 MOS 管，VT_1 和 VT_2 的栅极连接起来是输入端 A，而 VT_3 和 VT_4 的栅极连接起来是输入端 B。

（2）工作原理

当输入 A、B 中至少有一个为高电平 1 时，与高电平直接连接的 NMOS 管 VT_2 或 VT_4 就会导通，PMOS 管 VT_1 或 VT_3 就会截止，因而输出 Y 为低电平。只有当两个输入均为低电平 0 时，VT_2、VT_4 管才截止，VT_1、VT_3 管都导通，故输出 Y 为高电平 1。

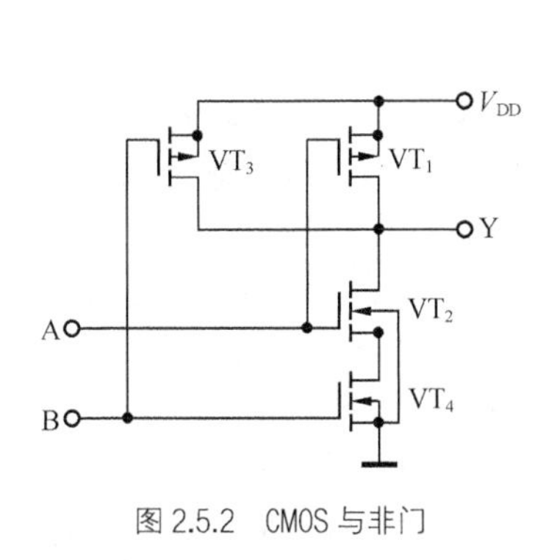

图 2.5.2 CMOS 与非门

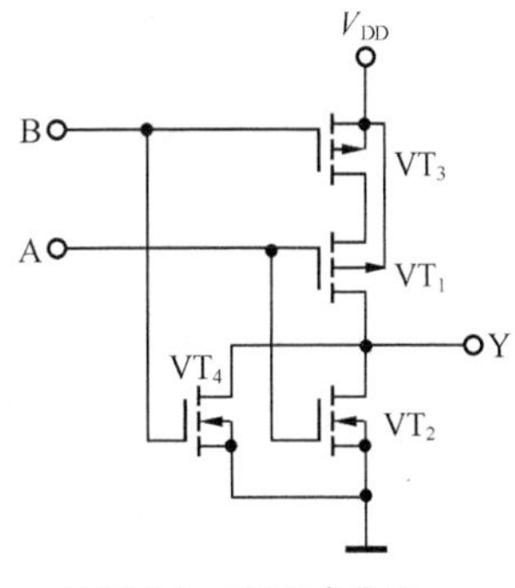

图 2.5.3 CMOS 或非门

2.5.2 CMOS 漏极开路门、三态门和传输门

1. CMOS 漏极开路门

图 2.5.4 所示为 CMOS 漏极开路门（OD 门）的电路图。可以看出，MOS 管的漏极是开路的，需要外接电源 V_{DD2} 和电阻 R_L 电路才能工作。与 OC 门的功能相似，OD 门常用作驱动器、电平转换器和实现线与等。

2. CMOS 三态门

（1）电路组成

图 2.5.5 所示是 CMOS 三态门的电路图，A 是信号输入端，Y 是输出端，$\overline{EN}$ 是控制信号端，也叫使能端。其中 VT_{P1} 和 VT_{N1} 组成 CMOS 反相器。VT_{P2}、VT_{N2} 受使能端 $\overline{EN}$ 控制。A 为输入端，Y 为输出端。

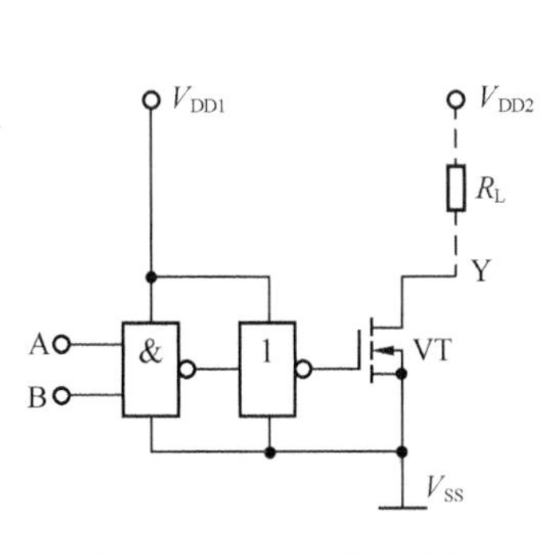

图 2.5.4 CMOS 漏极开路门

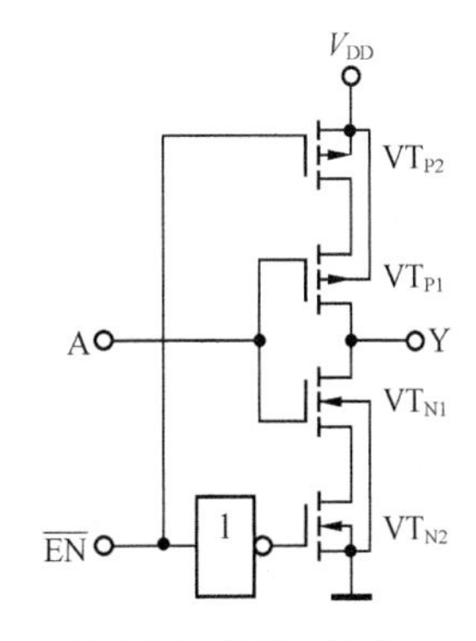

图 2.5.5 CMOS 三态门

（2）工作原理

这是一种控制端（使能端）为低电平有效的 CMOS 三态门。当 $\overline{EN}$ =0 时，VT_{P2}、VT_{N2} 均导通，电路处于工作状态，用 $Y=\overline{A}$ 表示。当 $\overline{EN}$ =1 时，VT_{P2}、VT_{N2} 均截止，输出端如同断开，呈高阻状态，用 Y=Z 表示。

3. CMOS 传输门

（1）电路组成及其符号

图 2.5.6（a）所示为 CMOS 传输门电路，它由 NMOS 管 VT_1 和 PMOS 管 VT_2 并联互补组成。两管的源极相联，作为输入端；两管的漏极相联，作为输出端。由于 MOS 管的结构是对称的，所以信号可以双向传输。两管的栅极作为控制极，分别通过控制电压 C 和 $\overline{C}$ 进行控制。

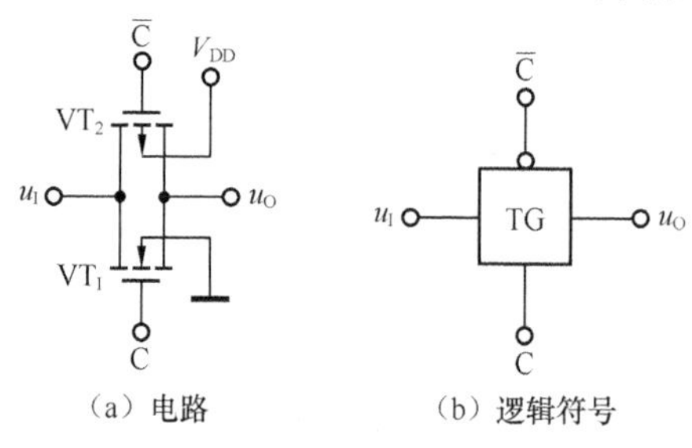

图 2.5.6　CMOS 传输门电路

（2）工作原理

设两管的开启电压绝对值均为 U_T。当 C=1，u_I 在 0～$(V_{DD}-U_T)$ 范围内变化时，VT_1 导通；u_I 在 U_T～V_{DD} 范围内变化时，VT_2 导通。可见，当 u_I 在 0～V_{DD} 范围内变化时，至少有一个管导通，这相当于开关接通。u_I 可传输到输出端，即 $u_O=u_I$。此时，CMOS 传输门可以传输模拟信号，所以也称为模拟开关。

当 C=0 时，当 u_I 仍在 0～V_{DD} 范围内变化时，两管都截止，传输门关断，输入和输出之间呈高阻态，这相当于开关断开，u_I 不能传输到输出端。

由此可见，CMOS 传输门的开通和关断取决于栅极上所加的控制电压。当 C 为 1（$\overline{C}$ 为 0）时，传输门导通，反之则关断。图 2.5.6（b）所示为 CMOS 传输门的逻辑符号。

2.5.3　CMOS 集成门电路的主要外部特性

CMOS 逻辑集成器件发展，使它的技术参数从总体上来说已经达到或者超过 TTL 器件的水平。CMOS 器件的功耗低、扇出数大、噪声容限大、静态功耗小、动态功耗随频率的增加而增加。下面列出了几个主要的 CMOS 系列集成电路。

（1）基本的 CMOS4000 系列。其特点是速度慢、与 TTL 不兼容、抗干扰、功耗低。

（2）高速 74HC（HCT）系列。其特点是速度加快、其中 74HCT 系列与 TTL 兼容、负载能力强、抗干扰、功耗低。

（3）低电压 74LVC（AUC）系列。其特点是低（超低）电压、速度更加快、与 TTL 兼容、负载能力更强、抗干扰、功耗低。

1. CMOS 电路输入、输出电平的限值

逻辑电平参数一般有输入低电平的上限值 U_{IL}、输入高电平的下限值 U_{IH}、输出低电平的上限值 U_{OL} 和输出高电平的下限值 U_{OH}。在表 2.5.1 中列出了几种典型的 CMOS 电路的高、低输入和输出电压值。

2. 噪声容量

噪声容量是表示门电路的抗干扰能力。在数字系统中，各逻辑电路之间的连线可能会受到各种噪声的干扰，比如信号在传输过程引起的噪声，信号在高低电平之间转换时引起的噪声等。这些噪声会叠加在工作信号上，只要其幅度不超过电平的幅值，则输出逻辑状态不会受影响。我们把这个最大噪声幅度称为噪声容限。从而我们可以得到，电路的噪声容限越大，其抗干扰能力越强。CMOS 系列的高、低电平的噪声容限详见表 2.5.1。

表 2.5.1 典型 CMOS 系列的输入噪声容限

参数 \ 名称/类型	普通 4000 系列	高速 HC 系列	高速 HCT 系列	低压 LVC 系列	超低压 AUC 系列
	4 000B（V_{DD}=5V）	74HC（V_{DD}=5V）	74HCT（V_{DD}=5V）	74LVC（V_{DD}=5V）	74AUC（V_{DD}=1.8V）
U_{IL}	1.67	1.5	0.8	0.8	0.63
U_{IH}	3.33	3.5	2.0	2.0	1.2
U_{OL}	0.05	0.1	0.1	0.2	0.2
U_{OH}	4.95	4.9	4.9	3.1	1.7
高电平噪声容限 V_{NH}	1.62	1.4	2.9	1.1	0.5
低电平噪声容限 V_{NL}	1.62	1.4	0.7	0.6	0.43

3．功耗

功耗是门电路的重要指标之一。功耗一般分为静态功耗和动态功耗。静态功耗是指当电路输出没有状态转换时的功耗。反之，输出发生状态转换时的功耗称为动态功耗。利用静态功耗低的特点，CMOS 电路广泛应用于功耗较低的电子设备。CMOS 动态功耗正比于转换频率和电源电压的平方。在频率较高时 CMOS 门电路的功耗可能会超过 TTL 门。

4．传输延迟时间

延迟时间是表征门电路开关速度的参数，它说明电路在输入脉冲波形的作用下，其输出波形相对于输入波形延迟了多长时间。因 CMOS 输出级的互补对称性，其 t_{PHL} 和 t_{PLH} 相等。其中 t_{PLH} 是输出端电压由低电平变为高电平的平均延迟时间，t_{PHL} 是输出端电压由高电平变为低电平的平均延迟时间。其波形如图 2.5.7 所示。

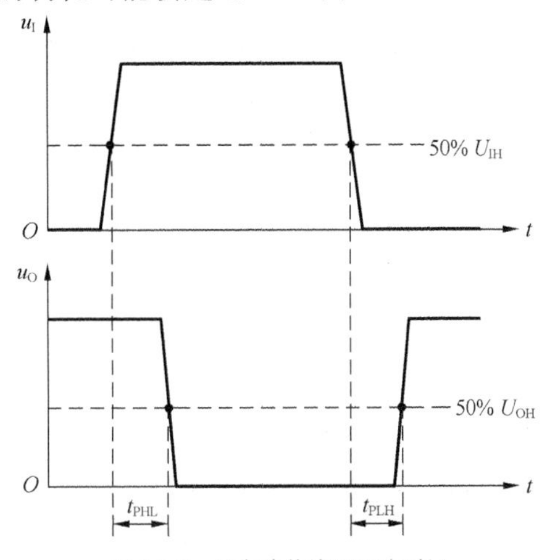

图 2.5.7 门电路传输延迟波形图

表 2.5.2 所示为几种 CMOS 集成电路在典型工作电压的传输延迟时间，由表可见，低电压和超低电压电路的工作速度要比电压高的快得多。

表 2.5.2 几种 CMOS 集成电路的传输延迟时间

参数 \ 类型	4 000B（V_{DD}=5V）	74HC（V_{DD}=5V）	74HCT（V_{DD}=5V）	74LVC（V_{DD}=3.3V）	74AUC（V_{DD}=1.8V）
延迟时 t_{pd}/ns	45	7	8	2.1	0.9

5．扇出系数

门电路的扇出系数是指在正常工作情况下，所能带同类门电路的最大数目。由于 CMOS 门电路输入阻抗很高，要求驱动电流很小，约 0.1μA，输出电流在+5V 电源下约 500μA（远远小于 TTL 电路），如此一来，驱动同类门电路，其扇出系数将非常大。在一般低频率时，无需考虑扇出系数，但在高频时，后级门的输入电容将成为主要负载，使其扇出能力下降，所以在较高频率工作时，CMOS 电路的扇出系数一般取 10～20。

2.5.4 CMOS 电路产品系列和主要参数

1. CMOS 数字集成电路的分类

国产 CMOS 数字集成电路主要有 CC4000(14000)系列和 CC74HC 系列，CC4000(14000)与国际上 CD4000（MC14000）系列相对应，CC74HC 与国际上 MM74 系列相对应，这两类 CMOS 电路主要差异反映在电源范围和平均传输延迟时间 t_{pd} 上。两类 CMOS 电路的主要差异如表 2.5.3 所示。

表 2.5.3　　CMOS 集成电路两个系列主要差异表

参 数 名 称	CC4000（CC14000）	CC74HC
电源电压 V_{DD}/V	3～18	2～6
平均传输延迟时间 t_{pd}/ns	45（V_{DD}=5V） 90（V_{DD}=18V）	10
最高工作频率 f_{MAX}/MHz	3	25

2. CC4000 与 74HC 主要特性参数

由于手册中提供的参数都是在规定的测试条件下给出的，这里给出的特性参数只能用于比较参考，表 2.5.4 列出了两个系列门电路的各种参数。

表 2.5.4　　CC4000 与 74HC 系列的特性参数比较表（V_{DD} 均为 5V）

参 数 名 称	CC4000	CC74HC
最小输入高电平 $U_{IH(MIN)}$/V	3.5	3.5
最大输入低电平 $U_{IL(MAX)}$ /V	1.5	1.0
最小输出高电平 $U_{OH(MIN)}$/V	4.6	4.4
最大输出低电平 $U_{OL(MAX)}$/V	0.05	0.1
最大高电平输入电流 $I_{IH(MAX)}$/ μA	0.1	0.1
最大低电平输入电流 $I_{IL(MAX)}$/mA	-0.1×10^{-3}	-0.1×10^{-3}
最大高电平输出电流 $I_{OH(MAX)}$/mA	0.51	4
最大低电平输出电流 $I_{OL(MAX)}$/ μA	−0.51	−4
平均传输延迟时间 t_{pd}/ns	45	10
最高工作频率 f_{MAX}/MHz	3	25
静态平均功耗 P/mW	5×10^{3}	1×10^{3}
高电平噪声容限 V_{NH}/V	30% V_{DD}	30% V_{DD}
低电平噪声容限 V_{NL}/V	30% V_{DD}	30% V_{DD}
输出状态转换的阈值电压 U_T/V	$1/2V_{DD}$	$1/2V_{DD}$
带同类门的扇出系数 N	>20	>20

2.6 集成电路使用中应注意的几个问题

1．使用 TTL 电路时应注意的问题

（1）TTL 对电源的要求

TTL 门电路对电源电压的纹波及稳定度一般要求小于等于 10%，有的要求小于等于 5%，即电源电压限制在 5±0.5V 以内；电源极性不能反接，否则会烧毁芯片，一般在电源串接一个二极管来加以保护。

对于电源的纹波电压，一般在电源入口处加装 20～50μF 的滤波电容。

逻辑电路在接地方面要注意与强电控制电路的接地分开，以防止强电控制电路地线上的干扰。

为了防止来自电源高频信号的干扰，可以在芯片引脚处接入 0.01～0.1μF 的高频滤波电容。

（2）TTL 输入与输出

TTL 的输入端口不能直接接入低于−0.5V 或高于+5.5V 的电源，否则容易造成芯片的损坏。为了提高 TTL 电路的可靠性，多余输入端一般不能悬空，可视情况进行处理。常用的处理方法有：接电源、与有用的输入端并联、接地等。

输出端一般不允许与电源直接相连，一般串接一个 2kΩ 左右的电阻。

2．使用 CMOS 电路时应注意的问题

（1）CMOS 输入端的静电保护

在搬运过程当中，不要用易产生静电的材料进行包装，如化纤织物、化工材料等。最好采用导电的材料进行包装。还要注意操作人员的静电干扰，防止造成 CMOS 芯片的损坏。

（2）CMOS 输入端

由于在输入端可能出现过大瞬态输入电流，一般应串入保护电阻，来防止造成芯片的损坏。输入端不允许悬空，否则会造成门电路击穿，一般不用的输入端可视具体情况接高电平或低电平。

（3）CMOS 的电源与输出

CMOS 门电路的工作电压范围比较宽，大多在 3～18V 范围内，一般电源电压取 $V_{DD}=(V_{DDmax}+V_{DDmin})/2$。CMOS 电源电压切忌不能反接，否则会造成芯片的烧毁。

电路的输出端不能和电源短接，也不能和地短接，否则会因过流而导致 CMOS 管损坏。另外，除了输出级采用漏极开路结构外，不同输出端也不能并联起来使用，否则也容易造成输出级损坏。

3．CMOS 与 TTL 电路的比较

CMOS 与 TTL 电路有着各自的优缺点。在实际的电路设计中，我们可以根据电路的不同需要选择器件类型。

（1）由于 CMOS 管的导通电阻比双极性三极管的导通电阻大，所以 CMOS 电路的工作速度比 TTL 电路要低。

（2）CMOS 电路的输入阻抗很高，带负载门的能力比 TTL 电路强。

（3）CMOS 电路的电源电压范围比 TTL 电路要宽，因此电路的抗干扰能力比 TTL 电路强。CMOS 电路的耐压高，因此与 TTL 电路相比，器件更不易损坏。

（4）CMOS 电路比 TTL 电路的功耗要小，因此集成度要比 TTL 器件高。

4. TTL 与 CMOS 器件之间的接口问题

在一个数字系统中，经常会对 CMOS 和 TTL 电路同时进行设计，这就出现了 TTL 和 CMOS 的连接问题。两种不同类型电路的输入和输出电平相互衔接，需要电平转移电路，称为接口电路。下面分别讨论 TTL 驱动 CMOS 和 CMOS 驱动 TTL 的情况。

（1）TTL 门驱动 CMOS 门

对于 TTL 门驱动 CMOS 门时，主要考虑 TTL 门的输出电平是否满足 CMOS 输入电平的要求即可。

因 TTL 系列与 CMOS4000 系列的电压不兼容，所以当 CMOS 电路的电源电压与 TTL 的相同时，TTL 的输出高电平 U_{OH} 约为 3V，那么只需在 TTL 的输出端接一个上拉电阻 R_P 至电源 V_{CC}（+5V），便可提高输出电压，以满足后级 CMOS 电路高电平输入的需要，这时的 CMOS 电路就相当于一个同类型的 TTL 负载。其中 R_P 的阻值取决于负载器件的数目及 TTL 和 CMOS 器件的电流参数，一般在几百欧～几千欧。如果 TTL 和 CMOS 器件采用的电源电压不同，则应使用 OC 门，同时使用上拉电阻 R_P，如图 2.6.1 所示。

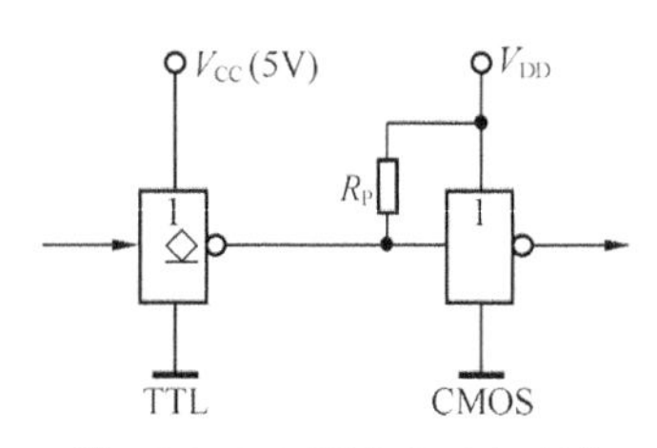

图 2.6.1　TTL 驱动 CMOS 门电路

TTL 器件与 74HCT 以后的系列电压兼容，因此两者可以直接相连，不需外加其他器件。

（2）CMOS 门驱动 TTL 门

当 CMOS 电路的电源电压和 TTL 电路不相同时，需要将 CMOS 电平转换为 TTL 电平，此时可以采用 CMOS 缓冲/转换器作 CMOS 与 TTL 之间的接口电路。从 CMOS 到 TTL 接口，除了要解决电平转换外，还要求输出足够的驱动电流。由于 CMOS 电路允许的最大灌电流 $I_{OL(max)}$ 远小于 TTL 电路输入的短路电流 I_{IS}，所以可选用 CC4009（六反相缓冲/转换器）或 CC4010（六同相缓冲/转换器）一类电路，这类电路在设计时加大了驱动能力，使 I_{OL} 可达 8mA，可直接驱动两个普通 TTL 门。

5. TTL 和 CMOS 电路带负载时的接口问题

在工程实践中，常常需要用 TTL 或 CMOS 电路去驱动指示灯、发光二极管（LED）、继电器等负载。

对于电流较小、电平能够匹配的负载，可以直接驱动。对于负载电流较大，可将同一芯片上的多个门并联作为驱动器，也可在门电路输出端接三极管，以提高负载能力。

本章小结

（1）在逻辑体制中有正、负逻辑的规定，同样一个逻辑门电路，利用正负逻辑门等效变换原则，可以达到灵活运用的目的。

（2）利用二极管和三极管可构成简单的逻辑与、或、非门电路。它们是集成逻辑门电路的基础。

（3）常用的逻辑门电路有 TTL、NMOS 和 CMOS 逻辑门，作为通用器件，TTL 和 CMOS 应用较为普遍。

（4）TTL 电路速度高、抗干扰能力较强，其中的肖特基 TTL 电路采用抗饱和电路，进一步提高了工作速度，但功耗较高。CMOS 电路的工作电源电压可以是 3～18V，它的输出电平摆幅随 V_{CC} 变化，其功耗最小，但工作速度不如 TTL 电路高。

（5）在 TTL 系列中，除了有实现各种基本逻辑功能的门电路以外，还有集电极开路门和三态门，它们能够实现线与，还可用来驱动需要一定功率的负载。三态门还可用来实现总线结构。

（6）MOS 集成电路常用的是两种结构，一种是由 N 沟道 MOSFET 构成的 NMOS 门电路，它结构简单，易于集成化，因而常在大规模集成电路中应用，但没有单片集成门电路产品；另一类是由增强型 N 沟道和 P 沟道 MOSFET 互补构成的 CMOS 门电路，这是 MOS 集成门电路的主要结构。与 TTL 门电路相比，它的优点是功耗低，扇出系数大（扇出系数指负载带同类门的个数），噪声容限大，开关速度与 TTL 接近，已成为数字集成电路的发展方向。

（7）为了更好地使用数字集成芯片，应熟悉 TTL 和 CMOS 各个系列产品的外部电气特性及主要参数，还应能正确处理多余输入端，能正确解决不同类型电路间的接口问题及抗干扰问题。

习　　题

习题 2.1　填空题

（1）按正逻辑约定，高电位对应逻辑________；低电位对应逻辑________。

（2）TTL 门电路高电位的典型值为__________，低电位的典型值为__________；阈值电压为________。

（3）TTL 电路是由________组成的逻辑电路，并因此得名。

（4）TTL 与非门的灌电流发生在输出________电平情况下，灌电流越大，则输出电平越________。

（5）在数字逻辑电路中，三极管主要工作在________两种稳定状态。

（6）CMOS 门电路的高电位为_______，低电位为_______；阈值电压为_______。

（7）CMOS 门功耗由________功耗和________功耗两部分组成。

（8）三态门的第三态是________状态。

（9）CMOS 门电路中不用的输入端不允许________。CMOS 电路中通过大电阻将输入端接地，相当于接________；而通过电阻接 V_{DD}，相当于接________。

（10）一个门电路的输出端所能连接的下一级门电路输入端的个数，称为该电路的________。

习题 2.2 选择题

（1）能够实现“线与”功能的电路有（　　）。

A．与非门　　B．三态输出门

C．集电极开路门　　D．传输门

（2）逻辑表达式 Y=AB 可以利用（　　）实现。

A．正或门　　B．正非门

C．正与门　　D．负与门

（3）对于 TTL 与非门闲置输入端的处理，不可以（　　）。

A．接电源　　B．通过电阻 3kΩ 接电源

C．接地　　D．与有用输入端并联

（4）下列不属于 CMOS 数字集成电路比 TTL 数字集成电路突出的优点是（　　）。

A．微功耗　　B．高速度

C．高抗干扰能力　　D．电源范围宽

（5）以下电路中常用于总线应用的是（　　）。

A．TSL 门（三态门）　　B．OC 门

C．漏极开路门　　D．CMOS 与非门

（6）在不影响逻辑功能的情况下，CMOS 或非门的多余端可（　　）。

A．接高电平　　B．接低电平

C．悬空　　D．以上均可

（7）逻辑变量的取值不可以用 1 和 0 表示的是（　　）。

A．电阻的大小　　B．电位的高、低

C．真与假　　D．电流的有、无

（8）一只四输入与非门，使其输出为 0 的输入变量组合有（　　）种。

A．15　　B．8

C．7　　D．1

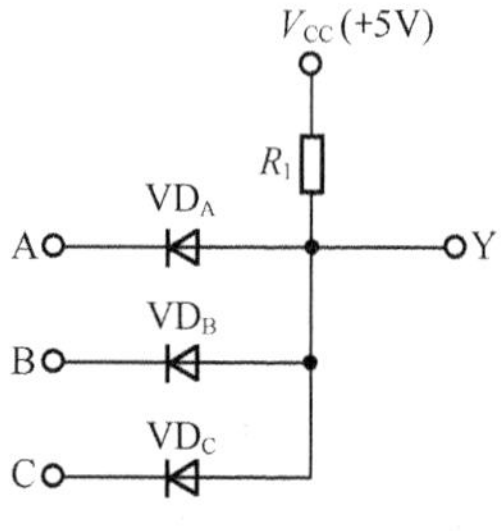

（9）电路如题图 2.1 所示，则输出 Y 的表达式为（　　）。

A．Y=A+B+C　　B．Y=ABC

C．Y=（A+B+C）　　D．Y=AB+C

题图 2.1　二极管电路

（10）三态门输出高阻状态时，（　　）是正确的说法。

A．用电压表测量指针不动　　B．相当于悬空

C．电压不高不低　　D．测量电阻指针不动

习题 2.3 TTL 门电路中三极管的作用是什么？

习题 2.4 什么是传输延时？影响 TTL 门和 CMOS 门传输延时的主要因素是什么？

习题 2.5 什么是扇出系数？

习题 2.6 什么是线或逻辑？什么是三态门？

习题 2.7 CMOS 传输门的工作原理？

习题 2.8 对于题图 2.2（a）所示的各种电路及题图 2.2（b）所示的输入波形，试画出 Y_1～Y_4 的波形。

习题 2.9 电路如题图 2.3 所示，试求：

（1）写出 Y_1、Y_2、Y_3、Y_4 的逻辑表达式；

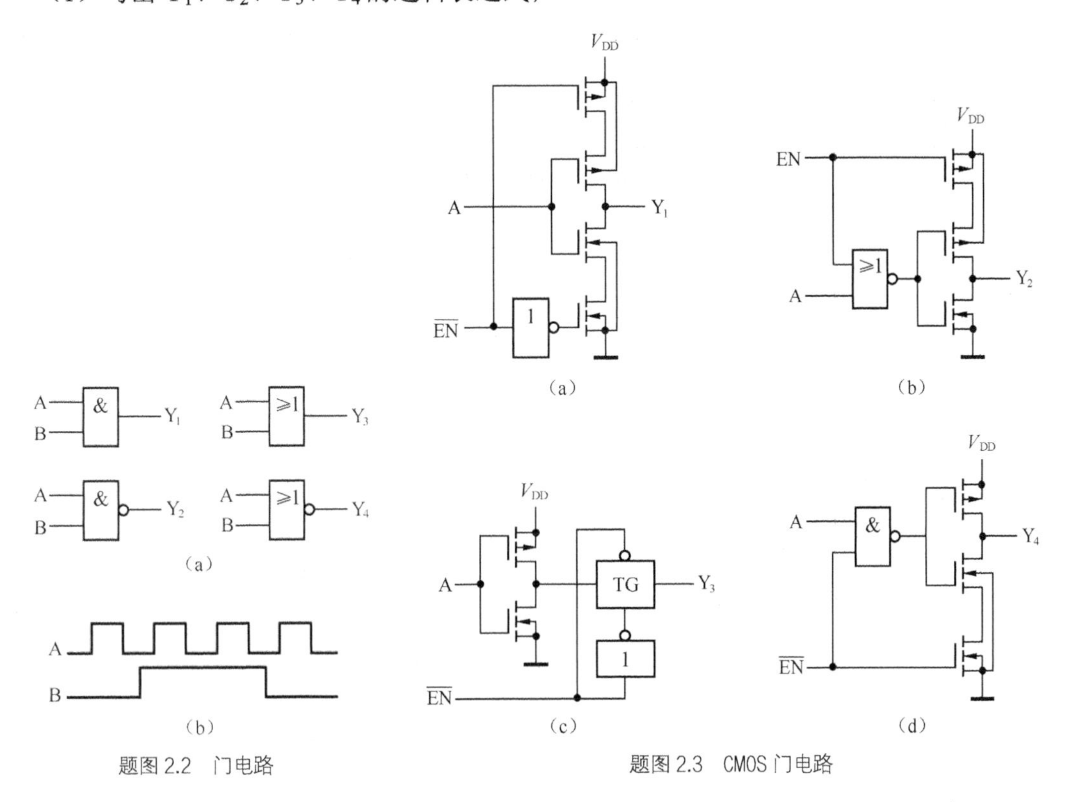

题图 2.2 门电路

题图 2.3 CMOS 门电路

（2）说明 4 种电路的相同之处与不同之处。

习题 2.10 试画出题图 2.4 中各门电路的输出波形，输入 A、B 的波形如题图 2.4 所示。

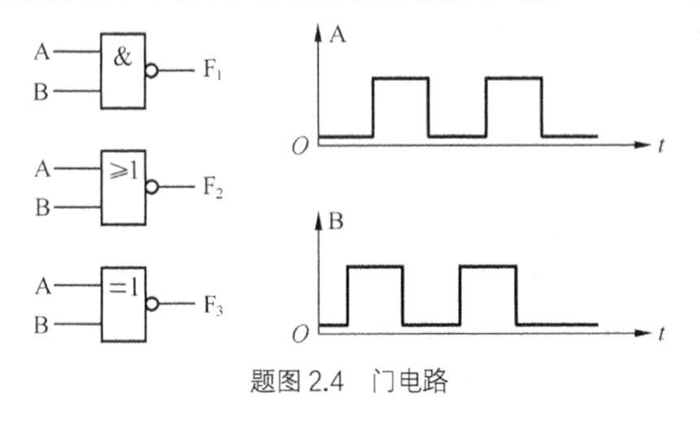

题图 2.4 门电路

习题 2.11 指出题图 2.5 中各 TTL 门电路的输出状态（高电平、低电平或高阻态）。

习题 2.12 在题图 2.6 所示各电路中，每个输入端应怎样连接，才能得到所示的输出逻辑表达式？

习题 2.13 写出题图 2.7（a）所示逻辑电路的表达式。当输入波形如题图 2.7（b）所示时，画出各逻辑电路的输出波形。

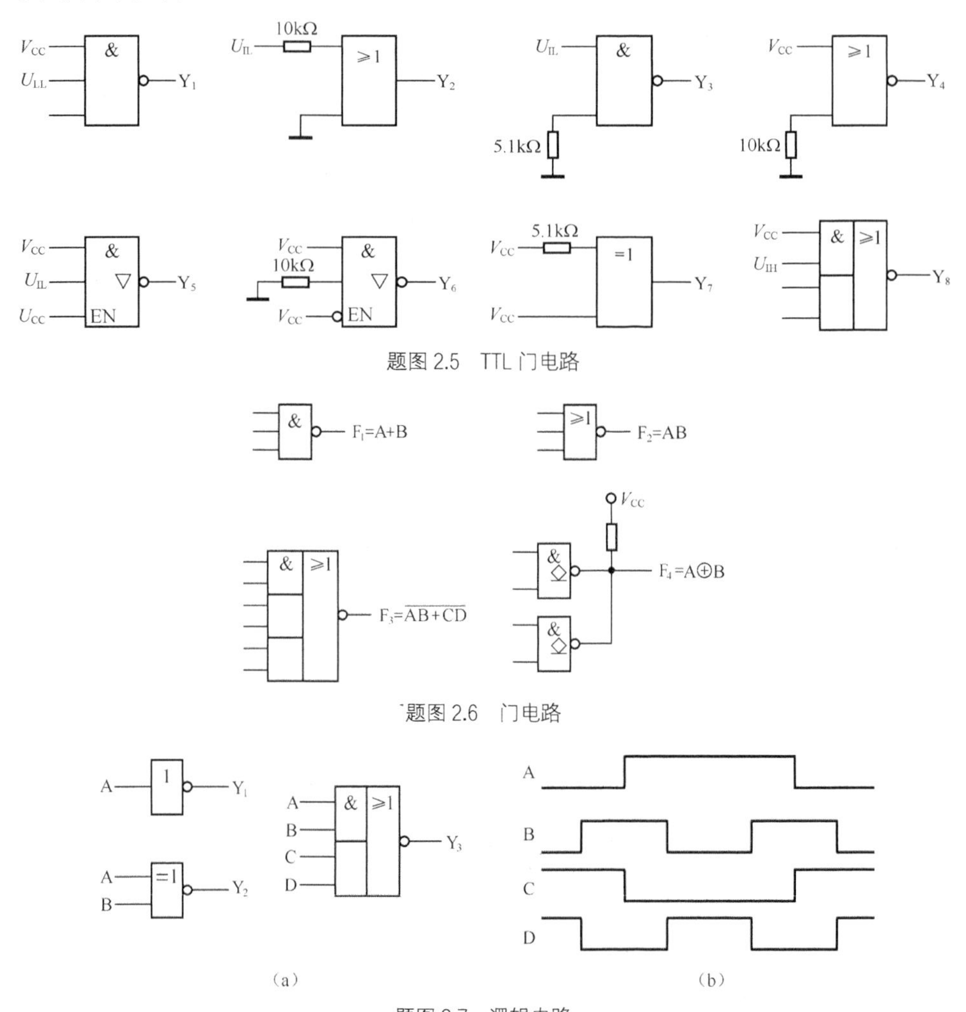

题图 2.5　TTL 门电路

题图 2.6　门电路

题图 2.7　逻辑电路

习题 2.14　二极管门电路如题图 2.8 所示。已知二极管 VD_1、VD_2 导通压降为 0.7V，试回答下列问题：

（1）A 接 10V，B 接 0.3V 时，输出 U_o 为多少伏？

（2）A、B 都接 10V，U_o 为多少伏？

（3）A 接 10V，B 悬空，用万用表测 B 端电压，U_B 为多少伏？

（4）A 接 0.3V，B 悬空，测 U_B 时应为多少伏？

（5）A 接 5kΩ 电阻，B 悬空，测 U_B 电压时，应为多少伏？

习题 2.15　请写出题图 2.9 中 Y 的逻辑表达式。

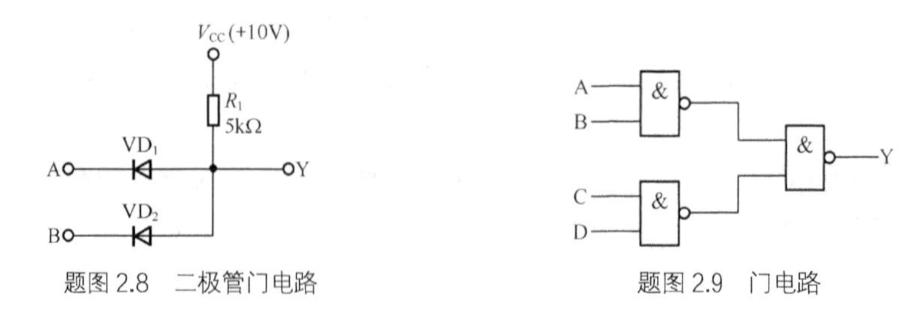

题图 2.8　二极管门电路　　　　题图 2.9　门电路

习题 2.16　门电路组成的电路如题图 2.10 所示，请写出 Y_1、Y_2 的逻辑表达式。当输入图示信号波形时，画出 Y_1、Y_2 端的波形。

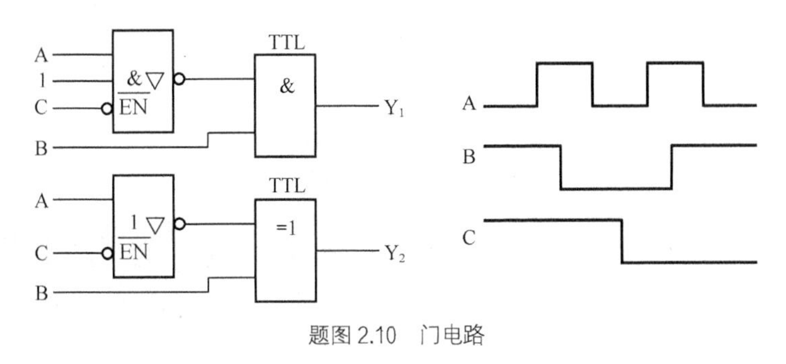

题图 2.10　门电路

第3章 组合逻辑电路

本章系统地讲述了组合逻辑电路的工作原理、分析和设计方法。首先简要介绍了组合逻辑电路分析和设计的方法；然后详细介绍了加法器、编码器、译码器、数据选择器和数据分配器等各类常用组合逻辑电路的工作原理和使用方法；在此基础上，简单介绍了组合逻辑电路中竞争-冒险现象及消除方法；最后对几个典型组合逻辑电路的应用进行了具体说明。

3.1 概述

数字电路根据逻辑功能的不同特点，可以分成两大类，一类是组合逻辑电路（简称组合电路），另一类是时序逻辑电路（简称时序电路）。组合逻辑电路在逻辑功能上的特点是任意时刻的输出仅取决于该时刻的输入，与电路原来的状态无关。而时序逻辑电路在逻辑功能上的特点是任意时刻的输出不仅取决于当前的输入信号，而且还取决于电路原来的状态，或者说，还与电路以前的状态有关。组合逻辑电路的结构示意图如图 3.1.1 所示。

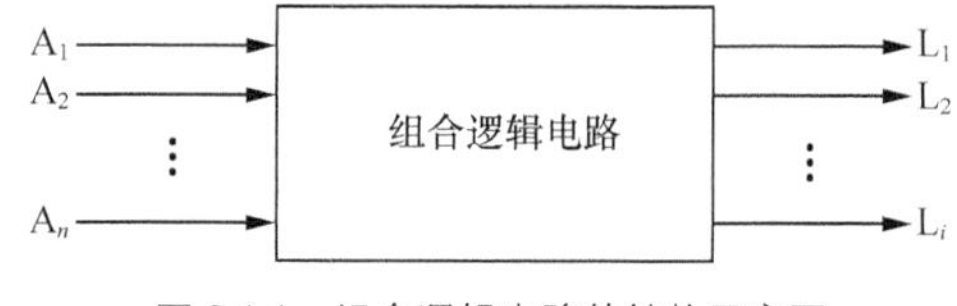

图 3.1.1　组合逻辑电路的结构示意图

图 3.1.1 中，描述组合逻辑电路的逻辑函数可以表述为$L_i = f(A_1, A_2, A_3, \cdots, A_n)$　$(i=1, 2, 3,\ \cdots, m)$。

其中，A_1~A_n为输入变量；$L_1 \sim L_i$为输出变量。

组合逻辑电路的特点归纳如下：

（1）输入、输出之间没有反馈延迟连线；

（2）电路中无记忆单元；

（3）门电路是组合电路的基本单元；

（4）输出与电路原来状态无关。

3.2 组合逻辑电路的分析方法

分析的目的是为了确定已知电路的逻辑功能，有时是检验所设计的逻辑电路是否能实现预定的逻辑功能。组合逻辑电路分析的一般步骤如下。

（1）根据给定的逻辑电路，从输入端开始，逐级推导出各输出端的逻辑函数表达式；

（2）化简和变换各逻辑函数表达式；

（3）列写真值表；

（4）根据真值表和逻辑函数表达式对逻辑电路进行分析，最后用文字概括出电路的逻辑功能。

【例 3.2.1】试分析图 3.2.1 所示逻辑电路的功能。

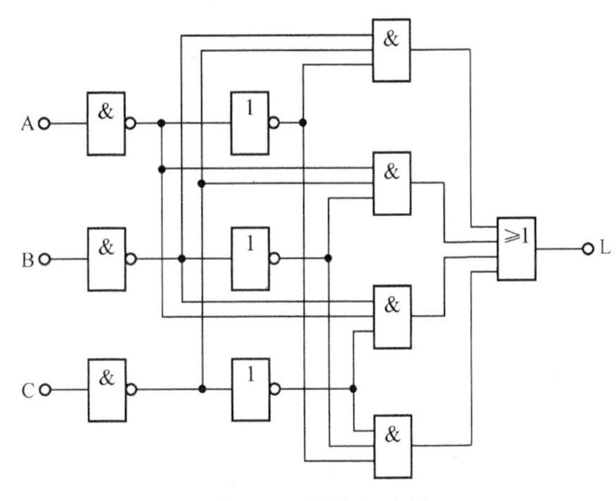

图 3.2.1　例题 3.2.1 图

解：

（1）写出该电路输出的逻辑函数表达式。

$$L = A\overline{B}\,\overline{C} + \overline{A}B\overline{C} + \overline{A}\,\overline{B}C + ABC$$

（2）由于得到的逻辑表达式已经是最简的，所以无须再作化简。

（3）列写真值表，如表 3.2.1 所示。

表 3.2.1　　**例题 3.2.1 真值表**

输入			输出
A	B	C	L
0	0	0	0
0	0	1	1
0	1	0	1
0	1	1	0
1	0	0	1
1	0	1	0
1	1	0	0
1	1	1	1

（4）逻辑功能分析。

由真值表可知，当输入量 A、B、C 中一个或三个同时为 1 时，输出为 1，否则输出为 0，即同时输入奇数个 1 时，输出为 1，因此该逻辑电路为 3 位奇数检验器（实用上也常称为奇偶校验器）。

【**例 3.2.2**】已知逻辑电路如图 3.2.2 所示，试分析其逻辑功能。

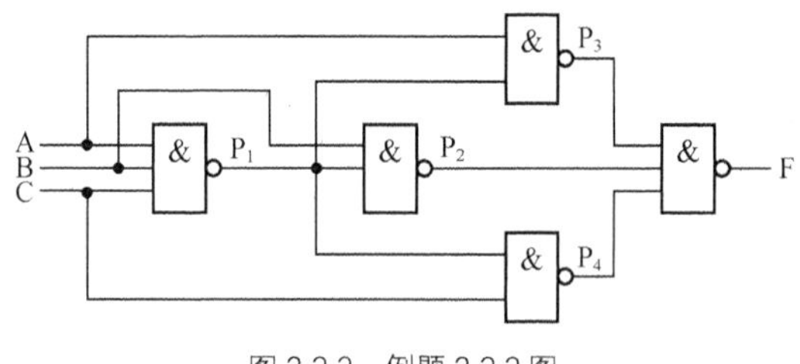

图 3.2.2　例题 3.2.2 图

解：

（1）写出各输出端逻辑函数表达式。

$$P_1=\overline{ABC}，\quad P_2=\overline{BP_1}=\overline{B\overline{ABC}}，\quad P_3=\overline{AP_1}=\overline{A\overline{ABC}}，\quad P_4=\overline{CP_1}=\overline{C\overline{ABC}}$$

$$\begin{aligned}F&=\overline{P_2P_3P_4}=\overline{\overline{B\overline{ABC}}\;\overline{A\overline{ABC}}\;\overline{C\overline{ABC}}}=B\overline{ABC}+A\overline{ABC}+C\overline{ABC}\\&=\overline{ABC}(A+B+C)\\&=(\overline{A}+\overline{B}+\overline{C})(A+B+C)\\&=\overline{A}\,\overline{B}C+\overline{A}B\overline{C}+\overline{A}BC+A\overline{B}\,\overline{C}+A\overline{B}C+AB\overline{C}\end{aligned}$$

（2）列写真值表，如表 3.2.2 所示。

表 3.2.2　　　　例题 3.2.2 真值表

输入			输出
A	B	C	F
0	0	0	0
0	0	1	1
0	1	0	1
0	1	1	1
1	0	0	1
1	0	1	1
1	1	0	1
1	1	1	0

（3）逻辑功能分析。

从真值表看出，ABC=000 或 ABC=111 时，F=0，而 A、B、C 取值不完全相同时，F=1。故这种电路称为判断“不一致”电路。

3.3　组合逻辑电路的设计方法

组合逻辑电路的设计一般应以电路简单、所用器件最少为目标。因此应根据具体情况，尽可能减少所用器件的数目和种类，以使组装好的电路结构紧凑，达到工作可靠而且经济的目的。由于目前在设计中普遍采用中、小规模集成电路，因此在设计过程中要用到前面介绍的代数法和卡诺图法来化简或转换逻辑函数。

组合逻辑电路的设计的一般步骤如下。

（1）逻辑抽象并赋值。根据逻辑命题选取输入逻辑变量和输出逻辑变量。用二值逻辑的0和1分别代表输入和输出逻辑变量的两种不同状态，称为逻辑赋值。

（2）列写真值表。根据实际逻辑问题的逻辑关系列出逻辑真值表。

（3）写出逻辑函数表达式。由真值表写出逻辑函数表达式。

（4）对逻辑函数表达式进行化简和变换。根据选用的逻辑门的类型，将逻辑函数表达式化简或变换为最简式。选用的逻辑门不同，化简的形式也不同。

（5）画出逻辑电路图。根据化简后的逻辑函数表达式，画出门级逻辑电路图。在实际数字电路设计中，还需选择器件型号。

【例 3.3.1】约翰和简妮夫妇有两个孩子乔和苏，全家外出吃饭一般要么去汉堡店，要么去炸鸡店。每次出去吃饭前，全家要表决以决定去哪家餐厅。表决的规则是如果约翰和简妮都同意，或多数同意吃炸鸡，则他们去炸鸡店，否则就去汉堡店。试设计一组合逻辑电路实现上述表决电路。

解：

（1）逻辑抽象。

A、B、C、D 分别代表约翰、简妮、乔和苏。F=1 表示去炸鸡店，F=0 表示去汉堡店。

（2）写出真值表，如表 3.3.1 所示。

表 3.3.1　　例题 3.3.1 真值表

A	B	C	D	F	A	B	C	D	F
0	0	0	0	0	1	0	0	0	0
0	0	0	1	0	1	0	0	1	0
0	0	1	0	0	1	0	1	0	0
0	0	1	1	0	1	0	1	1	1
0	1	0	0	0	1	1	0	0	1
0	1	0	1	0	1	1	0	1	1
0	1	1	0	0	1	1	1	0	1
0	1	1	1	1	1	1	1	1	1

（3）用卡诺图化简。

卡诺图如图图 3.3.1 所示。根据卡诺图化简得函数表达式

$$F=AB+ACD+BCD$$

（4）逻辑电路图。

逻辑图如图 3.3.2 所示。

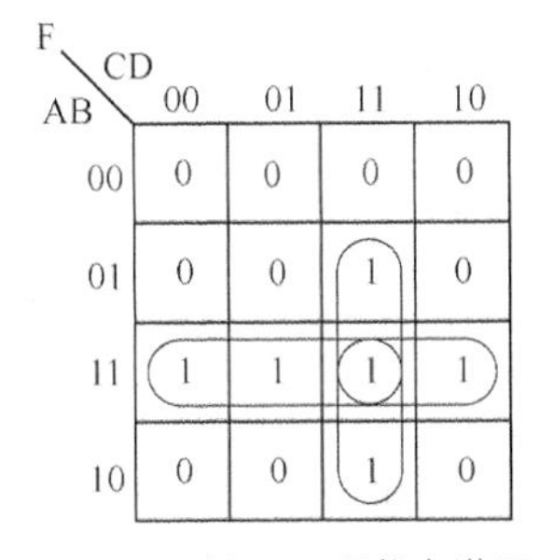

图 3.3.1　例 3.3.1 逻辑卡诺图

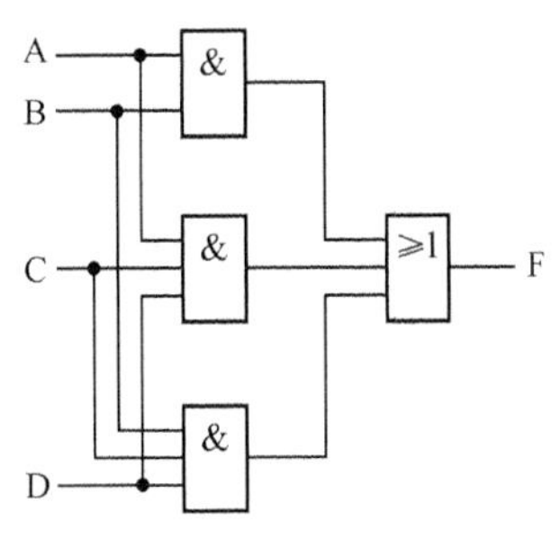

图 3.3.2　例 3.3.1 逻辑电路图

【例 3.3.2】试用两输入与非门和反相器设计一个三输入（I_0、I_1、I_2）、三输出（L_0、L_1、L_2）的信号排队电路。它的功能有三个。

（1）当输入 I_0 为 1 时，无论 I_1 和 I_2 为 1 还是 0，输出 L_0 为 1，L_1 和 L_2 为 0。

（2）当 I_0 为 0 且 I_1 为 1，无论 I_2 为 1 还是 0,输出 L_1 为 1，其余两个输出为 0。

（3）当 I_2 为 1 且 I_0 和 I_1 均为 0 时，输出 L_2 为 1，其余两个输出为 0。

解：

（1）根据题意列出真值表，如表 3.3.2 所示。

表 3.3.2　　例题 3.3.2 真值表

输入			输出		
I_0	I_1	I_2	L_0	L_1	L_2
0	0	0	0	0	0
1	×	×	1	0	0
0	1	×	0	1	0
0	0	1	0	0	1

（2）根据真值表写出逻辑函数表达式。

$$L_0 = I_0$$
$$L_1 = \overline{I_0} I_1$$
$$L_2 = \overline{I_0}\,\overline{I_1} I_2$$

（3）根据已知要求用与非门及反相器实现，那么需要对表达式进行变换。

$$L_0 = I_0$$
$$L_1 = \overline{\overline{\overline{I_0} I_1}}$$
$$L_2 = \overline{\overline{\overline{I_0}\,\overline{I_1} I_2}}$$

（4）画出逻辑电路图。根据变换后的逻辑表达式直接实现，画出逻辑电路图如图 3.3.3 所示。

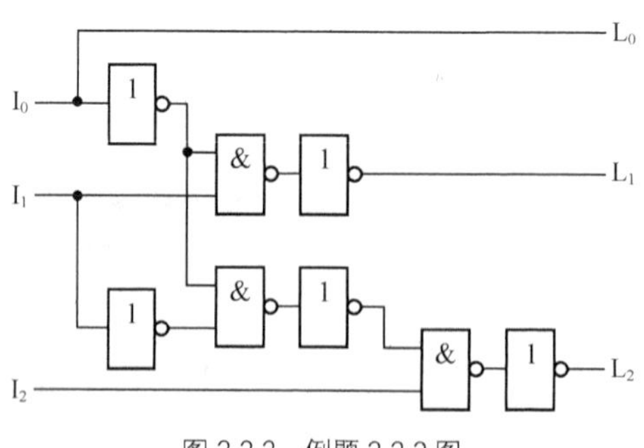

图 3.3.3　例题 3.3.2 图

【例 3.3.3】请用最少器件设计一个健身房照明灯的控制电路，该健身房有东门、南门、西门，在各个门旁装有一个开关，每个开关都能独立控制灯的亮暗，控制电路具有以下功能。

（1）某一门开关闭合，灯即亮，开关断开，灯暗。

（2）当某一门开关闭合，灯亮，接着闭合另一门开关，则灯暗（即有两个开关闭合时灯暗）。

（3）当三个门开关都闭合时，灯亮。

解：设东门开关为A，南门开关为B，西门开关为C。开关闭合为1，开关断开为0。灯为Z，灯亮为1，灯暗为0。根据题意列写真值表，如表3.3.3所示。

表3.3.3　　例3.3.3真值表

A	B	C	Z	A	B	C	Z
0	0	0	0	1	0	0	1
0	0	1	1	1	0	1	0
0	1	0	1	1	1	0	0
0	1	1	0	1	1	1	1

（1）画出卡诺图。卡诺图如图3.3.4所示。

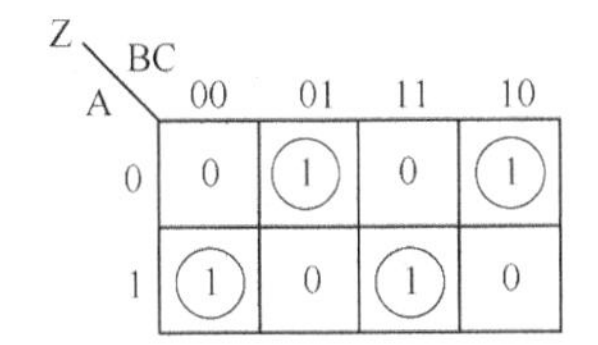

图3.3.4 例题3.3.2逻辑图

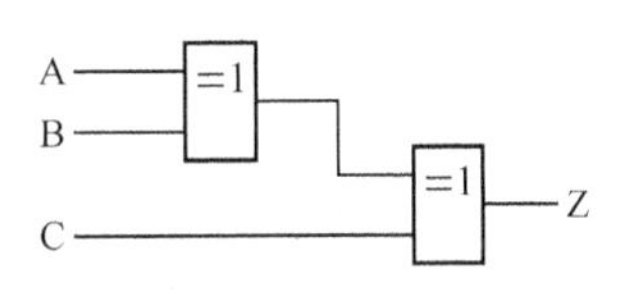

图3.3.5 例题3.3.3逻辑图

（2）根据卡诺图如图3.3.4所示，可得到该逻辑电路的函数表达式：

$$Z=\overline{A}\,\overline{B}C+\overline{A}B\overline{C}+A\overline{B}\,\overline{C}+ABC=A\oplus B\oplus C$$

（3）根据逻辑函数表达式，可画出逻辑电路图如图3.3.5所示。

3.4 加法器和数值比较器

算术运算是数字系统的基本功能，更是计算机中不可缺少的组成部分。由于在两个二进制数之间的加、减、乘、除等算术运算过程，最终都可化作若干步加法运算来完成，因此，加法器是算术运算的基本单元。

加法器是用以实现二进制数加法运算的组合电路，但二进制加法运算与逻辑加法运算的含义不同。前者是数值的运算，后者是逻辑运算。在二进制加法中1+1=10，而在逻辑运算中1+1=1。

3.4.1 加法器

1. 半加器

半加器就是两个1位二进制数相加，不考虑低位进位的运算，只求本位的和与向高位的进位。设计半加器的过程如下。

（1）逻辑抽象。设 A、B 两个加数，和为 S，进位为 C。

（2）列写真值表。半加器的真值表见表 3.4.1 所示。

表 3.4.1　　半加器真值表

输入		输出	
A	B	S	C
0	0	0	0
0	1	1	0
1	0	1	0
1	1	0	1

（3）根据真值表列写逻辑表达式：

$$S = \overline{A}B + A\overline{B} = A \oplus B$$

$$C = A \cdot B$$

（4）画逻辑电路图。半加器逻辑图如图 3.4.1（a）所示，图 3.4.1（b）所示是半加器的逻辑符号。

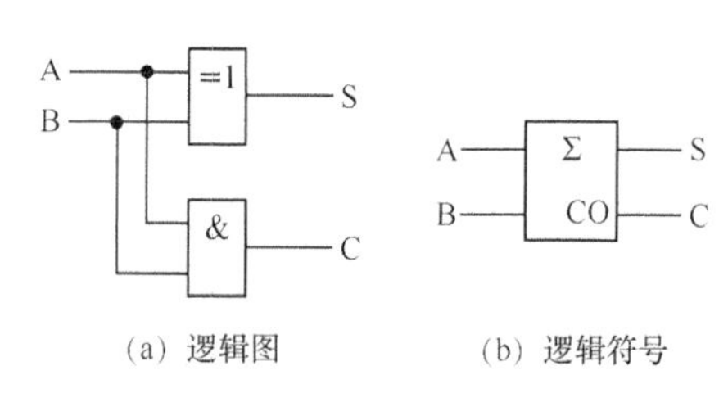

图 3.4.1　半加器逻辑图及逻辑符号

2. 全加器

当多位数相加时，除了两个二进制数本位相加外，有时还要考虑来自低位的进位，实现全加。“全加”是指被加数、加数的本位数和低位加法运算的进位数三个数的相加运算。全加器的设计过程如下。

（1）逻辑抽象。设被加数、加数的本位数 A_n、B_n 和低位加法运算的进位数 C_{n-1}，S_n、C_n 分别为本位全加器的和与向高位的进位。

（2）列写真值表。全加器的逻辑真值表见表 3.4.2。

表 3.4.2　　全加器真值表

输入			输出	
A_n	B_n	C_{n-1}	S_n	C_n
0	0	0	0	0
0	0	1	1	0
0	1	0	1	0
0	1	1	0	1
1	0	0	1	0
1	0	1	0	1
1	1	0	0	1
1	1	1	1	1

（3）列写逻辑表达式。

$$S_n = \overline{A}_n B_n \overline{C}_{n-1} + A_n \overline{B}_n \overline{C}_{n-1} + \overline{A}_n \overline{B}_n C_{n-1} + A_n B_n C_{n-1}$$

$$C_n = A_n B_n \overline{C}_{n-1} + A_n \overline{B}_n C_{n-1} + \overline{A}_n B_n C_{n-1} + A_n B_n C_{n-1}$$

对以上两式进行变换：

$$
\begin{aligned}
S_n &= \overline{A}_n B_n \overline{C}_{n-1} + A_n \overline{B}_n \overline{C}_{n-1} + \overline{A}_n \overline{B}_n C_{n-1} + A_n B_n C_{n-1} \\
&= (\overline{A}_n B_n + A_n \overline{B}_n)\overline{C}_{n-1} + (\overline{A}_n \overline{B}_n + A_n B_n) C_{n-1} \\
&= (A_n \oplus B_n)\overline{C}_{n-1} + \overline{A_n \oplus B_n} C_{n-1} \\
&= A_n \oplus B_n \oplus C_{n-1}
\end{aligned}
$$

$$
\begin{aligned}
C_n &= A_n B_n \overline{C}_{n-1} + A_n \overline{B}_n C_{n-1} + \overline{A}_n B_n C_{n-1} + A_n B_n C_{n-1} \\
&= A_n B_n + (A_n \overline{B}_n + \overline{A}_n B_n) C_{n-1} \\
&= A_n B_n + (A_n \oplus B_n) C_{n-1}
\end{aligned}
$$

（4）画逻辑图。由逻辑表达式可画出逻辑图，如图 3.4.2（a）所示，用两个半加器和一个或门电路组成的全加器的逻辑图，图 3.4.2（b）是全加器的逻辑符号。

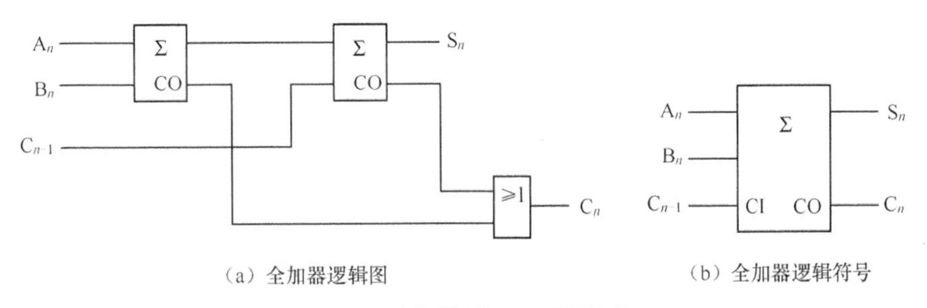

（a）全加器逻辑图　　（b）全加器逻辑符号

图 3.4.2　全加器逻辑图及逻辑符号

3．加法器

若有多位数相加，则可采用并行相加，串行进位的方法来完成。例如，有两个 4 位二进制数 $A_3A_2A_1A_0$ 和 $B_3B_2B_1B_0$ 相加，可以采用图 3.4.3 所示的逻辑电路来解决。这种加法器的任一位运算必须等到低位加法完成送来进位后才能进行，这种进位方式称串行进位。串行进位加法器电路简单，但工作速度较慢。

若希望提高运算速度，可采用超前进位加法器，但线路较复杂。

74HC283 为 4 位超前进位集成加法器，其逻辑功能示意图如图 3.4.4 所示。

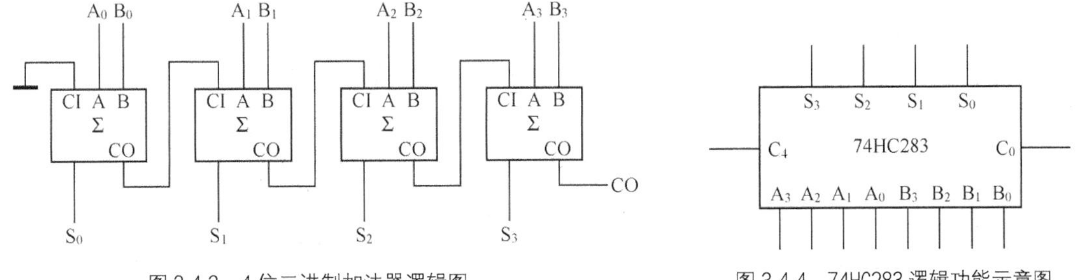

图 3.4.3　4 位二进制加法器逻辑图　　图 3.4.4　74HC283 逻辑功能示意图

$A_3A_2A_1A_0$ 和 $B_3B_2B_1B_0$ 分别为 4 位集成加法器 74HC283 的加数和被加数，$S_3S_2S_1S_0$ 为加法运算的和，C_0 是来自低位的进位，C_4 是向高位输出的进位。这种超前加法器就是在做加法运算时，每位数的进位信号由输入二进制数直接产生的加法器，因而运算速度高，适用于高速数字计算、数据集成和控制系统等，而且扩展比较方便。

【例 3.4.1】采用两片集成 4 位加法器 74HC283 构成 8 位二进制加法器电路。

采用两片集成 4 位加法器 74HC283 构成 8 位二进制加法器逻辑图如图 3.4.5 所示。

$A_7A_6A_5A_4A_3A_2A_1A_0$ 和 $B_7B_6B_5B_4B_3B_2B_1B_0$ 分别为加数和被加数，$S_7S_6S_5S_4S_3S_2S_1S_0$ 为加法运算的和，低位片的低位进位端 C_0 是接地，低位片的高位输出的进位端 C_4 接高位片的低位进位端，高位片的高位输出的进位端 C_8 为 8 位二进制加法器的进位输出端。

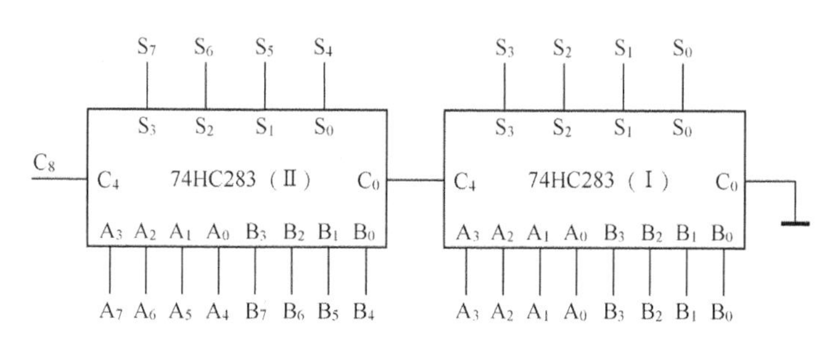

图 3.4.5　8 位二进制加法器

3.4.2　数值比较器

在数字电路中，经常需要对两个位数相同的二进制数进行比较，以判断它们的相对大小是否相等，用来实现这一功能的逻辑电路就称为数值比较器。

1．1 位数值比较器

1 位数值比较器是多位比较器的基础。当 A 和 B 都是 1 位数时，它们只能取 0 或 1 两种值，由此可写出 1 位数值比较器的真值表，如表 3.4.3 所示。

表 3.4.3　　1 位数值比较器的真值表

输入		输出		
A	B	$F_{A>B}$	$F_{A<B}$	$F_{A=B}$
0	0	0	0	1
0	1	0	1	0
1	0	1	0	0
1	1	0	0	1

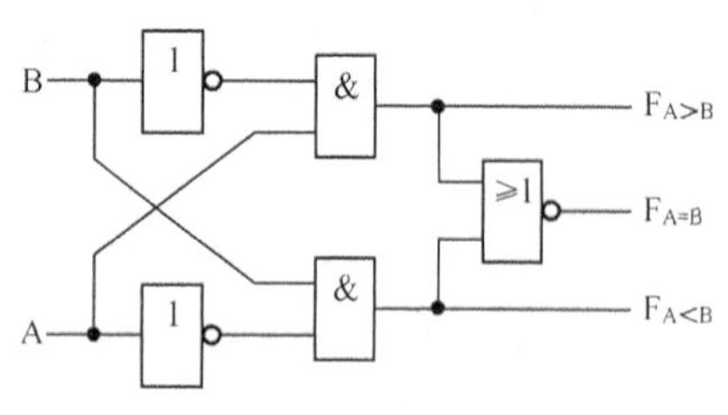

图 3.4.6　1 位数值比较器逻辑图

由真值表得到如下逻辑表达式：

$$F_{A>B}=A\overline{B}$$
$$F_{A<B}=\overline{A}B$$
$$F_{A=B}=\overline{A}\,\overline{B}+AB$$

由以上逻辑表达式可画出图 3.4.6 所示的逻辑电路。实际应用中，可根据具体情况选用逻辑门。

2. 2位数值比较器

2位数值比较器原理：在比较两个多位数的大小时，必须自高向低地逐位比较，而且只有在高位相等时，才需要比较低位。

分析比较2位数字 A_1A_0 和 B_1B_0 的情况。利用1位比较器的结果，可以列出简化的真值表，如表3.4.4所示。

表3.4.4　2位数值比较器的真值表

输入		输出		
A_1B_1	A_0B_0	$F_{A>B}$	$F_{A<B}$	$F_{A=B}$
>	×	1	0	0
<	×	0	1	0
=	>	1	0	0
=	<	0	1	0
=	=	0	0	1

可以由真值表对两位比较器做如下简要概述。

当高位（A_1、B_1）不相等时，无须比较低位（A_0、B_0），两个数的比较结果就是高位比较的结果；当高位相等时，两数的比较结果由低位比较的结果决定。

3. 集成比较器

以74LS85为例来说明集成数值比较器，74LS85是4位数值比较器。其功能表如表3.4.5所示，引脚排列图如图3.4.7所示。

表3.4.5　集成数值比较器74LS85真值表

比较数值输入				级联输入			输出		
A_3B_3	A_2B_2	A_1B_1	A_0B_0	$I_{A>B}$	$I_{A<B}$	$I_{A=B}$	$F_{A>B}$	$F_{A<B}$	$F_{A=B}$
>	×	×	×	×	×	×	1	0	0
<	×	×	×	×	×	×	0	1	0
=	>	×	×	×	×	×	1	0	0
=	<	×	×	×	×	×	0	1	0
=	=	>	×	×	×	×	1	0	0
=	=	<	×	×	×	×	0	1	0
=	=	=	>	×	×	×	1	0	0
=	=	=	<	×	×	×	0	1	0
=	=	=	=	1	0	0	1	0	0
=	=	=	=	0	1	0	0	1	0
=	=	=	=	0	0	1	0	0	1

从功能表3.4.5可以看出，该比较器的比较原理和2位比较器的比较原理相同。两个4位数的比较是从A的最高位 A_3 与B的最高位 B_3 进行比较，如果它们不相等，则该位的比较

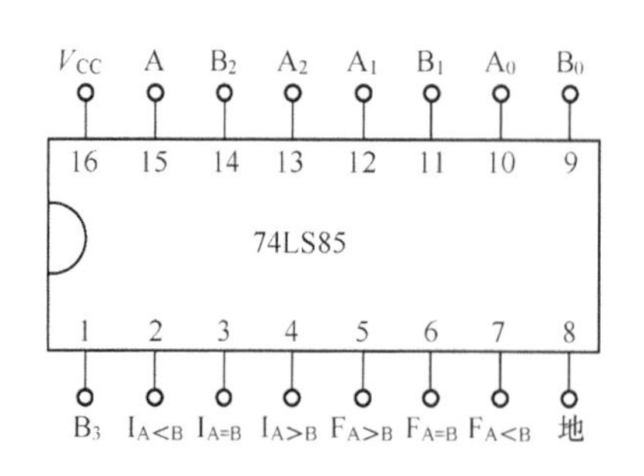

图 3.4.7 集成数值比较器 74LS85 的引脚排列图

结果可以作为两数的比较结果。若最高位 $A_3=B_3$，则再比较次高位 A_2 和 B_2，以此类推。显然，如果两数相等，那么，比较步骤必须进行到最低位才能得到结果。

$I_{A>B}$、$I_{A<B}$ 和 $I_{A=B}$ 三个级联输入端，供扩展比较位数时级联使用，一般接低位芯片的比较输出，即接低位芯片的 $F_{A>B}$、$F_{A<B}$ 和 $F_{A=B}$。

【例 3.4.2】 用三片 4 位数值比较器 74LS85 实现两个 12 位二进制的比较。

解：

采用三片 4 位数值比较器芯片，用分段比较的方法，可以实现对 12 位二进数的比较，其逻辑电路图如图 3.4.8 所示。

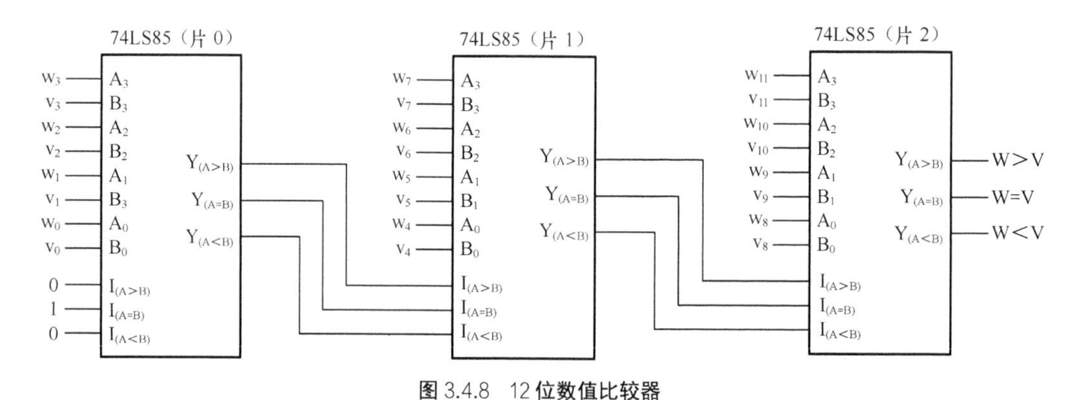

图 3.4.8 12 位数值比较器

应注意低位芯片的级联输入 $I_{A>B}$、$I_{A<B}$ 和 $I_{A=B}$ 接 010，比较器高位多余端只要连接相同即可。

3.5 编码器和译码器

用文字、符号或数码表示特定对象的过程称为编码，如邮政编码、身份证号码、汽车牌号等。在数字电路中用二进制代码表示有关信号，称为二进制代码。用来完成编码工作的逻辑电路称为编码器。

3.5.1 编码器

1．编码器概述

将某种信号编成二进制代码的电路称为二进制编码器。1 位二进制代码可以表示两个信号，n 位二进制数可对 $N=2^n$ 个信号进行编码。例如，一个将 I_0~I_7 的 8 个信号编成二进制代码的编码器，图 3.5.1 是 3 位二进制编码器功能示意图，3 位二进制代码的组合关系是 $2^3=8$，因此 I_0~I_7 的任一个输入信号可用一个 3 位二进制代码表示。因输入为 8 个信号，输出为 3 位二进制数，称 8 线-3 线（8/3）编码器。

以上讨论的编码器每次只允许一个输入信号，否则会引起混乱。在数字系统的实际应用中，可能有几个键或几个输入端同时有信号的情况，如计算机的中断系统，这时要求编码器允许多个信号同时有效，并按优先级别，按次序编码，能完成这一功能的编码器称优先编码器。

2．优先编码器

所谓优先编码器，是对所有输入端预先设置了优先级别，当输入端同时有多个信号输入时，编码器会根据优先级别按从高到低的顺序进行编码，从而保证编码器工作的可靠性。

74LS148 是一个典型的 8-3 线优先编码器，其逻辑功能示意图如图 3.5.2 所示，74LS148 的功能如表 3.5.1 所示。

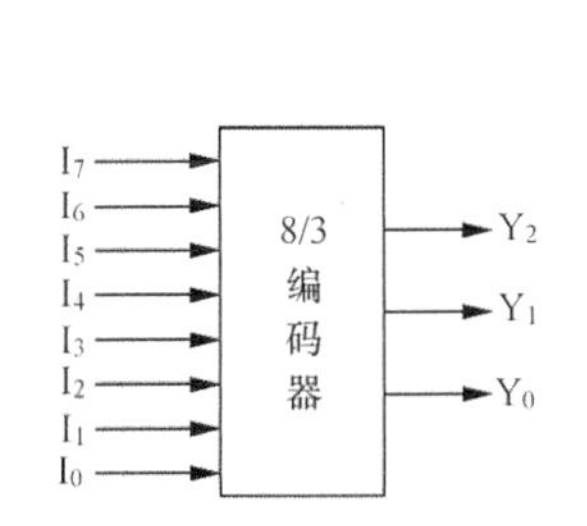

图 3.5.1 3 位二进制编码器功能示意图

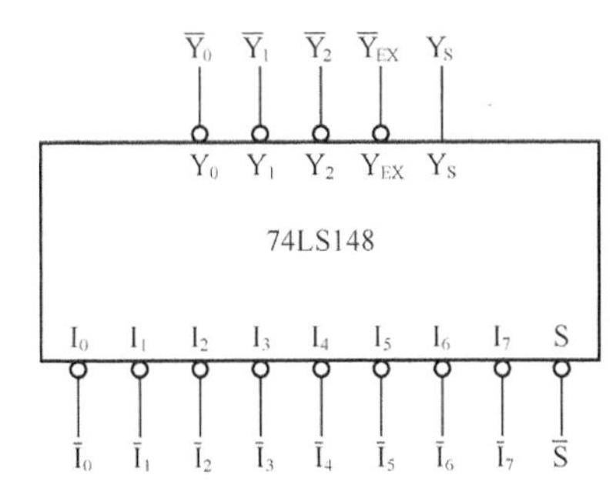

图 3.5.2 74LS148 逻辑功能示意图

表 3.5.1　　74LS148 优先编码器功能表

输入使能端	输入								输出			扩展输出	使能输出
$\overline{S}$	$\overline{I_7}$	$\overline{I_6}$	$\overline{I_5}$	$\overline{I_4}$	$\overline{I_3}$	$\overline{I_2}$	$\overline{I_1}$	$\overline{I_0}$	$\overline{Y_2}$	$\overline{Y_1}$	$\overline{Y_0}$	$\overline{Y_{EX}}$	Y_S
1	×	×	×	×	×	×	×	×	1	1	1	1	1
0	1	1	1	1	1	1	1	1	1	1	1	1	0
0	0	×	×	×	×	×	×	×	0	0	0	0	1
0	1	0	×	×	×	×	×	×	0	0	1	0	1
0	1	1	0	×	×	×	×	×	0	1	0	0	1
0	1	1	1	0	×	×	×	×	0	1	1	0	1
0	1	1	1	1	0	×	×	×	1	0	0	0	1
0	1	1	1	1	1	0	×	×	1	0	1	0	1
0	1	1	1	1	1	1	0	×	1	1	0	0	1
0	1	1	1	1	1	1	1	0	1	1	1	0	1

在表 3.5.1 中，输入（$\overline{I_0}\sim\overline{I_7}$）、输出（$\overline{Y_0}\sim\overline{Y_2}$）都是低电平有效。信号编码的优先次序是$\overline{I_7}$，$\overline{I_6}$，…，$\overline{I_0}$。当某一输入端有低电位输入，且比它优先级别高的输入端无低电位输入时，输出端才输出相对应的输入端的代码。例如，输入端$\overline{I_4}$为 0，且优先级别高的$\overline{I_5}$、$\overline{I_6}$、$\overline{I_7}$均为 1 时，输出代码为$\overline{Y_2}\,\overline{Y_1}\,\overline{Y_0}$=001，这就是优先编码器的工作原理。

$\overline{S}$为使能输入端，只有$\overline{S}=0$时编码器工作，$\overline{S}=1$时编码器不工作。Y_S为使能输出端，

级联应用时，高位片的 Y_S 端与低位片的 $\overline{S}$ 端连接起来，可以扩展优先编码器功能。$\overline{Y}_{EX}$ 为扩展输出端，级联应用时可作输出位的扩展端。

74LS148 优先编码器的应用比较广泛，如计算机键盘的内部就是一个字符编码器，它将键盘上的大、小写英文字母和数字及符号以及一些功能键等编成一系列的 7 位二进制数码，送到计算机的中央处理单元（CPU），然后再处理、存储、输出到显示器或打印机上。

【例 3.5.1】某电话室有 4 种电话，在某一时刻只能接听一种，按由高到低的优先级排序，依次是火警电话、急救电话、工作电话和私人电话，要求电话编码依次为 00、01、10、11。试设计电话编码控制电路。

解：

（1）逻辑抽象。

用 A、B、C、D 分别代表火警电话、急救电话、工作电话和私人电话，设电话铃响用 1 表示，铃没响用 0 表示。当优先级别高的信号有效时，低级别的则不起作用，这时用“×”表示；用 Y_1、Y_2 表示输出编码。

（2）列写真值表。真值表如表 3.5.2 所示。

表 3.5.2　　例 3.5.1 真值表

输入				输出	
A	B	C	D	Y_1	Y_2
1	×	×	×	0	0
0	1	×	×	0	1
0	0	1	×	1	0
0	0	0	1	1	1

（3）写逻辑函数表达式并化简。

$$Y_1 = \overline{A}\,\overline{B}\,\overline{C}D + \overline{A}\,\overline{B}C = \overline{A}\,\overline{B}D + \overline{A}\,\overline{B}C$$

$$Y_2 = \overline{A}B + \overline{A}\,\overline{B}\,\overline{C}\,D = \overline{A}B + \overline{A}\,\overline{C}D$$

（4）画出逻辑图。编码器的逻辑图如图 3.5.3 所示。

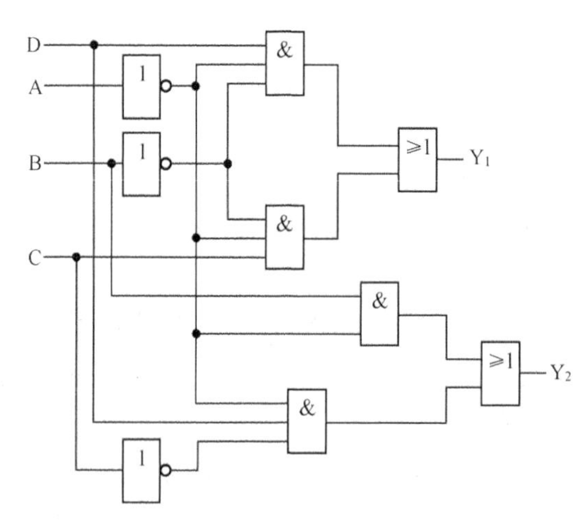

图 3.5.3　例 3.5.1 的优先编码逻辑图

3.5.2 译码器

译码是编码的逆过程，将输入的二进制代码转换成与代码相对应的信号。能实现译码功能的组合逻辑电路称为译码器。若译码器输入的是 n 位二进制代码，则其输出的端子数 $N \leqslant 2^n$。若 $N = 2^n$ 称为完全译码，$N < 2^n$ 称为部分译码。译码器种类很多，通常分为二进制译码器、二-十进制译码器和显示译码器。

1. 3 线-8 线译码器

3 线-8 线集成译码器 74LS138 为例介绍二进制译码器的工作原理。74LS138 有 3 个输入端 A_2、A_1 和 A_0，8 个输出端 $\overline{Y}_0 \sim \overline{Y}_7$，$S_A$ 为使能端，高电平有效，即 $S_A = 1$ 时可以译码，$S_A = 0$ 时禁止译码，输出 $\overline{Y}_0 \sim \overline{Y}_7$ 全为 1。$\overline{S}_B$、$\overline{S}_C$ 为控制端，低电平有效，若均为低电平可以译码，若其中有 1 或全为 1，则禁止译码，即输出 $\overline{Y}_0 \sim \overline{Y}_7$ 全为 1。$\overline{Y}_0 \sim \overline{Y}_7$ 的有效状态由输入变量 A_2、A_1 和 A_0 决定。

74LS138 的功能表如表 3.5.3 所示，逻辑图如图 3.5.4 所示，逻辑功能示意图和引脚排列图如图 3.5.5 所示。

表 3.5.3　74LS138 译码器功能表

使能	控　制		译 码 输 入			译 码 输 出							
S_A	$\overline{S}_B$	$\overline{S}_C$	A_2	A_1	A_0	$\overline{Y}_0$	$\overline{Y}_1$	$\overline{Y}_2$	$\overline{Y}_3$	$\overline{Y}_4$	$\overline{Y}_5$	$\overline{Y}_6$	$\overline{Y}_7$
0	×	×	×	×	×	1	1	1	1	1	1	1	1
×	1	×	×	×	×	1	1	1	1	1	1	1	1
×	×	1	×	×	×	1	1	1	1	1	1	1	1
1	0	0	0	0	0	0	1	1	1	1	1	1	1
1	0	0	0	0	1	1	0	1	1	1	1	1	1
1	0	0	0	1	0	1	1	0	1	1	1	1	1
1	0	0	0	1	1	1	1	1	0	1	1	1	1
1	0	0	1	0	0	1	1	1	1	0	1	1	1
1	0	0	1	0	1	1	1	1	1	1	0	1	1
1	0	0	1	1	0	1	1	1	1	1	1	0	1
1	0	0	1	1	1	1	1	1	1	1	1	1	0

由逻辑图和功能表可以写出 74LS138 译码输出的逻辑表达式为 $\overline{Y_i} = \overline{m_i}$（$0 \leqslant i \leqslant 7$）。

例如，当 $S_A = 1$、$\overline{S}_B = \overline{S}_C = 0$ 时，$\overline{A_2}\,\overline{A_1}\,\overline{A_0} = 101$ 时，仅有输出端 $\overline{Y}_5$ 有效，输出为 0，其余输出端均为 1。74LS138 的输出端包含有全部最小项，若将译码器的输入端看作变量输入端，再配合适当的门电路，就可以方便地实现三变量组合逻辑函数。

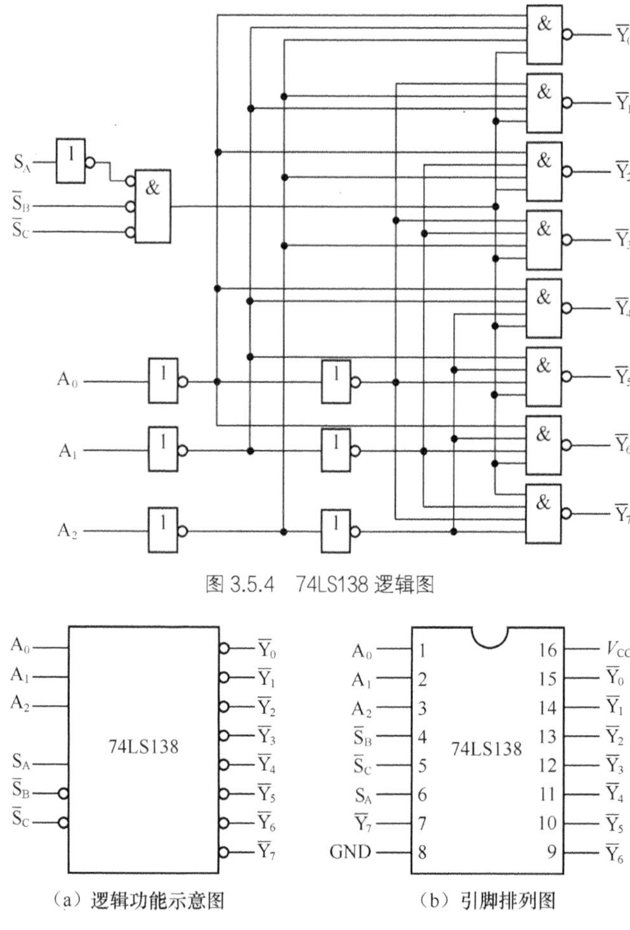

图 3.5.4　74LS138 逻辑图

图 3.5.5　逻辑功能示意图和引脚排列图

【例 3.5.2】 试用一个集成译码器 74LS138 及与非门设计一个全加器。

解：

（1）逻辑抽象。设全加器被加数、加数的本位数 A_n、B_n 和低位加法运算的进位数 C_{n-1}，S_n、C_n 分别为本位全加器的和、向高位的进位数。

（2）列写真值表，见表 3.4.2。

（3）列写逻辑函数表达式。根据全加器的真值表列写逻辑表达式。

$$S_n=\overline{A}_nB_n\overline{C}_{n-1}+A_n\overline{B}_n\overline{C}_{n-1}+\overline{A}_n\overline{B}_nC_{n-1}+A_nB_nC_{n-1}=m_1+m_2+m_4+m_7=\overline{\overline{m_1}\cdot\overline{m_2}\cdot\overline{m_4}\cdot\overline{m_7}}$$

$$C_n=A_nB_n\overline{C}_{n-1}+A_n\overline{B}_nC_{n-1}+\overline{A}_nB_nC_{n-1}+A_nB_nC_{n-1}=m_3+m_5+m_6+m_7=\overline{\overline{m_3}\cdot\overline{m_5}\cdot\overline{m_6}\cdot\overline{m_7}}$$

令 $A_2=A_n$、$A_1=B_n$、$A_0=C_{n-1}$，则上述表达式可变换为

$$S_n=\overline{\overline{Y_1}\cdot\overline{Y_2}\cdot\overline{Y_4}\cdot\overline{Y_7}}\,,\quad C_n=\overline{\overline{Y_3}\cdot\overline{Y_5}\cdot\overline{Y_6}\cdot\overline{Y_7}}$$

（4）画逻辑电路图。

用一个 3 线-8 线译码器和两个与非门电路就可以实现一个全加器功能，其逻辑图如图 3.5.6 所示。

2. 显示译码器

在数字系统中，常需要把数据或字符直观地显示出来。因此，数字显示电路是数字系统中不可缺少的部分。数字显示电路通常由图 3.5.7 所示的电路组成，显示器件是由显示译码器驱动。数字显示器件种类很多，按发光材料不同可分为真空荧光管显示器（VFD）、半导体发光二极管显示器（LED）、液晶显示器（LCD）及等离子显示器（PDP）等。按显示方式的不同可分为字形重叠式、分段式、点阵式等。目前，显示译码器随显示器件的类型而变化。最常用的显示译码器是直接驱动半导体数码管的七段显示译码器。

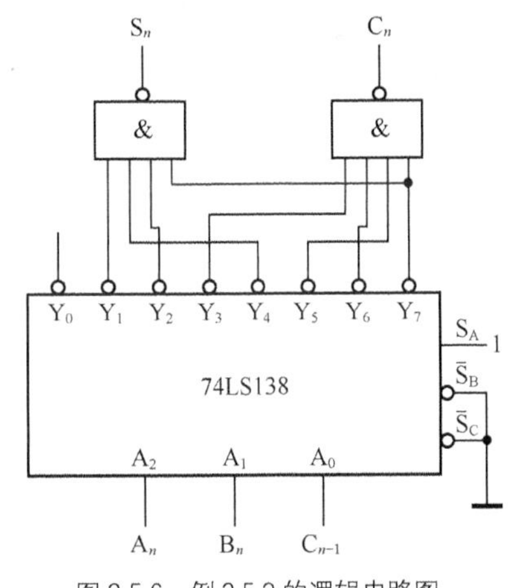

图 3.5.6 例 3.5.2 的逻辑电路图

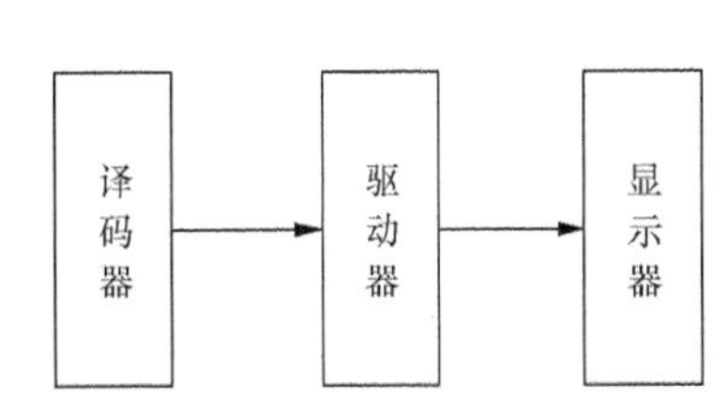

图 3.5.7 数字显示电路原理框图

下面介绍半导体数码管及其分段式译码驱动电路。

（1）七段半导体数码管显示器（LED）

半导体数码管是由特殊的半导体材料磷砷化镓、磷化镓、砷化镓等制成的发光二极管（LED）。七段显示器由 7 个条形二极管组成 8 字形。每一段含有一个发光二极管，有规律地控制 a~g 段的亮灭，从而显示“0~9”中的任意一字符。如图 3.5.8 所示是七段 LED 数码管的逻辑符号及其显示 0~9 十个数码的示意图。

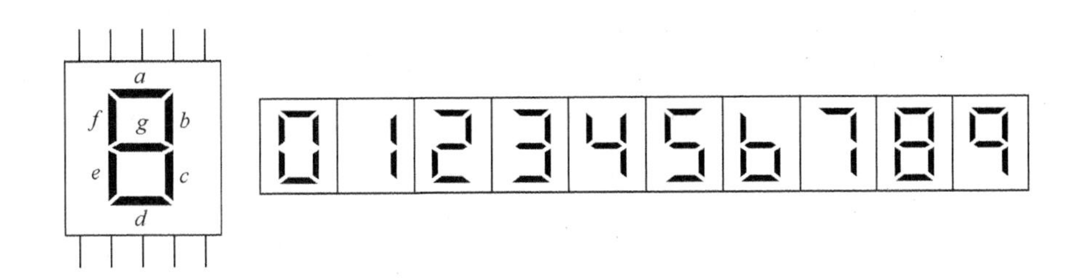

图 3.5.8 LED 数码管逻辑符号和显示数码示意图

半导体数码管有共阴极和共阳极两种接法，如图 3.5.9 所示。共阴极数码管，输入高电平时二极管亮；共阳极数码管，输入低电平时二极管亮。图 3.5.9 （a）所示为共阳极接法，即 LED 显示段 a～g 接低电平时发光；图 3.5.9（b）所示为共阴极接法，即 a～g 接高电平时，显示段发光。74LS47 译码驱动器输出是低电平有效，所以配接的数码管须采用共阳极接法。

74LS48 译码驱动器输出是高电平有效，配接的数码管须采用共阴极接法，数码管常用型号有 BS201、BS202 等。

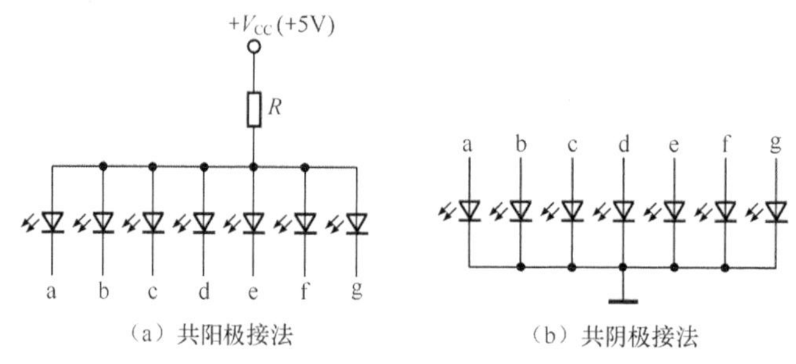

（a）共阳极接法　　（b）共阴极接法

图 3.5.9　LED 数码管内部电路原理

半导体发光二极管的常用驱动电路如图 3.5.10 所示，图 3.5.10（a）所示是由三极管驱动，图 3.5.10（b）所示是由 TTL 与非门直接驱动的。

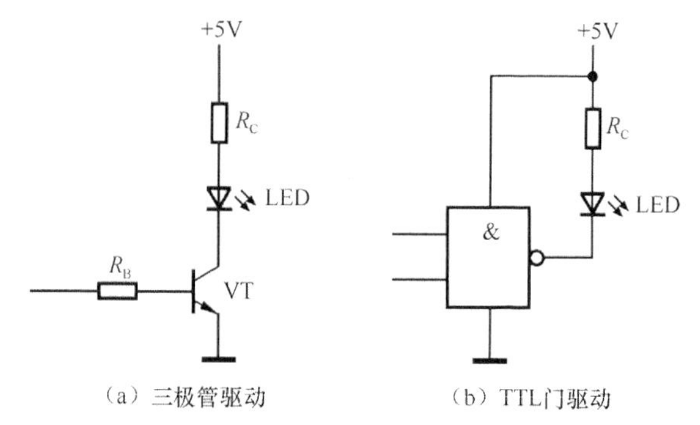

（a）三极管驱动　　（b）TTL门驱动

图 3.5.10　发光二极管驱动电路

（2）显示译码器

半导体数码管是利用不同发光段的组合来显示不同的数码，而这些不同发光段的驱动就靠显示译码器来完成。例如，将 8421BCD 码 0100 输入显示译码器，显示译码器应输出 LED 数码管的驱动信号，亦应使 b、c、f、g 的 4 段发光。

下面以 8421BCD 码七段显示译码器 74LS48 与半导体数码管 BS201A 组成的译码驱动显示电路为例，说明半导体数码管显示译码驱动电路的工作原理。74LS48 用于驱动共阴极的 LED 显示器，其真值表如表 3.5.4 所示，驱动 BS201A 的电路示意图如图 3.5.11 所示。

表 3.5.4　　74LS48 七段显示译码器真值表

十进制数或功能	输入						$\overline{I}_B$ /	输出							显示字型
	$\overline{LT}$	$\overline{I}_{BR}$	A_3	A_2	A_1	A_0	$\overline{Y}_{BR}$	a	b	c	d	e	f	g	
0	1	1	0	0	0	0	1	1	1	1	1	1	1	0	0
1	1	×	0	0	0	1	1	0	1	1	0	0	0	0	1
2	1	×	0	0	1	0	1	1	1	0	1	1	0	1	2
3	1	×	0	0	1	1	1	1	1	1	1	0	0	1	3
4	1	×	0	1	0	0	1	0	1	1	0	0	1	1	4

续表

十进制数或功能	输入						$\overline{I}_B/\overline{Y}_{BR}$	输出							显示字型
	$\overline{LT}$	$\overline{I}_{BR}$	A_3	A_2	A_1	A_0		a	b	c	d	e	f	g	
5	1	×	0	1	0	1	1	1	0	1	1	0	1	1	5
6	1	×	0	1	1	0	1	0	0	1	1	1	1	1	b
7	1	×	0	1	1	1	1	1	1	1	0	0	0	0	7
8	1	×	1	0	0	0	1	1	1	1	1	1	1	1	8
9	1	×	1	0	0	1	1	1	1	1	0	0	1	1	9
10	1	×	1	0	1	0	1	0	0	0	1	1	0	1	⊏
11	1	×	1	0	1	1	1	0	0	1	1	0	0	1	⊐
12	1	×	1	1	0	0	1	0	1	0	0	0	1	1	⊔
13	1	×	1	1	0	1	1	1	0	0	1	0	1	1	⊆
14	1	×	1	1	1	0	1	0	0	0	1	1	1	1	⊢
15	1	×	1	1	1	1	1	0	0	0	0	0	0	0	
灭灯	×	×	×	×	×	×	0	0	0	0	0	0	0	0	
灭零	1	0	0	0	0	0	0	0	0	0	0	0	0	0	
试灯	0	×	×	×	×	×	1	1	1	1	1	1	1	1	8

A_3、A_2、A_1、A_0 的4位二进制信号（8421BCD码）为74LS48的输入编号，a、b、c、d、e、f、g是七段译码器的输出驱动信号，高电平有效，可直接驱动共阴极七段数码管；$\overline{LT}$、$\overline{I}_{BR}$、$\overline{I}_B/\overline{Y}_{BR}$ 是使能端，起辅助控制作用。使能端的作用如下。

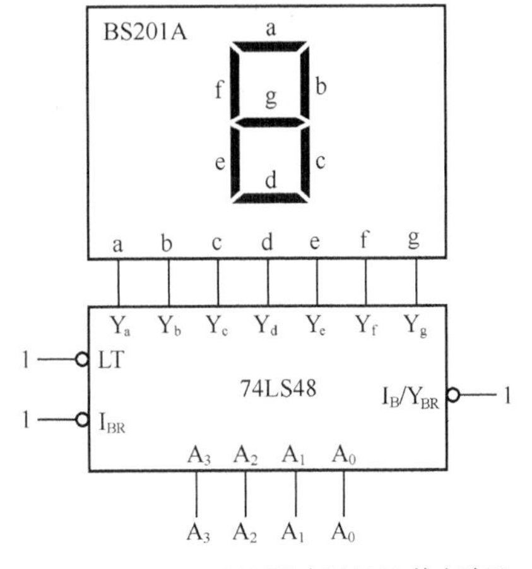

图3.5.11 用74LS48驱动BS201A的电路图

（1）$\overline{LT}$ 是试灯输入端，当 $\overline{LT}=0$，$\overline{I}_B/\overline{Y}_{BR}=1$ 时，不论其他输入是什么状态，a～g七段全亮。

（2）$\overline{I}_B$ 是灭灯输入端，当 $\overline{LT}=1$，不论其他输入状态如何，a～g均为0，数码管熄灭。

（3）$\overline{I}_{BR}$ 是动态灭零输入端，当 $\overline{LT}=1$，$\overline{I}_{BR}=0$ 时，如果 $A_3A_2A_1A_0=0000$ 时，a～g各段均为熄灭。

（4）$\overline{Y}_{BR}$ 是动态灭零输出端，它与灭灯输入 $\overline{I}_B$ 共用一个引出端。当 $\overline{I}_B=0$ 或 $\overline{I}_{BR}=0$ 且 $\overline{LT}=1$，$A_3A_2A_1A_0=0000$ 时，输出才为0。$\overline{Y}_{BR}$ 与 $\overline{I}_{BR}$ 配合，可用于熄灭多位数字前后所不需要显示的零。

半导体数码管选择译码驱动器时，一定要注意半导体数码管是共阴还是共阳，译码驱动器是输出高电平有效还是低电平有效。例如，4线-7线译码/驱动器74LS47即为输出低电平有效，驱动共阳半导体数码管。此外，还须满足半导体数码管的工作电流要求。

3.6 数据选择器和分配器

3.6.1 数据选择器

在数字系统中，有时需要将多路数字信号分时地从一条通道传送，多路选择器就可以完成这一项功能。数据选择器又称多路选择器或多路开关，它的逻辑功能是根据地址控制信号的要求，从多路输入信号中选择其中一路输出，其功能就像图 3.6.1 所示的单刀多掷开关。按照输入端数据的不同，数据选择器有 4 选 1、8 选 1、16 选 1 等形式。

8 选 1 数据选择器 74LS151 的真值表如表 3.6.1 所示，引脚排列图如图 3.6.2 所示。图中 D_0～D_1 是数据输入端；A_0～A_2 是地址控制端；$\overline{S}$ 为使能端（低电平有效），Y 与 $\overline{Y}$ 是互补输出端。

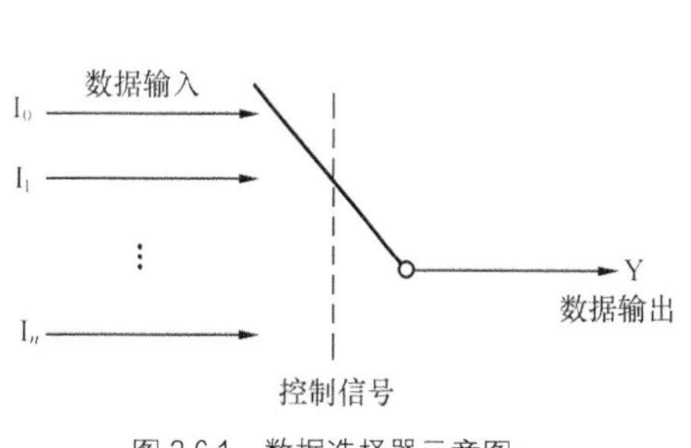

图 3.6.1 数据选择器示意图

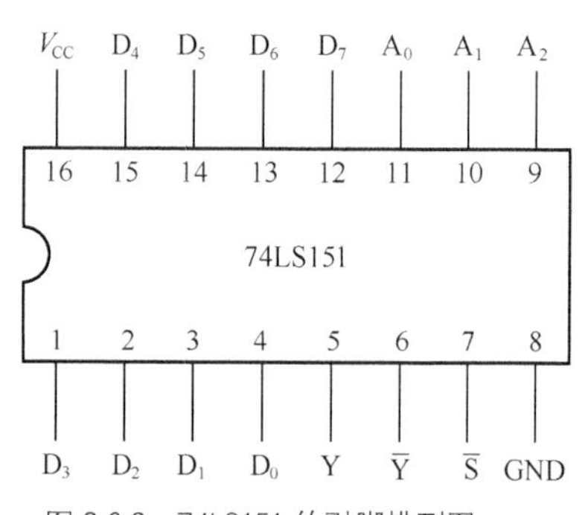

图 3.6.2 74LS151 的引脚排列图

表 3.6.1　　74LS151 真值表

$\overline{S}$	A_2	A_1	A_0	Y
1	×	×	×	0
0	0	0	0	D_0
0	0	0	1	D_1
0	0	1	0	D_2
0	0	1	1	D_3
0	1	0	0	D_4
0	1	0	1	D_5
0	1	1	0	D_6
0	1	1	1	D_7

由真值表可得出，当 A_2～A_0 为 000 时，$Y=D_0$；当 A_2～A_0=101 时，$Y=D_5$，以此类推。为了简洁起见，74LS151 的输出函数表达式以 A_2、A_1、A_0 的最小项形式写出

$$Y=(A_2,A_1,A_0)=\overline{\overline{S}}\left(\sum_{i=0}^{7}m_iD_i\right) \tag{3.6.1}$$

根据数据选择器的上述特点，可以用它来实现组合逻辑函数的设计。

【例 3.6.1】试用 8 选 1 数据选择器 74LS151 实现逻辑函数 F=AB+AC。

解：74LS151 是 8 选 1 数据选择器，其输出逻辑表达式为

$$Y=\bar{\bar{S}}(\bar{A}_2\bar{A}_1\bar{A}_0D_0+\bar{A}_2\bar{A}_1A_0D_1+\bar{A}_2A_1A_0D_2+A_2\bar{A}_1A_0D_5+A_2A_1\bar{A}_0D_6+A_2A_1A_0D_7)$$

而要求它实现的函数为

$$\begin{aligned}F&=AB+AC=AB\bar{C}+ABC+A\bar{B}C+ABC\\&=\overline{ABC}\cdot 0+\overline{AB}C\cdot 0+\bar{A}B\bar{C}\cdot 0+\bar{A}BC\cdot 0+A\overline{BC}\cdot 0+A\bar{B}C\cdot 1+AB\bar{C}\cdot 1+ABC\cdot 1\end{aligned}$$

将 Y 和 F 表达式对比可知，将函数 F 的自变量 A、B、C 接入 74LS151 的选择输入端 A_2、A_1、A_0，令使能端 $\bar{S}=0$，数据输入端 $D_4=D_3=D_2=D_1=D_0$ 接 0，$D_7=D_6=D_5$ 接 1，即实现了逻辑函数 F，其电路如图 3.6.3 所示。

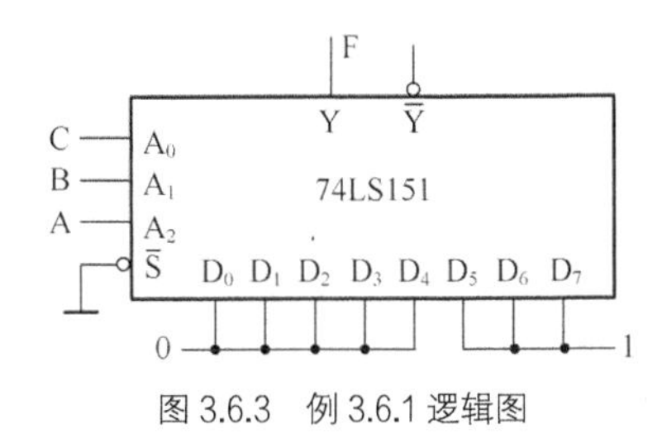

图 3.6.3　例 3.6.1 逻辑图

3.6.2　数据分配器

根据地址信号的要求，将一路数据分配到指定输出通道上的电路，称为数据分配器。数据分配器是数据选择器的逆过程，数据分配器又称多路分配器。数据分配器的功能示意图如图 3.6.4 所示。

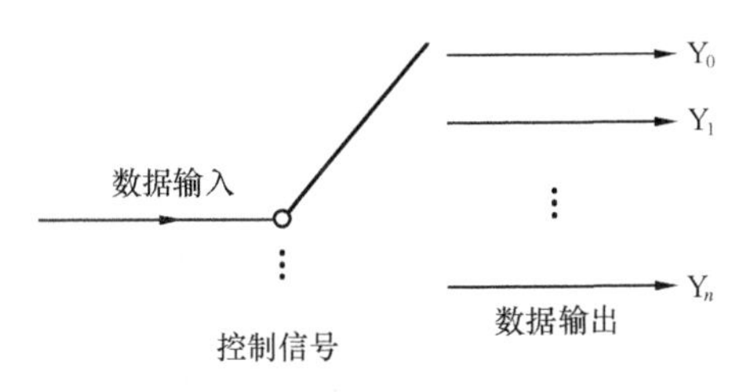

图 3.6.4　数据分配器示意图

通常数据分配器有 1 根输入线，n 根选择控制线和 2^n 根输出线，称为 1 路-2^n 路数据分配器，如 1 路-4 路分配器、1 路-8 路分配器等。

由于译码器和数据分配器的功能非常接近，因此译码器一个很重要的应用就是构成数据分配器，当需要数据分配时，可以用译码器改接。数据选择器和数据分配器配合使用，可以实现在一条数据线上分时传送多路数据的功能。图 3.6.5 所示电路是 8 选 1 数据选择器（74LS151）和 8 路数据分配器（74LS138）实现此目的的逻辑图。其中两边电路都由同一地址输入信号 $A_2A_1A_0$ 同步按顺序地轮流选通。采用这种方法，可大大减少系统中的连接线，尤其是远距离传送数据时，可以节省导线，降低工程造价。

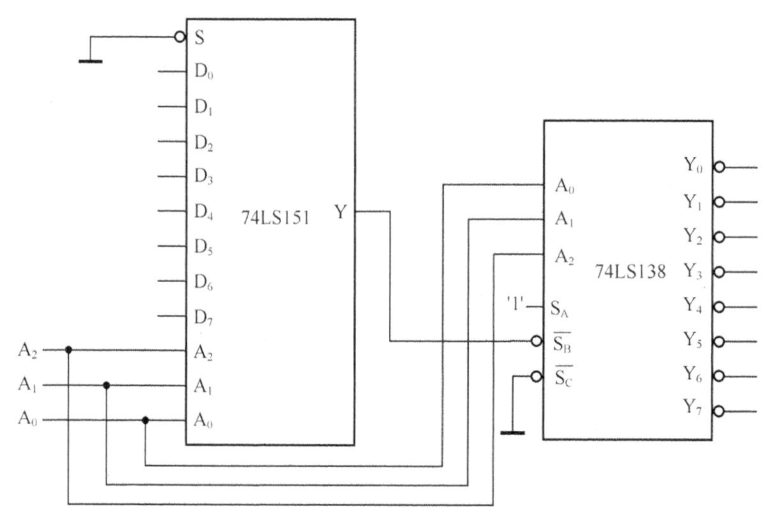

图 3.6.5 多路数据选择器和多路数据分配器配合用于数据传输示意图

3.7 组合逻辑电路的竞争与冒险

前面分析组合逻辑电路时，都没有考虑门电路的延迟时间对电路产生的影响。实际上，从信号输入到稳定输出需要一定的时间。由于从输入到输出的过程中，不同通路上门的级数不同，或者门电路平均延迟时间的差异，使信号从输入经不同通路传输到输出级的时间不同。因此，可能会使逻辑电路产生错误输出，通常把这种现象称为竞争-冒险。

3.7.1 竞争–冒险的概念及产生的原因

竞争：在组合逻辑电路中，某个输入变量通过两条或两条以上途径传到输出门的输入端，由于每条途径的延迟时间不同，到达输出门的时间就有先有后，这种现象称为竞争。

冒险：在数字电路中，某个瞬间出现了非预期信号的现象，即某一瞬间数字电路出现了违背真值表所规定的逻辑电平。这样就出现了不该出现的尖脉冲，这个尖脉冲可能对后面的电路产生干扰。大多数组合电路都存在竞争，但所有竞争不一定都产生错误的干扰脉冲。竞争是产生冒险的必然条件，而冒险并非竞争的必然结果。

由以上分析可知，只要两个互补的信号送入同一门电路，就可能出现竞争-冒险。因此把冒险现象分为两种。

1. “1”型冒险

例如，如图 3.7.1（a）所示电路，可能产生竞争-冒险。

图 3.7.1（a）$Y_1 = A\overline{A}$，$A \cdot \overline{A}$ 冒险在理想情况下输出电平为“0”。图 3.7.1（b）中，由于 G_1 门的延迟时间 t_{pd1}，竞争输出就会产生高电平窄脉冲。

2. “0”型冒险

例如，图 3.7.2（a）所示电路也可能产生竞争-冒险。

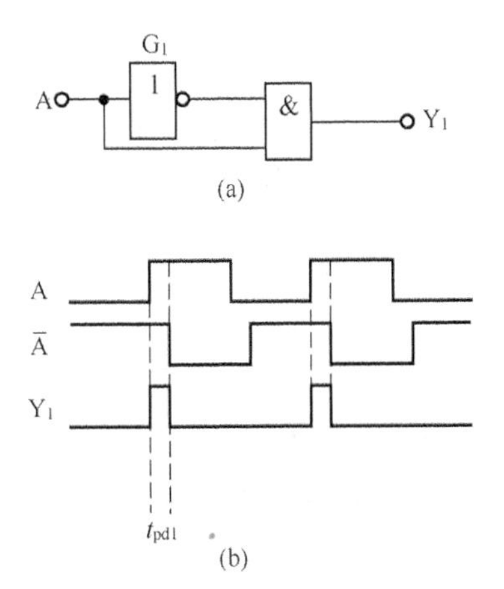

图 3.7.1　产生“1 型”冒险逻辑电路图及波形图

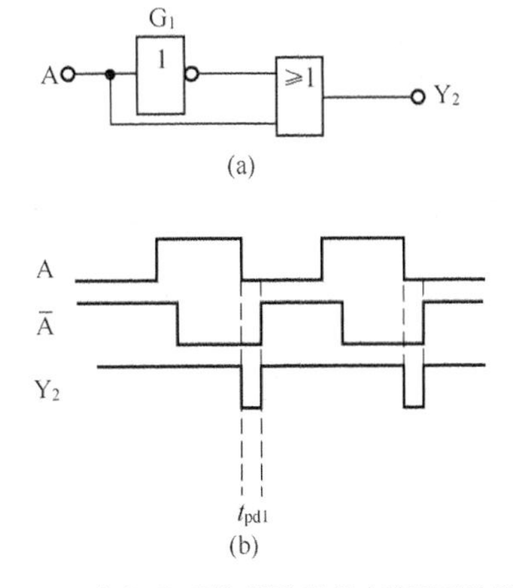

图 3.7.2　产生“0 型”冒险逻辑电路图及波形图

图 3.7.2（a）中 $Y_2 = A + \overline{A}$，$A + \overline{A}$ 冒险在理想情况下输出电平为“1”。图 3.7.2（b）中，由于 G_1 门的延迟时间 t_{pd1}，竞争输出就会产生低电平窄脉冲。

3.7.2　竞争–冒险的判断方法

判断竞争-冒险现象是否存在的方法很多，最常见的方法有以下两种。

1．代数法

在逻辑函数表达式中，是否存在某变量的原变量和反变量。若去掉其他变量得到 $Y = A + \overline{A}$，电路有可能产生“0”型冒险；若得到 $Y = A \cdot \overline{A}$，则可能产生“1”型冒险。

2．卡诺图法

画出逻辑函数的卡诺图，当卡诺图中两个合并最小项圈相切，即两个合并最小项圈相邻——有相邻项，各合并最小项圈各自独立——不相交时，这个逻辑函数有可能出现冒险现象。

3.7.3　消除竞争–冒险的方法

1．修改逻辑设计

（1）代数法

① 逻辑变换消去互补量

例如，函数式 $F = (A + B)(\overline{A} + C)$，在 B=C=0 时，$F = A\overline{A}$。若直接根据这个逻辑表达式组成逻辑电路，则可能出现竞争-冒险现象。若将逻辑函数表达式进行逻辑变换，则把该式变换为 $F = AC + BC + \overline{A}B$，这时消去了 $A \cdot \overline{A}$ 互补量，根据这个表达式组成的逻辑电路，就不会出现竞争-冒险现象。

② 增加乘积项（冗余项）

$F = AB + \overline{A}C$ 当 B=C=1 时，$F = A + \overline{A}$，存在竞争-冒险现象。若增加乘积项 BC，则 $F = AB + \overline{A}C + BC$，消除了竞争-冒险现象。

（2）卡诺图法

将卡诺图中相切的圈用一个多余的圈连接起来，即增加了一个冗余项，就可消除冒险现象。

【例 3.7.1】图 3.7.3（a）所示电路的逻辑表达式为：$L = AC + B\overline{C}$，若输入变量 A=B=1，则有$L = C + \overline{C}$。因此，该电路存在“0”型冒险。

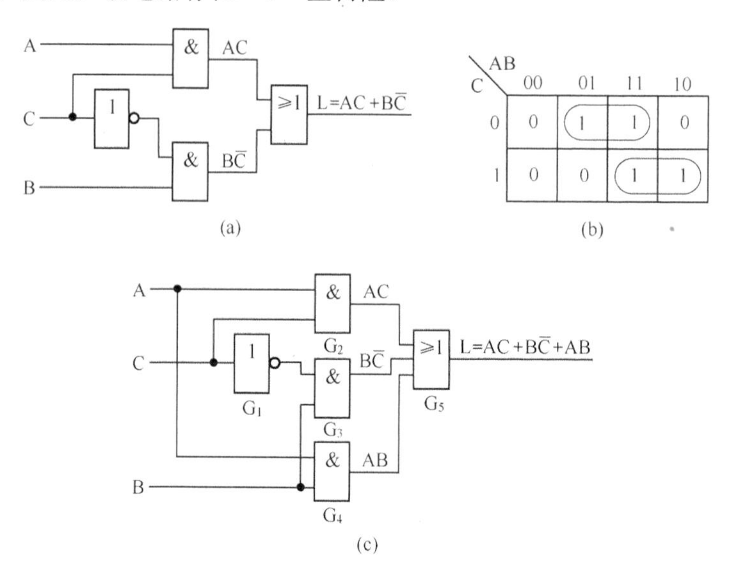

图 3.7.3　例 3.7.1 逻辑图

将卡诺图 3.7.3（b）中相切的圈用一个多余的圈连接起来，表达式变换为 $L = AC + B\overline{C} + AB$。通过增加 AB 项后电路如图 3.7.3（c）所示电路，当 A=B=1 时，$G_5 = 1$，$G_4 = 1$，始终 $L = 1$，消除竞争-冒险现象。

2．引入封锁脉冲

为了消除竞争-冒险产生的干扰脉冲，可引入封锁脉冲。封锁脉冲要与信号转换时间同步，而且封锁脉冲宽度不应小于电路从一个稳态转换到另一个稳态的过渡时间。

3．引入选通脉冲

选通法是当有冒险脉冲时，利用选通脉冲把输出级封锁住，使冒险脉冲不能输出，而当冒险脉冲消失之后，选通脉冲又允许正常输出。它出现的时间应与输入信号变化的时间错开，从而避开冒险，在时间上则在干扰脉冲已经消失之后才加入，这样电路的输出不再是电位信号，而是一个脉冲信号。

4．输出端并联电容——滤波电容

因为竞争-冒险现象所产生的干扰脉冲一般很窄，所以当电路工作频率不是很高时，在输出端并接一个电容，利用电容两端的电压不能突变的特性，可以吸收掉干扰脉冲，将尖峰脉冲的幅度减小到不会产生影响的程度。但应注意电容量不能太大（一般为 4pF～20pF），否则使波形变坏，影响电路的工作速度。

如图 3.7.4（a）所示，使输出波形上升沿和下降沿都变得比较缓慢，如图 3.7.4（b），从而起到消除冒险现象的作用。

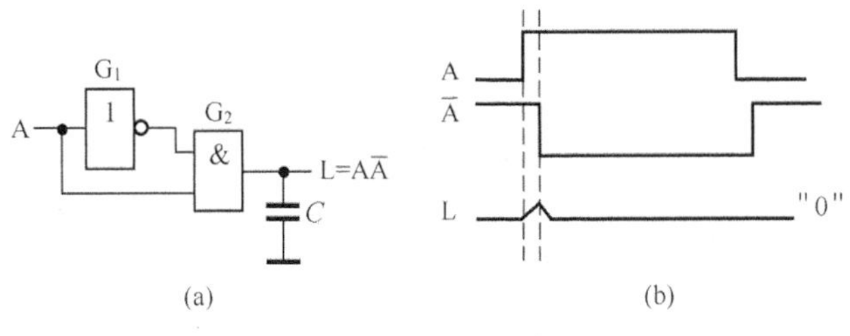

图 3.7.4　并联电容

上述方法中修改逻辑函数表达式的方法如果运用得当，能得到满意的结果；并联滤波电容的方法简单易行，但使得输出边沿变差，只适用于对输出波形的前后沿无严格要求的场合。消除竞争和冒险的方法还可以采用可靠性编码（如格雷码）等方法避免险象。

3.8　组合逻辑电路的应用举例

应用举例 1：1 位十进制加法器

本章所讲述的半加器和全加器只能进行二进制运算，在日常生活中，我们一般使用十进制运算，因此，需要能够完成十进制运算的加法器。

1．电路组成

图 3.8.1 所示为 1 位十进制加法器的电路原理图，该加法器由一片 4 位超前进位全加器 74LS283、4 位数值比较器 74LS85 与七段显示译码电路 74LS47 及 LED 数码管等组成。

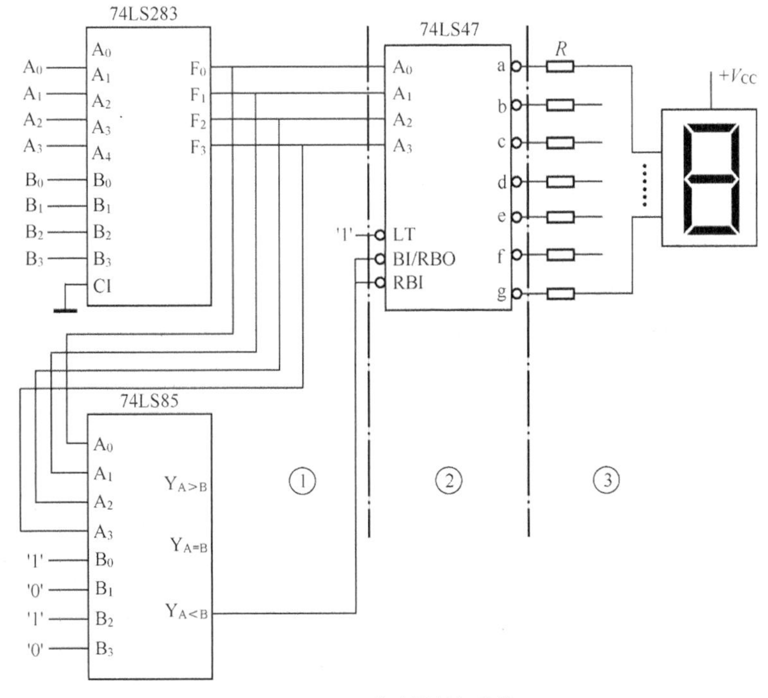

图 3.8.1　1 位十进制加法器

2．工作原理

通过对电路图的分析可以看出，该电路可以分为加法运算及比较器、译码电路和显示电路三个功能块，能够实现 1 位十进制加法器的功能，数码管可以显示相加结果。当相加结果大于 1001（十进制中的数字 9）时，数码管不显示。

（1）加法运算及比较器。74LS283 的输出端为 F_0～F_3，当 F_0～F_3<1010 时，比较器电路输出 $Y_{A<B}=1$。

（2）译码电路。74LS47 输出低电平有效，可以直接驱动共阳极数码管。

（3）显示电路。七段共阳极 LED 数码管可显示十进制数 0～9，电阻 *R* 用来限制各段通过的电流。

应用举例 2：三个 4 位数值的最小值选择器

有时我们需要对几个数进行数值大小的比较，利用组合逻辑电路就可以实现这个功能。

1．电路组成

图 3.8.2 所示为三个 4 位数值的最小值选择器的电路原理图，该电路由 IC_1～IC_4 组成，其中 IC_1、IC_3 是 74LS85，为 4 位数值比较器。IC_2、IC_4 为 74LS157，是四个二选一数据选择器，其中 $\overline{G}$ 是使能端，低电平有效，$\overline{A}/B$ 是数据选择控制端，当 $\overline{A}/B=0$ 时，Y=A；$\overline{A}/B=1$ 时，Y=B。

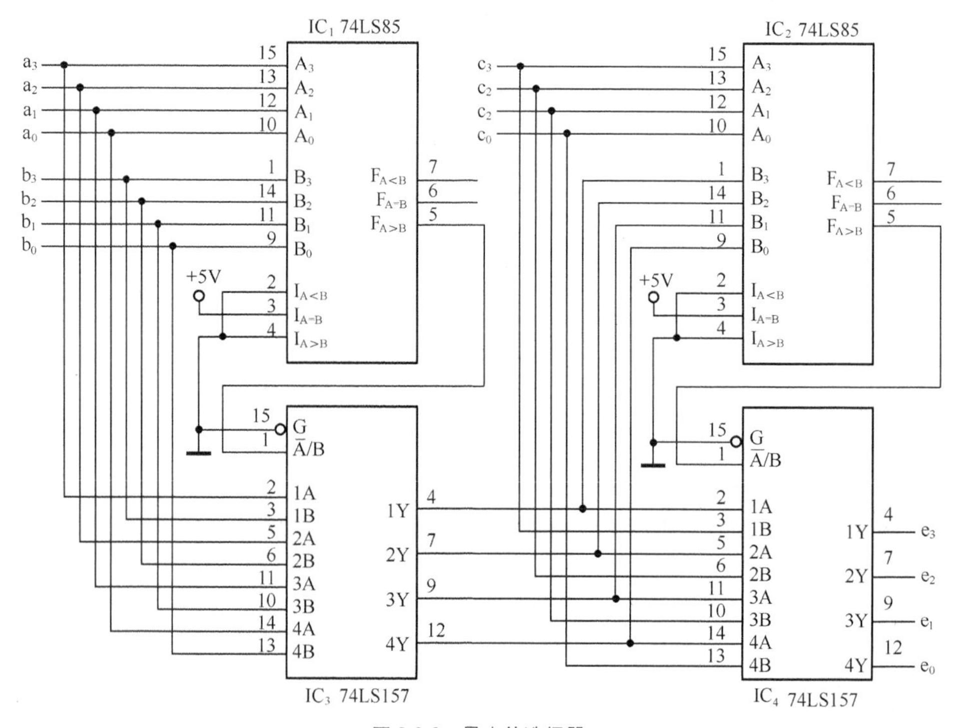

图 3.8.2　最小值选择器

2. 工作原理

输入三个 4 位二进制数分别为 $A=a_3a_2a_1a_1$、$B= b_3b_2b_1b_0$、$C= c_3c_2c_1c_0$，输出 4 位二进制数是 $E=e_3e_2e_1e_0$。在进行分析时不必考虑输入的具体二进制数，只是先对 A 与 B 进行比较，比较后的结果再与 C 进行大小比较，最后输出的 E 是 A、B、C 三个数中最小的一个。

本 章 小 结

本章首先介绍了组合逻辑电路的特点和组合逻辑电路的分析和设计方法。对组合逻辑单元部件加法器、数值比较器、编码器和译码器、数据选择器和数据分配器等中小规模集成电路器件及其相应的功能电路进行详细分析，最后简单介绍了组合逻辑电路中的竞争-冒险现象及消除方法。读者要熟悉这些电路和器件的逻辑功能，灵活运用。

习　　题

习题 3.1　填空题

（1）组合逻辑电路任何时刻的输出信号，与该时刻的输入信号_______，与以前的输入信号______。

（2）能完成两个 1 位二进制数相加，并考虑到低位进位的器件称为________。

（3）8 线-3 线优先编码器 74LS148 的优先编码顺序是 $\overline{I}_7$、$\overline{I}_6$、$\overline{I}_5$、…、$\overline{I}_0$，输出为 $\overline{Y}_2\,\overline{Y}_1\,\overline{Y}_0$。输入输出均为低电平有效。当输入 $\overline{I}_7\,\overline{I}_6\,\overline{I}_5\cdots\overline{I}_0$ 为 11010101 时，输出 $\overline{Y}_2\,\overline{Y}_1\,\overline{Y}_0$ 为______。

（4）3 线-8 线译码器 74HC138 处于译码状态时，当输入 $A_2A_1A_0=001$ 时，输出 $\overline{Y}_7\sim\overline{Y}_0=$________________。

（5）实现将公共数据上的数字信号按要求分配到不同电路中去的电路叫_____________。

（6）根据需要选择一路信号送到公共数据线上的电路叫____________________。

（7）1 位数值比较器，输入信号为两个要比较的 1 位二进制数，用 A、B 表示，输出信号为比较结果：$Y_{(A>B)}$、$Y_{(A=B)}$和 $Y_{(A<B)}$，则 $Y_{(A>B)}$的逻辑表达式为_________。

（8）在组合逻辑电路中，当输入信号改变状态时，输出端可能出现瞬间干扰窄脉冲的现象称为_____________。

习题 3.2　选择题

（1）组合电路设计的结果一般是要得到（　　）。

A．逻辑电路图　　B．电路的逻辑功能

C．电路的真值表　　D．逻辑函数式

（2）七段显示译码器是指（　　）的电路。

A．将二进制代码转换成 0~9 数字　　B．将 BCD 码转换成七段显示字形信号

C．将 0~9 数字转换成 BCD 码　　D．将七段显示字形信号转换成 BCD 码

（3）题图 3.1 为半加器逻辑符号，当 A = 1，B = 1 时，C 和 S 分别为（　　）。

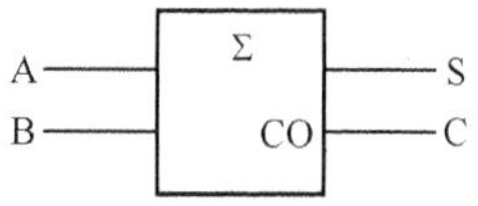

A．C=0；S=0　　B．C=0；S=1

C．C=1；S=0　　D．C=1；S=1

题图 3.1

（4）集成 4 位数值比较器 74LS85 级联输入 $I_{A<B}$、$I_{A=B}$、$I_{A>B}$ 分别接 001，当输入两个相等的 4 位数据时，输出 $F_{A<B}$、$F_{A=B}$、$F_{A>B}$ 分别为______。

A．010　　B．001　　C．100　　D．011

（5）题表 3.1 为二进制编码表，指出它的逻辑式为（　　）。

A．$B=\overline{\overline{Y_2}\cdot\overline{Y_3}}$，$A=\overline{\overline{Y_1}\cdot\overline{Y_3}}$

B．$B=\overline{\overline{Y_0}\cdot\overline{Y_1}}$，$A=\overline{\overline{Y_2}\cdot\overline{Y_3}}$

C．$B=\overline{\overline{Y_2}\cdot\overline{Y_3}}$，$A=\overline{\overline{Y_1}\cdot\overline{Y_2}}$

D．$B=\overline{\overline{Y_1}\cdot\overline{Y_2}}$，$A=\overline{\overline{Y_2}\cdot\overline{Y_3}}$

题表 3.1

输　入	输　出	
	B	A
Y_0	0	0
Y_1	0	1
Y_2	1	0
Y_3	1	1

（6）编码器的逻辑功能是（　　）。

A．把某种二进制代码转换成某种输出状态

B．将某种状态转换成相应的二进制代码

C．把二进制数转换成十进制数

D．把十进制数转换成二进制数

（7）用 74LS138 译码器实现多输出逻辑函数，需要增加若干个（　　）。

A．非门　　B．与非门　　C．或门　　D．或非门

（8）在二进制译码器中，若输入有 4 位代码，则输出有________个信号。

A．2　　B．4　　C．8　　D．16

（9）译码器的逻辑功能是（　　）。

A．把某种二进制代码转换成某种输出状态

B．将某种状态转换成相应的二进制代码

C．把二进制数转换成十进制数

D．把十进制数转换成二进制数

（10）采用共阳极数码管的译码显示电路，若显示码数是 4，译码器输出端应为（　　）。

A．a=d=e=“0”，b=c=f=g=“1”

B．a=d=e=“1”，b=c=f=g=“0”

C．a=d=c=“0”，b=e=f=g=“0”

D．a=d=c=“1”，b=e=f=g=“1”

（11）译码器 74HC138 的使能端 $S_A\overline{S_B}\,\overline{S_C}$ 取值为_______时，处于允许译码状态。

A．011　　B．100　　C．101　　D．010

（12）题图 3.2 为八选一数据选择器组成电路，该电路实现的逻辑函数是 Y=（　　）。

A．$AB\overline{C}+\overline{A}BC+\overline{A}\,\overline{B}\,C+\overline{A}\,\overline{B}\,\overline{C}$

B．$ABC+A\overline{BC}$

C．$BC+\overline{AB}C$

D．$\overline{A}BC+AB\overline{C}+ABC+A\overline{B}C$

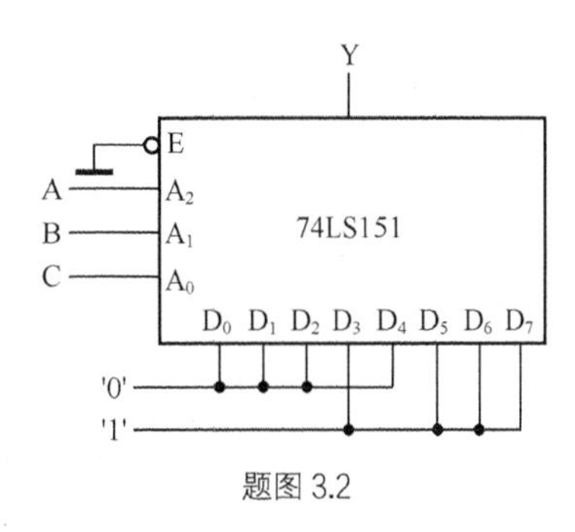

题图 3.2

（13）数据分配器和_______有着相同的基本电路结构形式。

A．加法器　　B．编码器　　C．数据选择器　　D．译码器

（14）组合逻辑电路中的冒险是由_______引起的。

A．电路未达到最简　　B．电路有多个输出

C．电路中的延时　　D．逻辑门类型不同

（15）当二输入与非门输入为_____变化时，输出可能有竞争冒险。

A．01→10　　B．00→10　　C．10→11　　D．11→01

习题 3.3　试总结并说出：

（1）从真值表写逻辑函数式的方法；

（2）从函数式列写真值表的方法；

（3）从逻辑图写逻辑函数式的方法；

（4）从逻辑函数式画逻辑图的方法。

习题 3.4　分析题图 3.3 所示电路。要求：

（1）写出 Z_1、Z_2 的逻辑表达式；

（2）列出真值表；

（3）说明电路的逻辑功能。

习题 3.5　分析题图 3.4 所示逻辑电路的逻辑功能。要求：

（1）写出 S_i、C_i 逻辑表达式；

（2）列出真值表；

（3）说明电路的逻辑功能。

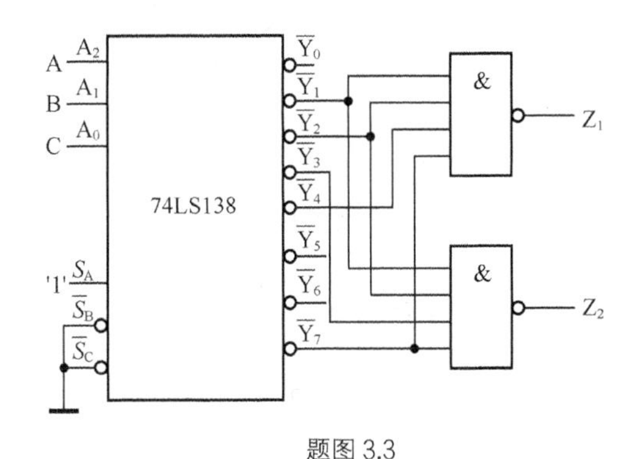

题图 3.3

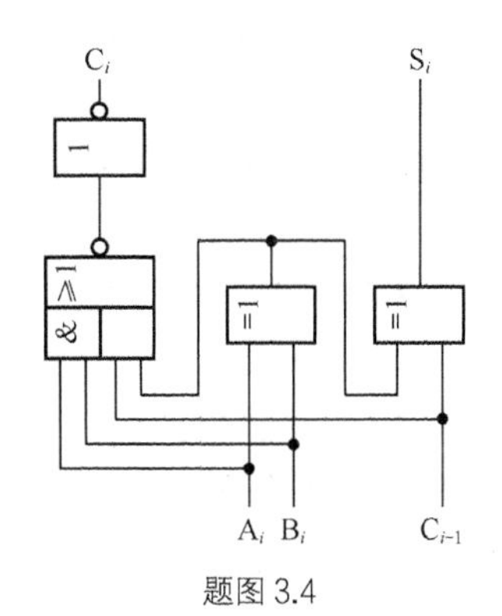

题图 3.4

习题 3.6 试分析题图 3.5 逻辑电路。要求：

（1）写出逻辑表达式；

（2）列写真值表；

（3）表达式化简后再画出新的逻辑图。

习题 3.7 试分析题图 3.6 所示逻辑电路的功能。

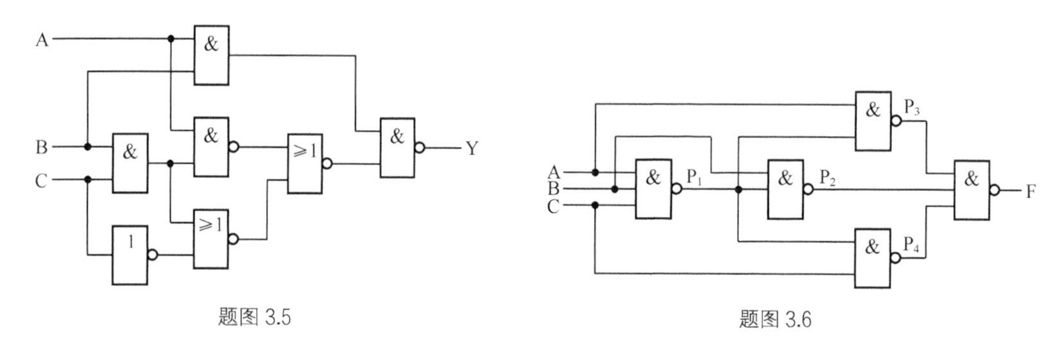

题图 3.5　　　　题图 3.6

习题 3.8 分析题图 3.7 组合电路的逻辑功能。

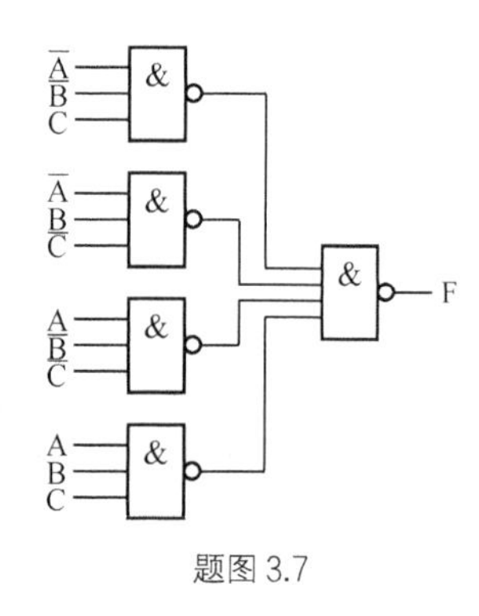

题图 3.7

习题 3.9 用与非门设计一个 4 变量表决电路。当变量 A、B、C、D 中有 3 个或 3 个以上为 1 时，输出为 Y=1；输入为其他状态时，输出 Y=0。

习题 3.10 设计一个燃油蒸汽锅炉过热报警装置。用三个数字传感器分别监视燃油喷嘴的开关状态、锅炉中的水温和压力。当喷嘴打开且压力或水温过高时，都应发出报警信号。

习题 3.11 试用 74LS138 实现下列逻辑函数（允许附加门电路）。

$$Y=\overline{A}\overline{B}\overline{C}+\overline{A}B\overline{C}+ABC$$

习题 3.12 某产品有 A、B、C、D 4 项质量指标。规定：A 必须满足要求，其他 3 项指标中只要有任意两项满足要求，产品就算合格。试设计一个检验产品合格的逻辑电路，要求用与非门实现该逻辑电路。

习题 3.13 人类有四种基本血型：A、B、AB、O 型，输血者与受血者的血型必须符合下述原则。O 型血可以输给任意血型的人，但 O 型血只能接受 O 型血；AB 型血只能输给 AB 型，但 AB 型能接受所有血型；A 型血能输给 A 型和 AB 型，但只能接受 A 型或 O 型血；B 型血能输给 B 型和 AB 型，但只能接受 B 型或 O 型血。试用与非门设计一个检验输血者与受血者血型是否符合上述规定的逻辑电路。如果输血者与受血者的血型符合规定电路输出“1”（提示：电路只需要 4 个输入端。它们组成一组二进制代码，每组代码代表一对输血—受血的血型对）。

习题 3.14 用与非门设计一组合逻辑电路，输入为 4 位二进制数，当数 $N \geqslant 9$ 时，输出 L=1，其余情况 L=0。

习题 3.15 已知用 8 选 1 数据选择器 74LS151 构成的逻辑电路如题图 3.8 所示，请写出输出 F 的逻辑函数表达式，并将它化成最简与或表达式。

习题 3.16 TTL 或非门组成的电路如题图 3.9 所示。

（1）分析电路在什么时刻可能出现冒险现象？

（2）用增加冗余项的方法来消除冒险，电路应该怎样修改？

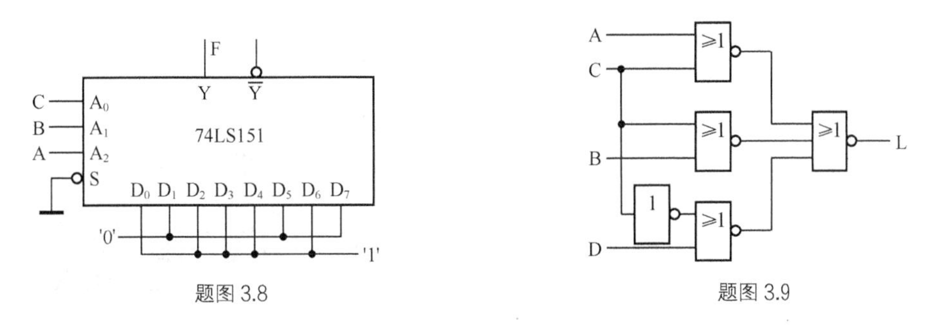

题图 3.8　　　　题图 3.9

习题 3.17　设每个门的平均传输延迟时间 t_{pd}=20ns，试画出题图 3.10 所示电路中 A、B、C、D 及 u_O 各点的波形图，并注明时间参数，设 u_I 为宽度足够的矩形脉冲。

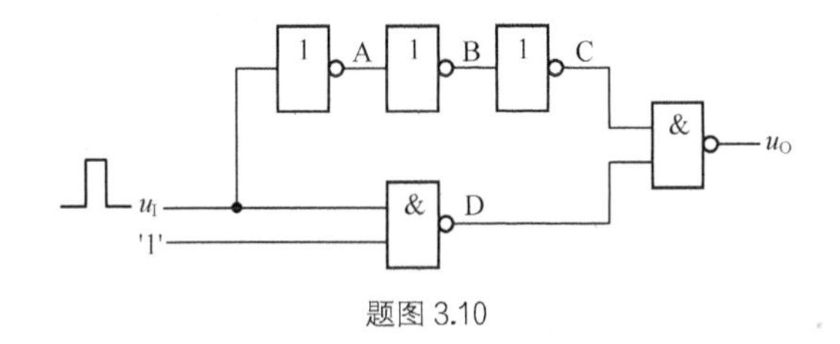

题图 3.10

习题 3.18　题图 3.11 所示电路，已知某仪器面板有 10 只 LED 构成的条式显示器。它由 8421BCD 码驱动，经译码后点亮。当输入 DCBA=0111 时，试说明该条式显示器点亮的情况。

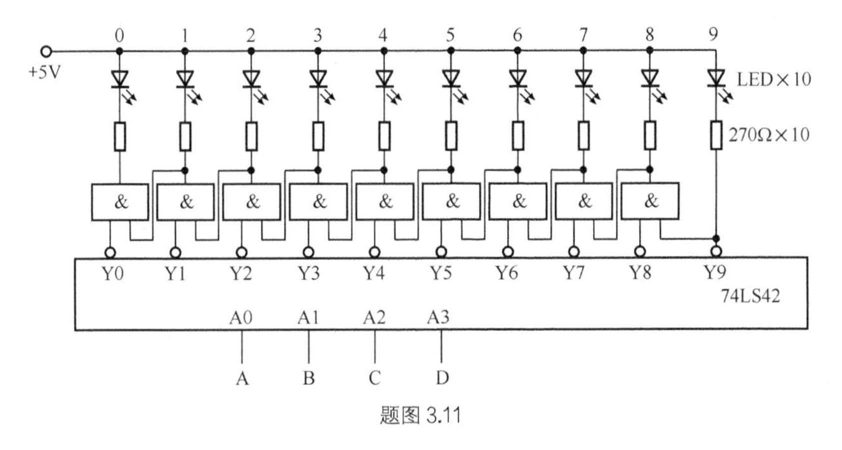

题图 3.11

第4章 触发器

本章主要介绍基本触发器、同步触发器、主从触发器和边沿触发器的电路构成、工作原理、功能特性及应用，然后介绍了触发器之间的相互转换和电气特性，最后对典型触发器电路的应用进行具体说明。

4.1 概述

在数字电路中，经常需要将二进制的代码信息保存起来进行处理，触发器就是实现存储二进制信息功能的单元电路。集成触发器是构成计数器、寄存器和移位寄存器等时序电路的基本单元，也可作为控制逻辑电路使用。

1．触发器的功能特点

由于二进制信息只有0、1两种状态，所以作为存储这些信息的触发器也必须具备两个稳定状态：0状态和1状态。触发器的逻辑功能常用真值表、卡诺图、特征方程、状态图和波形图5种方法描述，这些表示方法在本质上是相同的，是可以相互转换的。所谓特征方程（也称特性方程），是指触发器的次态与当前输入信号及现态之间的逻辑关系式，其中现态是指触发器接收输入信号之前的状态，也就是触发器原来的稳定状态，用Q^n表示；次态是指触发器接收输入信号之后新的稳定状态，用Q^{n+1}表示。触发器次态（Q^{n+1}）与现态（Q^n）和输入信号之间的逻辑关系是贯穿本章始终的基本问题，如何获得、描述和理解这种逻辑关系，是本章学习的重点。

2．触发器的分类

触发器按结构可分为基本触发器、同步触发器、主从触发器和边沿触发器。

基本触发器：电路结构最简单的触发器，输入信号是直接加到输入端，它是构成其他各类触发器的基础，其他类型的触发器都是在此基础上发展而来的。

同步触发器：输入信号是经过控制门输入的，而管理控制门的信号被称为时钟脉冲（CP）信号，只有在CP信号到来时，输入信号才能进入触发器，否则输入信号对电路不起作用。

主从触发器：由主触发器和从触发器等组成，时钟信号CP先使主触发器接收输入信号，然后主触发器将接收的内容送入从触发器，这就是“主从型”的由来。

边沿型触发器：这种类型的触发器是目前应用比较多的触发器，只有在时钟脉冲 CP 的上升沿或下降沿时刻，输入信号才能对触发器的电路起作用。

此外，触发器按逻辑功能可分为 RS 触发器、JK 触发器、D 触发器、T 触发器和 T'触发器；按触发工作方式可分为上升沿、下降沿触发器和高电平、低电平触发器；按使用开关元件可分为 TTL 触发器和 CMOS 触发器。

4.2 基本 RS 触发器

4.2.1 电路结构及功能特点

1. 电路组成和逻辑符号

图 4.2.1（a）所示是由两个与非门交叉连接起来构成的基本 RS 触发器。图中$\overline{S}$、$\overline{R}$是信号输入端，低电平有效，即$\overline{S}$、$\overline{R}$端为低电平时表示有信号，为高电平时表示无信号。Q 和$\overline{Q}$表示触发器的状态，是两个互补的信号输出端，Q=0、$\overline{Q}$=1 的状态称为 0 状态，Q=1、$\overline{Q}$=0 的状态称为 1 状态。图 4.2.1（b）所示的是基本 RS 触发器的逻辑符号，方框下面的$\overline{R}$、$\overline{S}$输入端处的小圆圈表示低电平有效。方框上面为两个输出端，无小圆圈的为 Q 端，有小圆圈的为$\overline{Q}$端，在正常工作情况下，Q 和$\overline{Q}$的状态是互补的，即一个为高电平时，另一个为低电平，反之亦然。

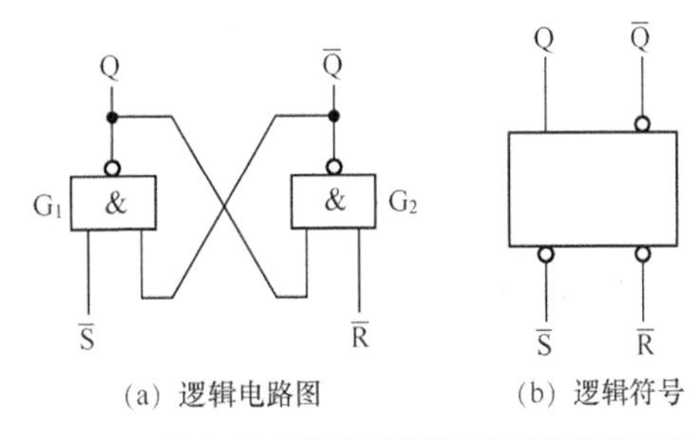

（a）逻辑电路图　（b）逻辑符号

图 4.2.1　基本 RS 触发器的逻辑电路图和逻辑符号

2. 工作原理

（1）置 0 状态。当$\overline{R}$=0、$\overline{S}$=1 时，因为与非门 G_2 输入端$\overline{R}$=0，可得$\overline{Q}$=1；此时与非门 G_1 的两输入端$\overline{S}$=1、$\overline{Q}$=1，故 Q=0。即无论触发器原来处于什么状态都将变成 0 状态，这种情况称触发器置 0 或复位，由于触发器是在$\overline{R}$端有效时将触发器置 0 的，所以把$\overline{R}$端称为触发器的置 0 端或复位端。

（2）置 1 状态。当$\overline{R}$=1、$\overline{S}$=0 时，由于与非门 G_1 的输入端$\overline{S}$=0，不论$\overline{Q}$为 0 还是 1，其输出都有 Q=1；再由$\overline{R}$=1、Q=1 可得 G_2 与非门输出端$\overline{Q}$=0。即无论触发器原来处于什么状态都将变成 1 状态，这种情况称触发器置 1 或置位，由于触发器是在$\overline{S}$端输入信号有效时将触发器置 1 的，所以把$\overline{S}$端称为触发器的置 1 端或置位端。

（3）保持状态。当$\overline{R}$=1、$\overline{S}$=1 时，根据与非门的逻辑功能不难推知，当$\overline{R}$=$\overline{S}$=1 时，触发器保持原有状态不变，即原来的状态被触发器存储起来，这体现了触发器具有记忆功能。

（4）不定状态。当$\overline{R}$=0、$\overline{S}$=0 时，这种情况下两个与非门的输出端 Q 和$\overline{Q}$全为 1，不符合触发器的逻辑关系。并且由于与非门延迟时间不可能完全相同，在两输入端的 0 信号同时撤除后，将不能确定触发器是处于 1 状态还是 0 状态，而触发器是不允许出现这种情况的，这就是基本 RS 触发器的约束条件。

3. 状态真值表

触发器会根据输入信号的取值更新状态，次态 Q^{n+1} 的状态不仅与输入信号有关，还与现态 Q^n 有关。反映触发器次态 Q^{n+1} 与输入信号及现态 Q^n 之间对应关系的表格称为真值表，根据以上分析，可列出基本 RS 触发器的真值表，如表 4.2.1 所示。

表 4.2.1 **基本 RS 触发器真值表**

$\overline{R}$	$\overline{S}$	Q^n	Q^{n+1}	功能
0	0	0	不用	不允许
0	0	1		
0	1	0	0	$Q^{n+1}=0$ 置 0
0	1	1		
1	0	0	1	$Q^{n+1}=1$ 置 1
1	0	1		
1	1	0	0	$Q^{n+1}=Q^n$ 保持
1	1	1	1	

由表 4.2.1 可看出，当 $\overline{R}=0$、$\overline{S}=1$ 时，无论初态取何值，触发器都将置 0（复位），即 $Q^{n+1}=0$；当 $\overline{R}=1$、$\overline{S}=0$ 时，无论初态取何值，触发器都将置 1（置位），即 $Q^{n+1}=1$；当 $\overline{R}=1$、$\overline{S}=1$ 时，触发器保持原来状态，即 $Q^{n+1}=Q^n$；而 $\overline{R}=\overline{S}=0$ 是不允许的，属于不使用的情况。表 4.2.2 所示是基本 RS 触发器真值表的简化形式。

表 4.2.2 **基本 RS 触发器简化真值表**

$\overline{R}$	$\overline{S}$	Q^{n+1}	功能
0	0	不用	不允许
0	1	0	置 0
1	0	1	置 1
1	1	Q^n	保持

4. 特征方程

描述触发器次态 Q^{n+1} 与输入信号、现态 Q^n 之间对应关系的最简逻辑表达式被称为触发器的特征方程（也叫特性方程）。由表 4.2.1 可画出基本 RS 触发器次态 Q^{n+1} 的卡诺图，如图 4.2.2 所示，由 4.2.2 图可得出特征方程为：

$$\begin{cases} Q^{n+1}=\overline{(\overline{S})}+\overline{R}Q^n \\ \overline{R}+\overline{S}=1 \text{ (约束条件)} \end{cases} \tag{4.2.1}$$

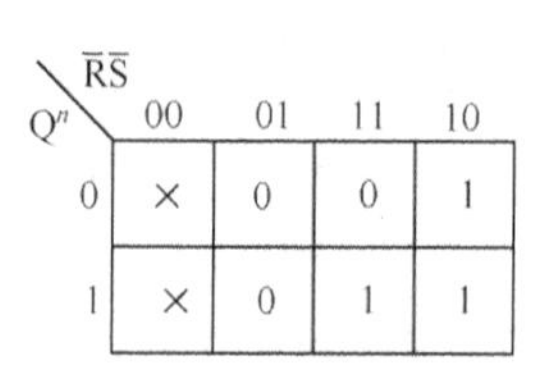

图 4.2.2 基本 RS 触发器次态 Q^{n+1} 的卡诺图

5. 状态图

描述触发器的状态转换关系及转换条件的图形称为状态图，用状态图可以形象地说明触发器次态转换的方向和条件。根据真值表或卡诺图可直接画出状态图。图 4.2.3（a）是基本 RS 触发器的状态图，两个圆圈中的 0 和 1 分别表示触发器的两个稳定状态，用箭头表示状态转换的方向，箭头旁标注的 R 和 S 值表示转换条件。可以看出，当触发器处在 0 状态，即 $Q^n=0$ 时，若输入信号 $\overline{R}\,\overline{S}=01$ 或 11，则触发器 $Q^{n+1}=0$；若 $\overline{R}\,\overline{S}=10$，则 $Q^{n+1}=1$。当触发器处在 1 状态，即 $Q^n=1$ 时，若输入信号 $\overline{R}\,\overline{S}=10$ 或 11，触发器仍为 1 状态；若 $\overline{R}\,\overline{S}=01$，触发器则会翻转成为 0 状态。

6. 波形图

反映触发器输入信号取值和状态之间对应关系的图形称为波形图。根据真值表、卡诺图或状态图可以直接画出波形图。设触发器现态为 0 状态（可以给定，未给定可以假设），根据给出的 $\overline{R}$ 和 $\overline{S}$ 的波形，可画出触发器的输出 Q 和 $\overline{Q}$ 的波形（忽略门电路的传输时间），如图 4.2.3（b）所示。

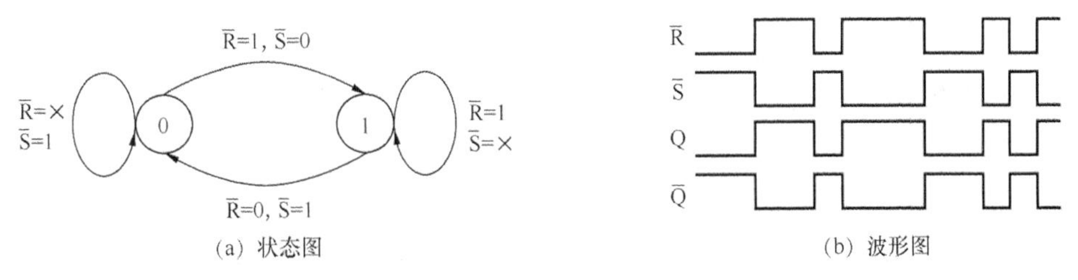

图 4.2.3 RS 触发器的状态图和波形图

7. 基本 RS 触发器的特点

综上所述，基本 RS 触发器有如下特点。

（1）触发器的次态 Q^{n+1} 不仅与输入信号状态有关，还与触发器的现态 Q^n 有关。

（2）电路具有两个稳定状态，在无外来触发信号时，电路会保持原状态不变。

（3）在外加触发信号有效时，电路可以触发翻转，实现置 0（复位）或置 1（置位）。

（4）在稳定状态下两个输出端的状态 Q 和 $\overline{Q}$ 必须是互补关系，即有约束条件。

（5）由于在输入信号存在期间，其电平直接控制触发器输出端的状态，因此给触发器的使用带来不便，也使电路抗干扰能力下降。

4.2.2 应用实例

基本 RS 触发器可用于防抖动开关电路，电路如图 4.2.4（a）所示。开关 S_W 在闭合的瞬间会发生多次抖动，使 U_A、U_B 两点的电平发生跳变，这种情形在电路中是不允许的。为了消除抖动，将 U_A、U_B 两点接入基本 RS 触发器的输入端，将基本 RS 触发器的 Q、$\overline{Q}$ 作为开关状态输出。试分析图 4.2.4（a）所示的电路防抖动原理。

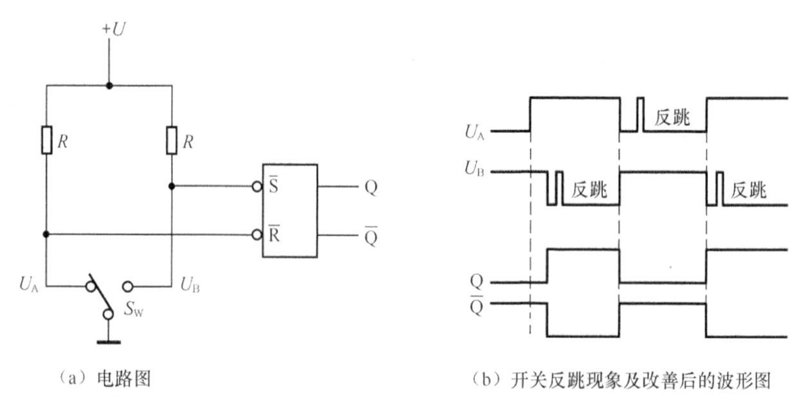

（a）电路图　　（b）开关反跳现象及改善后的波形图

图 4.2.4　防抖动开关

解：图 4.2.4（a）所示的电路是利用触发器的存储功能，在触发器的输出端不再有抖动现象。当开关拨向 U_A 端，$\overline{S}$=1、$\overline{R}$=0，触发器置 0。当开关由 U_A 端拨向 U_B 端，$\overline{S}$=0、$\overline{R}$=1，触发器置 1。如果由于开关的抖动，$\overline{S}$ 在 0 和 1 之间频繁转换，$\overline{R}$=1 不变，输入条件的改变不会使触发器的状态发生变化。当开关由 U_B 端拨向 U_A 端，$\overline{S}$=1、$\overline{R}$=0，触发器置 0，当开关的抖动导致 $\overline{R}$ 信号变化，也不会影响触发器输出状态，此时输出可避免发生抖动现象，其波形图如 4.2.4（b）所示。

4.2.3　集成基本 RS 触发器

1. TTL 集成基本 RS 触发器

图 4.2.5 所示为 TTL 集成基本 RS 触发器 74LS279 内部 RS 触发器的逻辑电路图和芯片逻辑功能示意图。74LS279 内部集成了 4 个相互独立的由与非门构成的基本 RS 触发器，分别是图 4.2.5（a）和图 4.2.5（b）所示的触发器各两个，它们的逻辑功能相同，只是图 4.2.5（b）所示触发器的 $\overline{S}$ 为双输入端，两个输入端为与逻辑关系，即 $\overline{S}=\overline{S}_1\overline{S}_2$。

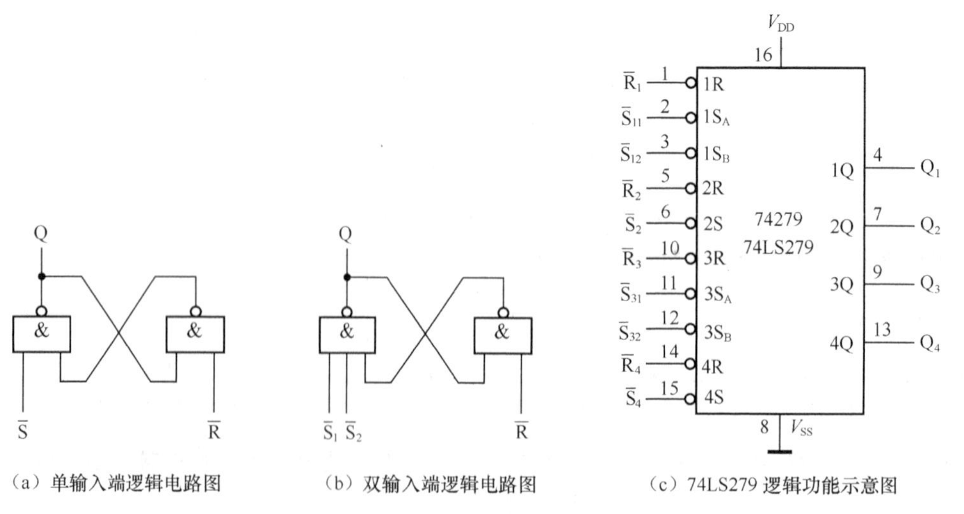

（a）单输入端逻辑电路图　　（b）双输入端逻辑电路图　　（c）74LS279 逻辑功能示意图

图 4.2.5　TTL 集成基本 RS 触发器 74LS279

2. CMOS集成基本RS触发器

图4.2.6是CMOS集成基本RS触发器CC4044的逻辑电路及引脚功能图。其内部集成了4个如图4.2.6（a）所示的基本RS触发器，传输门TG是输出控制门。图4.2.6（a）所示电路的工作原理与图4.2.1（a）所示电路并没有本质区别，只不过是该电路输出级采用了具有三态特点的传输门TG。当使能控制信号EN=1时，传输门工作，输出端根据输入信号不同执行基本RS触发器功能；当使能控制信号EN=0时，传输门被禁止，输出端Q为高阻态。由图4.2.6（a）所示电路的工作原理，可列出真值表，如表4.2.3所示。

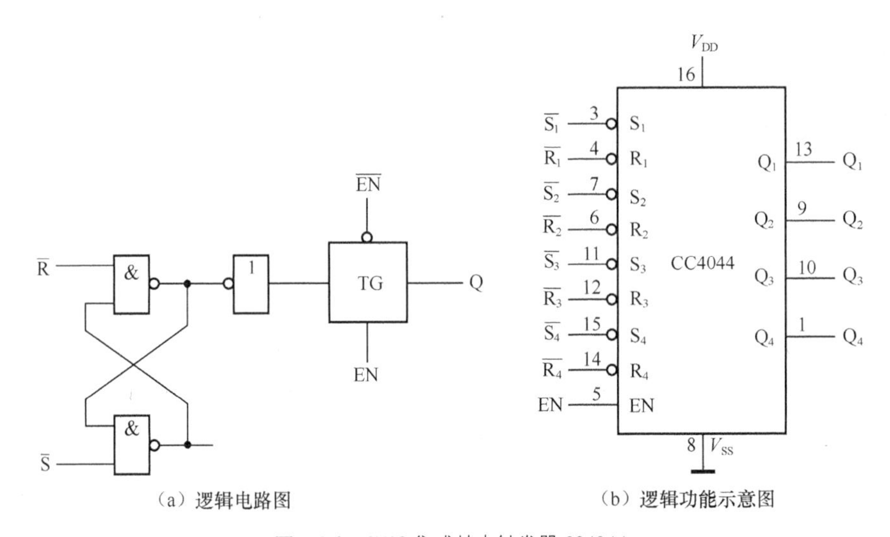

（a）逻辑电路图　　（b）逻辑功能示意图

图4.2.6 CMOS集成基本触发器CC4044

表4.2.3　　基本RS触发器真值表

$\overline{R}$	$\overline{S}$	EN	Q^{n+1}	功能
×	×	0	Z	高阻态
1	1	1	Q^n	保持
1	0	1	1	置1
0	1	1	0	置0
0	0	1	×	不用

由于该集成触发器具有三态输出的特点，所以也称其为三态RS锁存触发器，由表4.2.3可得到特征方程如下。

$$\begin{cases} Q^{n+1} = S + \overline{R}Q^n \quad \text{EN} = 1 \\ \overline{R} + \overline{S} = 1 \ (\text{约束条件}) \end{cases} \tag{4.2.2}$$

式（4.2.2）中EN=1是方程式的有效条件，即只有当EN=1时，才能利用该方程式，根据输入信号和现态来确定次态，否则触发器输出将为高阻态。

4.3 同步触发器

基本 RS 触发器因为没有时钟信号，输入信号直接控制输出端 Q 和 $\overline{Q}$ 的状态，没有一个统一的节拍控制，不便于多个触发器同步工作。在实际应用中，更多的场合要求多个触发器按一定的节拍动作，于是在触发器的输入端加一个时钟信号，称之为同步触发器。同步触发器的特点是只有当时钟脉冲到来时，输入信号才能决定触发器的状态，无时钟脉冲时，输入信号不起作用，触发器的状态保持不变。

4.3.1 同步 RS 触发器

1. 电路组成和逻辑符号

同步 RS 触发器是在基本 RS 触发器的基础上加了两个控制门 G_3、G_4 和一个输入控制信号 CP，输入信号 R、S 通过控制门进行传送，输入控制信号 CP 称为时钟脉冲。同步 RS 触发器逻辑图如图 4.3.1（a）所示，逻辑符号如图 4.3.1（b）所示。

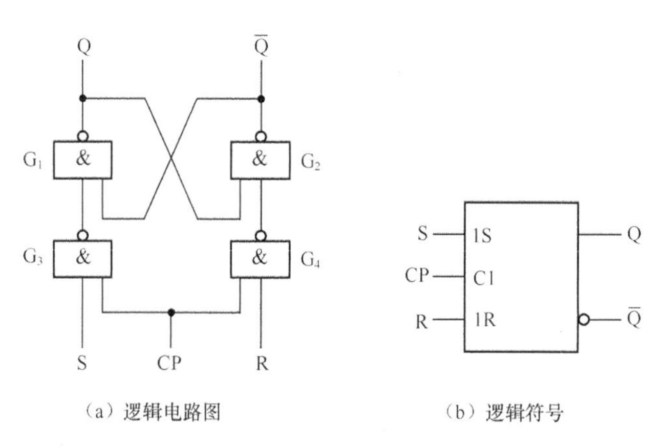

（a）逻辑电路图　　（b）逻辑符号

图 4.3.1　同步 RS 触发器逻辑图和逻辑符号

2. 工作原理

（1）同步 RS 触发器真值表

由图 4.3.1（a）可知，当 CP=0 时，控制门 G_3、G_4 被封锁，G_3、G_4 门输出均为 1，G_1、G_2 门构成的基本 RS 触发器保持原来状态不变。此时，无论输入端 R、S 如何变化，均不会改变 G_1、G_2 门的输出，所以对触发器的状态无影响。只有当 CP=1 时，控制门被打开，电路才会接收输入信号，当 R=0、S=1 时，触发器置 1（置位），即 $Q^{n+1}=1$；当 R=1、S=0 时，触发器置 0（复位），即 $Q^{n+1}=0$；当 R=0、S=0 时，触发器置保持原来状态不变，即 $Q^{n+1}=Q^n$；当 R=1、S=1 时，触发器的两个输出全为 1，这是不允许的，属于不用情况。可见当 CP=1 时，同步 RS 触发器的工作情况与基本 RS 触发器没有什么区别，不同的是由于加了两个控制门，输入信号 R、S 为高电平有效，即 R、S 为高电平时表示有信号输入，为低电平时表时无信号输入，所以两个信号端 R、S 中，R 仍为置 0 端（复位端），S 仍为置 1 端（置位端）。根据以上分析可直接列出同步 RS 触发器的真值表，如表 4.3.1。

表 4.3.1　　同步 RS 触发器真值表

CP	R	S	Q^n	Q^{n+1}	功能
0	×	×	0	0	$Q^{n+1}=Q^n$　保持
0	×	×	1	1	
1	0	0	0	0	$Q^{n+1}=Q^n$　保持
1	0	0	1	1	
1	0	1	0	1	$Q^{n+1}=1$　置 1
1	0	1	1	1	
1	1	0	0	0	$Q^{n+1}=0$　置 0
1	1	0	1	0	
1	1	1	0	不用	不允许
1	1	1	1		

（2）特征方程、状态图、波形图

由表 4.3.1 可得出同步 RS 触发器的卡诺图，如图 4.3.2（a）所示，根据真值表也可以直接画出状态图，如图 4.3.2（b）所示。

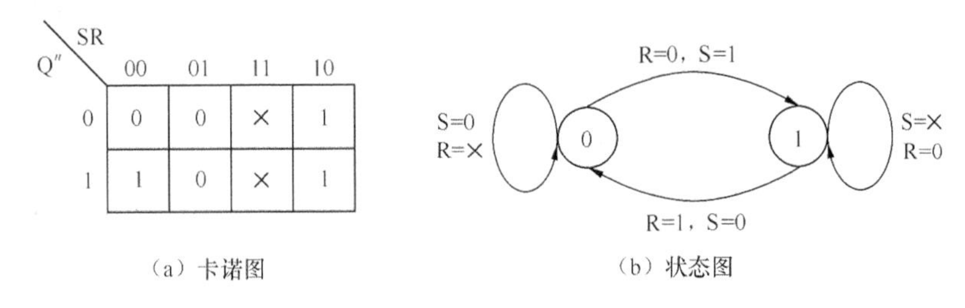

（a）卡诺图　　（b）状态图

图 4.3.2　同步 RS 触发器卡诺图和状态图

由图 4.3.2（a），对卡诺图进行化简得同步 RS 触发器的特征方程为：

$$\begin{cases} Q^{n+1}=S+\overline{R}Q^n \\ RS=0 \qquad (CP=1\text{期间有效}) \end{cases} \tag{4.3.1}$$

式（4.3.1）中，RS=0 为约束条件，即表示 R、S 不能同时为 1。

设同步 RS 触发器的原始状态为 0 状态，即 Q=0、$\overline{Q}$=1，输入信号 R、S 的波形已知，则同步 RS 触发器的输出端 Q、$\overline{Q}$ 的波形如图 4.3.3 所示。这种反映时钟脉冲 CP、输入信号取值和触发器状态之间在时间上对应关系的波形图又叫时序图。

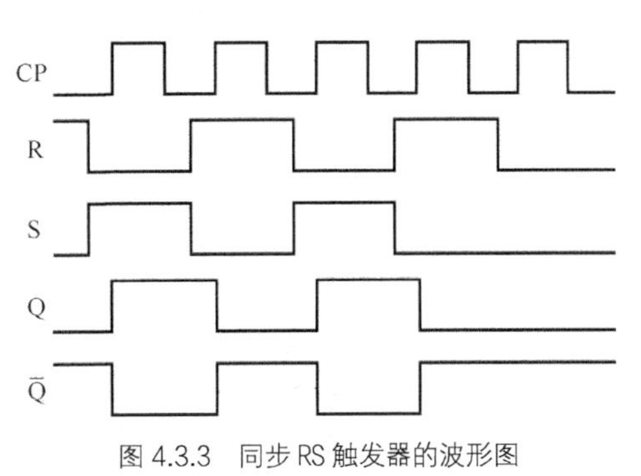

图 4.3.3　同步 RS 触发器的波形图

3．主要特点

（1）时钟电平控制。同步 RS 触发器在 CP=1 期间才能接收输入信号，在 CP=0 期间则状态保持不变，与基本 RS 触发器相比，对触发器状态的转变加了时钟控制，这样可使多个触发器在同一个时钟脉冲控制下同步工作，给用户带来了方便。而且由于同步 RS 触发器只有在 CP=1 期间才工作，CP=0 期间被禁止，所以抗干扰能力要比基本 RS 触发器有了很大的提高。但在 CP=1 期间，输入信号仍直接控制着同步 RS 触发器输出端的状态。

（2）R、S 之间存在约束关系。不能允许出现 R、S 同时为 1 的情况，否则会使同步 RS 触发器处于不确定状态。

4.3.2 同步 JK 触发器

1．电路组成和逻辑符号

在同步 RS 触发器中，不允许输入端 R、S 同时为 1 的情况出现，这给用户带来了不便。为了从根本上消除这种情况，可将同步 RS 触发器接成如图 4.3.4（a）所示的形式，即在同步 RS 触发器的基础上，把 $\overline{Q}$ 引回到门 G_3 的输入端，把 Q 引回到门 G_4 的输入端，同时将输入端 S 改成 J，R 改成 K，这样就构成了同步 JK 触发器。它的逻辑符号如图 4.3.4（b）所示。由图 4.3.4（a）可知道，当 RS=0，即 $(KQ^n)(J\overline{Q^n})=0$，约束条件自动成立，因此，对同步 JK 触发器输入信号 J、K 无约束条件。

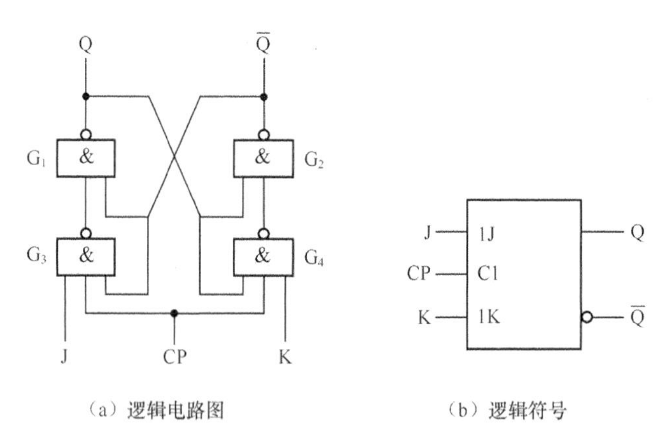

（a）逻辑电路图　　（b）逻辑符号

图 4.3.4　JK 触发器逻辑图和逻辑符号

2．工作原理

（1）同步 JK 触发器真值表

当 CP=0 时，G_3、G_4 门被封锁，无论输入 J、K 如何变化，触发器的状态将保持不变。当 CP=1 时，若 J=0、K=0，触发器将保持原来状态不变；若 J=1、K=0，无论触发器的现态如何，次态总是 1（J=1，置 1）；若 J=0、K=1，无论触发器的现态如何，次态总是 0（K=1，置 0）；若 J=1、K=1，触发器必将翻转，即触发器的次态必将与现态相反。

综上所述，可列出同步JK触发器的真值表，如表4.3.2所示。

表4.3.2　　同步JK触发器真值表

CP	J	K	Q^n	Q^{n+1}	功能
0	×	×	0	0	$Q^{n+1}=Q^n$　保持
0	×	×	1	1	
1	0	0	0	0	$Q^{n+1}=Q^n$　保持
1	0	0	1	1	
1	0	1	0	0	$Q^{n+1}=0$　置0
1	0	1	1	0	
1	1	0	0	1	$Q^{n+1}=1$　置1
1	1	0	1	1	
1	1	1	0	1	$Q^{n+1}=\overline{Q^n}$　翻转
1	1	1	1	0	

（2）特征方程、状态图、波形图

由表4.3.2真值表可得同步JK触发器的卡诺图，如图4.3.5所示，化简可得同步JK触发器的特征方程为：

$$Q^{n+1}=J\overline{Q^n}+\overline{K}Q^n \qquad \text{CP=1 期间有效} \qquad (4.3.2)$$

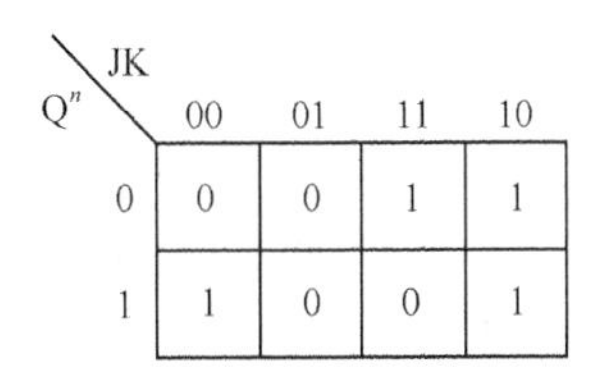

图4.3.5　JK触发器的卡诺图

由真值表或卡诺图可得同步JK触发器的状态图和波形图，如图4.3.6（a）和图4.3.6（b）所示。

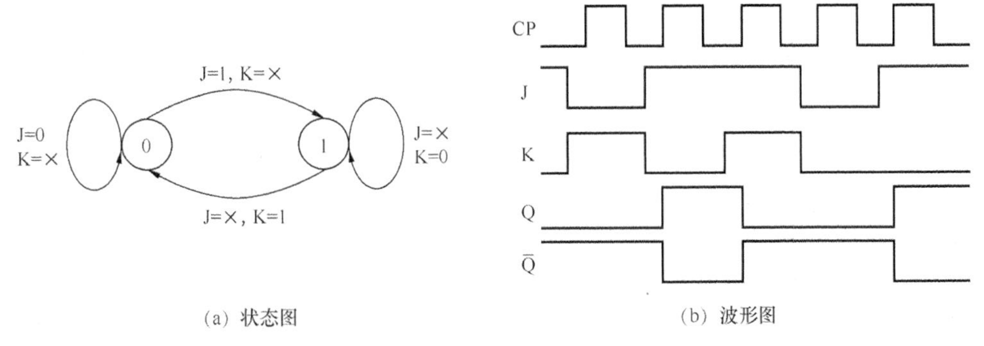

（a）状态图　　（b）波形图

图4.3.6　JK触发器的状态图和波形图

在波形图中，CP、J、K的波形是给定的，同步JK触发器的初始状态为0。

4.3.3　同步D触发器

1．电路组成和逻辑符号

为了克服同步RS触发器输入端R、S同时为1时所出现的状态不确定的缺点，也可以加一个反相器，通过反相器把加在S端的D信号反相后再送到R端，如图4.3.7（a）所示。简化电路如图4.3.7（b）所示，由图可知，当CP=1时，门G_3的输出为$\overline{D}$，所以门G_4的输入信号就是$\overline{D}$，与图4.3.7（a）比较省去了反相器，这样就构成了只有单输入端的同步D触发器，其逻辑符号如图 4.3.7（c）所示。

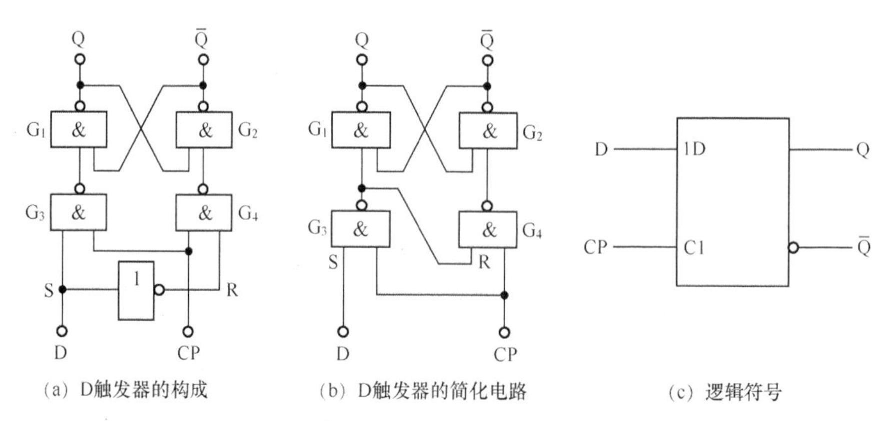

（a）D触发器的构成　（b）D触发器的简化电路　（c）逻辑符号

图 4.3.7　同步 D 触发器的构成、简化电路和逻辑符号

2. 工作原理

（1）D 触发器真值表

当 CP=0 时，D 触发器的状态保持不变。

当 CP=1 时，如果 D=0，则无论 D 触发器原来状态如何，D 触发器都将置 0，如果 D=1，则无论 D 触发器原来状态如何，D 触发器都将置 1。D 触发器的真值表如表 4.3.3 所示。

表 4.3.3　同步 D 触发器真值表

CP	D	Q^n	Q^{n+1}	功能
0	×	0	0	$Q^{n+1}=Q^n$　保持
0	×	1	1	
1	0	0	0	$Q^{n+1}=0$　置 0
1	0	1	0	
1	1	0	1	$Q^{n+1}=1$　置 1
1	1	1	1	

（2）特征方程、状态图、波形图

由真值表可得 D 触发器的卡诺图和状态图，如图 4.3.8 所示，化简卡诺图可得 D 触发器的特征方程为

$$Q^{n+1}=D \qquad CP=1\text{ 期间有效} \tag{4.3.3}$$

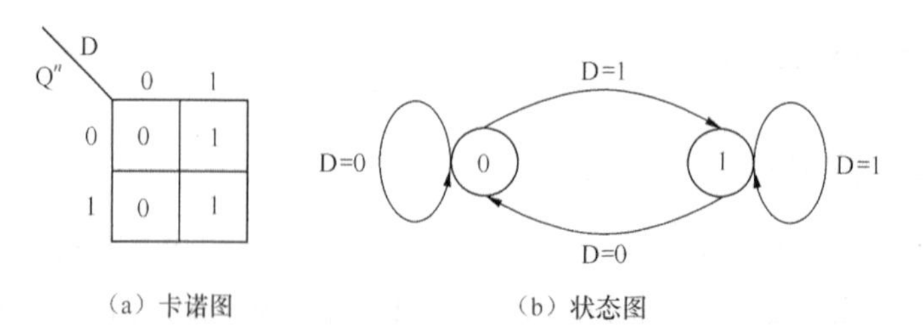

（a）卡诺图　（b）状态图

图 4.3.8　D 触发器的卡诺图和状态图

由式4.3.3可知，D触发器的次态Q^{n+1}随输入D的状态而定，常被用来锁存数据，因此同步D触发器也称D锁存器。

根据真值表可画出D触发器的波形图，如图4.3.9所示。

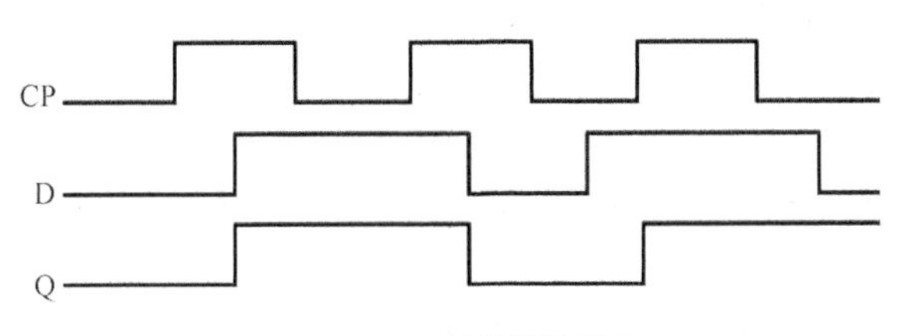

图4.3.9 D触发器波形图

在波形图中，CP和D的波形是给定的，触发器的初始状态为0。由波形图可见，只有当CP=1时，触发器的状态才随输入信号D而改变；当CP=0时，触发器的状态保持不变。

3. 主要特点

（1）时钟电平控制，无约束条件

时钟电平控制与同步RS、同步JK触发器没有什么区别。在CP=1时，如果D=1，则Q^{n+1}=1；如果D=0，则Q^{n+1}=0；即根据输入信号D的取值不同，触发器完成置1和置0功能，但由于同步D触发器是在同步RS触发器基础上改进得到的，因此不存在约束条件。

（2）CP=1时跟随，下降沿到来时才锁存

在CP=1时，输出端Q的状态跟随输入端D变化，只有到CP脉冲下降沿到来时才锁存，因此D触发器输出端锁存的内容是CP下降沿瞬间D的值。

4. 集成同步D触发器

74LS375内部集成了4个同步D触发器单元，各单元的逻辑结构如图4.3.10（a）所示。74LS375的功能引脚图如图4.3.10（b）所示，其中CP_1、CP_2是1、2号D触发器单元共用的时钟脉冲，CP_3、CP_4是3、4号D触发器单元共用的时钟脉冲。

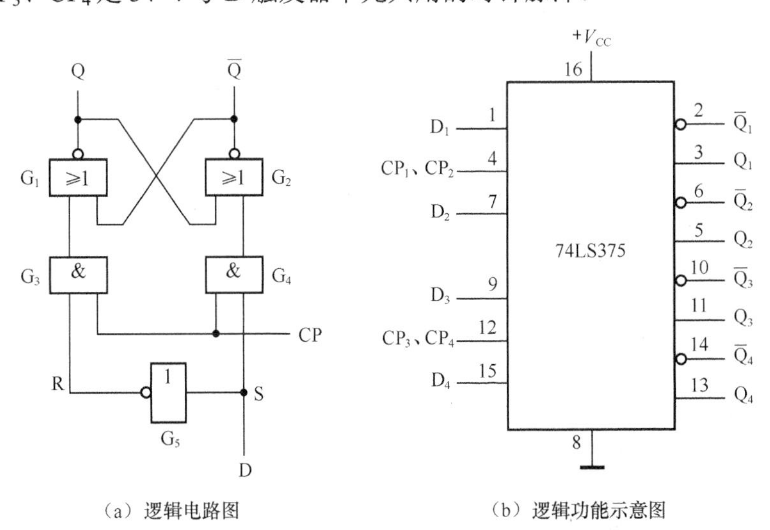

（a）逻辑电路图 （b）逻辑功能示意图

图4.3.10 TTL集成同步D触发器74LS375

从图 4.3.10（a）可看出，两个或非门交叉连接构成了基本 RS 触发器，两个与门是 R、S 的传输通道，受 CP 脉冲的控制，S=D，R=$\overline{D}$。当 CP=0 时，与门 G_3、G_4 被封锁，D 触发器保持原来状态不变；当 CP=1 时，与门 G_3、G_4 打开，输入信号可以进入 D 触发器中。

图 4.3.11 是 CMOS 集成 D 触发器 CC4042 的引脚排列图。CC4042 内部集成了 4 个同步 D 触发器单元，4 个单元共用一个时钟脉冲 CP。与 74LS375 不同的是，CC4042 增加了一个极性控制信号 POL：当 POL=1 时，有效的时钟条件是 CP=1，锁存的内容是 CP 下降沿时 D 的值；当 POL=0 时，有效的时钟条件是 CP=0，锁存的内容是 CP 上升沿时 D 的值。

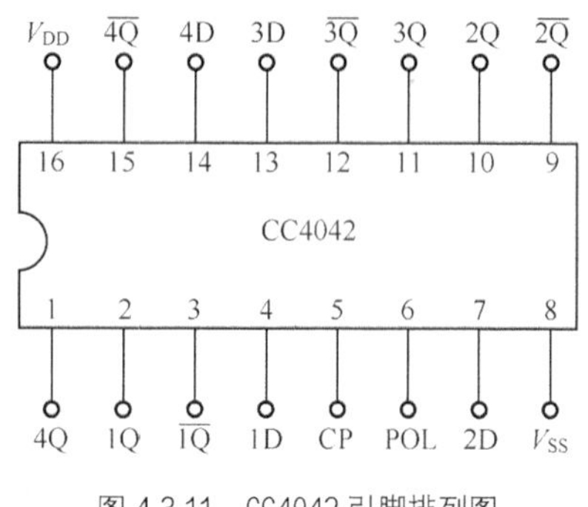

图 4.3.11 CC4042 引脚排列图

4.3.4 同步触发器存在的问题

以上介绍的几种触发器都能够实现记忆功能，能够满足时序系统的需要，在 CP=1 期间，输入信号都能影响到触发器的输出状态，这种触发方式称为电平触发方式。这样就有可能使触发器在一个 CP 脉冲期间发生多次翻转，这种两次或两次以上的翻转现象称为“空翻”，会破坏触发器的功能，下面举例说明“空翻”现象。

【例 4.3.1】 已知同步 JK 触发器中 CP、J、K 的波形如图 4.3.12 所示，试画出对应的输出端 Q 的波形（设触发器的初始状态为 0）。

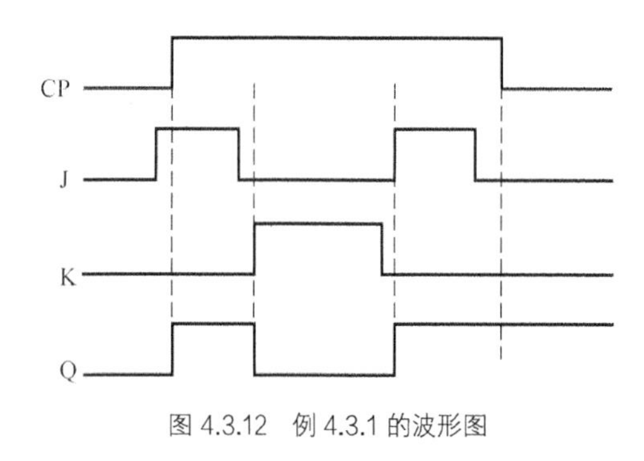

图 4.3.12 例 4.3.1 的波形图

解：

当 CP=0 时，同步 JK 触发器保持原来状态，即 Q=0；

当 CP=1 时，输出端 Q 的状态随输入 J、K 发生变化，其波形如图 4.3.12。从波形图可见，在一个 CP 脉冲期间，同步 JK 触发器发生了三次翻转，即发生了“空翻”现象。

为了避免“空翻”现象的出现，在实际应用中一般采用边沿触发器。如果使用时钟控制的触发器，就必须对时钟 CP 持续时间严格规定或对电路结构进行改进。

4.4 无空翻触发器

4.4.1 主从触发器

1. 主从 RS 触发器

主从 RS 触发器是由两个同步 RS 触发器级联起来构成的，其逻辑电路如图 4.4.1（a）所示，主触发器控制信号是 CP，从触发器的控制信号是 $\overline{CP}$。图 4.4.1（b）所示的是其逻辑符号，方框内的符号“ ¬”表示延迟，即直到 CP 脉冲下降沿到来时，触发器的输出端才会改变状态。

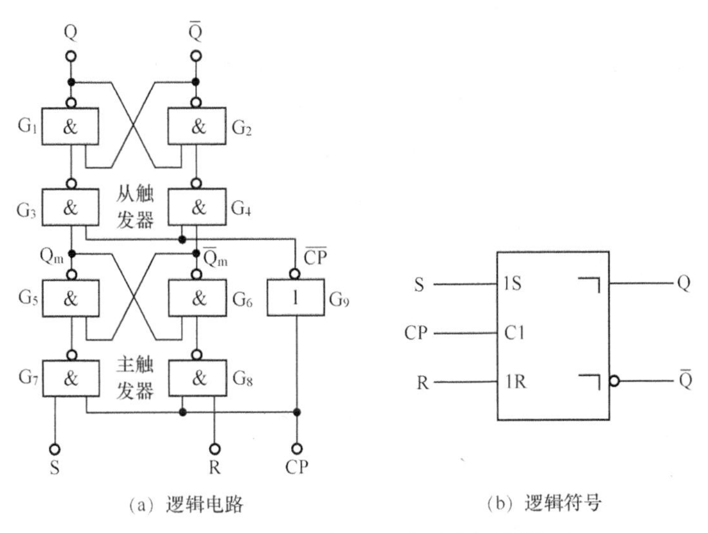

（a）逻辑电路　　（b）逻辑符号

图 4.4.1　主从 RS 触发器的逻辑电路和逻辑符号

在主从 RS 触发器中，接收信号和输出信号是分成两步进行的，工作原理如下。

（1）主触发器接收信号

在 CP=1 期间，主触发器接收输入信号，而从触发器保持原来状态不变。

当 CP=1 时，$\overline{CP}$=0，主触发器控制门 G_7、G_8 打开，可以接收输入 R、S 的信号，即

$$\begin{cases} Q_m^{n+1} = S + \overline{R}Q_m^n \\ RS = 0 \qquad\qquad (CP = 1\text{期间有效}) \end{cases} \tag{4.4.1}$$

从触发器控制门 G_3、G_4 被封锁，其状态保持不变。

（2）从触发器输出信号

当时钟脉冲 CP 下降沿到来时刻，主触发器控制门 G_7、G_8 被封锁，在 CP=1 期间接收到的内容被存储起来。同时，从触发器控制门 G_3、G_4 打开，主触发器将其接收的内容送入从触发器，输出端随之改变状态。在 CP=0 期间，由于主触发器保持状态不变，因此受其控制的从触发器的输出端 Q、$\overline{Q}$ 也不改变。

综上所述，可得出主从 RS 触发器的特征方程：

$$\begin{cases} Q^{n+1} = S + \overline{R}Q^n \\ RS = 0 \qquad\qquad (CP\text{下降沿到来时有效}) \end{cases} \tag{4.4.2}$$

主从 RS 触发器的特点是，主从 RS 触发器采用主从控制结构，从根本上解决了输入信号直接控制输出端 Q、$\overline{Q}$ 的问题，不会出现“空翻”现象。在 CP=1 期间只是接收输入信号，在 CP 下降沿到来时刻才触发翻转。但主从 RS 触发器仍存在着约束问题，即在 CP=1 期间，输入信号 R、S 不能同时为 1。

2. 主从 JK 触发器

主从 JK 触发器是在主从 RS 触发器基础上，把$\overline{Q}$引回到控制门 G_7 的输入端，把 Q 引回到控制门 G_8 的输入端，同时将输入端 S 改成 J，R 改成 K，这样就构成了主从 JK 触发器，其逻辑电路如图 4.4.2（a）所示。主从 JK 触发器也是在 CP=1 期间接收输入信号，直到 CP 下降沿到来时，输出端 Q、$\overline{Q}$才会改变状态，其逻辑符号如图 4.4.2（b）所示。

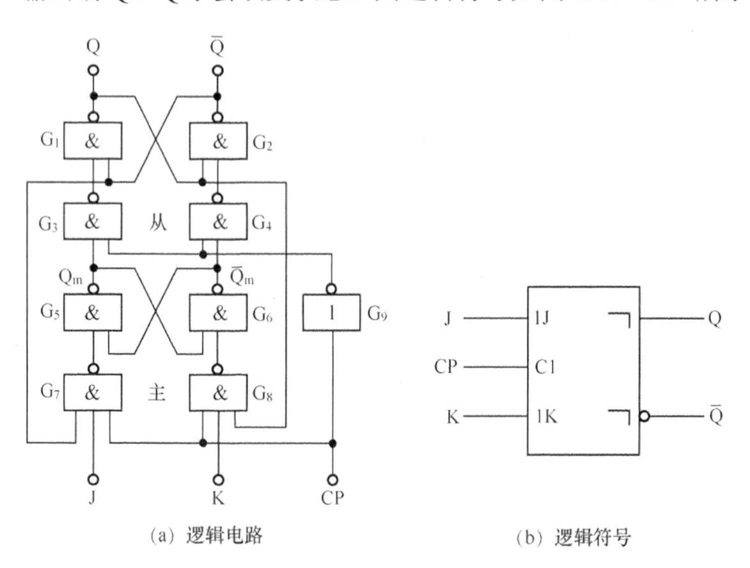

（a）逻辑电路　　（b）逻辑符号

图 4.4.2　主从 JK 触发器的逻辑电路和逻辑符号

比较图 4.4.1（a）和图 4.4.2（a），两个电路中控制门 G_7、G_8 的输入端信号关系可得：

$$S = J\overline{Q^n} \quad R = KQ^n \tag{4.4.3}$$

代入主从 RS 触发器的特征方程，可得到主从 JK 触发器的特征方程为：

$$Q^{n+1} = S + \overline{R}Q^n = J\overline{Q^n} + \overline{KQ^n}Q^n = J\overline{Q^n} + \overline{K}Q^n \quad \text{(CP 下降沿有效)} \tag{4.4.4}$$

把$S = J\overline{Q^n}$、$R = KQ^n$代入约束条件 RS=0，即$RS = KQ^n \times J\overline{Q^n} = 0$，可看出约束条件自然成立，因此，主从 JK 触发器的输入信号 J、K 无约束条件。

根据主从 JK 触发器的特征方程，其真值表如表 4.4.1 所示，波形图如图 4.4.3 所示。

表 4.4.1　　主从 JK 触发器真值表

J	K	Q^n	Q^{n+1}	功能
0	0	0	0	$Q^{n+1}=Q^n$　保持
0	0	1	1	
0	1	0	0	$Q^{n+1}=0$　置 0
0	1	1	0	
1	0	0	1	$Q^{n+1}=1$　置 1
1	0	1	1	
1	1	0	1	$Q^{n+1}=\overline{Q^n}$　翻转
1	1	1	0	

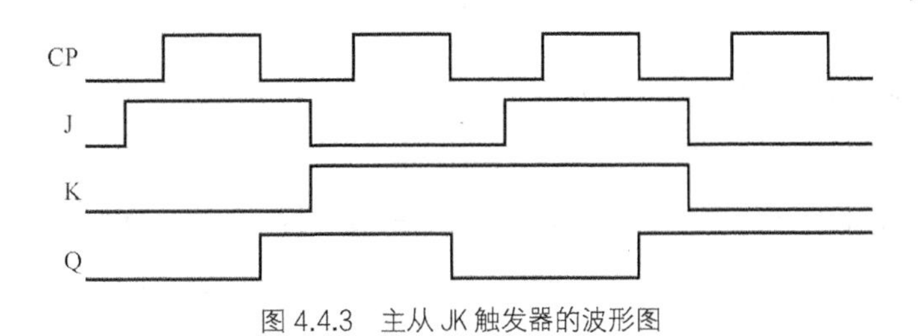

图 4.4.3 主从 JK 触发器的波形图

【例 4.4.1】 已知主从 JK 触发器的输入 CP、J、K 的输入波形如图 4.4.4 所示，试画出对应的输出端 Q 的波形（设主从 JK 触发器的初始状态为 0）。

解：根据主从 JK 触发器的逻辑功能和给定的输入信号 J、K 值，可得出在 4 个 CP 期间的输出端 Q 波形，如图 4.4.4 所示。

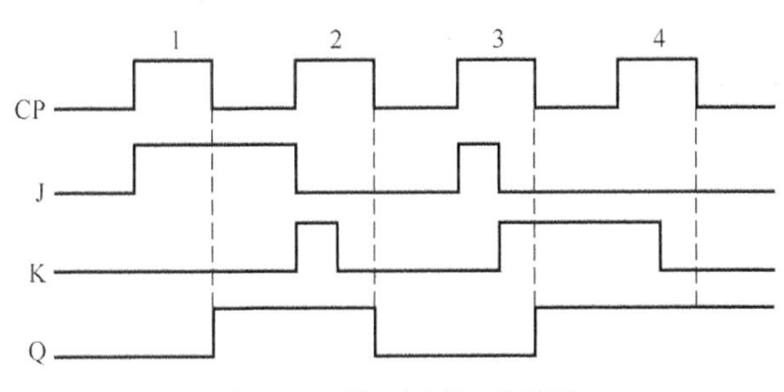

图 4.4.4 例 4.4.1 的工作波形

第 1 个 CP 高电平期间，J=1，K=0，CP 下降沿到达后触发器置 1，即 Q 由初态 0 变为 1。

第 2 个 CP 下降沿到来时，J=0，K=0，依据 JK 触发器逻辑功能，Q 应保持 1 不变，但由于在 CP 的高电平期间，出现过短暂的 J=0，K=1 状态，使主触发器被清 0，因此，从触发器在 CP 下降沿到达后翻转为 0，即 Q=0；

第 3 个 CP 下降沿到来时，J=0，K=1，根据 JK 触发器逻辑功能，Q 应为 0 状态，但由于在 CP 的高电平期间，出现过短暂的 J=1、K=1 状态，主触发器已被置 1，因此，从触发器在 CP 下降沿到达后也被置 1，即 Q=1；

第 4 个 CP 高电平期间，J=0、K=0，使主触发器保持 1 不变，因此，CP 下降沿到达后触发器仍为 1，即 Q=1。

由此题分析可知，主从结构的触发器的输出虽然在 1 个 CP 脉冲期间只翻转一次，但要求在 CP=1 期间，J、K 的状态不能变化，否则翻转的状态将不符合功能要求。此外，外界的干扰也可能使触发器发生翻转，产生触发器的错误状态。因此，在使用主从触发器时，除要求 J、K 在 CP=1 时不变以外，还要求 CP=1 的持续时间不能太长，对输入信号和时钟要求都较高。

4.4.2 边沿 D 触发器

边沿触发器的次态仅取决于时钟信号 CP 的上升沿或下降沿到达时刻输入信号的状态，即在有效触发沿之前和之后输入信号变化对触发器状态均无影响，从而克服了空翻现象，提高了抗干扰能力。边沿触发器的具体电路结构形式较多，但边沿触发或控制的特点都是相同的。

1. 电路组成及工作原理

（1）电路组成和逻辑符号

图 4.4.5（a）所示是用两个同步 D 触发器级联起来构成的边沿 D 触发器，它虽具有主从结构形式，但却是边沿控制的电路。图 4.4.5（b）是其逻辑符号，其中 1D 为输入端，Q^n、Q^{n+1} 为互补输出端，C_1 为脉冲触发输入端，逻辑符号中若有“>”表示边沿触发，没有“>”表示电平触发；在边沿触发方式下，有小圆圈表示 CP 下降沿触发，没有小圆圈表示是上升沿触发。

（2）工作原理

图 4.4.5（a）电路中，主触发器用 CP 控制，从触发器用 $\overline{CP}$ 控制。

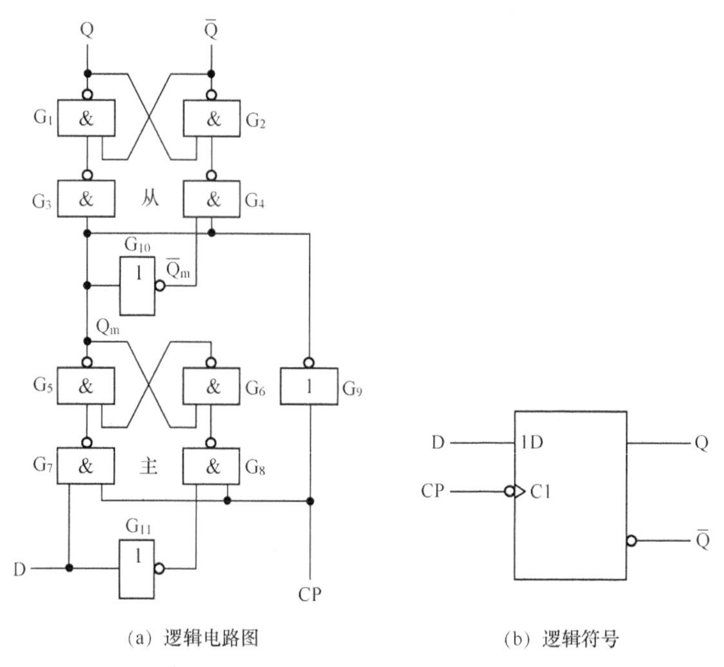

（a）逻辑电路图　　（b）逻辑符号

图 4.4.5　边沿 D 触发器

当 CP=0 时，门 G_7、G_8 被封锁，门 G_3、G_4 打开，从触发器的状态取决于主触发器，$Q=Q_m$、$\overline{Q}=\overline{Q_m}$，输入信号 D 不起作用。

当 CP=1 时，门 G_7、G_8 打开，门 G_3、G_4 被封锁，从触发器保持原来状态不变，主触发器的状态随输入信号 D 的变化而变化，但此时主触发器只是跟随而不封锁，即在 CP=1 期间始终都有 $Q_m=D$。

当 CP 下降沿到来时，将封锁门 G_7、G_8，打开门 G_3、G_4，主触发器锁存 CP 下降沿时刻 D 的值，即 $Q_m=D$，随后将该值送入从触发器，使 $Q=D$、$\overline{Q}=\overline{D}$。

当 CP 下降沿过后，主触发器锁存的 CP 下降沿时刻 D 的值被保存下来，从触发器的状态也不会发生改变。

综上所述，可得出边沿 D 触发器的特征方程为：

$$Q^{n+1}=D \quad \text{（CP 下降沿有效）} \tag{4.4.5}$$

（3）异步输入端的作用

① 同步输入端与异步输入端。

图 4.4.6 所示为带有异步输入端的边沿 D 触发器的逻辑电路和逻辑符号图。由于加在 D 端的输入信号能否进入触发器而被接收，是受时钟脉冲 CP 同步控制的，所以 D 叫作同步输入端；而$\overline{S}_D$、$\overline{R}_D$的作用不受 CP 同步控制，所以$\overline{S}_D$、$\overline{R}_D$叫作异步输入端，或预置端和清零端（也称为直接置位端和直接复位端），当$\overline{S}_D=0$ 时，触发器被置 1（置位）；当$\overline{R}_D=0$时，触发器被置 0（复位）。

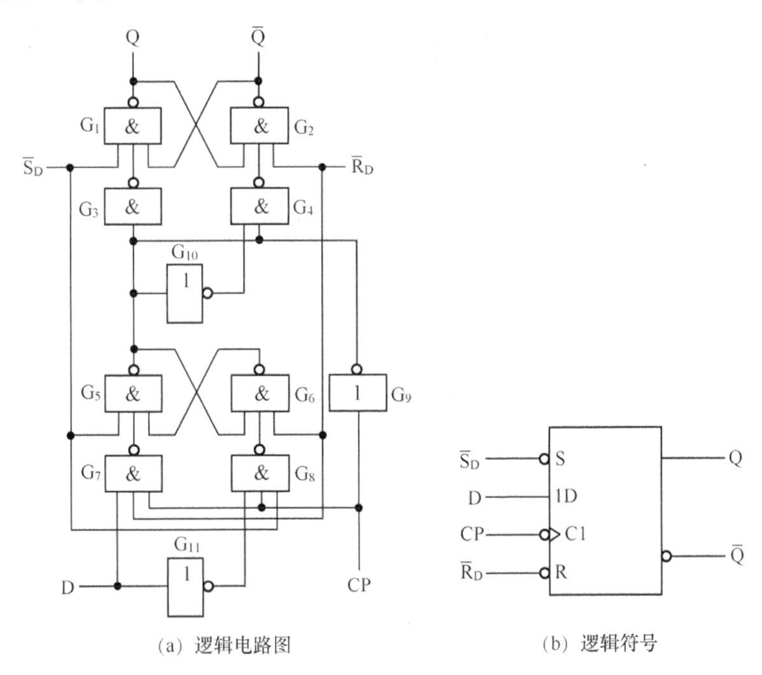

（a）逻辑电路图　　（b）逻辑符号

图 4.4.6　带异步输入端的边沿 D 触发器

② 异步输入端的工作原理。

（a）$\overline{S}_D$端的工作原理。

图 4.4.6（a）中，$\overline{S}_D$分别接到 G_1、G_5、G_8 的输入端，加在$\overline{S}_D$端的低电平或负脉冲不仅可以把触发器直接置位到 1 状态，而且还封住了门 G_8，使 D 即使是在 CP=1 期间也不起作用，保证触发器能可靠地置成 1 状态。也就是说，只要加在$\overline{S}_D$端的低电平或负脉冲一到，无论 CP、D 是什么状态，触发器的状态一定是置 1，即 Q=1、$\overline{Q}=0$。

（b）$\overline{R}_D$端的工作原理。

图 4.4.6（a）中，$\overline{R}_D$分别接到 G_2、G_6、G_7 的输入端，加在$\overline{R}_D$端的低电平或负脉冲不仅可以把触发器直接置位到 0 状态，而且还封住了门 G_7，使 D 即使是在 CP=1 期间也不起作用，保证触发器能可靠地置成 0 状态。也就是说，只要加在$\overline{R}_D$端的低电平或负脉冲一到，无论 CP、D 是什么状态，触发器的状态一定是置 0，即 Q=0、$\overline{Q}=1$。

异步输入端的作用是可以预先设置触发器的初始状态，或者在工作过程中强行将触发器置 0 或置 1。

图 4.4.6（b）中，$\overline{S}_D$、$\overline{R}_D$端的小圆圈表示低电平有效，若无小圆圈则表示高电平有效。

这里注意$\overline{S}_D$、$\overline{R}_D$之间是有约束条件的，即$\overline{S}_D+\overline{R}_D=1$，否则就会出现 Q 端、$\overline{Q}$端都是高电平的不正常情况。

2. 集成边沿 D 触发器

（1）TTL 边沿 D 触发器

图 4.4.7 所示是 TTL 边沿 D 触发器 74LS74 的逻辑符号与逻辑功能图，74LS74 内部包含两个带有清零端$\overline{R}_D$和预置端$\overline{S}_D$的触发器，它们都是 CP 上升沿触发的边沿 D 触发器，异步输入端$\overline{R}_D$、$\overline{S}_D$为低电平有效。表 4.4.2 所示是 TTL 边沿 D 触发器 74LS74 的真值表。

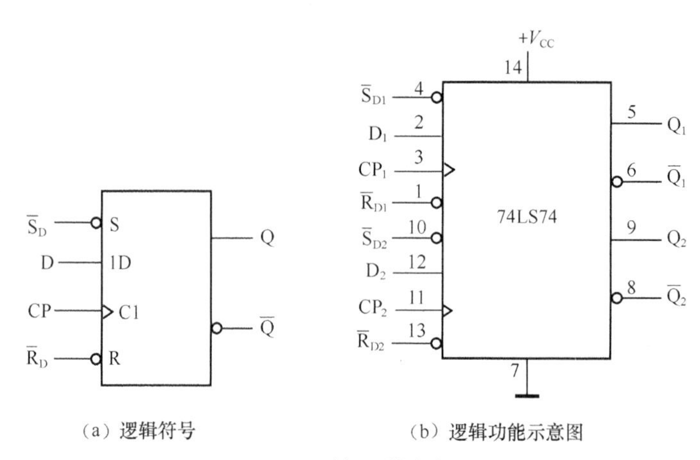

图 4.4.7 TTL 边沿 D 触发器 74LS74

表 4.4.2 74LS74 的真值表

CP	D	$\overline{R}_D$	$\overline{S}_D$	Q^{n+1}	功能
↑	0	1	1	0	同步置 0
↑	1	1	1	1	同步置 1
↓	×	1	1	Q^n	保持
×	×	0	1	0	异步置 0
×	×	1	0	1	异步置 1
×	×	0	0	不用	不允许

由表 4.4.2 可见，74LS74 是 CP 上升沿触发的边沿触发器，$Q^{n+1}=D$，$\overline{S}_D=0$时置 1，$\overline{R}_D=0$时置 0，约束条件为$\overline{S}_D+\overline{R}_D=1$。

（2）CMOS 边沿 D 触发器

图 4.4.8 所示是 CMOS 边沿 D 触发器 CC4013 的逻辑符号与逻辑功能图，CC4013 内部也包含两个带有清零端 R_D 和预置端 S_D 的触发器，它们都是 CP 上升沿触发的边沿 D 触发器，这里值得注意的是，异步输入端 R_D、S_D 为高电平有效。表 4.4.3 所示是 CMOS 边沿 D 触发器 CC4013 的真值表。

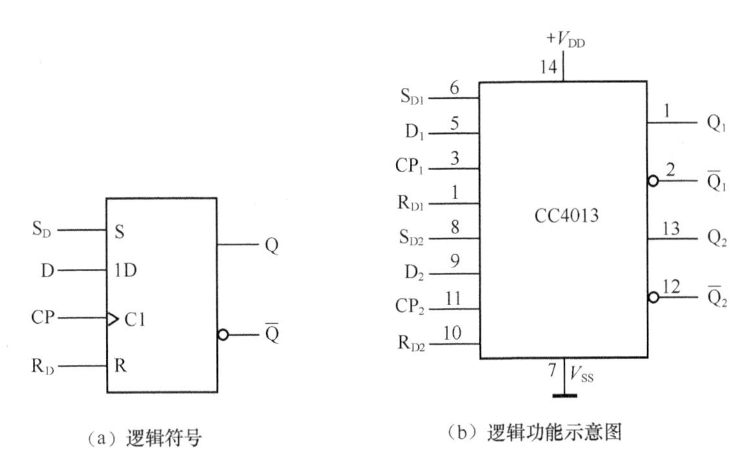

（a）逻辑符号　　（b）逻辑功能示意图

图 4.4.8　CMOS 边沿 D 触发器 CC4013

表 4.4.3　　CC4013 的真值表

CP	D	R_D	S_D	Q^{n+1}	功能
↑	0	0	0	0	同步置 0
↑	1	0	0	1	同步置 1
↓	×	0	0	Q^n	保持
×	×	0	1	1	异步置 1
×	×	1	0	0	异步置 0
×	×	1	1	不用	不允许

由表 4.4.3 可见，CC4013 是 CP 上升沿触发的边沿触发器，Q^{n+1}=D，S_D=1 时置 1，R_D=1 时置 0，约束条件为 S_DR_D =0。

3. 边沿 D 触发器特点

（1）采用 CP 脉冲边沿触发方式

在 CP 脉冲上升沿或下降沿时刻，触发器按照特征方程 Q^{n+1}=D 的规定状态完成转换，实际就是加在 D 端的信号被锁存起来，并送到输出端。

（2）抗干扰能力强

由于采用边沿触发方式，仅在触发沿附近的一个极短时间内，如加在 D 端的输入信号保持稳定，触发器就能可靠地接收，在其他时间的 D 端输入信号对触发器不起作用。

（3）具有置 1 或置 0 功能

利用异步输入端，可以实现对触发器置 1 或置 0。

4.4.3　边沿 JK 触发器

边沿 JK 触发器与边沿 D 触发器的触发方式一样，都是采用上升沿或下降沿触发，它的电路结构形式较多，这里以边沿 D 触发器为例说明其工作原理和特点。

1．电路组成及工作原理

（1）电路组成和逻辑符号

在边沿 D 触发器基础上加三个门 G_1、G_2、G_3，并把输出端 Q 的状态引回到 G_1、G_3，就构成了边沿 JK 触发器，其逻辑电路图和逻辑符号如图 4.4.9（a）和（b）所示。

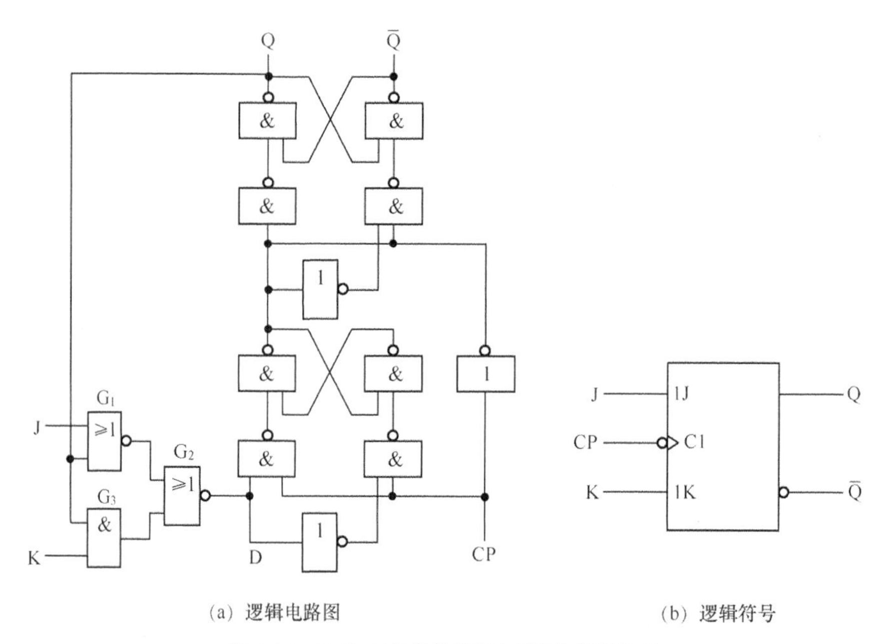

（a）逻辑电路图　（b）逻辑符号

图 4.4.9　边沿 JK 触发器逻辑电路图和逻辑符号

（2）工作原理

① 逻辑表达式。

由图 4.4.9（a）可得：

$$\begin{aligned} D &= \overline{\overline{J+Q^n}+KQ^n} = (J+Q^n)\overline{KQ^n} = (J+Q^n)(\overline{K}+\overline{Q^n}) \\ &= J\overline{Q^n}+\overline{K}Q^n+J\overline{K} = J\overline{Q^n}+\overline{K}Q^n \end{aligned} \tag{4.4.6}$$

② 特征方程。

将式（4.4.6）代入边沿 D 触发器的特征方程，可得到：

$$Q^{n+1} = D = J\overline{Q^n}+\overline{K}Q^n \quad \text{（CP 下降沿时刻有效）} \tag{4.4.7}$$

显然，上式准确地表达出了边沿 JK 触发器输出端次态 Q^{n+1} 与现态 Q^n 及输入端 J、K 之间的逻辑关系。

③ 波形图。

已知 CP、J、K 的波形，可以画出触发器波形如图 4.4.10 所示（以下降沿 JK 触发器为例）。

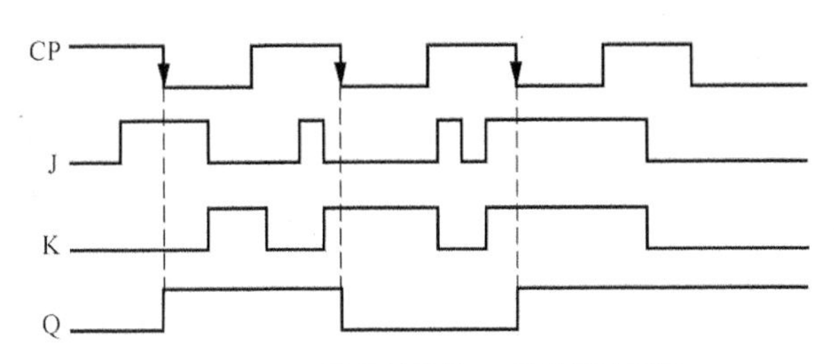

图 4.4.10 下降沿触发的 JK 触发器波形图

2. 集成边沿 JK 触发器

（1）TTL 边沿 JK 触发器

74LS112 为 TTL 集成边沿 JK 触发器，图 4.4.11（a）、图 4.4.11（b）所示为其逻辑符号和逻辑功能图。74LS112 内部包含两个带有清零端$\overline{R}_D$和预置端$\overline{S}_D$的触发器，它们都是 CP 下降沿触发的边沿 JK 触发器，异步输入端$\overline{R}_D$、$\overline{S}_D$为低电平有效。表 4.4.4 所示是 TTL 边沿 JK 触发器 74LS112 的真值表。

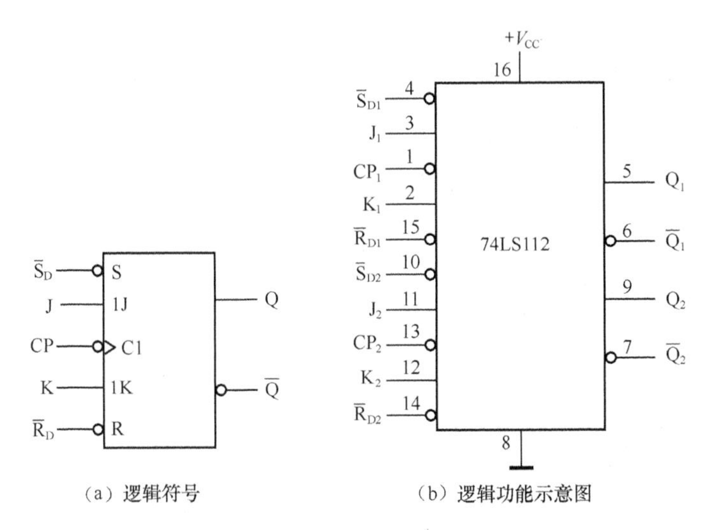

图 4.4.11 TTL 边沿 JK 触发器 74LS112

表 4.4.4 74LS112 真值表

CP	J	K	Q^n	$\overline{R}_D$	$\overline{S}_D$	Q^{n+1}	功能
↓	0	0	0	1	1	0	保持
↓	0	0	1	1	0	1	
↓	0	1	0	1	1	0	置 0
↓	0	1	1	1	1	0	
↓	1	0	0	1	1	1	置 1
↓	1	0	1	1	1	1	
↓	1	1	0	1	1	1	翻转
↓	1	1	1	1	1	0	

续表

CP	J	K	Q^n	$\overline{R}_D$	$\overline{S}_D$	Q^{n+1}	功能
↑	×	×	0	1	1	0	不变
↑	×	×	1	1	1	1	
×	×	×	×	0	1	0	异步置 0
×	×	×	×	1	0	1	异步置 1
×	×	×	×	0	0	不用	不允许

从表 4.4.4 可得出，74LS112 的特征方程为$Q^{n+1}=J\overline{Q^n}+\overline{K}Q^n$，$\overline{S}_D$=0 时置 1，$\overline{R}_D$=0 时置 0，约束条件为$\overline{S}_D+\overline{R}_D=1$。

（2）CMOS 边沿 JK 触发器

图 4.4.12 所示是 CMOS 边沿 JK 触发器 CC4027 的引脚功能图，CC4027 内部也包含两个带有清零端 R_D 和预置端 S_D 的触发器，它们都是 CP 上升沿触发的边沿 JK 触发器，这里值得注意的是异步输入端 R_D、S_D 为高电平有效。

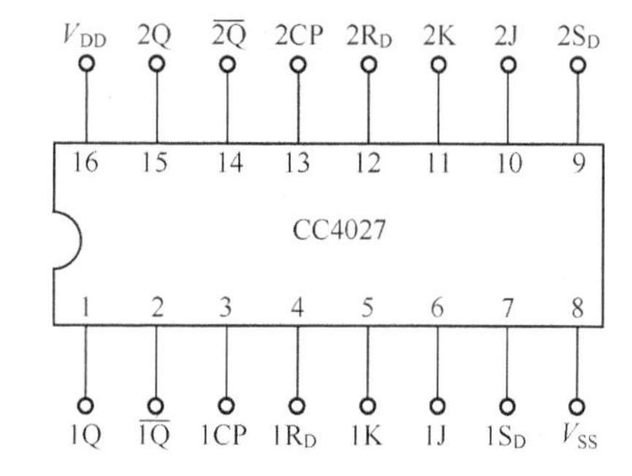

图 4.4.12 CC4027 的引脚功能图

3. 边沿 JK 触发器特点

（1）采用 CP 脉冲边沿触发方式

在 CP 脉冲上升沿或下降沿时刻，触发器才能按照特征方程$Q^{n+1}=J\overline{Q^n}+\overline{K}Q^n$的规定状态完成转换。

（2）抗干扰能力强

由于采用边沿触发方式，仅在触发沿附近的一个极短时间内，如加在 J、K 端的输入信号稳定，那么触发器就能可靠地接收，在其他时间的 J、K 端输入信号对触发器不起作用。

（3）功能比较多

在 CP 脉冲边沿控制下，根据 J、K 端输入信号的不同，边沿 JK 触发器具有保持、置 1、置 0 和翻转的功能，是全功能触发器。

边沿触发器的规格品种较多，这里只是列举几个例子来说明其工作原理和逻辑功能，详细的内容可查阅相关手册和资料。

4.5 不同类型触发器间的相互转换

根据实际需求，可将某种功能的触发器经过改接或加上一些门电路后，转换为另一种功能的触发器。转换方法是利用已有触发器和待求触发器的特征方程相等的原则，求出转换逻辑，具体可按下面步骤进行。

（1）写出已有触发器和待求触发器的特征方程。

（2）变换待求触发器的特征方程，使之形式与已有触发器的特征方程一致。

（3）比较已有和待求触发器的特征方程，根据两个方程相等的原则求出转换逻辑。

（4）根据转换逻辑画出逻辑电路图。

由于实际生产的集成主从触发器和边沿触发器只有 JK 型和 D 型，所以本节只介绍如何把 JK 触发器和 D 触发器转换成其他类型的触发器。

4.5.1 将 JK 触发器转换为 RS 触发器、D 触发器、T 触发器和 T′触发器

1．JK 触发器转换为 RS 触发器

JK 触发器的特征方程为：

$$Q^{n+1}=J\overline{Q^n}+\overline{K}Q^n \tag{4.5.1}$$

RS 触发器的特征方程为：

$$\begin{cases}Q^{n+1}=S+RQ^n \\ RS=0\end{cases} \tag{4.5.2}$$

变换 RS 触发器的特征方程，使之与 JK 触发器特征方程形式一致：

$$\begin{aligned}Q^{n+1}&=S+\overline{R}Q^n=S(\overline{Q^n}+Q^n)+\overline{R}Q^n=S\overline{Q^n}+SQ^n+\overline{R}Q^n=S\overline{Q^n}+\overline{R}Q^n+SQ^n(\overline{R}+R)\\&=S\overline{Q^n}+\overline{R}Q^n+\overline{R}SQ^n+RSQ^n\end{aligned} \tag{4.5.3}$$

$\overline{R}SQ^n$ 可被 $\overline{R}Q^n$ 吸收，RSQ^n 是约束项应该去掉，从而得到：

$$Q^{n+1}=S\overline{Q^n}+\overline{R}Q^n \tag{4.5.4}$$

与 JK 触发器的特征方程比较得：

$$\begin{cases}J=S \\ K=R\end{cases} \tag{4.5.5}$$

电路图如图 4.5.1 所示。

2．JK 触发器转换为 D 触发器

D 触发器的特征方程为：

$$Q^{n+1}=D \tag{4.5.6}$$

变换 D 触发器的特征方程，使之与 JK 触发器特征方程形式一致：

$$Q^{n+1}=D=D(\overline{Q^n}+Q^n)=D\overline{Q^n}+DQ^n \tag{4.5.7}$$

与 JK 触发器的特征方程比较得：

$$\begin{cases}J=D \\ K=\overline{D}\end{cases} \tag{4.5.8}$$

JK 触发器转换成 D 触发器电路图如图 4.5.2 所示。

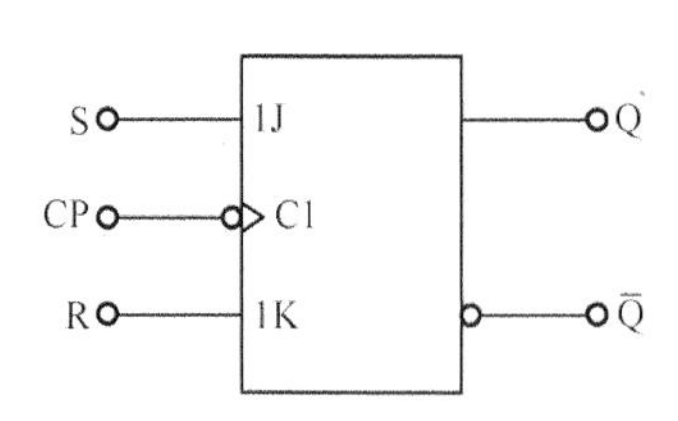

图 4.5.1　JK 触发器转换成的 RS 触发器

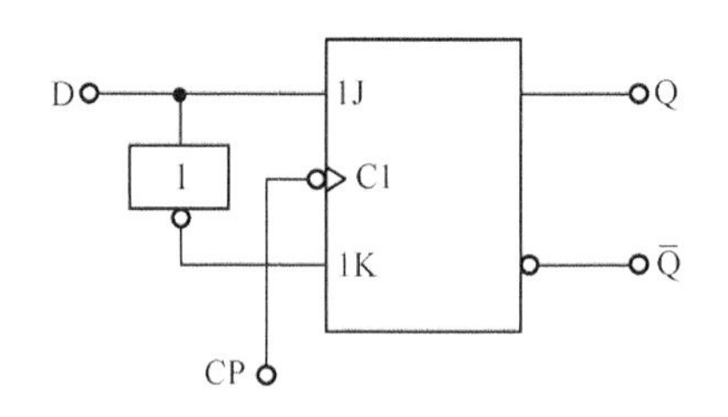

图 4.5.2　JK 触发器转换成 D 触发器电路图

3. JK 触发器转换为 T 触发器

凡在 CP 时钟脉冲控制下，根据输入信号 T 取值的不同，具有保持和翻转的电路，即当 T=0 时，保持状态不变，当 T=1 时，一定翻转的电路，都称为 T 触发器。

T 触发器的逻辑符号如图 4.5.3 所示，1T 是输入信号端，C1 是时钟脉冲输入端，CP 下降沿触发。T 触发器的真值表如表 4.5.1 所示。

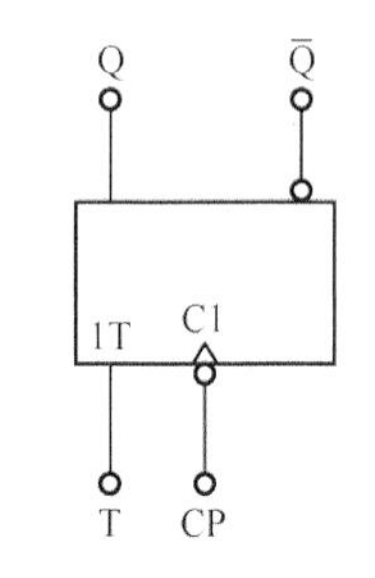

图 4.5.3　T 触发器逻辑符号

表 4.5.1　　T 触发器真值表

CP	T	Q^n	Q^{n+1}	功能
↓	0	0	0	$Q^{n+1}=Q^n$ 保持
↓	0	1	0	
↓	1	0	1	$Q^{n+1}=\overline{Q^n}$ 翻转
↓	1	1	0	

T 触发器的特征方程为：

$$Q^{n+1}=T\overline{Q^n}+\overline{T}Q^n \quad \text{(CP 下降沿时刻有效)} \qquad (4.5.9)$$

与 JK 触发器的特征方程比较得：

$$\begin{cases} J=T \\ K=T \end{cases} \qquad (4.5.10)$$

JK 触发器转换成 T 触发器电路图如图 4.5.4 所示。

T 触发器的状态图和波形图如图 4.5.5 所示。

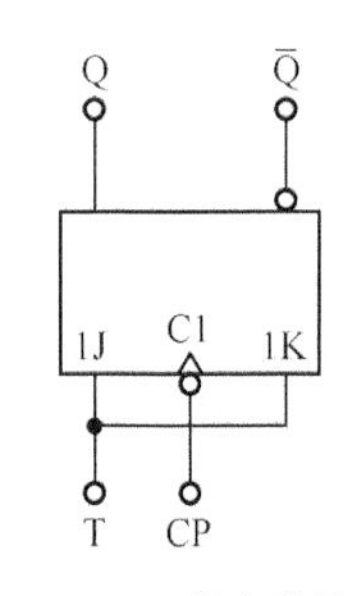

图 4.5.4　JK 触发器转换成 T 触发器电路图

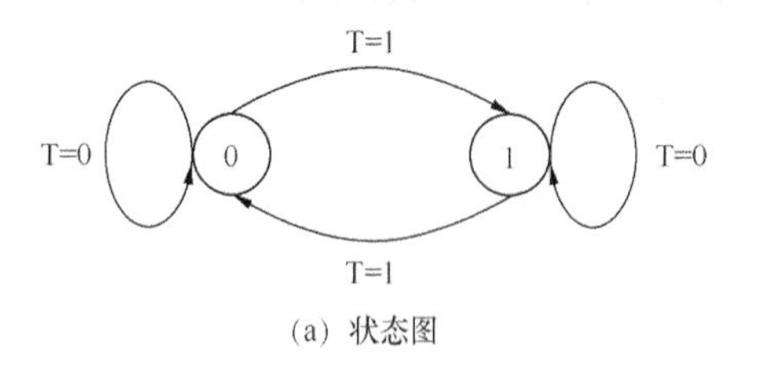

(a) 状态图

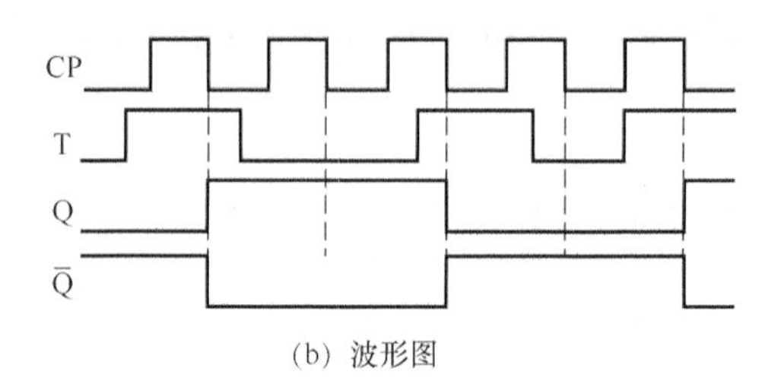

(b) 波形图

图 4.5.5　T 触发器的状态图和波形图

4. JK 触发器转换为 T′触发器

凡每来一个时钟脉冲就翻转一次的电路，都称为 T′触发器。在 T 触发器中，如果使输入端 T 恒等于 1，便构成了 T′触发器。图 4.5.6 所示是 T′触发器的逻辑符号。

表 4.5.2 所示是 T′触发器的真值表，由真值表可得 T′触发器的特征方程为：

$$Q^{n+1}=\overline{Q^n} \tag{4.5.11}$$

变换 T′触发器的特征方程：

$$Q^{n+1}=\overline{Q^n}=1\overline{Q^n}+\bar{1}Q^n \tag{4.5.12}$$

与 JK 触发器的特征方程比较得：

$$\begin{cases} J=1 \\ K=1 \end{cases} \tag{4.5.13}$$

JK 触发器转换成 T′触发器电路图如图 4.5.7 所示。

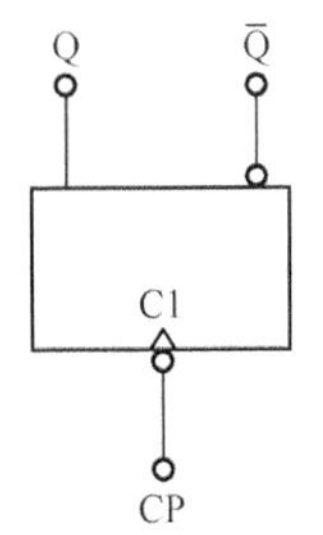

图 4.5.6 T′触发器逻辑符号

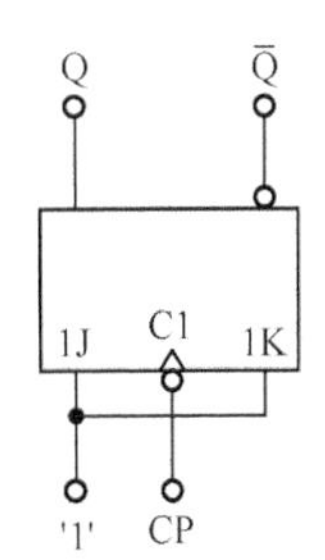

图 4.5.7 JK 触发器转换成的 T′触发器电路图

表 4.5.2 **T′触发器的真值表**

CP	Q^n	Q^{n+1}	功能
↓	0	1	$Q^{n+1}=\overline{Q^n}$ 翻转
↓	1	0	

图 4.5.8 所示为 T′触发器的状态图和波形图。

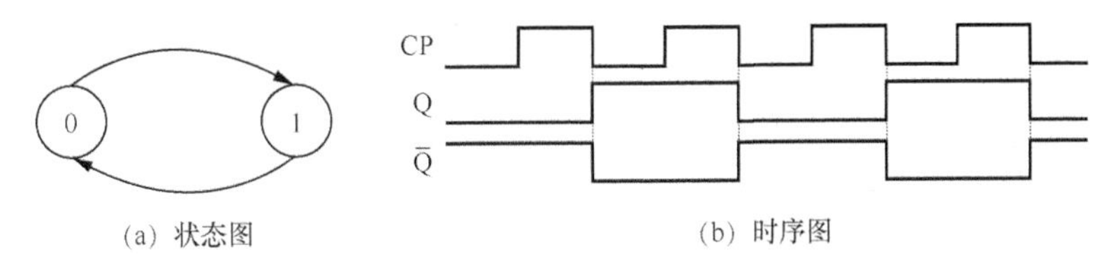

(a) 状态图 (b) 时序图

图 4.5.8 T′触发器的状态图和波形图

4.5.2 将 D 触发器转换为 JK 触发器、T 触发器、T′触发器和 RS 触发器

D 触发器的特征方程为：

$$Q^{n+1}=D \tag{4.5.14}$$

将 D 触发器转换为 JK 触发器，首先写出 JK 触发器的特征方程：

$$Q^{n+1} = J\overline{Q^n} + \overline{K}Q^n \qquad (4.5.15)$$

再与 D 触发器的特征方程比较得：

$$D = J\overline{Q^n} + \overline{K}Q^n \qquad (4.5.16)$$

D 触发器转换成 JK 触发器电路图如图 4.5.9 所示。

同样方法可得将 D 触发器转换为 T 触发器、T′触发器和 RS 触发器的逻辑关系分别如下。

T 触发器：

$$D = T\overline{Q^n} + \overline{T}Q^n \qquad (4.5.17)$$

T′触发器：

$$D = \overline{Q^n} \qquad (4.5.18)$$

RS 触发器：

$$D = \overline{S} + \overline{R}Q^n \qquad (4.5.19)$$

D 触发器转换成 T 触发器、转换成 T′触发器和转换成 RS 触发器电路图如图 4.5.10、图 4.5.11 和图 4.5.12 所示。

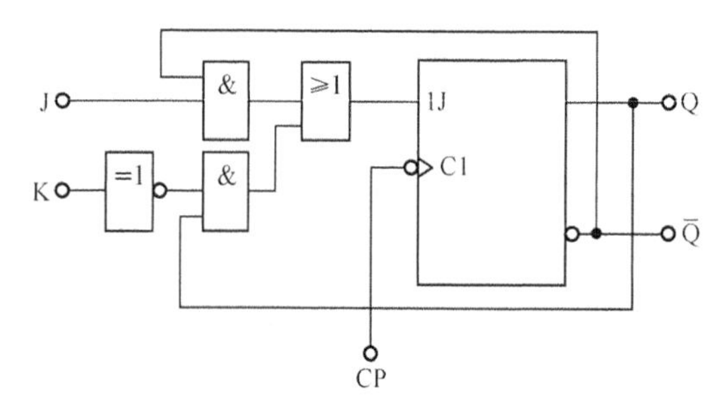

图 4.5.9 D 触发器转换成 JK 触发器电路图

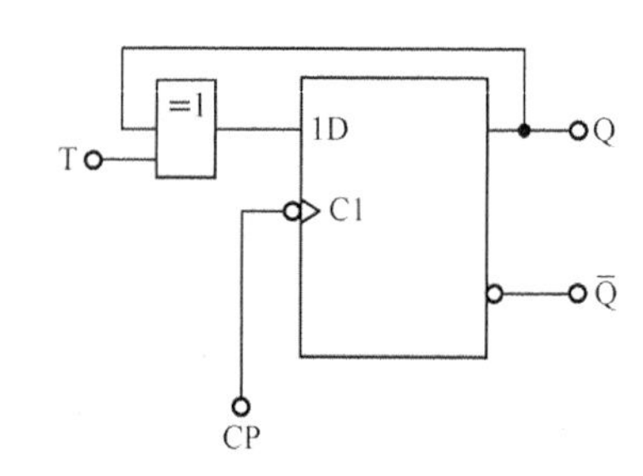

图 4.5.10 D 触发器转换成 T 触发器电路图

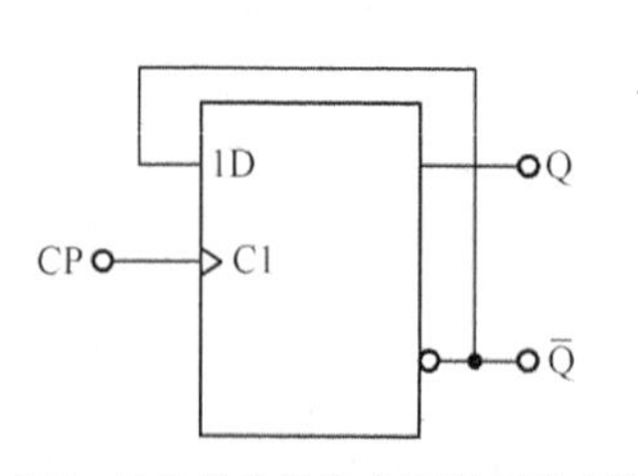

图 4.5.11 D 触发器转换成 T′触发器电路图

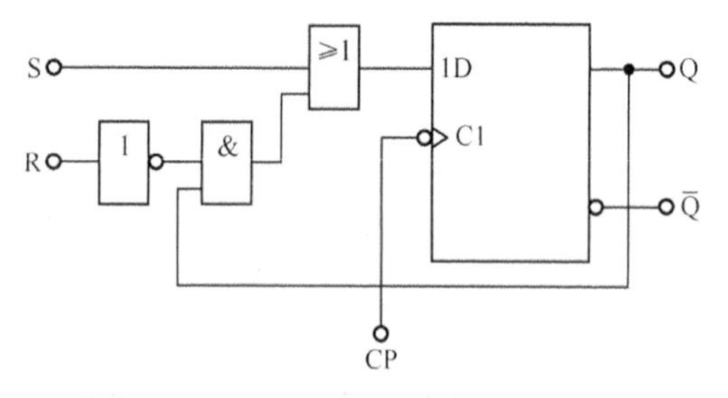

图 4.5.12 D 触发器转换成 RS 触发器电路图

4.6 触发器电气特性

触发器是由门电路组合而成的，所以从电气特性上来说，它和门电路相似；用来描述输入、输出特性的主要参数的定义和测试方法，也和门电路大体相同。触发器作为具体的电路器件，它的电气特性是逻辑功能的载体，可分为静态特性和动态特性。

1. 静态特性

在 CMOS 触发器中，由于输入、输出都设置了 CMOS 反相器作为缓冲级，所以它们的输入特性和输出特性是一样的，CMOS 反相器的静态特性也适用于 CMOS 触发器。TTL 触发器的输入级、输出级电路和 TTL 反相器也相似，所以 TTL 反相器的静态特性也适用于 TTL 触发器。

触发器的静态特性如下。

（1）电源电流：通常只给出一个电源电流值，且规定在测定此电流时，将所有输入端都悬空。

（2）输入短路电流：将各输入端依次接地，测得的电流就是各自的输入短路电流。

（3）输入漏电流：指每个输入端接至高电平时流入这个输入端的电流。

（4）输出高电平和输出低电平：测出触发器在 1 状态和 0 状态下的 Q、$\overline{Q}$ 端电平，即可得到这两个输出端的输出高电平和输出低电平值。

2. 动态特性

触发器的动态特性如下。

（1）建立时间：在时钟脉冲 CP 有效触发沿到达前，输入端信号必须先稳定下来，这样才能保证触发器正确地接收到该输入信号。从输入信号稳定到时钟脉冲 CP 有效沿到来前必要的时间间隔称为建立时间，一般用 t_{set} 表示，其建立时间示意图如图 4.6.1 所示。

（2）保持时间：为了保证触发器的输出可靠地反映输入信号，输入信号必须在时钟脉冲 CP 有效沿到来后再保持一段时间。从时钟脉冲 CP 有效沿出现到输出达到稳定所需的时间称保持时间，一般用 t_h 表示，其保持时间示意图如图 4.6.1 所示。

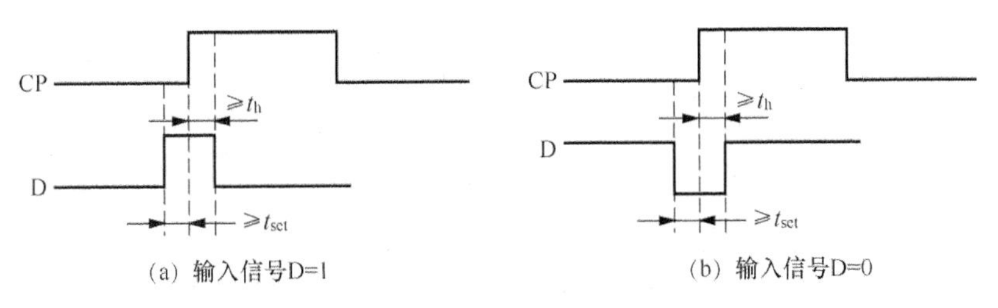

图 4.6.1 边沿 D 触发器的建立时间和保持时间示意图

图 4.6.1（a）所示是接收 1 时的情况，D 信号先于 CP 上升沿建立起来（由 0 跳变到 1）的时间不能小于建立时间 t_{set}，而在 CP 上升沿到来后信号保持 1 的时间不能小于保持时间 t_h，

图 4.6.1（b）所示是接收 0 时的情况。只有满足了建立时间和保持时间的要求，边沿触发器才能可靠地翻转，实际的边沿触发器的建立时间和保持时间极短，一般在 10ms 左右。

（3）传输延迟时间：从 CP 触发沿到达开始，到输出端完成状态改变为止，这段时间称为传输延迟时间。

输出端由高电平变为低电平的传输延迟时间一般用 t_{PHL} 来表示，如 TTL 边沿 D 触发器 74LS74 的 $t_{PHL}\leqslant$40ms。

输出端由低电平变为高电平的传输延迟时间一般用 t_{PLH} 来表示，如 TTL 边沿 D 触发器 74LS74 的 $t_{PLH}\leqslant$25ms。

图 4.6.2 为边沿 D 触发器的传输延迟时间示意图。

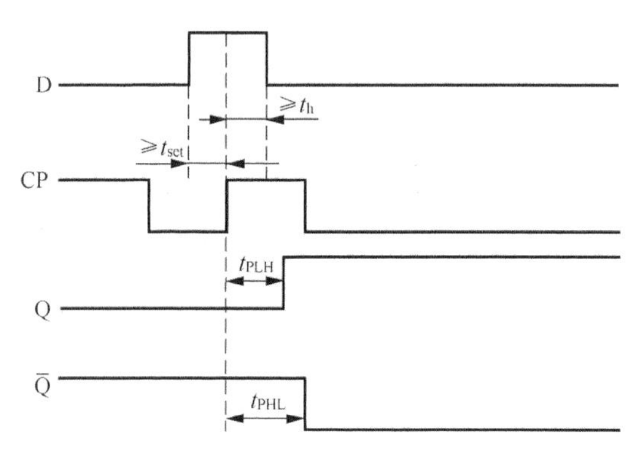

图 4.6.2 边沿 D 触发器的传输延迟时间示意图

（4）时钟脉冲 CP 宽度：要使输入信号经过触发器内部各级门传递到输出端，时钟脉冲 CP 的高、低电平必须要有一定的宽度。时钟脉冲 CP 的周期不能小于建立时间与保持时间的和，这也决定了能使触发器连续翻转的最高时钟频率，一般触发器的最高时钟频率用 f_{max} 表示，如 TTL 边沿 D 触发器 74LS74 的 $f_{max}\geqslant$15MHz。

4.7 常用集成触发器及其应用举例

触发器是计数器、分频器、移位寄存器等电路的基本单元电路之一，是这些电路的重要逻辑单元电路。此外，在信号产生、波形变换和控制电路中也常用到触发器。

应用举例 1：2/3 分频电路

1. 电路组成

图 4.7.1 为 2/3 分频电路的原理图，图中 IC_1 为 CD4013，是双 D 触发器，用作分频电路；IC_2 为 CD4096，是六反相器；IC_3 为 CD4001，是四-二输入或非门。

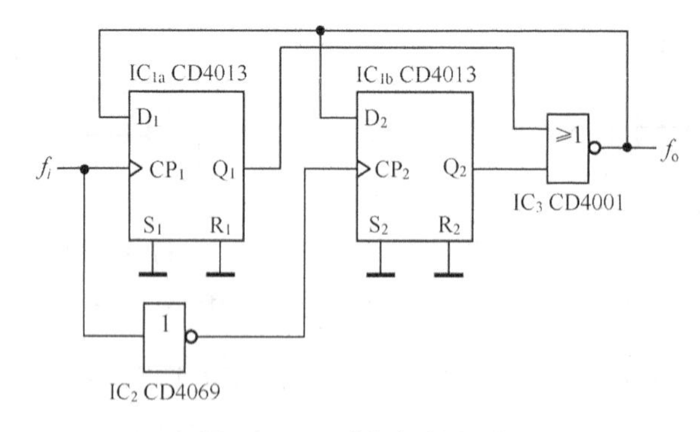

图 4.7.1 2/3 分频电路原理图

2. 工作原理

时钟信号f_i从IC_{1a}的CP_1加入，当IC_{1a}、IC_{1b}两个触发器的输出端Q_1、Q_2中有一个处于高电平，则或非门IC_3输出低电平，这就会使另一个触发器在下一步不可能输出高电平，使原输出高电平的触发器维持一个时钟脉冲周期，然后变为低电平。当两个触发器的输出端均为低电平时，或非门IC_3输出高电平，在下一个时钟上升沿处，使两个触发器状态互换。这样，或非门输出信号f_0每变化一个周期，对应于输入信号f_i的一个半周期，即输出信号的频率为输入信号频率的2/3。

应用举例2：简易定时电路

1. 电路组成

图4.7.2为简易定时电路原理图，图中IC_1是CD4027，为双JK触发器，有计数功能；IC_2是CD4011，为四-二输入与非门；此外，电路中还包括电源、开关、发光二极管、三极管和电阻等。

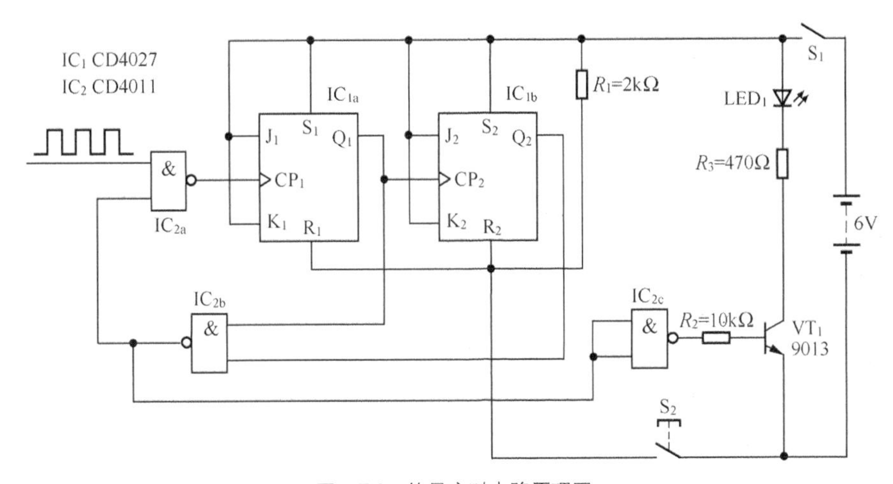

图4.7.2 简易定时电路原理图

2. 工作原理

时钟脉冲经过IC_{2a}来驱动IC_1的两个JK触发器组成的计数器进行计数，当两个JK触发器的Q端均为高电平时，IC_{2b}的输出为低电平，计数器停止计数。IC_{2b}的输出同时送到IC_{2c}的输入端，经反相后驱动VT_1导通，使发光二极管LED_1发光，电路一直处于这种状态。

如果需再次定时，只要按下按键S_2，使两个JK触发器的复位端R为低电平，计数器复位，此时，两个JK触发器的Q端均由高电平变为低电平，与非门IC_{2b}的输出端变为高电平，经IC_{2c}反相后，使VT_1截止，LED_1熄灭，JK触发器又开始接收时钟脉冲信号，计数器重新开始计数，直到定时结束，LED_1才又被点亮。

本 章 小 结

本章介绍了触发器的电路结构、功能特点以及描述触发器状态的方法。集成触发器是构成计数器、寄存器和移位寄存器的基本单元。

（1）触发器有两个稳定状态，即0状态和1状态。在无外界信号作用时，触发器保持原来状态不变；在有外界信号作用时，触发器可以从一个稳态翻转为另一个稳态；在输入信号消失后，能将新的电路状态保存下来，因此，触发器可以作为二进制存储单元使用。

（2）触发器的逻辑功能可用真值表、卡诺图、特征方程、状态图和波形图等方法来描述。其中特征方程是表示逻辑功能的重要逻辑函数，在分析和设计时序电路时常作为判断电路状态转换的依据。

（3）触发器的分类与转换。根据电路结构、触发方式、逻辑功能和制造工艺等对触发器进行分类，同类功能的触发器可用不同的电路结构形式来实现，反过来，相同结构形式的电路可构成具有不同功能的触发器，并可通过外接电路实现功能转换。

（4）触发器的电气特性。触发器的电气特性中要理解 t_{set}、t_h、t_{PHL}、t_{PLH}、f_{max} 的物理意义。

本章要求掌握不同类型触发器的功能特点和触发方式，能正确地使用触发器，为进一步学习下一章时序电路打好基础。

习　　题

习题 4.1　填空题

（1）触发器按逻辑功能可分为________触发器、________触发器、________触发器、________触发器、________触发器。

（2）触发器的逻辑功能常用________________、________________、________________、________________、________________ 5种方法来描述。

（3）触发器有________个稳定状态，当Q=1，$\overline{Q}$=0时，称为________状态。

（4）同步触发器在一个CP脉冲高电平期间发生多次翻转的现象称为__________。

（5）JK触发器状态发生翻转的条件是J=__________，K=__________。

习题 4.2　选择题

（1）基本RS触发器的输入，当$\overline{S}=0$，$\overline{R}=0$时，其输出Q状态为（　　）。

A．1　　B．0　　C．2　　D．状态不确定

（2）同步RS触发器的两个输入信号RS=00，要使输出由1变到0，则应使RS为（　　）。

A．00　　B．01　　C．10　　D．11

（3）集成边沿D触发器74LS74，D输入端在时钟的（　　）被传输到Q。

A．上升沿　　B．下降沿　　C．1　　D．0

（4）J=K=1时，边沿JK触发器的时钟输入频率为120Hz，Q输出为（　　）。

A．频率为120Hz波形　　B．频率为60Hz波形

C．频率为 240Hz 波形　　　　　　　D．频率为 30Hz 波形

（5）输入信号有约束条件的触发器是（　　）。

A．RS 触发器　　　　　　　　　　B．JK 触发器

C．D 触发器　　　　　　　　　　D．T′触发器

（6）如题图 4.1，下列（　　）图触发器的状态在 CP 的上升沿发生变化。

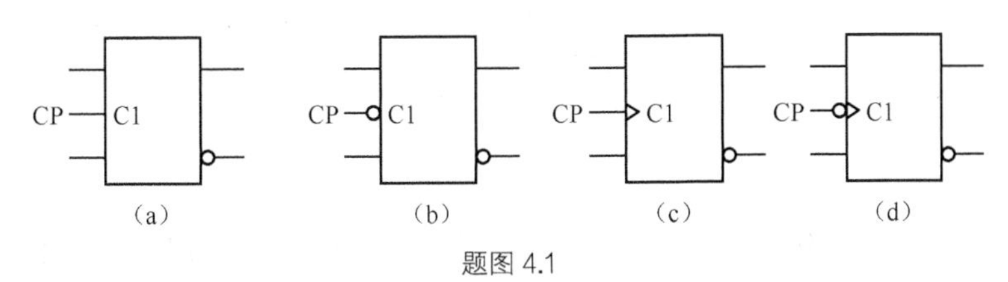

题图 4.1

习题 4.3　写出 JK 触发器、D 触发器、T 触发器的特征方程。

习题 4.4　边沿触发器接成题图 4.2（a）、（b）、（c）、（d）所示形式，设初始状态为 0，试根据题图 4.2（e）所示的 CP 波形画出 Q_a、Q_b、Q_c、Q_d 的波形。

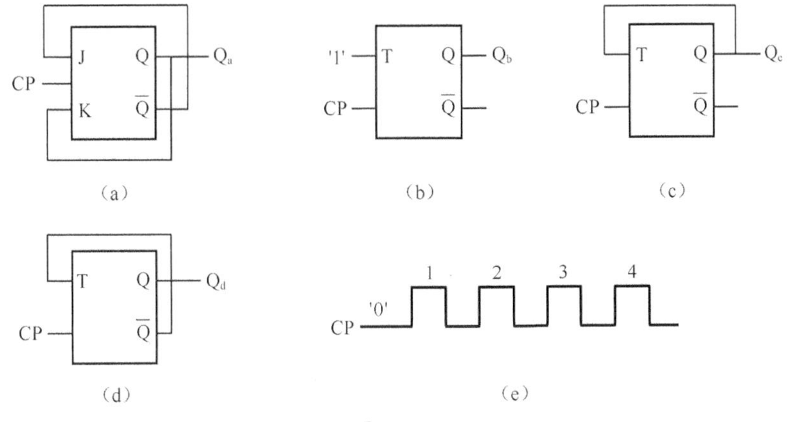

题图 4.2

习题 4.5　D 触发器接成题图 4.3（a）、（b）、（c）、（d）所示形式，设触发器的初始状态为 0，试根据题图 4.2（e）所示的 CP 波形画出 Q_a、Q_b、Q_c、Q_d 的波形。

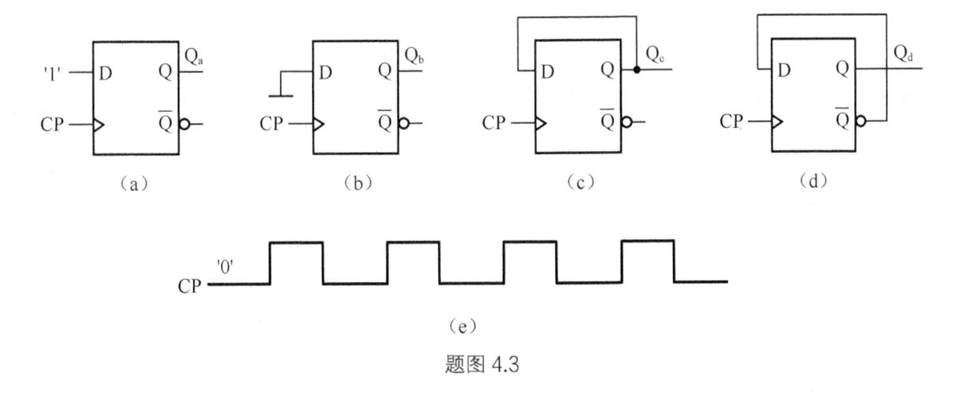

题图 4.3

习题 4.6 下降沿触发的 JK 触发器输入波形如题图 4.4 所示，设触发器初态为 0，画出相应输出波形。

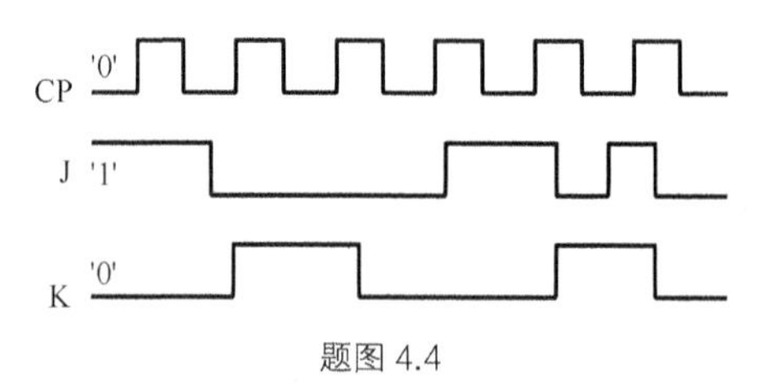

题图 4.4

习题 4.7 边沿触发器构成的电路如题图 4.5 所示，设初状态均为 0，试根据 CP 波形画出 Q_1、Q_2 的波形。

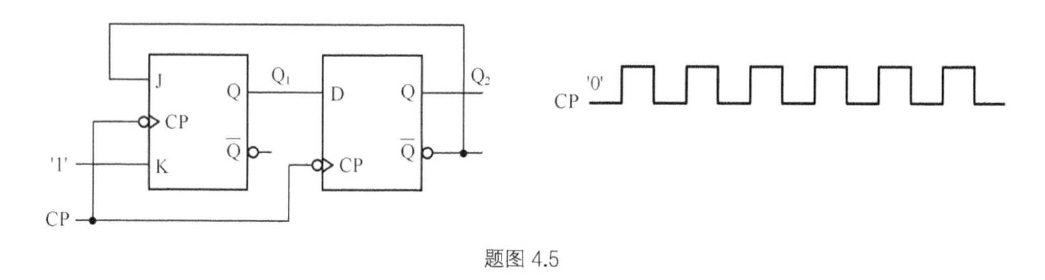

题图 4.5

习题 4.8 边沿触发器构成的电路如题图 4.6 所示，设初状态均为 0，试根据 CP 和 D 的波形画出 Q_1、Q_2 的波形。

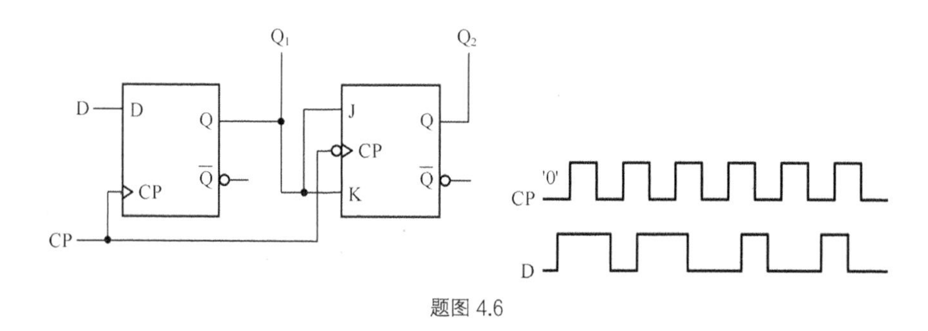

题图 4.6

习题 4.9 边沿 T 触发器构成的电路如题图 4.7 所示，设初状态为 0，试根据 CP 波形画出 Q_1、Q_2 的波形。

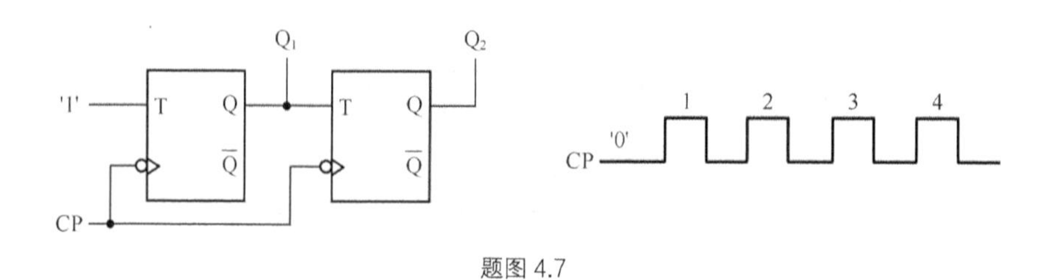

题图 4.7

习题 4.10　电路如题图 4.8 所示，试按给定的 CP 与 S 波形画出 Q_1 及 Q_2 的波形图（设触发器起始状态均为 0）。

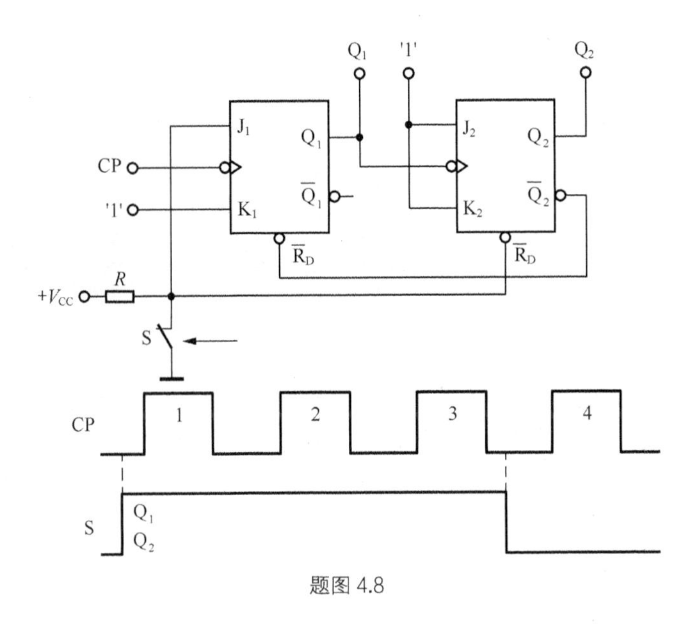

题图 4.8

第5章 时序逻辑电路

本章系统地介绍了时序逻辑电路的工作原理、分析和设计方法。首先简要说明了时序逻辑电路分析和设计的方法步骤；然后详细介绍了计数器、寄存器、顺序脉冲发生器等各类常用时序逻辑电路的工作原理和使用方法；最后对几个典型时序逻辑电路的应用进行了具体说明。

5.1 概述

5.1.1 时序逻辑电路的特点

在数字电路中，任何时刻电路的稳定输出，不仅与该时刻的输入信号有关，而且还与电路原来的状态有关，即具有一定的记忆功能，则称该电路为时序逻辑电路，简称时序电路。第 4 章所学的触发器就是最简单的时序逻辑电路，例如 JK 触发器，由该触发器的特性方程 $Q^{n+1}=J\overline{Q^n}+\overline{K}Q^n$ 可知，Q^{n+1} 是 J、K、Q^n 的函数，即 $Q^{n+1}=f(J，K，Q^n)$，说明触发器的次态输出 Q^{n+1} 不仅取决于该时刻输入信号 J、K，而且还取决于电路原来的状态 Q^n。

时序电路的结构框图如图 5.1.1 所示。从图中可以看出，时序电路一般由两部分组成，一部分是组合逻辑电路，另一部分是存储电路。存储电路通常以触发器为基本单元电路构成，也可以用门电路加上适当的反馈线构成。存储电路保存现有的状态，作为下一个状态变化的前提条件，而存储的现有状态又反馈到时序逻辑电路的输入端，与外部输入信号共同决定时序逻辑电路的状态变化。时序电路的状态是靠存储电路记忆和表示的，它可以没有组合逻辑电路，但必须有存储电路。

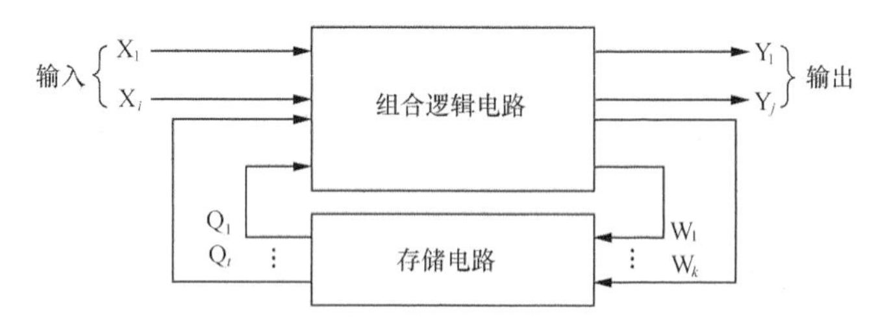

图 5.1.1 时序电路的结构示意图

在图 5.1.1 中，X_1～X_i 为时序电路的外部输入信号；Y_1～Y_j 为时序电路的外部输出信号；W_1～W_k 为存储电路的激励信号，也是组合逻辑电路的内部输出；Q_1～Q_t 为存储电路的状态输出，也是组合逻辑电路的内部输入。这些信号之间的逻辑关系可以用三个方程组来描述：

$$Y(t_n)=F[X(t_n),Q(t_n)] \tag{5.1.1}$$

$$W(t_n)=G[X(t_n),Q(t_n)] \tag{5.1.2}$$

$$Q(t_{n+1})=H[W(t_n),Q(t_n)] \tag{5.1.3}$$

式中，t_n 和 t_{n+1} 是两个相邻的离散时间，式（5.1.1）是电路输出方程，该方程与输入信号和现态有关；式（5.1.2）是电路驱动或激励方程，它是存储电路中各个触发器的输入方程；式（5.1.3）为状态方程，该方程是将驱动方程代入到触发器特性方程中所得到的。时序逻辑电路对于输入变量历史情况的记忆反映在状态变量的不同取值上，即不同的内部状态代表不同的输入变量的历史情况。

时序电路逻辑功能的表示方法有逻辑图、逻辑表达式、状态表、卡诺图、状态图和时序图6种方式，这些方法在本质上是相同的，可以互相转换。

5.1.2 时序逻辑电路的分类

从不同的角度出发，时序电路具有不同的分类方法。

按逻辑功能不同，时序逻辑电路可分为计数器、寄存器、移位寄存器等。

按电路中触发器状态变化是否同步，时序逻辑电路可分为同步时序电路和异步时序电路。同步时序电路中，所有触发器受同一个时钟脉冲源控制，即要更新状态的触发器同步翻转。异步时序电路中，各个触发器的时钟脉冲不同，即电路不由统一的时钟脉冲来控制其状态的变化，电路中要更新状态的触发器的翻转有先有后，是异步进行的。

按电路输出信号的特点，时序逻辑电路可分为 Mealy 型和 Moore 型。Mealy 型时序电路中，其电路的输出状态不仅与现态有关，而且还决定于电路的输入，图 5.1.1 所示就是 Mealy 电路的一般模型。而 Moore 型时序电路，其电路的输出状态仅决定于电路的现态，Moore 型时序电路是 Mealy 型的一种特例。电路模型如图 5.1.2 所示。

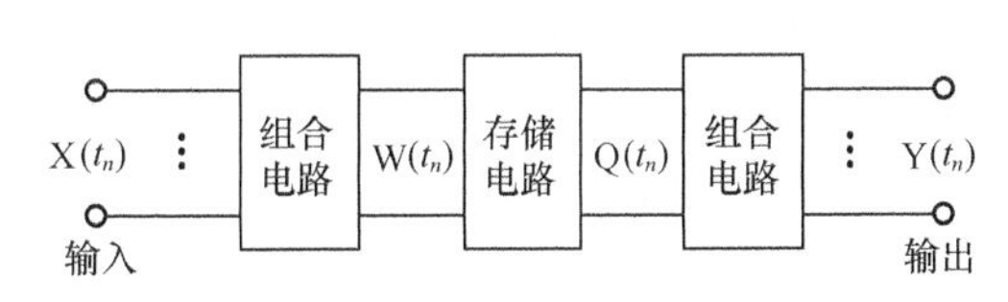

图 5.1.2 Moore 型时序电路的一般模型

5.2 时序逻辑电路的基本分析和设计方法

5.2.1 时序逻辑电路的基本分析方法

所谓时序逻辑电路的分析，是指根据给定的逻辑电路，求出它的状态表、状态图或时序图，从而确定电路的逻辑功能和工作特点。具体地说，就是找出输入信号和时钟信号对电路状态的改变情况。

1. 时序逻辑电路的分析步骤

在时序电路中，由于时钟脉冲的特点不同，同步时序电路和异步时序电路的分析方法有所不同。分析的一般步骤如下。

（1）写方程式

根据给出的时序逻辑电路，写出如下方程式。

① 时钟方程：各个触发器时钟信号的逻辑表达式。

② 输出方程：时序电路中输出信号的逻辑表达式。

③ 驱动方程：各个触发器输入信号的逻辑表达式。

（2）求状态方程

将驱动方程代入相应触发器的特性方程中，可求出时序电路的状态方程，也就是各个触发器次态的输出表达式，从而得到由各个触发器的次态输出表达式所构成的状态方程组。

（3）进行计算并列出状态表

把电路输入状态和各个触发器现态的全部取值，代入到电路的状态方程和输出方程中，并计算出相应的次态和输出，最后将输入、现态的每一种取值和次态、输出之间的对应关系列成表格，即所求状态表。

在求次态以及输出的过程中，要注意电路中时钟信号的有效状态。如触发器的时钟信号处于无效状态，则该触发器将保持原来的状态不变。对于异步时序电路的分析，需要注意的是，每次电路状态发生转换时并不是所有触发器都有有效的时钟信号，因此判断相应触发器的时钟是否有效非常重要。

电路若无确定的初始状态，可以从任意一种输入和现态的取值开始计算。根据某一时刻的现态可以求出相应的次态，再将此时的次态作为下一个时刻的现态，求其次态。如此进行下去，将所有可能出现的状态均顺序求出其下一个状态，即可结束。这样将很清晰地看到电路随时间一步一步变化的过程，从而也体现了时序的真正含义。

（4）画状态图和时序图

为了可以更加直观地体现出时序电路的逻辑功能，通常把状态表的内容以状态图的形式表示出来。状态图主要体现电路每一个时刻的现态所对应的次态，并标明状态转换时电路的输入取值和输出状态。

画时序图时要注意，只有当有效的 CP 触发沿到来时相应触发器的状态才能更新，否则状态将保持不变。

（5）说明电路功能

一般状态表和状态图就可以反映电路的工作特性。但是，在实际的应用中，各个输入都有确定的物理意义，因此通常需要进一步说明电路的具体功能。

2. 时序逻辑电路分析举例

【例 5.2.1】 试分析图 5.2.1 所示时序电路，说明电路的功能。

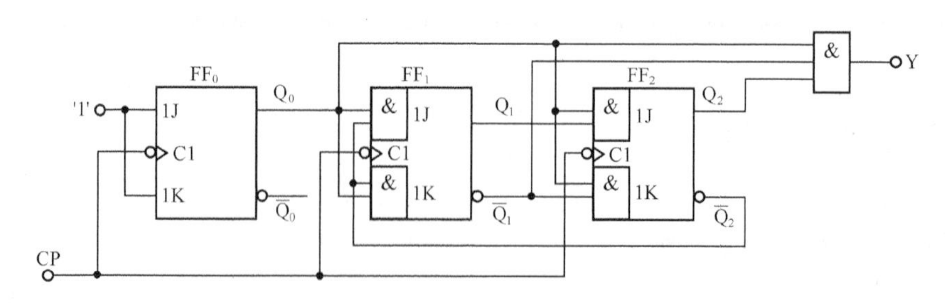

图 5.2.1 例 5.2.1 的时序电路

解：

（1）写方程式

① 时钟方程：$CP_0 = CP_1 = CP_2 = CP$

因为该电路中，各个触发器的时钟信号相同，可见这是一个同步时序电路。对于同步时序电路，该方程式一般可以省去不写。

② 输出方程：　$Y = Q_2^n \overline{Q_1^n} Q_0^n$

③ 驱动方程：

$$\begin{cases} J_0 = 1 & K_0 = 1 \\ J_1 = \overline{Q_2^n} Q_0^n & K_1 = \overline{Q_2^n} Q_0^n \\ J_2 = Q_1^n Q_0^n & K_2 = \overline{Q_1^n} Q_0^n \end{cases}$$

（2）求状态方程

因为 JK 触发器的特性方程为 $Q^{n+1} = J\overline{Q^n} + \overline{K}Q^n$，所以

$$\begin{cases} Q_0^{n+1} = J_0\overline{Q_0^n} + \overline{K_0}Q_0^n = \overline{Q_0^n} \\ Q_1^{n+1} = J_1\overline{Q_1^n} + \overline{K_1}Q_1^n = \overline{Q_2^n}Q_0^n\overline{Q_1^n} + \overline{\overline{Q_2^n}Q_0^n}Q_1^n \\ Q_2^{n+1} = J_2\overline{Q_2^n} + \overline{K_2}Q_2^n = Q_1^nQ_0^n\overline{Q_2^n} + \overline{\overline{Q_1^n}Q_0^n}Q_2^n \end{cases}$$

（3）状态计算

依次假设电路的现态 $Q_2^nQ_1^nQ_0^n$，求出相应的次态 $Q_2^{n+1}Q_1^{n+1}Q_0^{n+1}$ 和输出 Y。计算结果如表 5.2.1 所示，即为电路的状态表。

表 5.2.1　　例 5.2.1 的状态表

现　态			次　态			输　出
Q_2^n	Q_1^n	Q_0^n	Q_2^{n+1}	Q_1^{n+1}	Q_0^{n+1}	Y
0	0	0	0	0	1	0
0	0	1	0	1	0	0
0	1	0	0	1	1	0
0	1	1	1	0	0	0
1	0	0	1	0	1	0
1	0	1	0	0	0	1
1	1	0	1	1	1	0
1	1	1	1	1	0	0

（4）画出状态图或时序图

根据状态计算的结果，画出状态图或时序图，如图 5.2.2 和图 5.2.3 所示。在状态图中，箭头线旁边斜线右下方用数字标注的是输出信号值。

（5）电路功能说明

由图 5.2.2 及图 5.2.3 可见，在时钟脉冲的作用下，$Q_2^nQ_1^nQ_0^n$ 的状态从 000 到 101 按二进

制加法规律依次递增，每经过 6 个时钟脉冲作用后，电路的状态循环一次。我们把这种能够记录输入脉冲个数的电路称为计数器。因为 3 个触发器状态的改变是按二进制加法规律依次递增，所以该电路是一个六进制同步加法计数器。从状态表可以看出，当 3 个触发器的输出状态为 101，电路输出 Y=1，否则 Y=0，所以，该电路的输出端 Y 是加法计数器的进位信号输出端。

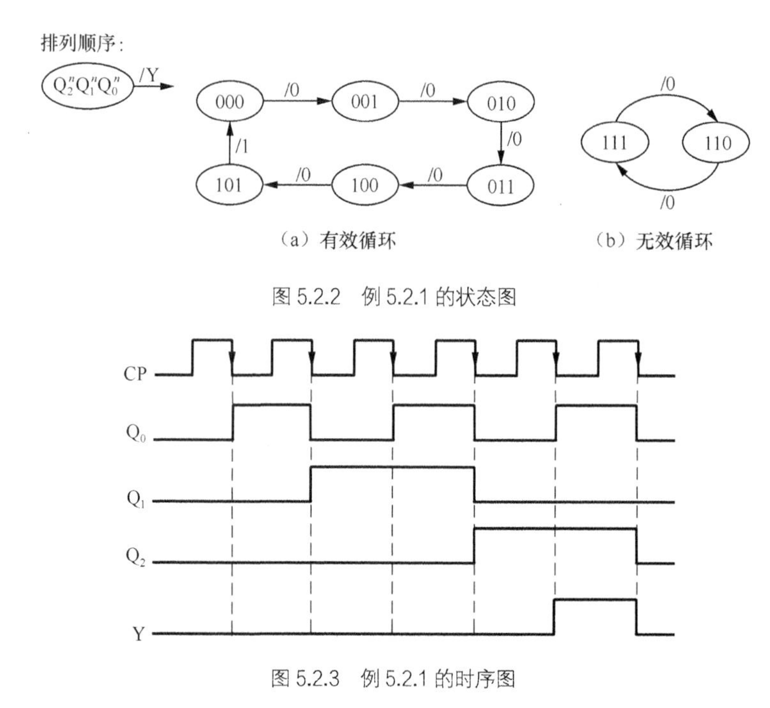

图 5.2.2　例 5.2.1 的状态图

图 5.2.3　例 5.2.1 的时序图

另外，$Q_2^nQ_1^nQ_0^n$ 的 111 和 110 两个状态并没有被利用，所以，还要明确下面一些基本概念。

① 有效状态与有效循环。

有效状态：在时序电路中，凡是被利用了的状态，称为有效状态。

有效循环：在时序电路中，凡是由有效状态构成的循环，称为有效循环。

如例 5.2.1 中，000→…→101 的 6 种状态是有效状态，它们构成的循环为有效循环。

② 无效状态与无效循环。

无效状态：在时序电路中，凡是没被利用的状态，都称为无效状态。

无效循环：在时序电路中，凡是由无效状态构成的循环，都称为无效循环。

如例 5.2.1 中，110、111 这两种状态是无效状态，它们构成的循环为无效循环。

③ 能自启动与不能自启动。

能自启动：在时序电路中，如果没有无效循环或所存在的无效状态来形成循环，那么这样的时序电路叫能自启动的时序电路。

不能自启动：在时序电路中，只要有无效循环存在，则这样的时序电路被称为不能自启动的时序电路。因为一旦由于某种原因，如电源电压波动、信号干扰等情况使电路进入到无效循环，就再也回不到有效循环了。当然，电路也就不能正常工作了。

如例 5.2.1 电路，存在无效循环，所以该电路不能自启动。

【例 5.2.2】 分析图 5.2.4 所示时序电路的逻辑功能。

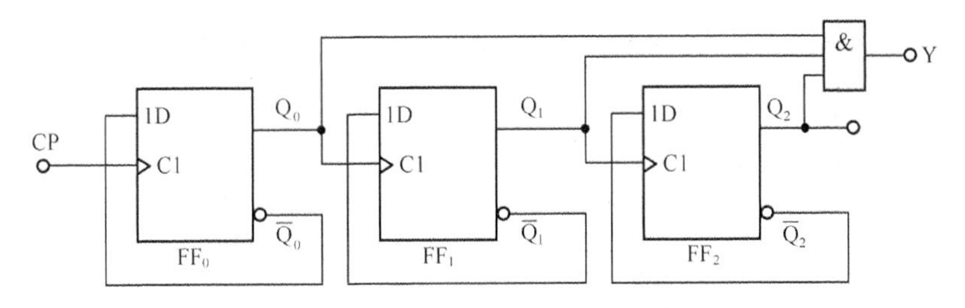

图 5.2.4 例 5.2.2 的时序电路

解：

（1）写方程式

① 时钟方程：$CP_0 = CP$，$CP_1 = Q_0$，$CP_2 = Q_1$。

因为该电路中，各个触发器的时钟信号不同，可见这是一个异步时序电路。

② 驱动方程：$D_0 = \overline{Q_0^n}$，$D_1 = \overline{Q_1^n}$，$D_2 = \overline{Q_2^n}$。

③ 输出方程：$Y = Q_2^n Q_1^n Q_0^n$。

（2）求状态方程

$$\begin{cases} Q_0^{n+1} = D_0 = \overline{Q_0^n} & \text{CP上升沿有效} \\ Q_1^{n+1} = D_1 = \overline{Q_1^n} & Q_0\text{上升沿有效} \\ Q_2^{n+1} = D_2 = \overline{Q_2^n} & Q_1\text{上升沿有效} \end{cases}$$

（3）状态计算

计算时要注意每个方程式有效的时钟条件，只有当其时钟条件具备时，触发器才会按照其状态方程更新状态，否则保持原来状态不变。计算结果得出状态表，如表 5.2.2 所示。

表 5.2.2　　例 5.2.2 的状态表

现　态			次　态			时钟条件			输出
Q_2^n	Q_1^n	Q_0^n	Q_2^{n+1}	Q_1^{n+1}	Q_0^{n+1}	CP_2	CP_1	CP_0	Y
0	0	0	1	1	1	↑	↑	↑	0
0	0	1	0	0	0	0	↓	↑	0
0	1	0	0	0	1	↓	↑	↑	0
0	1	1	0	1	0	1	↓	↑	0
1	0	0	0	1	1	↑	↑	↑	0
1	0	1	1	0	0	0	↓	↑	0
1	1	0	1	0	1	↓	↑	↑	0
1	1	1	1	1	0	1	↓	↑	1

注：表中“↑”表示时钟信号为上升沿；“↓”表示下降沿；“0”表示低电平；“1”表示高电平。

（4）画状态图和时序图

根据状态表 5.2.2，可以画出该电路的状态图和时序图，如图 5.2.5（a）和图 5.2.5（b）所示。

（5）判断电路的逻辑功能

由图 5.2.5 所示状态图可知，在时钟脉冲 CP 的作用下，电路由 8 种状态构成循环，且按二进制递减规律循环变化，即

000→111→110→101→100→011→010→001→000→……

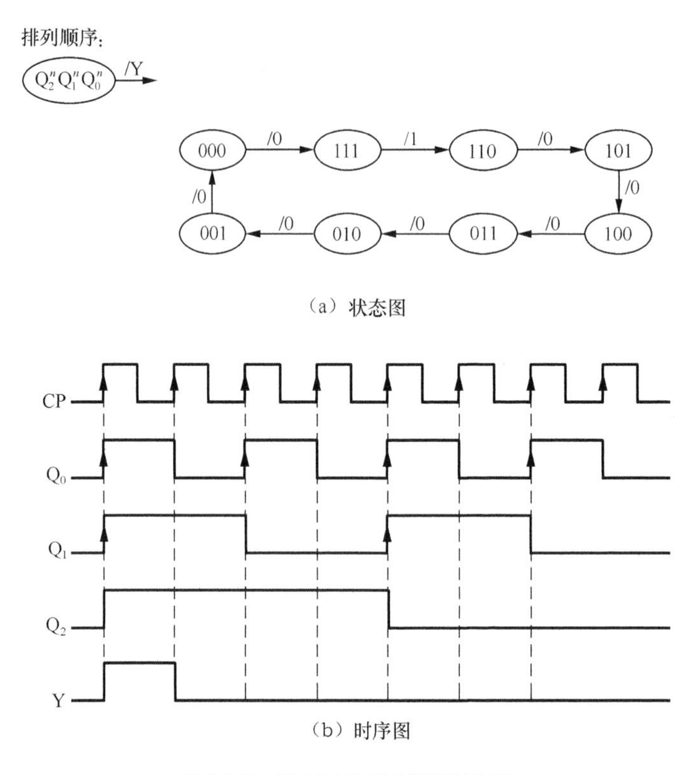

图 5.2.5　例 5.2.2 的状态图和时序图

该电路具有递减计数的功能，是一个 3 位二进制异步减法计数器。

5.2.2　时序逻辑电路的基本设计方法

时序逻辑电路的设计是分析的逆过程，但比分析要复杂。在进行时序逻辑电路的设计时，要根据设计者所要实现的逻辑功能，求出满足此逻辑功能的最简单的时序逻辑电路。

1．时序逻辑电路的设计步骤

时序逻辑电路的设计分同步时序电路设计和异步时序电路设计两种，其设计方法相似，但有明显的区别。

时序逻辑电路设计的基本步骤如下。

（1）进行逻辑抽象，建立电路原始的状态图和状态表。

① 分析给定的逻辑要求，确定输入、输出变量以及状态数。

② 定义输入、输出变量和每个逻辑状态的含义，进行状态赋值，然后对各个状态进行编号。

③ 按照题意要求，建立原始的状态表和状态图。

（2）状态化简。

由于建立原始的状态表和状态图时可能会包含多余的状态，这就需要对其进行化简。

状态化简就是合并等价状态的过程。如果两个状态的输入、输出均相同，并且要转换的次态也相同，则称这两个状态等价。这样可以对两个状态进行合并，即消去一个状态。电路的状态数越少，设计的电路将越简单。

（3）进行状态分配。

首先，确定用来表示每个状态所需二进制代码的位数 n。如果时序电路的状态数为 M，每个状态的二进制位数为 n，那么 n 的值满足

$$2^{n-1} < M \leqslant 2^n \quad (5.2.1)$$

其次，要给每个状态分配一个二进制代码。一般 n 个触发器，有 2^n 种不同的代码组合。若将 2^n 种代码分配到 M 个状态中，方案有很多种。如果编码方案得当，设计结果可以很简单。反之，设计出来的电路就会复杂得多。至于如何才能获得最佳方案，目前没有普遍有效的方法，常常通过仔细研究，反复比较才能得到。

（4）选择触发器，求时钟方程、输出方程、状态方程和驱动方程。

因为不同触发器的驱动方式不同，因此用不同触发器设计出来的电路也不一样。选择触发器类型，应该尽量减少触发器的使用种类，选择功能齐全、使用方便的触发器类型，当然也要考虑器件的供应情况等。

求时钟方程时，若采用同步方式，那么各个触发器的时钟信号都选用外输入 CP 脉冲；若采用异步方式，要为每个触发器选择时钟信号，具体方法可以先根据状态图画出时序图，然后再找出时序图中各个触发器的时钟，即每个输出端状态转换时的有效时钟。

根据二进制状态图，利用公式法或图形法，即可求出电路的状态方程和输出方程。然后将状态方程形式转换成与触发器的特性方程相类似，比较后求得驱动方程。在求驱动方程和状态方程时，无效循环可作为约束项处理。若采用异步方式，在输入 CP 时钟脉冲到来电路状态转换时，对于不具备时钟条件的触发器的现态所对应的最小项，也可以当作随意项处理。

（5）画出逻辑图。

（6）检查设计的电路能否自启动。

如果设计电路中的无效状态不能自动进入到有效状态，则所设计的电路不能自启动，这时应采取措施予以解决。

2. 时序逻辑电路设计举例

【例 5.2.3】 试设计一个按自然态序编码的带有进位的八进制同步加法计数器。

解：

（1）进行逻辑抽象，建立电路原始的状态图或状态表。

由于计数器是记录输入脉冲个数的电路，因此该时序电路有一个时钟脉冲输入信号和一个进位输出信号。设进位信号为输出逻辑变量 C，同时规定有进位输出时 C=1，无进位输出时 C=0。

八进制计数器应有 8 个有效状态，若分别用 S_0，S_1，…，S_7 表示，则该电路的状态图如图 5.2.6（a）所示，这已经是最简形式的状态图。

（2）进行状态分配。

由式（5.2.1）可知，八进制加法计数器所需的二进制位数 $n=3$，也就是说该设计电路由 3 个触发器组成。

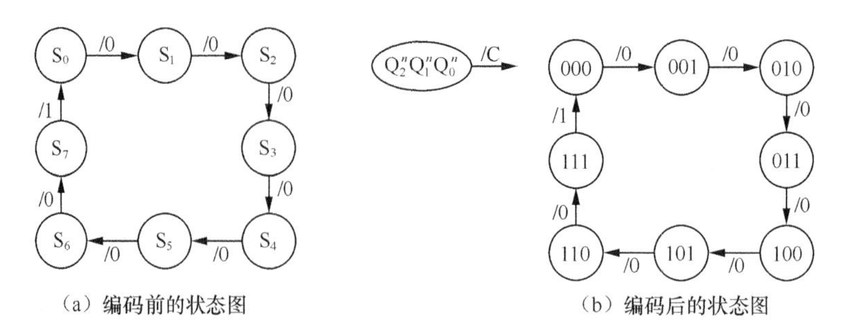

（a）编码前的状态图　　（b）编码后的状态图

图 5.2.6　例 5.2.3 的状态图

因为题意要求各个状态采用自然态序编码方式，所以二进制数 000～111 分别为 S_0～S_7 的编码。编码后的状态图如图 5.2.6（b）所示。

（3）选择触发器、求时钟方程、输出方程、状态方程和驱动方程。

由于设计电路采用同步计数方式，因此时钟方程为

$$CP = CP_0 = CP_1 = CP_2$$

由于电路次态 Q_2^{n+1}、Q_1^{n+1}、Q_0^{n+1} 和进位输出 C 是其现态的函数，因此电路的次态和进位输出的卡诺图如图 5.2.7 所示。

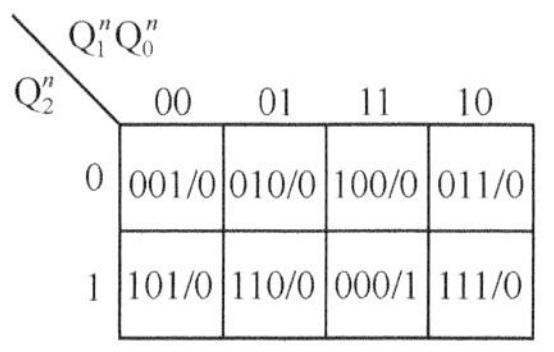

图 5.2.7　例 5.2.3 的次态/输出的卡诺图

若将图 5.2.7 的卡诺图分解，即可得到如图 5.2.8 所示各个触发器次态以及进位输出的卡诺图。

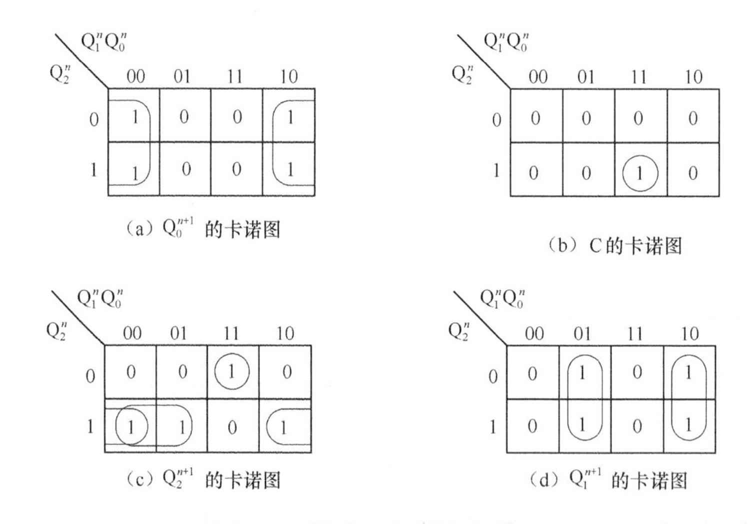

（a）Q_0^{n+1} 的卡诺图　　（b）C的卡诺图

（c）Q_2^{n+1} 的卡诺图　　（d）Q_1^{n+1} 的卡诺图

图 5.2.8　例 5.2.3 电路分解卡诺图

从这 4 个分解的卡诺图可以很容易得到电路的状态方程组和输出方程。其状态方程为

$$\begin{cases} Q_0^{n+1} = \overline{Q_0^n} \\ Q_1^{n+1} = \overline{Q_1^n}Q_0^n + Q_1^n\overline{Q_0^n} \\ Q_2^{n+1} = \overline{Q_2^n}Q_1^nQ_0^n + Q_2^n\overline{Q_1^n} + Q_2^n\overline{Q_0^n} \end{cases}$$

进位输出方程为

$$C = Q_2^n Q_1^n Q_0^n$$

若选择 JK 触发器构成该时序电路，那么需要将各个触发器的状态方程转换成与触发器的特性方程相一致的形式，进行比较求触发器的驱动方程。

由于 JK 触发器的特性方程为$Q^{n+1} = J\overline{Q^n} + \overline{K}Q^n$，因此各个触发器状态方程和驱动方程分别为

$$\begin{aligned} Q_0^{n+1} &= 1\cdot\overline{Q_0^n} + \overline{1}\cdot Q_0^n \\ Q_1^{n+1} &= Q_0^n\overline{Q_1^n} + \overline{Q_0^n}Q_1^n \\ Q_2^{n+1} &= Q_0^nQ_1^n\overline{Q_2^n} + (\overline{Q_0^nQ_1^n})Q_2^n \end{aligned} \Rightarrow \begin{cases} J_0 = K_0 = 1 \\ J_1 = K_1 = Q_0^n \\ J_2 = K_2 = Q_0^nQ_1^n \end{cases}$$

（4）画出逻辑图并判断设计的电路能否自启动。

根据驱动方程、输出方程和时钟方程，画出自然态序编码方式的八进制同步加法计数器的逻辑图，如图 5.2.9 所示。由于此时序电路不存在无效状态，因此该电路能够自启动。

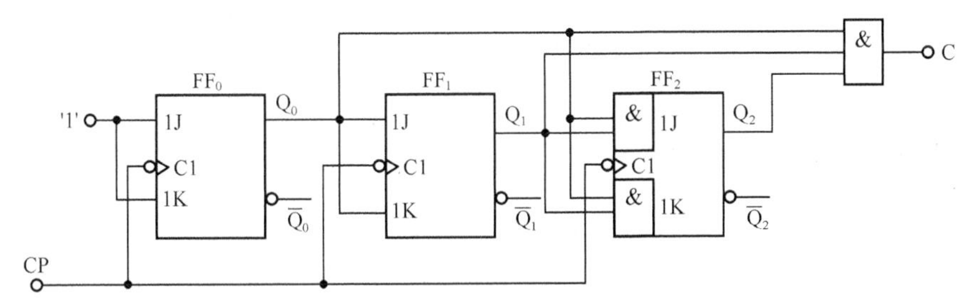

图 5.2.9　八进制同步加法计数器

【例 5.2.4】　用 D 触发器设计一个 8421 编码的十进制异步加法计数器。

解：

（1）建立电路原始的状态图或状态表。

分别用 S_0，S_1，S_2，…，S_9 代表十进制计数器中的十个有效状态，根据题意其状态图如图 5.2.10（a）所示。电路的状态数 M=10，可以由 4 个触发器构成。将二进制数 0000～1001 分别作为 S_0～S_9 的编码。编码后的状态图如图 5.2.10（b）所示。

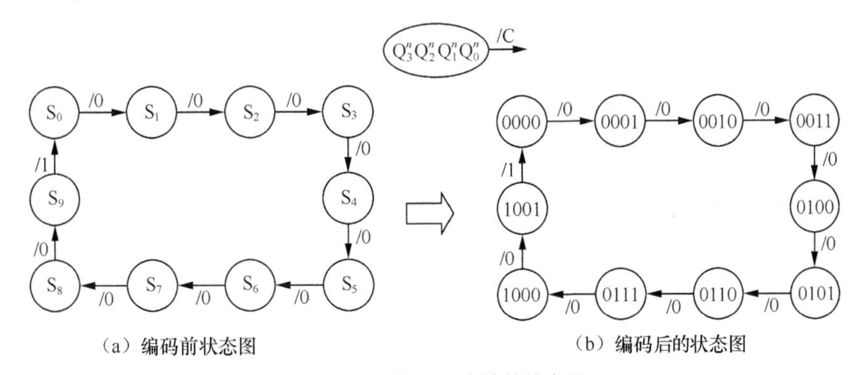

图 5.2.10　例 5.2.4 电路的状态图

（2）求时钟方程、输出方程、状态方程和驱动方程。

若要确定电路的时钟方程，应先找到各个触发器的时钟信号。具体方法通常是先将状态

图转换成时序图，如图 5.2.11 所示，然后再通过时序图找出各个触发器的转换时钟。选择触发器时钟的原则是在满足翻转要求的前提下，触发沿越少越好。若选择上升沿触发的 D 触发器，由图 5.2.11 可知，Q_0^n 在 CP 的上升沿时刻翻转，触发器 FF_0 的 CP_0 取自 CP；Q_1^n 在 Q_0^n 的下降沿时刻翻转，触发器 FF_1 的 CP_1 取自 $\overline{Q_0^n}$；同理，触发器 FF_2 的 CP_2 取自 $\overline{Q_1^n}$；触发器 FF_3 的 CP_3 取自 $\overline{Q_0^n}$，即

$$CP_0=CP;\quad CP_1=\overline{Q_0^n};\quad CP_2=\overline{Q_1^n};\quad CP_3=\overline{Q_0^n}$$

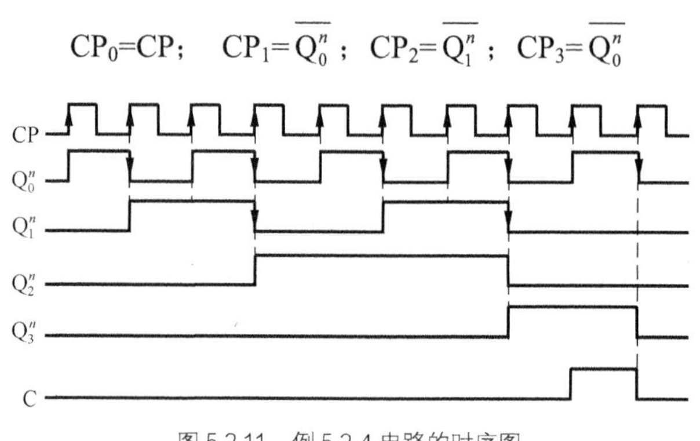

图 5.2.11　例 5.2.4 电路的时序图

该时序电路的状态表如表 5.2.3 所示。

表 5.2.3　　　　**例 5.2.4 的状态表**

现态				次态				时钟条件				输出
Q_3^n	Q_2^n	Q_1^n	Q_0^n	Q_3^{n+1}	Q_2^{n+1}	Q_1^{n+1}	Q_0^{n+1}	CP_3	CP_2	CP_1	CP_0	Y
0	0	0	0	0	0	0	1	↑	0	↑	↑	0
0	0	0	1	0	0	1	0	↓	↑	↓	↑	0
0	0	1	0	0	0	1	1	↑	1	↑	↑	0
0	0	1	1	0	1	0	0	↓	↓	↓	↑	0
0	1	0	0	0	1	0	1	↑	0	↑	↑	0
0	1	0	1	0	1	1	0	↓	↑	↓	↑	0
0	1	1	0	0	1	1	1	↑	1	↑	↑	0
0	1	1	1	1	0	0	0	↓	↓	↓	↑	0
1	0	0	0	1	0	0	1	↑	0	↑	↑	0
1	0	0	1	0	0	0	0	↓	↑	↓	↑	1

注：表中“↑”表示时钟信号为上升沿；“↓”表示下降沿；“0”表示低电平；“1”表示高电平。

电路的次态和进位输出的卡诺图如图 5.2.12 所示。电路输出的 6 个无效状态 1010～1111，在卡诺图中作为约束项处理。

$Q_3^nQ_2^n$ \ $Q_1^nQ_0^n$	00	01	11	10
00	0001/0	0010/0	0100/0	0011/0
01	0101/0	0110/0	1000/0	0111/0
11	XXXX/X	XXXX/X	XXXX/X	XXXX/X
10	1001/0	0000/1	XXXX/X	XXXX/X

图 5.2.12　例 5.2.4 的次态/输出的卡诺图

当分解触发器次态卡诺图时，不仅应把无效状态作为约束项处理，而且当电路状态转换时，不具备时钟条件的触发器的现态也可作为约束项处理，在卡诺图中用“×”表示。例如，对于 FF_1 触发器的 CP_1 取自 $\overline{Q_0^n}$，即 Q_0^n 的下降沿，若状态转换时，Q_0^n 出现上升

沿或保持不变的情况，均为约束项。

对照表 5.2.3，将图 5.2.12 的卡诺图分解，即得到了图 5.2.13 所示的各个触发器次态和进位输出的卡诺图。

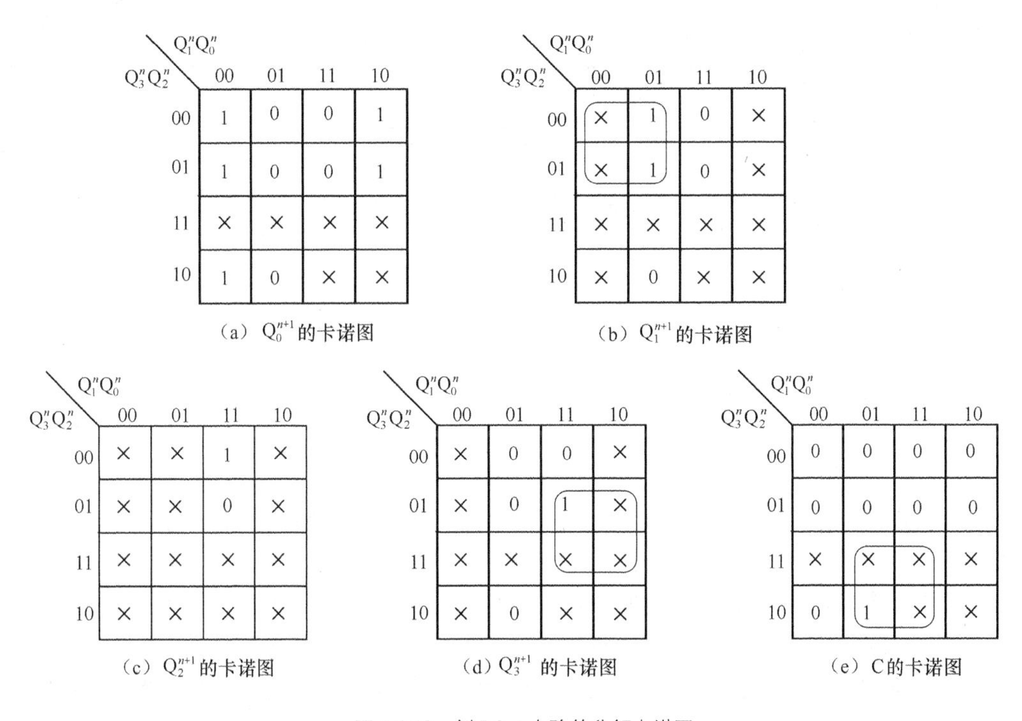

图 5.2.13　例 5.2.4 电路的分解卡诺图

由图 5.2.13（a）～（e）可得到电路的状态方程为

$$\begin{cases} Q_0^{n+1} = \overline{Q_0^n} & \text{CP上升沿时刻有效} \\ Q_1^{n+1} = \overline{Q_3^n} \cdot \overline{Q_1^n} & \overline{Q_0^n}\text{上升沿时刻有效} \\ Q_2^{n+1} = \overline{Q_2^n} & \overline{Q_1^n}\text{上升沿时刻有效} \\ Q_3^{n+1} = Q_2^n Q_1^n & \overline{Q_0^n}\text{上升沿时刻有效} \end{cases}$$

将其状态方程与 D 触发器的特性方程 $Q^{n+1} = D$ 相比较，得到该电路的驱动方程为

$$\begin{cases} D_0 = \overline{Q_0^n} \\ D_1 = \overline{Q_3^n} \cdot \overline{Q_1^n} \\ D_2 = \overline{Q_2^n} \\ D_3 = Q_2^n Q_1^n \end{cases}$$

电路的输出方程为

$$C = Q_3^n Q_0^n$$

（3）画出逻辑图并判断设计的电路能否自启动。

根据驱动方程、输出方程和时钟方程，画出 8421 编码方式的十进制异步加法计数器的逻辑图，如图 5.2.14 所示。

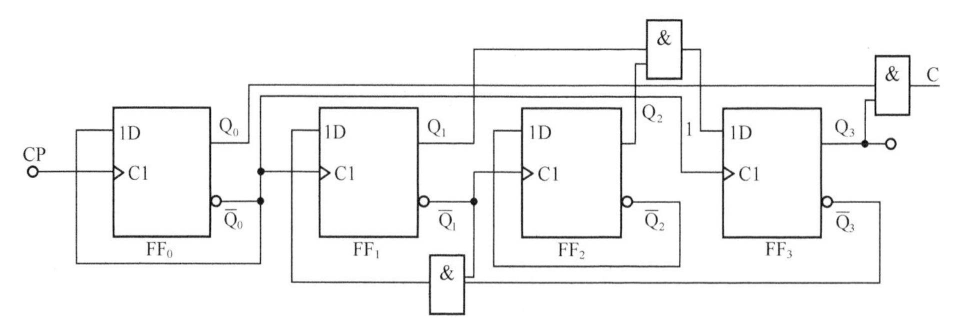

图 5.2.14 例 5.2.4 的逻辑图

5.3 计数器

5.3.1 计数器的特点和分类

1．计数器的概述

无论在日常生活还是工业控制中，我们都经常会遇到计数问题，计数器也是无处不在的。计数器可以计算出汽车所走的公里数，出租车计价器显示的消费金额，报警器的报警时间，数控机床中工作台的移动量等。计数器应用十分广泛，无论是小型的电子产品，还是大型的计算机。广义地讲，计数工作相当于间隔某一时间进行记录个数的过程。

在数字电路中，我们通常把记忆输入 CP 脉冲个数的操作叫作计数，能实现计数操作的电子电路称为计数器。计数器是数字系统中使用最多的时序逻辑器件。它不仅能记录输入时钟脉冲的个数，还可以实现分频、定时、产生节拍脉冲和脉冲序列等功能。

在数字电路中，计数器的主要特点如下。

（1）从电路组成看，计数器主要是由时钟触发器构成的。

（2）通常数字电路中计数器的输入只有计数脉冲 CP 信号，通常被用作触发器的时钟信号。计数器的输出只与其现态有关，属 Moore 型的时序电路。

2．计数器的分类

（1）按计数长度分

计数长度又称为计数容量或计数器的模，常用 M 来表示。

① 二进制计数器：当输入计数脉冲到来时，按二进制规律进行计数的电路称为二进制计数器。它的模 $M=2^n$，n 是计数器的位数，这类计数器也常称为 n 位二进制计数器。

② 十进制计数器：按十进制计数规律计数的电路称为十进制计数器，它的模 $M=10$。

③ N 进制计数器：除了二进制和十进制计数器外，其他进制的计数器都称为 N 进制计数器，例如，$N=24$ 的二十四进制计数器，$N=60$ 的六十进制计数器等。

（2）按计数方式分

① 加法计数器：当输入计数脉冲到来时，按递增规律进行计数的电路称为加法计数器。

② 减法计数器：当输入计数脉冲到来时，按递减规律进行计数的电路称为减法计数器。

③ 可逆计数器：在加减信号的控制下，既可进行递增计数，也可进行递减计数的电路称

为可逆计数器。

（3）按计数器中触发器翻转是否同步分

① 同步计数器：当输入计数脉冲到来时，要更新状态的触发器都是同时翻转的计数器，称为同步计数器。从电路结构上看，计数器中各个时钟触发器的时钟信号都连接在一起，统一由输入计数脉冲提供。

② 异步计数器：当输入计数脉冲到来时，要更新状态的触发器，翻转有先有后，是异步进行的，这种计数器称为异步计数器。从电路结构上看，计数器中各个触发器，有的时钟信号是输入计数脉冲，有的时钟信号是其他触发器的输出，并不是同一个时钟脉冲输入信号。

（4）按计数器中使用的开关元件分

① TTL 计数器：这是一种问世较早、品种规格十分齐全的计数器，多为中规模集成电路。

② CMOS 计数器：虽然 CMOS 计数器问世比 TTL 晚，但品种规格却很多，它具有 CMOS 集成电路的共同特点，集成度可以做得很高。

5.3.2 二进制计数器

1. 二进制同步计数器

（1）二进制同步加法计数器

同步二进制加法计数器是指计数器中各个触发器在同一个 CP 脉冲的作用下，实现每来一个脉冲其输出就按二进制运算规则加 1 的功能。触发器的状态有两种：0 态和 1 态。一个触发器可以存储 1 位二进制数，因此一个触发器可以实现 1 位二进制数加法计数，n 个触发器可以构成 n 位二进制计数器。

根据二进制加法的运算规则“逢二进一”可知，加法运算的输出实现翻转（由 0 变 1 或由 1 变 0）或者保持的功能，因此计数器中各个触发器实现了 T′ 触发器的功能。实现二进制计数器可以选择 T′ 触发器或其他触发器实现 T′ 触发器功能，当然也可以选择 T′ 触发器，通过翻转的触发器加入 CP 脉冲，不翻转的不加 CP 脉冲来实现。图 5.3.1 所示为由 JK 触发器构成的 4 位二进制同步加法计数器逻辑图，下面对该电路进行分析。

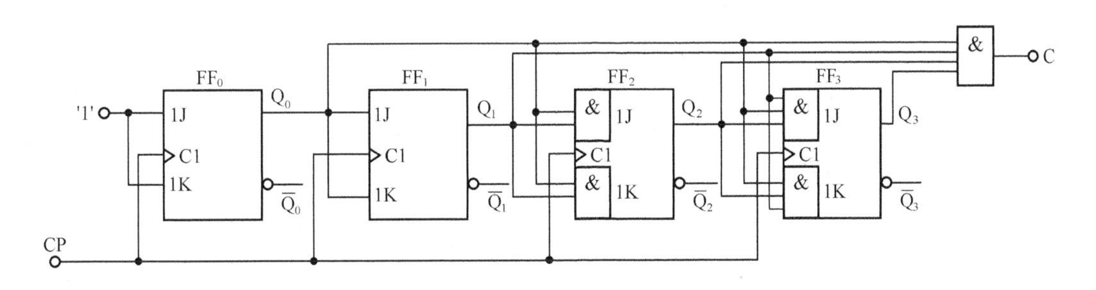

图 5.3.1 4 位二进制同步加法计数器逻辑图

① 写方程式。

输出方程为

$$C = Q_3^n Q_2^n Q_1^n Q_0^n$$

其驱动方程为

$$\begin{cases} J_0 = K_0 = 1 \\ J_1 = K_1 = Q_0^n \\ J_2 = K_2 = Q_0^n Q_1^n \\ J_3 = K_3 = Q_0^n Q_1^n Q_2^n \end{cases}$$

② 求状态方程。将各触发器的驱动方程代入到 JK 触发器的特性方程 $Q^{n+1} = J\overline{Q^n} + \overline{K}Q^n$ 中，求得的状态方程为

$$\begin{cases} Q_0^{n+1} = 1 \cdot \overline{Q_0^n} + \bar{1} \cdot Q_0^n = \overline{Q_0^n} \\ Q_1^{n+1} = Q_0^n \overline{Q_1^n} + \overline{Q_0^n} Q_1^n = Q_0^n \oplus Q_1^n \\ Q_2^{n+1} = Q_0^n Q_1^n \overline{Q_2^n} + (\overline{Q_0^n Q_1^n}) Q_2^n = (Q_0^n Q_1^n) \oplus Q_2^n \\ Q_3^{n+1} = Q_0^n Q_1^n Q_2^n \overline{Q_3^n} + (\overline{Q_0^n Q_1^n Q_2^n}) Q_3^n = (Q_0^n Q_1^n Q_2^n) \oplus Q_3^n \end{cases}$$

③ 进行计算。根据电路的现态 $Q_3^n Q_2^n Q_1^n Q_0^n$，依次求出相应的次态 $Q_3^{n+1} Q_2^{n+1} Q_1^{n+1} Q_0^{n+1}$ 和输出 C。表 5.3.1 所示为 4 位二进制同步加法计数器的状态表。

表 5.3.1　　4 位二进制同步加法计数器状态表

脉冲序号	现　　态				次　　态				输出
CP	Q_3^n	Q_2^n	Q_1^n	Q_0^n	Q_3^{n+1}	Q_2^{n+1}	Q_1^{n+1}	Q_0^{n+1}	C
0	0	0	0	0	0	0	0	1	0
1	0	0	0	1	0	0	1	0	0
2	0	0	1	0	0	0	1	1	0
3	0	0	1	1	0	1	0	0	0
4	0	1	0	0	0	1	0	1	0
5	0	1	0	1	0	1	1	0	0
6	0	1	1	0	0	1	1	1	0
7	0	1	1	1	1	0	0	0	0
8	1	0	0	0	1	0	0	1	0
9	1	0	0	1	1	0	1	0	0
10	1	0	1	0	1	0	1	1	0
11	1	0	1	1	1	1	0	0	0
12	1	1	0	0	1	1	0	1	0
13	1	1	0	1	1	1	1	0	0
14	1	1	1	0	1	1	1	1	0
15	1	1	1	1	0	0	0	0	1

④ 画状态图和时序图。图 5.3.2 和图 5.3.3 所示是 4 位二进制同步加法计数器的状态图和时序图。

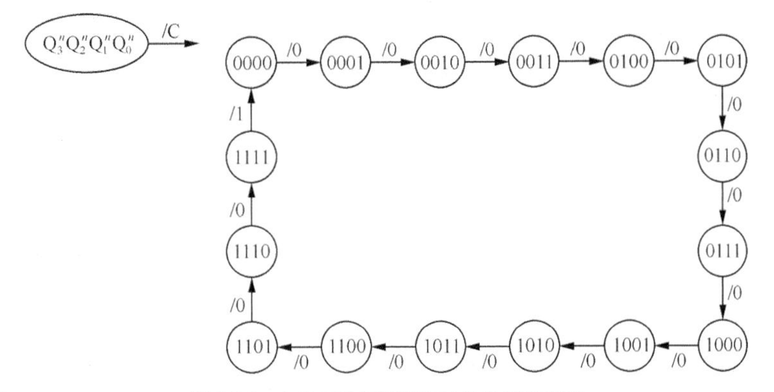

图 5.3.2 4 位二进制同步加法计数器状态图

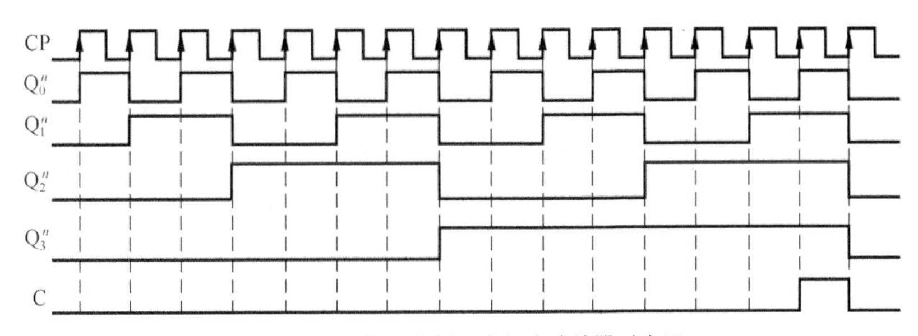

图 5.3.3 4 位二进制同步加法计数器时序图

观察图 5.3.3 可以看出，每个相邻触发器输出信号的频率彼此相差一倍，具有“二分频”特点，故也常用作分频电路的分频器使用。Q_0^n、Q_1^n、Q_2^n和Q_3^n输出端的状态都是把 CP 脉冲的上升沿作为状态改变的前提条件。

根据图 5.3.1 所示的 4 位二进制同步加法计数器中各个触发器的连接关系，可以推出 n 位二进制同步加法计数器的输出方程为

$$C = Q_{n-1} \cdots Q_1 Q_0$$

其中，第 i 位触发器的驱动方程为

$$J_{i-1} = K_{i-1} = Q_0 Q_1 \cdots Q_{i-2} \quad (i=1, 2,\cdots, n-1)$$

（2）二进制同步减法计数器

二进制同步减法计数器是指计数器中各个触发器在同一个 CP 脉冲的作用下，实现每来一个脉冲其输出就按二进制运算规则减 1 的功能。

图 5.3.4 所示是 4 位二进制同步减法计数器的状态图。输出端Q_0^n、Q_1^n、Q_2^n和Q_3^n的状态都是以 CP 脉冲的上升沿作为状态转换的前提条件。

根据图 5.3.4 所示的 4 位二进制同步减法计数器的状态图，可以推出 n 位二进制同步减法计数器的输出方程为

$$B = \overline{Q}_{n-1} \cdots \overline{Q_1}\,\overline{Q_0}$$

其中，第 i 位触发器的驱动方程为

$$J_{i-1} = K_{i-1} = \overline{Q_0}\,\overline{Q_1} \cdots \overline{Q}_{i-2} \quad (i=1, 2, \cdots, n-1)$$

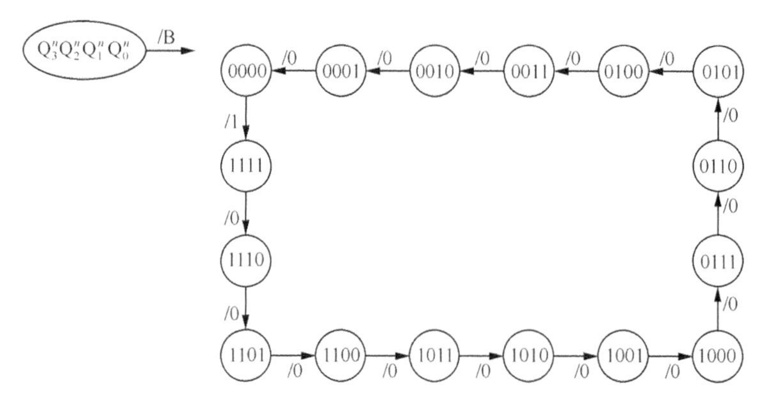

图 5.3.4　4 位二进制同步减法计数器状态图

（3）二进制同步可逆计数器

二进制同步可逆计数器指计数器在加减控制信号的作用下，把同步二进制加法和减法计数器组合起来。在任一时刻，同步可逆计数器只有一种计数方式，即加计数或减计数。根据加减计数器切换方式的不同，二进制同步可逆计数器常被分为单时钟和双时钟两种类型。

（4）集成二进制同步计数器

① 集成 4 位二进制同步加法计数器。

74LS161 是集成 4 位二进制同步加法计数器。图 5.3.5 所示为它的引脚排列图和逻辑功能示意图。CP 是输入计数脉冲；$\overline{CR}$ 是清零端；$\overline{LD}$ 是置数控制端；CT_P 和 CT_T 是两个计数器工作状态控制端；D_0～D_3 是并行输入数据端；CO 是进位信号输出端；Q_0～Q_3 是计数器状态输出端。

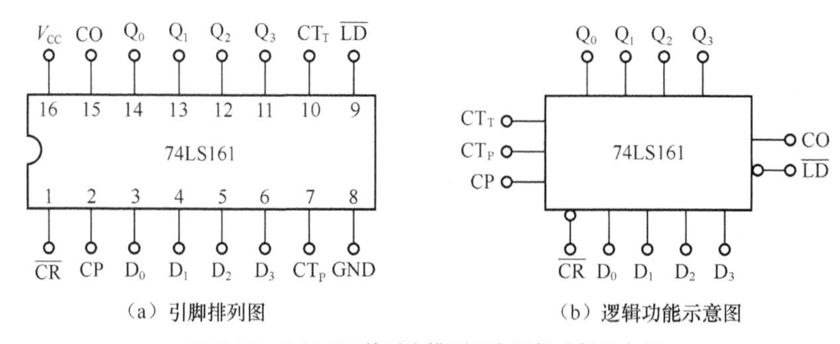

（a）引脚排列图　　（b）逻辑功能示意图

图 5.3.5　74LS161 的引脚排列图和逻辑功能示意图

表 5.3.2 所示是集成计数器 74LS161 的功能表。

表 5.3.2　　74LS161 的功能表

输　入					输　出				
$\overline{CR}$	$\overline{LD}$	CT_P	CT_T	CP	Q_0^{n+1}	Q_1^{n+1}	Q_2^{n+1}	Q_3^{n+1}	CO
0	×	×	×	×	0　0　0　0（异步清零）				0
1	0	×	×	↑	$D_0D_1D_2D_3$（同步置数）				$CO = CT_T \cdot Q_3^nQ_2^nQ_1^nQ_0^n$

续表

输　入					输　出				
$\overline{CR}$	$\overline{LD}$	CT_P	CT_T	CP	Q_0^{n+1}	Q_1^{n+1}	Q_2^{n+1}	Q_3^{n+1}	CO
1	1	1	1	↑	计　数				$CO = Q_3^n Q_2^n Q_1^n Q_0^n$
1	1	0	×	×	保　持				$CO = CT_T \cdot Q_3^n Q_2^n Q_1^n Q_0^n$
1	1	×	0	×	保　持				0

注：表中“↑”表示时钟信号为上升沿；“0”表示低电平；“1”表示高电平。

由表 5.3.2 可以看出，74LS161 功能如下。

- 异步清零功能。当 $\overline{CR}=0$ 时，不管其他输入信号为何状态，计数器输出清零。
- 同步并行置数功能。当 $\overline{CR}=1$，$\overline{LD}=0$ 时，在 CP 上升沿到来时，不管其他输入信号为何状态，电路的次态都满足 $Q_3^{n+1}\ Q_2^{n+1}\ Q_1^{n+1}\ Q_0^{n+1}=D_3D_2D_1D_0$，即完成了并行置数功能。而如果没有 CP 上升沿到来，尽管 $\overline{LD}=0$，也不能使预置数据进入计数器。
- 二进制同步加法计数功能。当 $\overline{CR}=\overline{LD}=1$ 时，若 $CT_P=CT_T=1$，则计数器对 CP 信号按照自然二进制编码方式循环计数。当计数状态达到 1111 时，$CO=1$，产生进位信号。
- 保持功能。当 $\overline{CR}=\overline{LD}=1$ 时，若 $CT_P \cdot CT_T=0$，则计数器状态保持不变。需要说明的是，当 $CT_P=0$，$CT_T=1$ 时，$CO = Q_3^n Q_2^n Q_1^n Q_0^n$；当 $CT_T=0$ 时，不管 CT_P 状态如何，进位输出 CO=0。

74LS163 是集成 4 位二进制同步计数器，它的引脚排列和 74LS161 完全相同。表 5.3.3 所示是 74LS163 的功能表。

表 5.3.3　　　　74LS163 的功能表

输　入					输　出				
$\overline{CR}$	$\overline{LD}$	CT_P	CT_T	CP	Q_0^{n+1}	Q_1^{n+1}	Q_2^{n+1}	Q_3^{n+1}	CO
0	×	×	×	↑	0　0　0　0（同步清零）				0
1	0	×	×	↑	$D_0D_1D_2D_3$（同步置数）				$CO = CT_T \cdot Q_3^n Q_2^n Q_1^n Q_0^n$
1	1	1	1	↑	计　数				$CO = Q_3^n Q_2^n Q_1^n Q_0^n$
1	1	0	×	×	保　持				$CO = CT_T \cdot Q_3^n Q_2^n Q_1^n Q_0^n$
1	1	×	0	×	保　持				0

注：表中“↑”表示时钟信号为上升沿；“0”表示低电平；“1”表示高电平。

由表 5.3.3 可以看出，74LS163 和 74LS161 除了清零端不同外，其他逻辑功能及计数工作原理都完全相同。74LS163 采用同步清零方式，即 $\overline{CR}=0$ 且 CP 上升沿到来时计数器才清零。

② 集成 4 位二进制同步可逆计数器。

74LS191 是单时钟集成 4 位二进制同步可逆计数器。图 5.3.6 所示是它的引脚功能和逻辑功能示意图。$\overline{U}/D$ 是加减计数控制端；$\overline{CT}$ 是使能端；$\overline{LD}$ 是异步置数控制端；D_0～D_3 是并行数据输入端；Q_0～Q_3 是计数器状态输出端；CO/BO 是进位借位信号输出端；$\overline{RC}$ 是多个芯片级联时级间串行计数使能端。

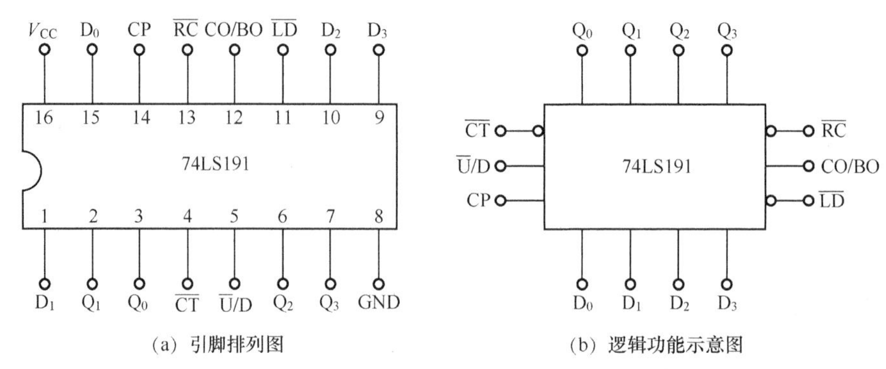

（a）引脚排列图　　（b）逻辑功能示意图

图 5.3.6　74LS191 的引脚功能和逻辑功能示意图

表 5.3.4 所示是 74LS191 的功能表。由表 5.3.5 可知集成可逆计数器 74LS191 具有同步可逆计数功能、异步并行置数和保持功能。74LS191 没有专门的清零端，但可以借助 D_0～D_3 异步置入数据 0000 间接实现清零功能。

$\overline{RC}$ 用于多个可逆计数器的级联，其表达式为

$$\overline{RC}=\overline{\overline{CP}\cdot CO/BO\cdot \overline{CT}}$$

当 $\overline{CT}=0$，CO/BO=1 时，$\overline{RC}=CP$，由 $\overline{RC}$ 端产生的输出进位脉冲的波形与输入计数脉冲的波形相同。

表 5.3.4　　74LS191 的功能表

输入				输出				
$\overline{LD}$	$\overline{CT}$	$\overline{U}/D$	CP	Q_0^{n+1}	Q_1^{n+1}	Q_2^{n+1}	Q_3^{n+1}	CO/BO
0	×	×	×	$D_0D_1D_2D_3$（异步置数）				
1	0	0	↑	加	法	计	数	$CO/BO=Q_3^nQ_2^nQ_1^nQ_0^n$
1	0	1	↑	减	法	计	数	$CO/BO=\overline{Q_3^n}\,\overline{Q_2^n}\,\overline{Q_1^n}\,\overline{Q_0^n}$
1	1	×	×	保			持	

注：表中“↑”表示时钟信号为上升沿；“0”表示低电平；“1”表示高电平。

74LS193 是双时钟集成 4 位二进制同步可逆计数器。图 5.3.7 所示是它的引脚排列图和逻辑功能示意图。CR 是异步清零端，高电平有效；CP_U 是加法计数脉冲输入端；CP_D 是减法计数脉冲输入端；$\overline{CO}$ 是进位脉冲输出端；$\overline{BO}$ 是借位脉冲输出端；D_0～D_3 是并行数据输入端；

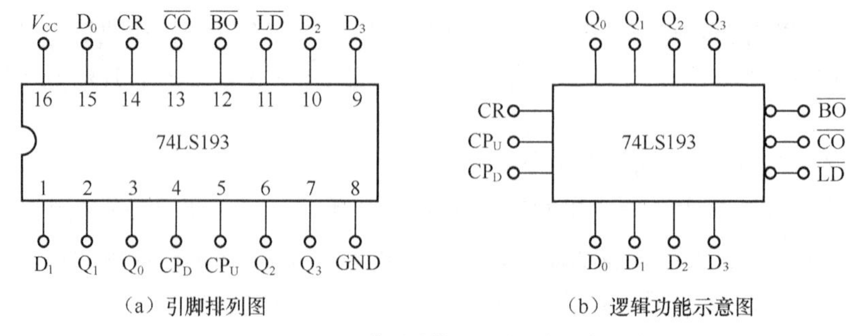

（a）引脚排列图　　（b）逻辑功能示意图

图 5.3.7　74LS193 的引脚排列图和逻辑功能示意图

Q_0～Q_3 是计数器状态输出端。$\overline{CO}$、$\overline{BO}$ 是供多个双时钟可逆计数器级联时使用的。当 $Q_3^n=Q_2^n=Q_1^n=Q_0^n=1$ 时 $\overline{CO}=CP_U$，其波形与加法计数脉冲相同；当 $\overline{Q_3^n}=\overline{Q_2^n}=\overline{Q_1^n}=\overline{Q_0^n}=1$ 时，$\overline{BO}=CP_D$，其波形与 CP_D 相同。多个 74LS193 级联时，只要把低位的 $\overline{CO}$ 和 $\overline{BO}$ 端分别与高位的 CP_U 和 CP_D 端连接起来，各个芯片的 CR 端和 $\overline{LD}$ 端连接在一起就可以了。表 5.3.5 所示为 74LS193 的功能表。

表 5.3.5　　74LS193 的功能表

输入				输出				
CR	$\overline{LD}$	CP_U	CP_D	Q_0^{n+1}	Q_1^{n+1}	Q_2^{n+1}	Q_3^{n+1}	CO/BO
1	×	×	×	0　0　0　0（异步清零）				
0	0	×	×	$D_0D_1D_2D_3$（异步置数）				
0	1	↑	1	加　法　计　数				$\overline{CO}=Q_3^nQ_2^nQ_1^nQ_0^n$
0	1	1	↑	减　法　计　数				$\overline{BO}=\overline{Q_3^n}\,\overline{Q_2^n}\,\overline{Q_1^n}\,\overline{Q_0^n}$
0	1	1	1	保　　持				$\overline{CO}=\overline{BO}=1$

注：表中“↑”表示时钟信号为上升沿；“0”表示低电平；“1”表示高电平。

2. 二进制异步计数器

（1）二进制异步加法计数器

二进制异步加法计数器是指计数器中各个触发器进位的方式采用从低位到高位逐级进行的，实现每来一个脉冲其输出就按二进制运算规则加 1 的功能，当然低位一旦计满将向高位进 1。因此二进制异步加法计数器的各个触发器不是同步翻转的。

图 5.3.8 所示为 4 位二进制异步加法计数器的逻辑图，下面对该电路进行分析。

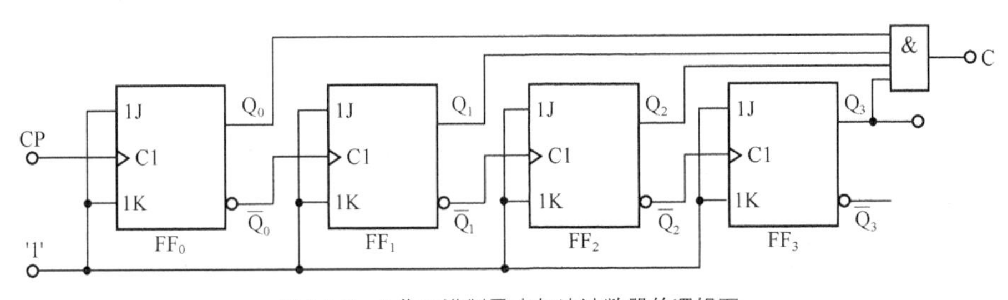

图 5.3.8　4 位二进制异步加法计数器的逻辑图

① 写方程式。由于各个触发器的时钟输入并不是同一个时钟脉冲，因此该电路属于异步时序电路。

时钟方程为

$$CP_0=CP;\ CP_1=\overline{Q_0};\ CP_2=\overline{Q_1};\ CP_3=\overline{Q_2}$$

输出方程为

$$C=Q_3^nQ_2^nQ_1^nQ_0^n$$

驱动方程为

$$\begin{cases} J_0 = K_0 = 1 \\ J_1 = K_1 = 1 \\ J_2 = K_2 = 1 \\ J_3 = K_3 = 1 \end{cases}$$

② 求状态方程。将驱动方程代入到 JK 触发器的特性方程 $Q^{n+1} = J\overline{Q^n} + \overline{K}Q^n$ 中，求得其状态方程为

$$\begin{cases} Q_0^{n+1} = \overline{Q_0^n} & \text{CP上升沿有效} \\ Q_1^{n+1} = \overline{Q_1^n} & \overline{Q_0^n}\text{上升沿有效} \\ Q_2^{n+1} = \overline{Q_2^n} & \overline{Q_1^n}\text{上升沿有效} \\ Q_3^{n+1} = \overline{Q_3^n} & \overline{Q_2^n}\text{上升沿有效} \end{cases}$$

由图 5.3.8 可以看出，二进制异步加法计数器的高位触发器状态改变的前提条件是低位触发器输出高位所需的有效脉冲。如只有 CP 产生上升沿时，触发器 FF_0 的输出端 Q_0 才能改变状态；只有当低位触发器输出端 $\overline{Q_0}$ 产生上升沿时，高位触发器 FF_1 的输出端 Q_1 才能改变状态，触发器 FF_1 输出端建立新的状态比 CP 上升沿滞后一个传输延时时间。依此类推，位数越多，需要的延时时间越长。

③ 进行计算，列状态表。表 5.3.6 所示为 4 位二进制异步加法计数器的状态表。值得注意的是，只有各个触发器的触发脉冲有效，电路的输出状态才发生转变，否则输出状态保持不变。

表 5.3.6　　4 位二进制异步加法计数器的状态表

现态				次态				时钟条件				输出
Q_3^n	Q_2^n	Q_1^n	Q_0^n	Q_3^{n+1}	Q_2^{n+1}	Q_1^{n+1}	Q_0^{n+1}	CP_3	CP_2	CP_1	CP_0	C
0	0	0	0	0	0	0	1	0	0	↑	↑	0
0	0	0	1	0	0	1	0	0	↑	↓	↑	0
0	0	1	0	0	0	1	1	0	1	↑	↑	0
0	0	1	1	0	1	0	0	↑	↓	↓	↑	0
0	1	0	0	0	1	0	1	1	0	↑	↑	0
0	1	0	1	0	1	1	0	1	↑	↓	↑	0
0	1	1	0	0	1	1	1	1	1	↑	↑	0
0	1	1	1	1	0	0	0	↓	↓	↓	↑	0
1	0	0	0	1	0	0	1	0	0	↑	↑	0
1	0	0	1	1	0	1	0	0	↑	↓	↑	0
1	0	1	0	1	0	1	1	0	1	↑	↑	0
1	0	1	1	1	1	0	0	↑	↓	↓	↑	0
1	1	0	0	1	1	0	1	1	0	↑	↑	0
1	1	0	1	1	1	1	0	1	↑	↓	↑	0
1	1	1	0	1	1	1	1	1	1	↑	↑	0
1	1	1	1	0	0	0	0	↓	↓	↓	↑	1

注：表中“↑”表示时钟信号为上升沿；“↓”表示下降沿；“0”表示低电平；“1”表示高电平。

④ 画时序图。由表 5.3.6 所示画出电路的状态图，这里就不再介绍了。4 位二进制异步加法计数器的时序图如图 5.3.9 所示，图中忽略了各个触发器状态变化的传输延时时间。触发器 FF_1 的有效时钟为 $\overline{Q_0^n}$ 上升沿时刻，也就是 Q_0^n 下降沿；触发器 FF_2 的有效时钟为 $\overline{Q_1^n}$ 上升沿时刻，也就是 Q_1^n 下降沿；触发器 FF_3 的有效时钟为 $\overline{Q_2^n}$ 上升沿时刻，也就是 Q_2^n 下降沿。

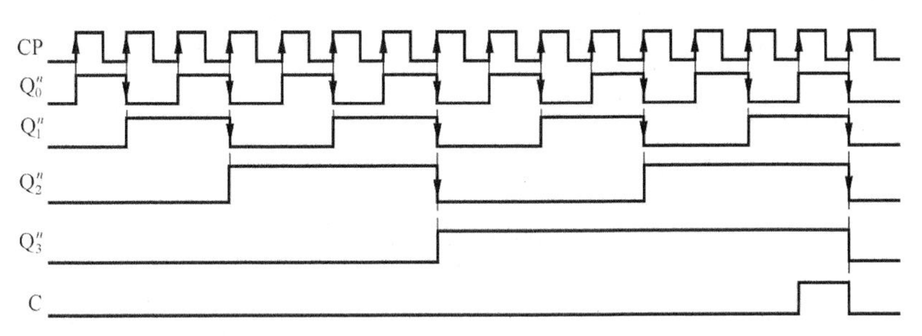

图 5.3.9 4 位二进制异步加法计数器的时序图

观察图 5.3.9 可知，JK 触发器输入端均为 1，实现的是 T′ 触发器的功能。由 4 位二进制异步加法计数器中各个触发器的连接方式，可以推广到 n 位二进制异步加法计数器。如选用上升沿触发的 T′ 触发器，第 i 位触发器的时钟方程一般表达式为

$$CP_i = \overline{Q_{i-1}}$$

如选用下降沿触发的 T′ 触发器，第 i 位触发器的时钟方程一般表达式为

$$CP_i = Q_{i-1}$$

（2）二进制异步减法计数器

二进制异步减法计数器是指计数器中各个触发器采用借位的方式从低位到高位逐级进行的，实现每来一个脉冲其输出就按二进制运算规则减 1 的功能，当然低位一旦减为 0 将向高位借 1。由于二进制异步加法计数器的各个触发器不是同步翻转的，因此同样存在着传输延时时间问题。

由 4 位二进制异步加法计数器不难看出 n 位二进制异步减法计数器。如用上升沿触发的 T′ 触发器，第 i 位触发器的时钟方程一般表达式为

$$CP_i = Q_{i-1}$$

如用下降沿触发的 T′ 触发器，第 i 位触发器的时钟方程一般表达式为

$$CP_i = \overline{Q_{i-1}}$$

（3）集成二进制异步计数器

集成二进制异步计数器只有按照自然二进制码进行加法计数的电路，规格品种不少。74LS197 是集成 4 位二进制异步加法计数器，图 5.3.10 所示是它的引脚排列和逻辑功能示意图。$\overline{CR}$ 是异步清零端；$CT/\overline{LD}$ 是计数和置数控制端；CP_0 是模 2 计数器的时钟输入端；CP_1 是模 8 计数器的时钟输入端；D_0～D_3 是并行数据输入端；Q_0～Q_3 是计数器状态输出端。

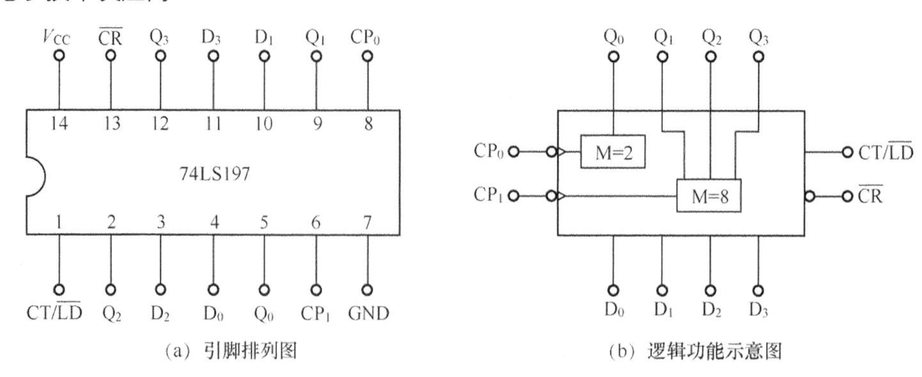

（a）引脚排列图　　（b）逻辑功能示意图

图 5.3.10　74LS197 的引脚排列和逻辑功能示意图

表 5.3.7　　74LS197 的功能表

输　入				输　出			
$\overline{CR}$	CT / $\overline{LD}$	CP_0	CP_1	Q_0^{n+1}	Q_1^{n+1}	Q_2^{n+1}	Q_3^{n+1}
0	×	×	×	0　0　0　0（异步清零）			
1	0	×	×	$D_0D_1D_2D_3$（异步置数）			
1	1	CP	×	二进制加法计数			
1	1	×	CP	八进制加法计数			
1	1	CP	Q_0	十六进制加法计数			

表 5.3.7 所示是 74LS197 的功能表。由表可知 74LS197 具有下列功能。

① 清零功能。当 $\overline{CR}=0$ 时，计数器异步清零。

② 置数功能。当 $\overline{CR}=1$，$CT/\overline{LD}=0$ 时，计数器异步置数。

③ 加法计数功能。当 $\overline{CR}=1$，$CT/\overline{LD}=1$ 时，计数器异步加法计数。有下面 3 种基本情况。

若将输入时钟脉冲 CP 加在 CP_0 端，把 Q_0 与 CP_1 连接，则构成 4 位二进制即 16 进制异步加法计数器，$Q_3Q_2Q_1Q_0$ 为并行输出端。

若将 CP 加在 CP_1 端，则计数器为 3 位二进制即 8 进制计数器，$Q_3Q_2Q_1$ 为并行输出端，Q_0 无输出。

若只将 CP 加在 CP_0 端，CP_1 接 0 或 1，那么形成 1 位二进制计数器，Q_0 为输出端，$Q_3Q_2Q_1$ 无输出。因此，也把 74LS197 称为二–八–十六进制计数器。

5.3.3　十进制计数器

1．十进制同步计数器

对于十进制计数器而言，使用最多的是按照 8421BCD 码进行计数的方式。

（1）十进制同步计数器

十进制同步加法计数器电路是在 4 位二进制同步加法计数器的基础上进行少量的修改而成的。十进制同步减法计数器与十进制同步加法计数器的分析类似，在这里不再进行详细分析。

将十进制同步加法计数器和十进制同步减法计数器用门电路结合起来，并用加减控制端来控制加计数或减计数。具体的结合方式与前面介绍的二进制同步可逆计数器类似。

（2）集成十进制同步计数器

① 集成十进制同步加法计数器。74LS160 是集成十进制同步加法计数器，它的引脚排列图、逻辑功能示意图与 74LS161 相同。74LS160 采用的是异步清零方式。

74LS162 也是集成十进制同步加法计数器，它的引脚排列图、逻辑功能示意图与 74LS163 相同。74LS162 采用的是同步清零方式。

② 集成十进制可逆计数器。集成十进制可逆计数器也有单时钟和双时钟两种类型。

74LS190 是单时钟集成十进制可逆计数器，其引脚排列图和逻辑功能示意图与 74LS191 相同。

74LS192 是双时钟集成十进制可逆计数器，其引脚排列图和逻辑功能示意图与 74LS193 相同。

2. 十进制异步计数器

（1）十进制异步计数器

十进制异步加/减法计数器是在计数脉冲的作用下，按照 8421BCD 码进行加/减计数，加计数其输出端状态从 0000 到 1001 再回到 0000，而 1010～1111 六种状态为无效状态。减计数输出端状态从 1001 到 0000 再回到 1001，1010～1111 六种状态仍为无效状态。十进制异步计数器的各个知识点在例 5.2.4 中已经进行了详细介绍，在这里就不再重复了。

（2）集成十进制异步计数器

74LS90 是一种典型的集成异步计数器，可实现二-五-十进制计数。图 5.3.11 所示的是它的引脚排列图和逻辑功能示意图。

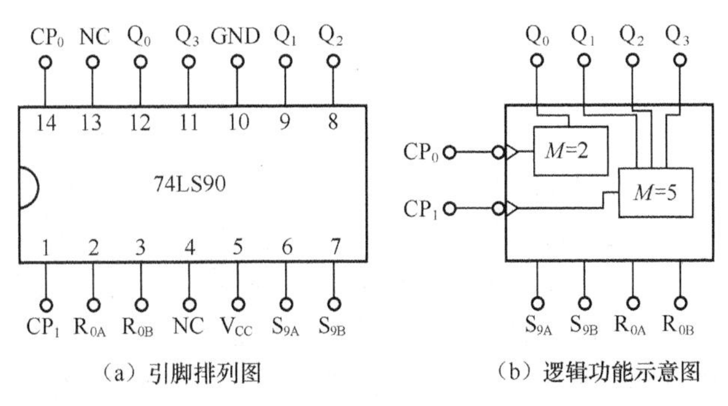

图 5.3.11 74LS90 的引脚排列图和逻辑功能示意图

表 5.3.8 所示为 74LS90 功能表。由表可知 74LS90 具有下列功能。

① 异步清零。当 $S_{9A} \cdot S_{9B}=0$ 时，如果 $R_{0A} \cdot R_{0B}=1$，则计数器清零，与输入 CP 脉冲无关，因此 74LS90 具有异步清零。

② 异步置 9。$S_{9A} \cdot S_{9B}=1$ 时，计数器置 9，与 CP 无关，也是异步进行的，并且它的优先级别高于清零端。

③ 异步计数。当 $S_{9A} \cdot S_{9B}=0$ 并且 $R_{0A} \cdot R_{0B}=0$ 时，计数器进行异步计数，有 4 种基本情况。

若将 CP 加在 CP_0 端，而 CP_1 接低电平，则构成 1 位二进制即二进制计数器，Q_0 为输出端，$Q_3Q_2Q_1$ 无输出。1 位二进制计数也称二分频，这是因为 Q_0 变化的频率是 CP 频率的二分之一。

若只将 CP 加在 CP_1 端，CP_0 接低电平，则构成五进制异步计数器，也称五分频电路。$Q_3Q_2Q_1$ 为输出端，Q_0 无输出。

若将输入时钟脉冲 CP 加在 CP_0 端且 Q_0 接到 CP_1 端，则电路将按照 8421BCD 编码方式进行异步加法计数。

若按照 CP 加在 CP_1 端，CP_0 接 Q_3 连接，虽然电路仍然是十进制异步计数器，计数规律是 5421BCD 码。

表 5.3.8　　74LS90 的功能表

输入						输出			
R_{0A}	R_{0B}	S_{9A}	S_{9B}	CP_0	CP_1	Q_3^{n+1}	Q_2^{n+1}	Q_1^{n+1}	Q_0^{n+1}
1	1	0	×	×	×	0　0　0　0（清零）			
1	1	×	0	×	×	0　0　0　0（清零）			
×	×	1	1	×	×	1　0　0　1（置 9）			
×	0	×	0	↓	0	二进制计数			
×	0	0	×	0	↓	五进制计数			
0	×	×	0	↓	Q_0	8421 码十进制计数			
0	×	0	×	Q_3	↓	5421 码十进制计数			

把一个 N_1 进制计数器和一个 N_2 进制计数器串联起来，可以构成 $N=N_1\times N_2$ 进制计数器。这种方法称为级联法。同步计数器级联可以把低位计数器的进位输出端接到高位计数器脉冲上，异步计数器没有专门的进位输出端，级联时通常把低位计数器的最高输出接到高位计数器脉冲上。

74LS90 没有专门的进位输出端，当多片 74LS90 级联需要进位信号时，可直接从 Q_3 端引出。图 5.3.12 所示为 74LS90 构成两种编码方式的十进制计数器的模型。74LS90 内部由两个独立的计数器组成，分别是下降沿触发的五进制计数器和二进制计数器。这两种容量的计数器级联后就构成了十进制计数器，但是编码方式有两种。如果把二进制计数器作为低位，五进制计数器作为高位，则构成 8421BCD 十进制计数器；如果把五进制计数器作为低位，二进制计数器作为高位，则构成 5421BCD 十进制计数器。表 5.3.9 所示为 74LS90 两种编码方式的十进制计数器的状态表。

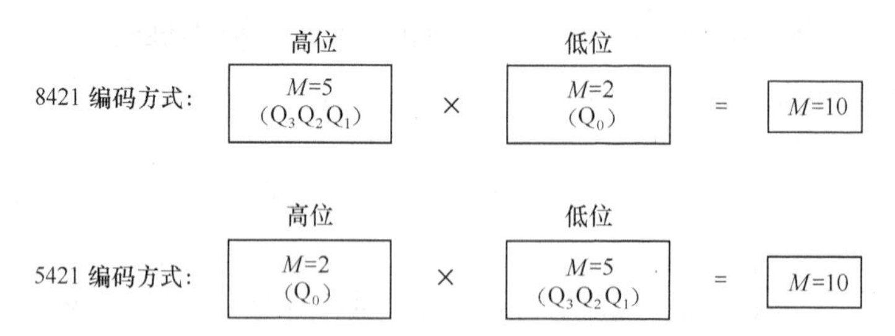

图 5.3.12　74LS90 构成两种编码方式的十进制计数器的模型

表 5.3.9　　74LS90 两种编码方式的十进制计数器状态表

（a）8421 编码方式状态表

高位（M=5）			进位脉冲	低位（M=2）
Q_3^n	Q_2^n	Q_1^n		Q_0^n
0	0	0		0
0	0	0	↓	1
0	0	1		0
0	0	1	↓	1
0	1	0		0
0	1	0	↓	1
0	1	1		0
0	1	1	↓	1
1	0	0		0
1	0	0		1

（b）5421 编码方式状态表

高位（M=2）	进位脉冲	低位（M=5）		
Q_0^n		Q_3^n	Q_2^n	Q_1^n
0		0	0	0
0		0	0	1
0		0	1	0
0		0	1	1
0	↓	1	0	0
1		0	0	0
1		0	0	1
1		0	1	0
1		0	1	1
1		1	0	0

5.3.4　N进制计数器

n 位二进制计数器可以组成 2^n 进制的计数器，如四进制、八进制、十六进制等，但在实际应用中，需要的往往不是 2^n 进制的计数器，如五进制、十二进制、六十进制等，当计数长度不等于 2^n 或 10 时，统称为 N 进制。N 进制计数器的组成方法通常利用集成计数器构成。

集成计数器一般都设置有清零和置数输入端，N 进制计数器就是利用清零端或置数端，让电路跳过某些状态来获得的。当然无论清零还是置数都有同步和异步之分。有的集成计数器采用同步方式，即当 CP 触发沿到来时才能完成清零或置数任务；有的集成计数器则采用异步方式，即通过触发器的异步输入端来直接实现清零或置数，与 CP 无关。在集成电路手册中，通过功能表很容易鉴别集成计数器的清零和置数方式。

下面结合实例，介绍如何利用模为 M 的集成加法计数器构成按自然态序进行计数的 N 进制加法计数器的方法（关于利用集成可逆计数器构成 N 进制减法计数器的方法相似，此处不一一列举了）。

1．取前 N 种状态构成 N 进制计数器

设计思路：根据设计要求，计数器的有效状态是按 0000→0001→…→S_{N-1}→0000 依次循环，当计数器的状态达到 S_{N-1} 时，再来一个计数脉冲，应该归零，这样就跳过了后边的 M—N 种状态，构成了前 N 种状态的 N 进制计数器。所以设计的关键问题是要找到归零信号。

（1）用同步清零端或置数端归零

步骤如下。

① 写出状态 S_{N-1} 的二进制代码。

② 求归零逻辑——同步清零端或置数控制端信号的逻辑表达式。

③ 画连线图。

【例 5.3.1】 试用 74LS161 同步置数端构成十一进制计数器。

解：

① 写出状态 S_{N-1} 的二进制代码。

$$S_{N-1}=S_{11-1}=S_{10}=1010$$

② 求归零逻辑。根据 74LS161 的功能表可知，置数端为低电平时，同步置数。因此只要令置数端。

$$\overline{LD}=\overline{Q_3^n Q_1^n}$$

其他输入端保证能够按十六进制正常计数即可。

③ 画连线图，如图 5.3.13 所示。

注意：同步清零法和同步置数法获得 N 进制计数器的关键是清零端（置数端）获得有效信号后，计数器并不立刻清零（置数），还要再输入一个 CP 脉冲才动作。因此使用同步清零（置数）端获得 N 进制计数器应在输入 $N-1$ 个 CP 脉冲时获得清零（置数）信号。

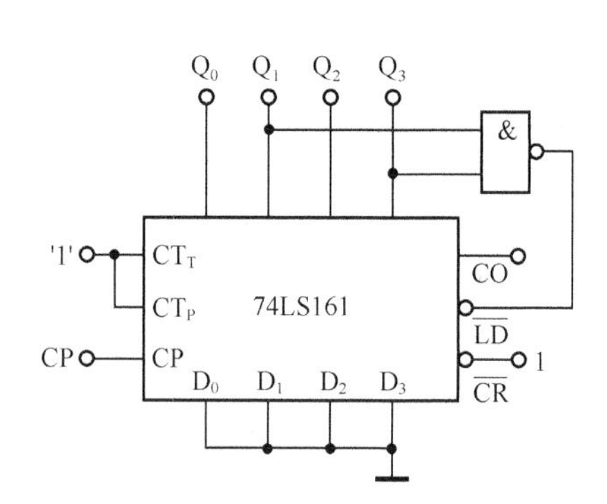

图 5.3.13 用同步置数端构成的十一进制计数器

（2）用异步清零端或置数端归零

步骤如下。

① 写出状态 S_N 的二进制代码。

② 求归零逻辑——求异步清零端或置数控制端信号的逻辑表达式。

③ 画连线图。

【例 5.3.2】 利用 74LS161 异步清零端构成一个十一进制计数器。

解：

① 写出状态 S_N 的二进制代码。

$$S_N=S_{11}=1011$$

② 求归零逻辑。根据 74LS161 的功能表可知，清零端为低电平时，异步清零。因此只要令清零端。

$$\overline{CR}=\overline{Q_3^n Q_1^n Q_0^n}$$

其他输入端保证能够按十六进制正常计数即可。

③ 画连线图，如图 5.3.14 所示。

注意：异步清零法（异步置数法）获得 N 进制计数器的关键是清零端（置数端）获得有效信号后，计数器立刻清零（置数），不需要等 CP 脉冲有效边沿。所以应该利用 N 这种状态，获得归零信号。虽然在计数器的输出端产生了 N 这种状态，但是时间非常短，计数器还没有进入到稳定的状态，就已经归零了，N 这种状态只是一个短暂的过渡状态，并没有真正地在输出端输出。

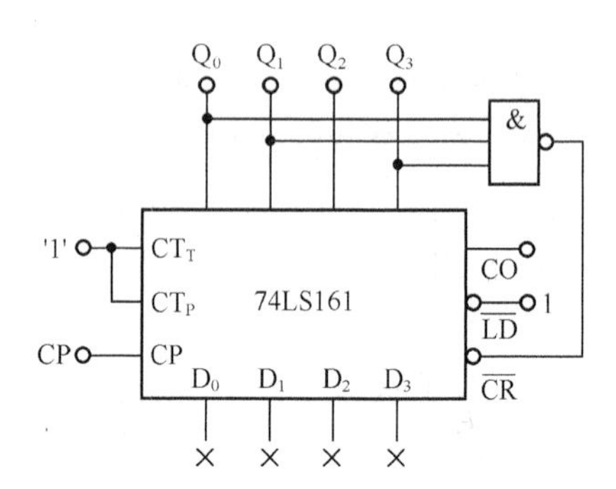

图 5.3.14 用异步清零端构成的十进制计数器

2．取中间 N 种状态构成 N 进制计数器

设计思路：根据设计要求，若计数器的有效状态是从最小数 x 到最大数 m，即 $x \to x+1 \to \cdots \to m \to x$ 依次循环，当计数器的状态达到 m 时，再来一个计数脉冲，应该归 x，这样就构成了中间 N 种状态的 N 进制计数器。因此设计的关键问题是要找到置最小数 x 的信号，并且所用的集成计数器必须要有置数功能。

设计方法：检测最大数置入最小数。

利用门电路检测需要计的最大数，在检测最大数时，要根据置数端是同步置数还是异步置数，正确选出是取 m 还是取 $m+1$ 的状态。

【例 5.3.3】 利用 74LS161 同步置数端构成一个有效状态为 1～6 的六进制计数器。

解：

所要设计的计数器最小数是 1，最大数是 6，属于取中间 N 种状态的六进制计数器。其电路连线如图 5.3.15 所示。

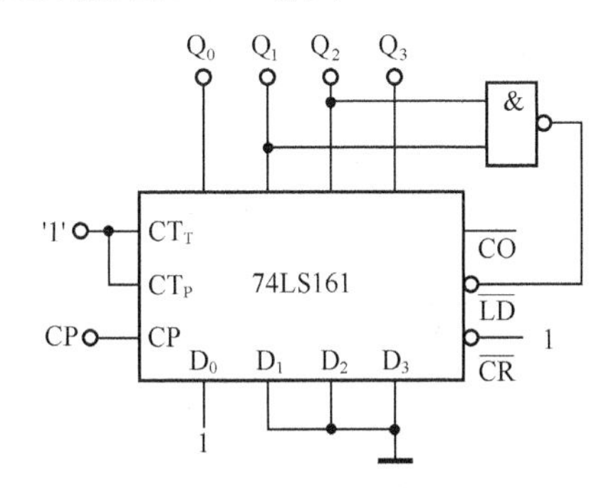

图 5.3.15 取中间 N 种状态构成六进制计数器

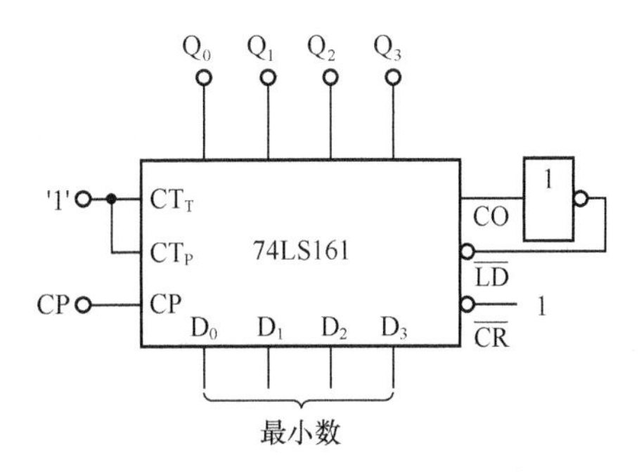

图 5.3.16 用进位输出端构成后 N 种状态的计数器

3．取后 N 种状态构成 N 进制计数器

设计思路：根据设计要求，假如计数器的有效状态是从最小数 x 到 $M-1$（M 为集成计数器的模），即 $x \to x+1 \to \cdots \to M-1 \to x$ 依次循环，也就是当计数器的状态达到 $M-1$ 时，再来一个计数脉冲，应该归 x，这样就跳过了前边的 $M-N$ 种状态，构成了后 N 种状态的 N 进制计数器。所以设计的关键问题是要找到置最小数 x 的信号，并且所用的集成计数器必须要有置数功能。

（1）用进位输出端置最小数 x

因为需要计的最大数与所用计数器的最大计数相同，因此可用进位输出信号 CO 来控制置数端 $\overline{LD}$，如图 5.3.16 所示。当计数器输出最大数并产生进位信号后，置数端 $\overline{LD}=0$，在下一个 CP 脉冲到来时，计数器将把计数器输出置数成输入信号 D_0～D_3，作为 N 进制计数器的最小数，然后计数器又从最小数开始重新计数。通常只有集成同步计数器才设置有进位输出端。

（2）检测最大数，置入最小数

若集成计数器没有进位输出端，可以仿照取中间 N 种状态构成 N 进制计数器的方法。

4．集成计数器的级联

（1）集成计数器的级联

若一片计数器位数不够用时，可以把若干片串联起来，从而获得更大容量的计数器。例

如，把一个 N_1 进制计数器和一个 N_2 进制计数器串联起来，可以构成 $N = N_1 \times N_2$ 进制计数器。这种方法称为级联法。集成计数器一般都设有级联用的输入端和输出端，只要正确地将它们连接起来，便可以实现容量的扩展。

图 5.3.17 所示是两片 74LS161 级联起来构成 256 进制（8 位二进制）同步加法计数器。同步计数器通常设有进位或借位输出端，可以选择合适的进位或借位输出信号来驱动下一级计数器计数。

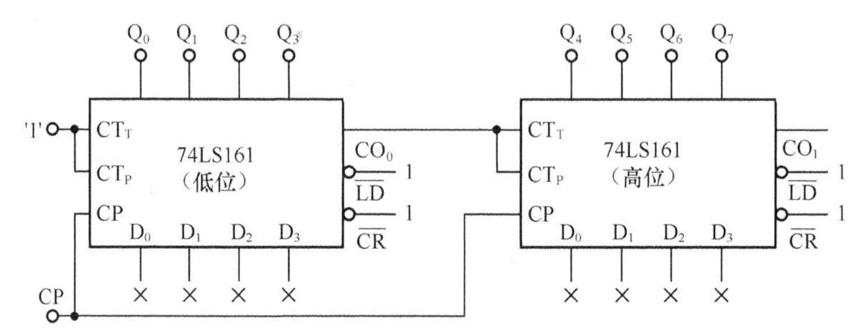

图 5.3.17　两片 74LS161 级联起来构成 256 进制同步加法计数器

图 5.3.18 所示是两片 74LS90 级联构成的 100 进制（2 位十进制）计数器。异步计数器一般没有专门的进位信号输出端，通常用本级的高位输出信号驱动下一级计数器计数。

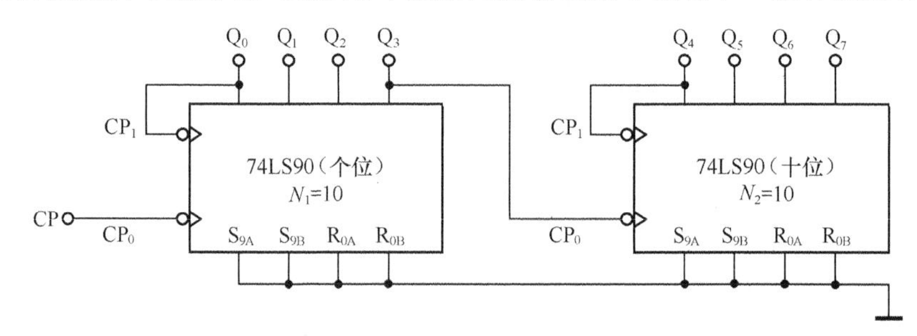

图 5.3.18　两片 74LS90 级联构成的 100 进制计数器

（2）利用级联方法获得大容量的 N 进制计数器

若要获得大容量的 N 进制计数器，只需按前面介绍的方法将计数器级联后，再利用归零法实现大容量 N 进制计数器的设计。图 5.3.19 所示是用两片 74LS163 构成的 133 进制计数器。图 5.3.20 所示是两片 74LS90 级联起来构成 100 进制计数器后，再用归零法构成 82 进制计数器。

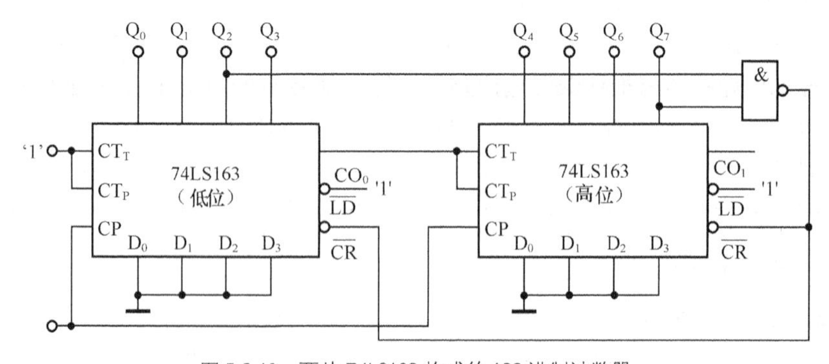

图 5.3.19　两片 74LS163 构成的 133 进制计数器

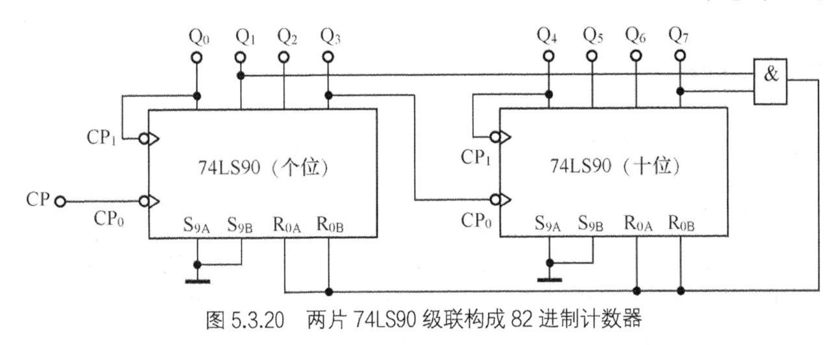

图 5.3.20 两片 74LS90 级联构成 82 进制计数器

5.4 寄存器

5.4.1 寄存器的特点和分类

日常生活中经常会遇到寄存的问题，如进入超市之前，先将所带物品保存起来；出差办公，将小件或行李暂存在火车站等。同样，在数字电路中，把二进制数据暂时存储起来的操作叫寄存。具有寄存功能的电路称为寄存器。寄存器是一种基本时序电路，在各种数字系统中几乎无所不在。任何现代数字系统都需要把待处理的数据、代码先寄存起来，以便随时取用。

1. 寄存器的特点

在数字电路中，寄存器一般具有以下特点。

（1）寄存器是由具有存储功能的触发器和门电路构成的。通常一个触发器可以存储 1 位二进制代码，存放 *n* 位二进制代码的寄存器，需用 *n* 个触发器来构成。

（2）寄存器只是起到暂时保存数据的作用，并不会对数据进行修改或处理。

2. 寄存器的分类

寄存器通常有几种常用的分类方法。按照所用开关元件的不同，寄存器可分为 TTL 寄存器和 CMOS 寄存器。

按照功能差别，寄存器分为基本寄存器和移位寄存器。基本寄存器只能并行送入数据，需要时也只能并行输出。移位寄存器中的数据可以在移位脉冲作用下依次逐位右移或左移，数据既可以并行输入、并行输出，也可以串行输入、串行输出，还可以并行输入、串行输出，串行输入、并行输出。表 5.4.1 所示为常用的寄存器型号。

表 5.4.1　　常用的寄存器型号

TTL 寄存器	基本寄存器	多 D 触发器	74LS175、74LS74、74LS377
		锁存器	74LS373、74LS573、74LS116
	移位寄存器	单向移位寄存器	74LS164、74LS595
		双向移位寄存器	74LS194
CMOS 寄存器	基本寄存器	多 D 触发器	CC40174、CC40175、CC4013
	移位寄存器	单向移位寄存器	CC4006、CC4014
		双向移位寄存器	CC40194、CC40195

5.4.2 基本寄存器

1. 单拍工作方式基本寄存器

图 5.4.1 所示是由 4 个 D 触发器构成的单拍工作方式 4 位基本寄存器。

在图 5.4.1 所示电路中，触发器的时钟脉冲 CP 上升沿到来，寄存器输出并行输入数据 D_0～D_3，即 $Q_3^{n+1}Q_2^{n+1}Q_1^{n+1}Q_0^{n+1}=D_3D_2D_1D_0$，此后如无 CP 上升沿，寄存器内容将保持不变，即各个触发器输出端将保持不变。

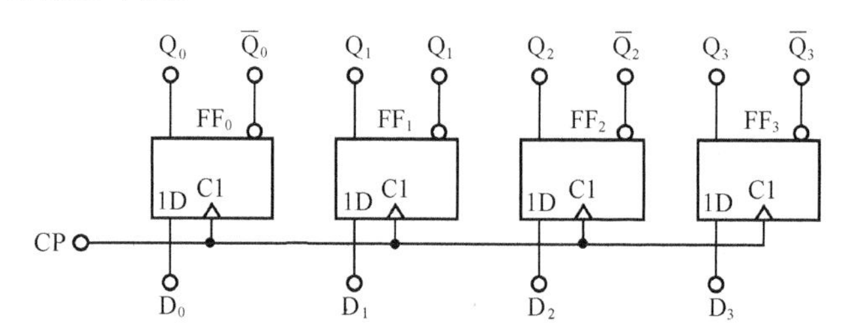

图 5.4.1　由 D 触发器构成的单拍工作方式的基本寄存器

2. 双拍工作方式基本寄存器

图 5.4.2 所示是由 4 个 D 触发器构成的双拍工作方式 4 位基本寄存器。工作原理如下。

（1）清零：$\overline{R_D}$ =0 时，异步清零，即有 $Q_3^nQ_2^nQ_1^nQ_0^n=0000$。

（2）送数：$\overline{R_D}$ =1 时，CP 上升沿送数，即有 $Q_3^{n+1}Q_2^{n+1}Q_1^{n+1}Q_0^{n+1}=D_3D_2D_1D_0$。

（3）保持：在 $\overline{R_D}$ =1、CP 上升沿以外时间，寄存器内容将保持不变。

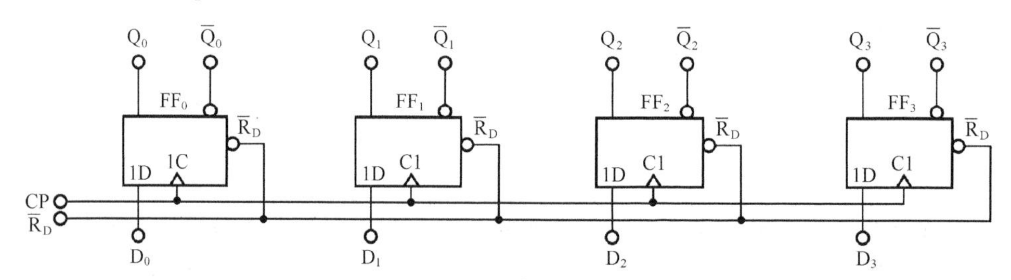

图 5.4.2　由 D 触发器构成的双拍工作方式基本寄存器

该电路的整个过程是分两步进行的，所以称为双拍接收方式。

3. 集成的基本寄存器

集成的基本寄存器型号很多，主要有两大类，一类是由多个边沿触发的 D 触发器组成的触发器型集成寄存器，另一类是由带使能端的电平触发的 D 触发器组成的锁存型集成寄存器。为了使用灵活，有些集成寄存器还增加了置 0 和保持等功能，例如，74LS175 就是带置 0 功能的触发型集成寄存器。

74LS175 具有 4 个数据输入端、公共异步清零端和时钟端，输出具有互补结构。74LS175 的引脚图和逻辑功能示意图如图 5.4.3 所示，功能见表 5.4.2。它是由 4 位 D 触发器组成，当脉冲上升沿到来时，输入信号 D 被送到 Q 端输出。注意，74LS175 输出只在时钟脉冲上升沿时刻与输入信号 D 相同，而锁存器一般只要门控端无效，输出端就随 D 端的变化而变化。

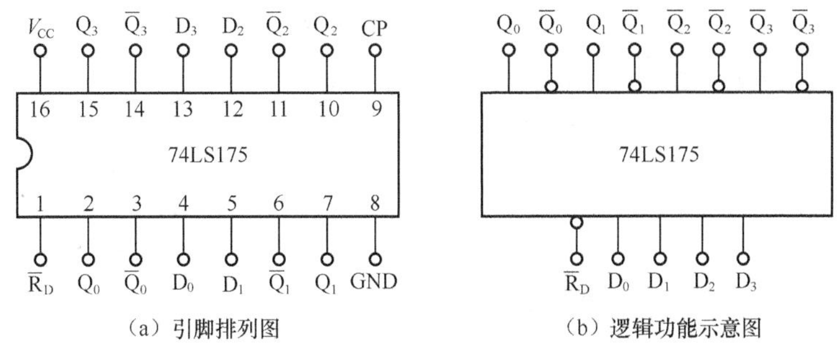

图 5.4.3 74LS175 的引脚图和逻辑功能示意图

表 5.4.2 74LS175 的功能表

输入		输出				功能
$\overline{R}_D$	CP	Q_0^{n+1}	Q_1^{n+1}	Q_2^{n+1}	Q_3^{n+1}	
0	×	0	0	0	0	复位功能
1	↑	D_0	D_1	D_2	D_3	同步置数
1	1/0	Q_0^n	Q_1^n	Q_2^n	Q_3^n	保持功能

寄存器与锁存器功能类似，都是用来暂存数据的。锁存器的输出端平时总随输入端变化而变化，而寄存器的输出端平时不随输入端的变化而变化，只有在时钟有效时才将输入端的数据送到输出端。

5.4.3 移位寄存器

与基本寄存器相比，移位寄存器具有移位功能，在数字电路及计算机中被广泛使用。当它用于实现数据的传送时，可以节约线路的数目（基本用线只需数据线、时钟线、地线 3 根）。计算机中的串行通信口就是靠移位寄存器来实现串行数据传输的。

1. 右移移位寄存器

图 5.4.4 所示是用 D 触发器组成的 4 位左移移位寄存器。

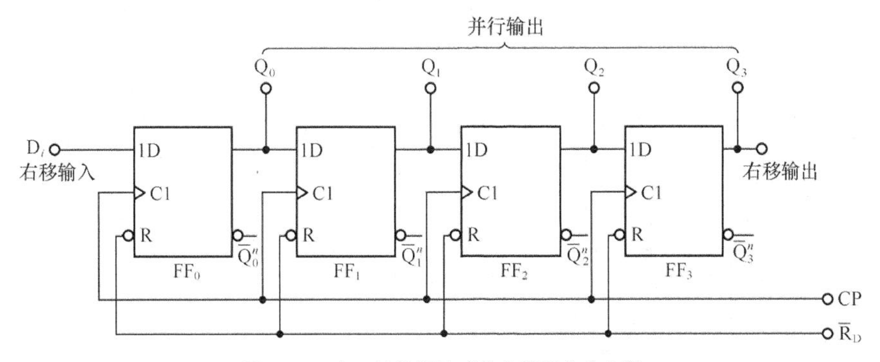

图 5.4.4 由 D 触发器构成的右移移位寄存器

工作前，加一置初态负脉冲，$\overline{R_D}=0$，使寄存器清零。假如输入的数码为 1011，当 $\overline{R_D}=1$ 时，在移位脉冲作用下，数码由高位到低位依次左移入寄存器，移位情况如表 5.4.3 所示。

表 5.4.3　　4 位右移寄存器状态表

移位脉冲 CP	输入数码 D_i	Q_0	Q_1	Q_2	Q_3
0	1	0	0	0	0
1	0	1	0	0	0
2	1	0	1	0	0
3	1	1	0	1	0
4		1	1	0	1
并行输出		1	1	0	1

可见，在串行输入端依次输入数据 1011，经过 4 个脉冲时钟，寄存器中就寄存了输入数据 1011，并且可从各触发器的输出端并行输出数据 1011。同理，若右移移位寄存器中已存有并行数据，在 CP 脉冲作用下，逐位右移并从 Q_3 端输出，便可实现并行数据输入至串行数据输出的转换。例如将 1011 存入寄存器后，经 4 个脉冲时钟后，在 Q_3 串行输出端，便依次输出数据 1011。由于各个触发器为上升沿触发，因此，寄存器工作波形如图 5.4.5 所示。

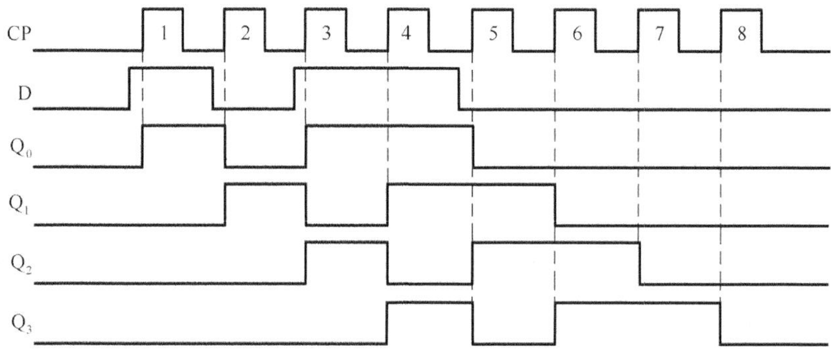

图 5.4.5　右移寄存器的波形图

2. 左移移位寄存器

图 5.4.6 所示是用 D 触发器组成的 4 位左移移位寄存器。设输入数据 1011，那么移位情况如表 5.4.4 所示。

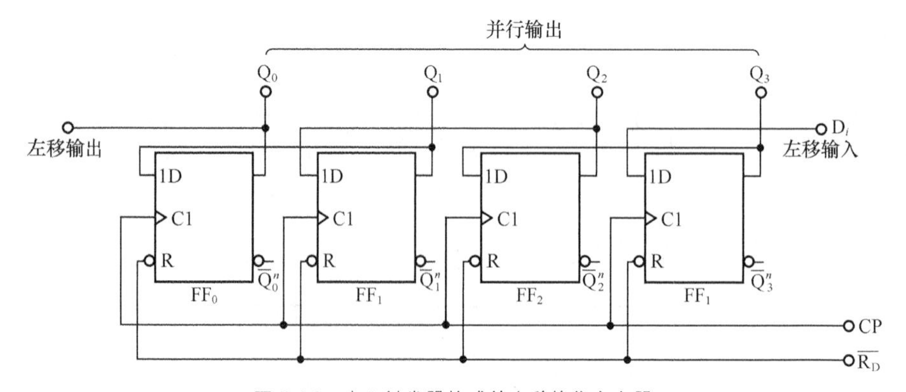

图 5.4.6　由 D 触发器构成的左移换位寄存器

表 5.4.4　　4 位左移寄存器状态表

移位脉冲 CP	Q_0	Q_1	Q_2	Q_3	输入数码 D_i
0	0	0	0	0	1
1	0	0	0	1	0
2	0	0	1	0	1
3	0	1	0	1	1
4	1	0	1	1	
并行输出	1	0	1	1	

3．集成双向移位寄存器

把左移移位寄存器和右移移位寄存器组合起来，加上移位方向控制信号，便可方便地构成双向移位寄存器。常用的双向移位寄存器有 74LS194。图 5.4.7 所示是它的引脚排列和逻辑功能示意图。$\overline{CR}$ 是清零端；M_0、M_1 是工作状态控制端；S_R 和 S_L 分别是右移和左移串行数据输入端；D_0～D_3 是并行数据输入端；Q_0～Q_3 是并行数据输出端；CP 是移位脉冲。表 5.4.5 所示是 74LS194 的功能表。

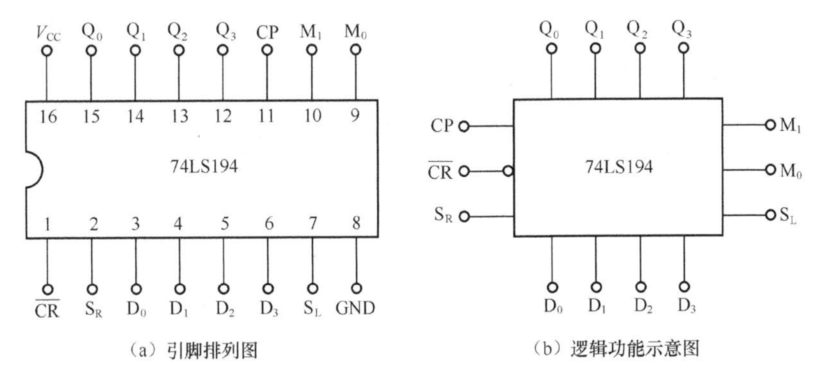

（a）引脚排列图　　（b）逻辑功能示意图

图 5.4.7　74LS194 的引脚排列图和逻辑功能示意图

表 5.4.5　　74LS194 功能表

输入						输出				功能
$\overline{CR}$	M_1	M_0	S_R	S_L	CP	Q_0^{n+1}	Q_1^{n+1}	Q_2^{n+1}	Q_3^{n+1}	
0	×	×	×	×	×	0	0	0	0	异步清零
1	×	×	×	×	0	Q_0^n	Q_1^n	Q_2^n	Q_3^n	保　持
1	0	0	×	×	×	Q_0^n	Q_1^n	Q_2^n	Q_3^n	保　持
1	1	1	×	×	↑	D_0	D_1	D_2	D_3	并行输入
1	0	1	D_i	×	↑	D_i	Q_0^n	Q_1^n	Q_2^n	右移输入 D_i
1	1	0	×	D_i	↑	Q_1^n	Q_2^n	Q_3^n	D_i	左移输入 D_i

由表 5.4.5 可知，74LS194 具有下列功能。

（1）异步清零：只要 $\overline{CR}=0$，则 $Q_3Q_2Q_1Q_0$=0000。

（2）保持：当 $\overline{CR}=1$时，CP=0 或 M_1= M_0=0，$Q_3Q_2Q_1Q_0$=$D_3D_2D_1D_0$。

（3）并行输入：当 $\overline{CR}=1$、M_1=M_0=1 时，在 CP 时钟上升沿的作用下，并行数据 D_0～D_3 被送到相应的输出端 Q_0～Q_3，此时左移和右移串行输入数据 S_L 和 S_R 被禁止。

（4）右移：当 $\overline{CR}=1$ 且 M_1M_0=01 时，在 CP 时钟上升沿的作用下进行右移操作，数据由 S_R 送入。

（5）左移：当 $\overline{CR}=1$ 且 M_1M_0=10 时，在 CP 时钟上升沿的作用下进行左移操作，数据由 S_L 送入。

4. 移位寄存器型计数器

若将移位寄存器的输出以一定方式反馈到串行输入端，则构成了移位寄存器型计数器。它具有连接简单、编码独特、用途广泛的特点。常用的移位寄存器型计数器有环形计数器和扭环形计数器两种。

（1）环形计数器

图 5.4.8 所示为 4 位环形计数器的逻辑图。电路中将移位寄存器的首尾相接，即 $Q_3=D_0$，则构成了环形计数器电路。环形计数器在移位脉冲的作用下，将寄存器中的数据循环右移。

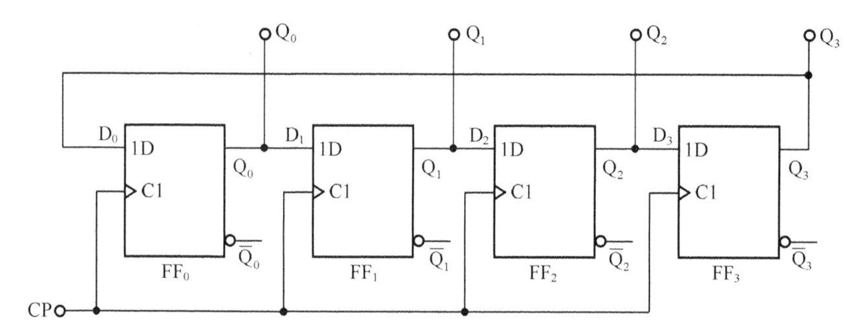

图 5.4.8　4 位环形计数器的逻辑图

对于该电路不同的初始状态，循环移位的内容不同，假设初始状态为 0001，则该电路的状态图如图 5.4.9 所示。该电路的作用为循环右移一个 1，其有效状态为 0001、0010、0100、1000，其余均为无效状态，而且电路若处于无效状态，将无法进入到有效状态，因此电路无法自启动。若使电路正常工作，必须置入任意一个有效状态。

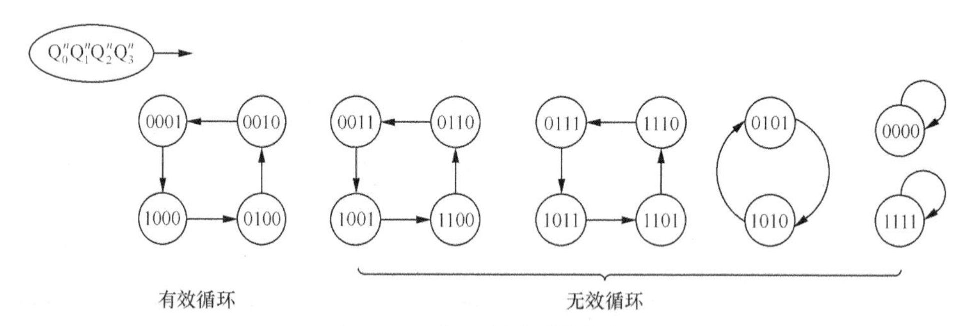

图 5.4.9　4 位环形计数器的状态图

根据 4 位环形计数器逻辑电路的连接方式，可以推广到 n 位环形计数器的各个触发器驱动方程为

$$D_1=Q_0^n,\quad D_2=Q_1^n,\quad D_3=Q_2^n,\quad \cdots,\quad D_0=Q_{n-1}^n$$

假设电路遇到某些干扰信号进入了无效状态，电路将无法正常工作。因此在很多场合都需要将电路设计成能够自启动的形式，可以通过在输出与输入之间接入适当的反馈逻辑电路。

图 5.4.10 所示为能够自启动的 4 位环形计数器的逻辑图。

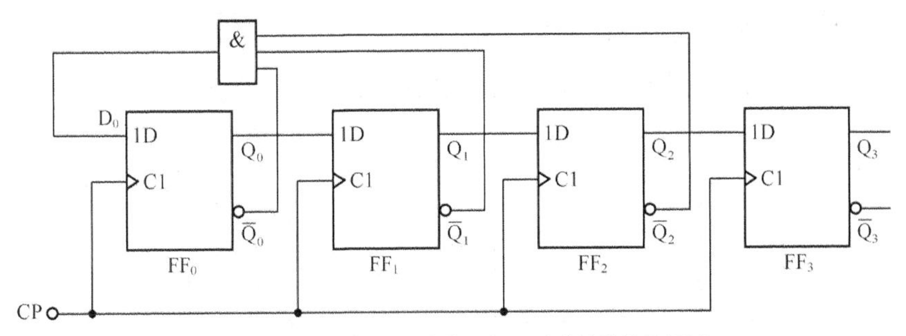

图 5.4.10　能够自启动的 4 位环形计数器的逻辑图

根据图 5.4.10 可知，电路的状态方程为

$$\begin{cases} Q_0^{n+1} = \overline{Q_0^n}\,\overline{Q_1^n}\,\overline{Q_2^n} \\ Q_1^{n+1} = Q_0^n \\ Q_2^{n+1} = Q_1^n \\ Q_3^{n+1} = Q_2^n \end{cases}$$

修改后电路的状态图如图 5.4.11 所示。

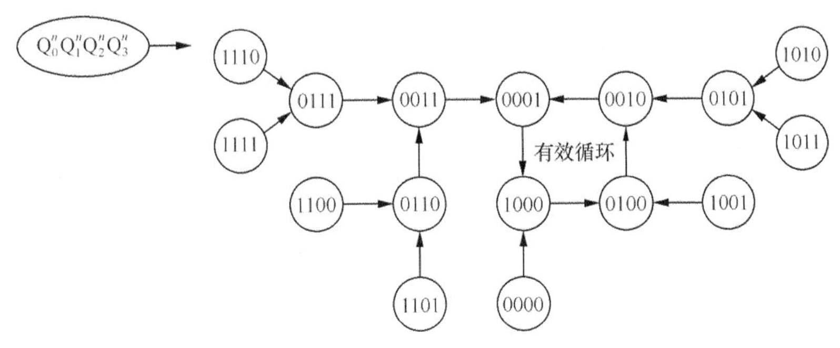

图 5.4.11　能够自启动的 4 位环形计数器的状态图

图 5.4.12 所示为能够自启动的 4 位环形计数器的时序图。可以看出，环形计数器在 CP 脉冲的作用下各个触发器的输出端依次产生矩形脉冲。

从电路中不难看出，该电路的突出特点是结构非常简单，每次 CP 信号到来时只有一个触发器的状态发生变化，因此没有竞争-冒险。在 CP 脉冲的作用下，各个触发器的输出端轮流出现矩形脉冲，因此环形计数器也被称为环形脉冲分配器。该电路的主要缺点是状态的利用率低，浪费器件，一般 n 位环形计数器有 n 个有效状态，需要 n 个触发器构成。

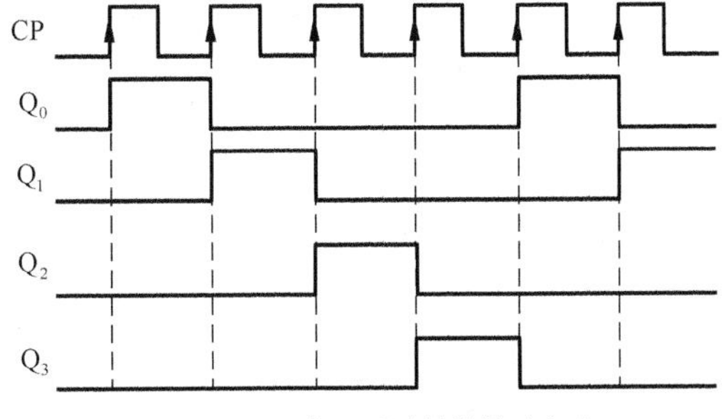

图 5.4.12　4 位环形计数器的时序图

（2）扭环形计数器

为了提高环形计数器的状态利用率，引入了扭环形计数器。和环形计数器相比，并没有改变电路的内部结构，只是改变了其反馈逻辑电路。它们的差别在于扭环形计数器最低位触发器

的输入信号取自最高位触发器的$\overline{Q}$，而不是Q，即n位扭环形计数器的各个触发器驱动方程为

$$D_1 = Q_0^n,\quad D_2 = Q_1^n,\quad D_3 = Q_2^n,\quad \cdots,\quad D_0 = \overline{Q_{n-1}^n}$$

图5.4.13和图5.4.14所示为4位扭环形计数器的逻辑图和状态图。

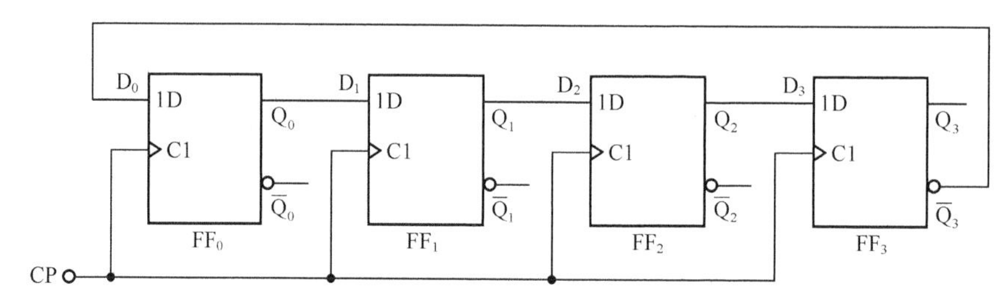

图5.4.13　4位扭环形计数器的逻辑图

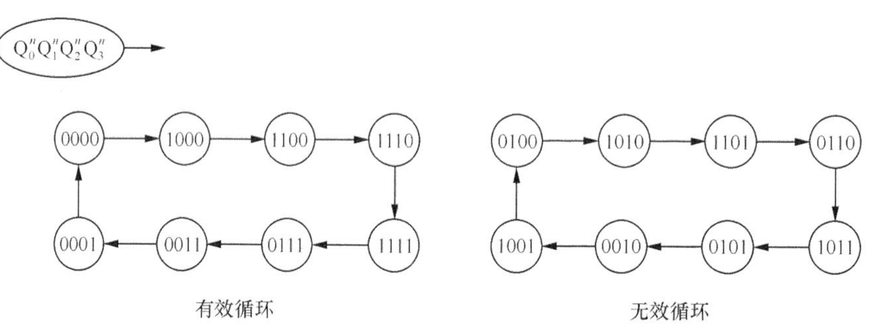

图5.4.14　4位扭环形计数器的状态图

图5.4.15和图5.4.16所示为能够自启动的4位扭环形计数器的逻辑图和状态图。

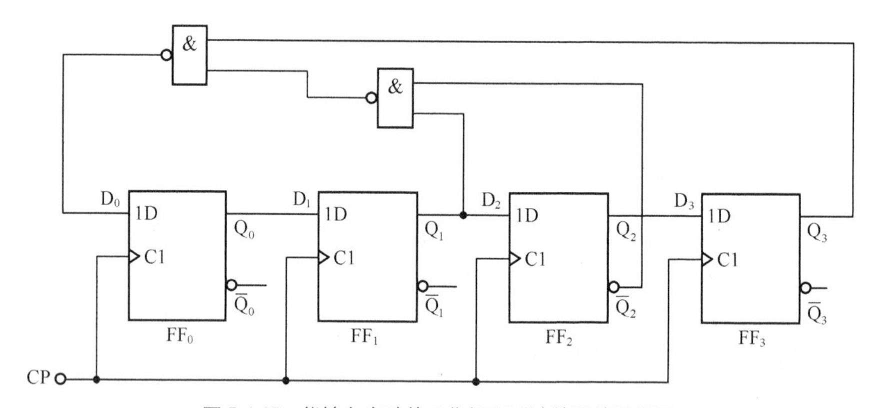

图5.4.15　能够自启动的4位扭环形计数器的逻辑图

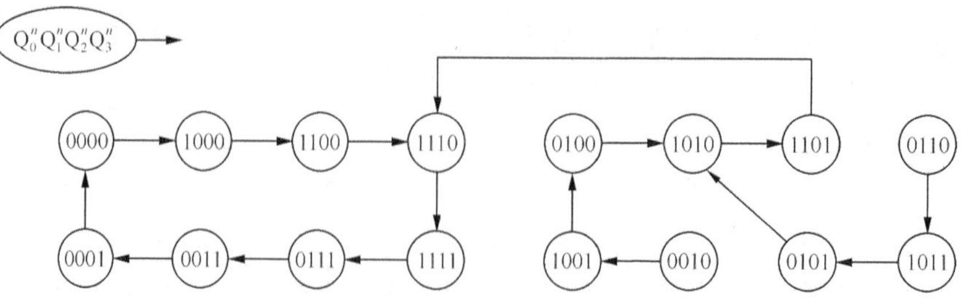

图5.4.16　能够自启动的4位扭环形计数器的状态图

图 5.4.17 所示为能够自启动的 4 位环形计数器的时序图。

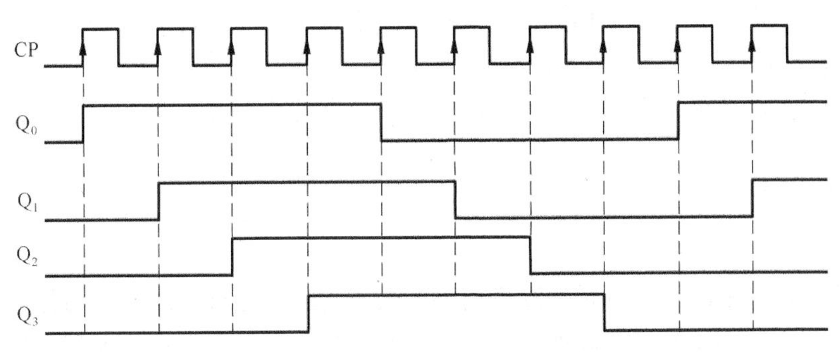

图 5.4.17　能够自启动的 4 位扭环形计数器的时序图

扭环形计数器的特点是结构也很简单，状态利用得比较充分，计数器每次状态变化时只有一个触发器发生翻转，因此译码时不存在竞争-冒险。缺点是仍没有完全利用触发器的全部状态，n 位扭环形计数器只有 $2n$ 个有效状态，有 2^n-2n 个状态未被利用。

【例 5.4.1】 分析图 5.4.18 所示循环彩灯电路的工作原理。

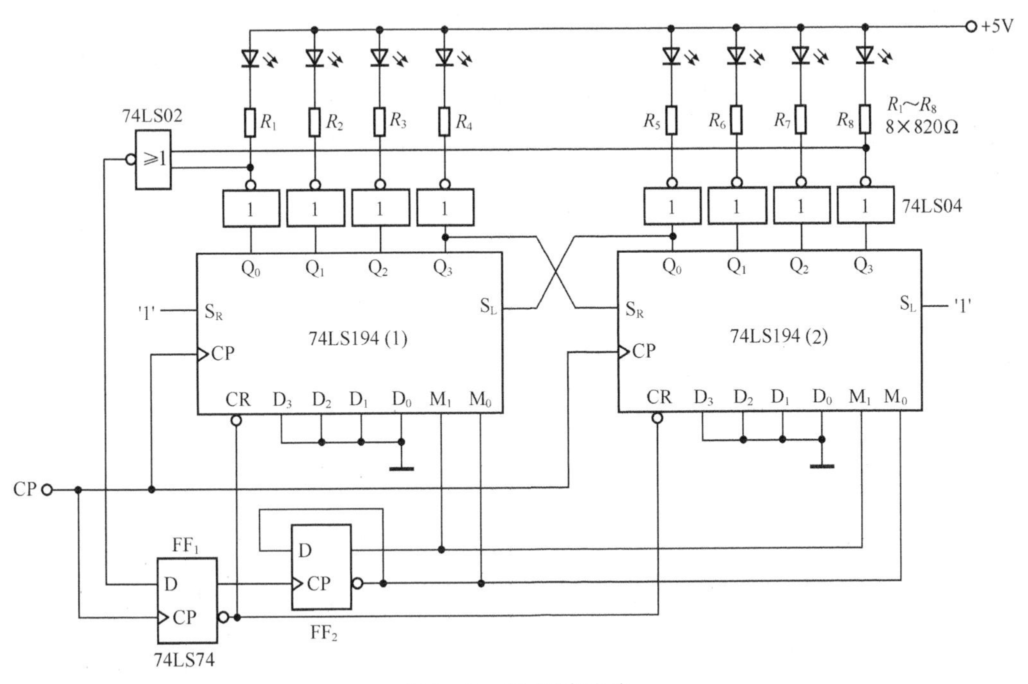

图 5.4.18　循环彩灯电路

解：

两片 74LS194 级联成 8 位双向移位寄存器。小灯移位非左即右，即 M_1M_0=01 或 M_1M_0=10，由 D 触发器构成的T′触发器控制（FF_2）。设 $M_1M_0=10$，由于 S_L 接收的数据为 1，因此在 CP 作用下小灯依次点亮。经过 8 个 CP 脉冲后，小灯全亮，反馈信号即或非门输出为 1，送 FF_1 的 D 输入端。再来一个 CP 脉冲，使 FF_1 输出端 Q 置 1，其 $\overline{Q}$ 置 0，将两片 74LS194 清零，小灯全灭；熄灭后经过或非门后反馈信号由 1 变为 0。同时，FF_1 的 Q 端由 0 变为 1，为 FF_2

提供了一个上升沿，使 FF_2 翻转，M_1M_0=01。再来一个 CP 脉冲，使 FF_1 重新置 0，Q 端由 1 变为 0，$\overline{Q}$ 端由 0 变为 1，74LS194 的清零解除，使两片 74LS194 进行反向移位。再经过 8 个 CP 脉冲，彩灯将反向依次点亮。

由此电路实现彩灯逐个点亮－全亮后熄灭－再反向逐个点亮－全亮后熄灭的循环控制。

5.5 顺序脉冲发生器

在一些数字装置中，常常需要按照人们事先规定的顺序进行一系列的运算或操作。这就要求系统的控制部分不仅能够正确地发出各种控制信号，而且要求这些控制信号在时间上有一定的先后顺序。产生顺序脉冲信号的电路称为顺序脉冲发生器，又称为脉冲分配器。

常用的顺序脉冲发生器有两种：计数型顺序脉冲发生器和移位型顺序脉冲发生器。

5.5.1 计数型顺序脉冲发生器

采用按自然态序计数的二进制计数器和译码器构成的顺序脉冲发生器属于计数型顺序脉冲发生器。图 5.5.1 所示为 4 输出的顺序脉冲发生器的原理框图。

图 5.5.1 所示电路由 2 位二进制计数器和译码器两部分组成，计数器的输出端 Q 接至译码器的输入端。CP 是顺序脉冲发生器的输入计数脉冲；Y_0～Y_3 为顺序脉冲发生器的输出。若图 5.5.1 中计数器采用的是加法计数方式，则该电路的输出方程为

$$\begin{cases} Y_0 = \overline{Q_1^n}\,\overline{Q_0^n} \\ Y_1 = \overline{Q_1^n}\,Q_0^n \\ Y_2 = Q_1^n\,\overline{Q_0^n} \\ Y_3 = Q_1^n Q_0^n \end{cases}$$

图 5.5.2 所示电路为 4 输出的顺序脉冲发生器的逻辑电路图。2 位二进制计数器有两个 D 触发器构成；译码器由 4 个与门构成。

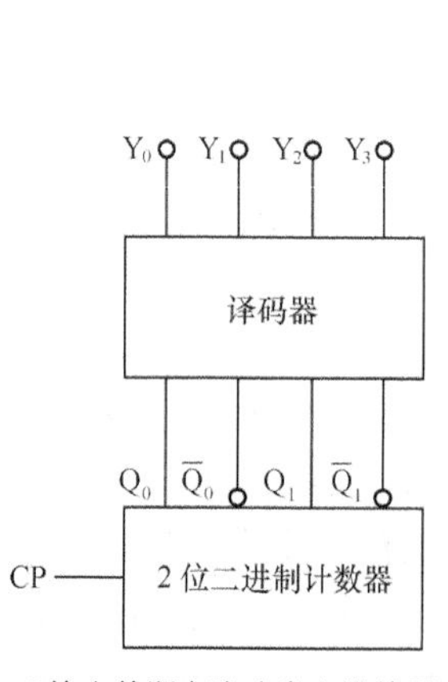

图 5.5.1　4 输出的顺序脉冲发生器的原理框图

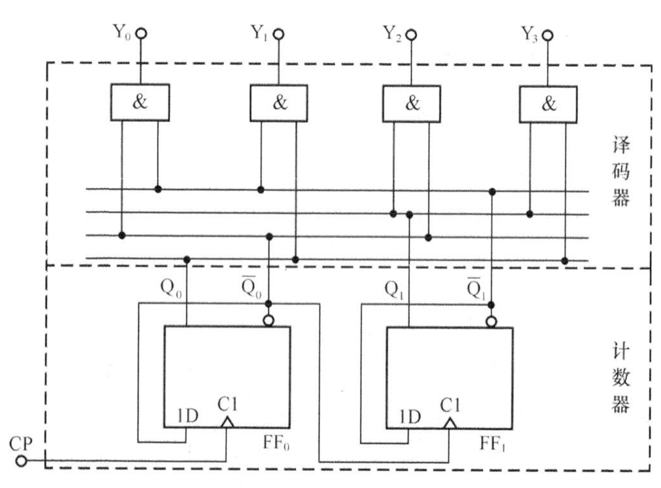

图 5.5.2　4 输出的顺序脉冲发生器的逻辑电路图

图 5.5.3 所示为 4 输出的顺序脉冲发生器的时序图。

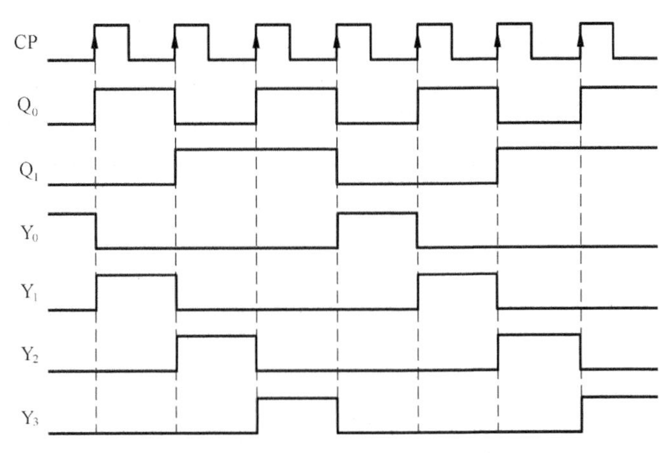

图 5.5.3 4 输出的顺序脉冲发生器的时序图

若使用 n 位二进制计数器，则经过译码器译码后，可获得 2^n 个输出的顺序脉冲发生器。

使用中规模集成电路同样可以构成顺序脉冲发生器。图 5.5.4 所示电路为使用集成二进制计数器 74LS163 和集成 3/8 线译码器 74LS138 构成的 8 个输出的顺序脉冲发生器。

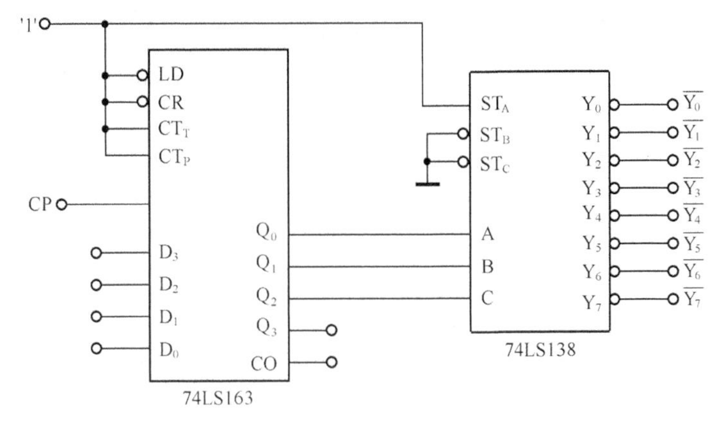

图 5.5.4 集成电路构成的 8 个输出的顺序脉冲发生器

计数型顺序脉冲发生器利用率高，但是由于每次 CP 信号到来时，可能有两个或两个以上的触发器状态同时发生改变，因此电路将发生竞争-冒险，有可能在译码器的输出端出现尖峰脉冲。

5.5.2 移位型顺序脉冲发生器

移位型顺序脉冲发生器主要由移位寄存器型计数器构成。在 5.4 节已经介绍过，移位型寄存器型计数器常用的有两种：环形计数器和扭环形计数器。因此移位型顺序脉冲发生器也有两种构成方案。

采用环形计数器构成方案，不需加译码器就可以构成顺序脉冲发生器，因为环形计数器本身就是可以产生顺序脉冲，波形如图 5.4.12 所示。环形计数器的主要特点是没有竞争-冒险，状态利用率低，使用的触发器数目比较多，同时必须采用能自启动的反馈逻辑电路。

采用扭环形计数器构成顺序脉冲发生器必须加特殊的译码器。图 5.5.5 所示为扭环形计数器构成的移位型顺序脉冲发生器的逻辑图。

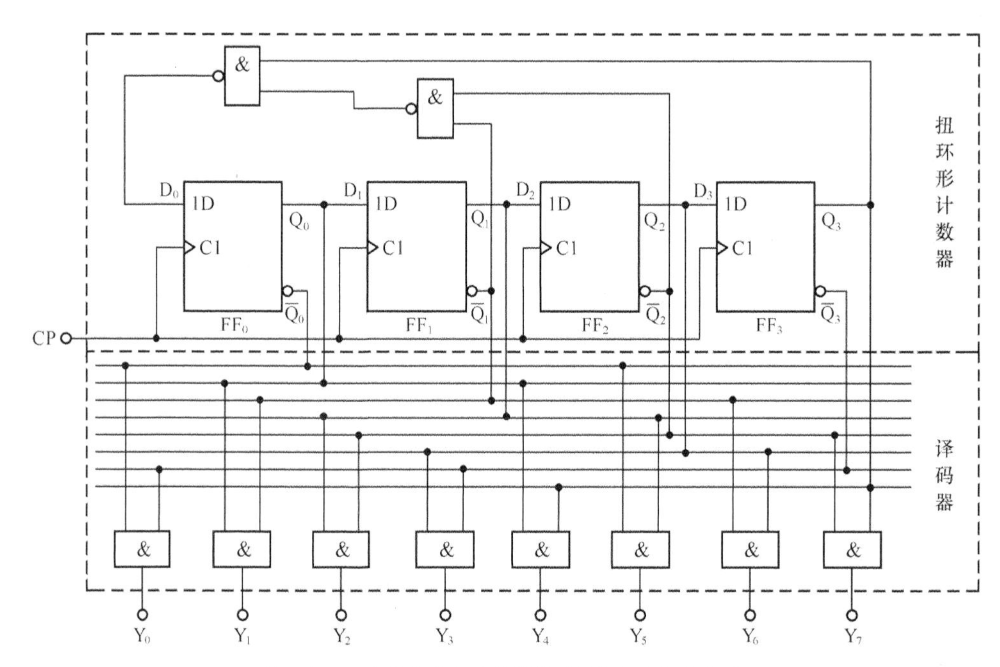

图 5.5.5　8 个输出的移位型顺序脉冲发生器的逻辑图

根据图 5.5.5 所示的逻辑电路图可知，电路的输出方程为

$$
\begin{cases}
Y_0 = \overline{Q_0}\,\overline{Q_3} \\
Y_1 = Q_0\overline{Q_1} \\
Y_2 = Q_1\overline{Q_2} \\
Y_3 = Q_2\overline{Q_3} \\
Y_4 = Q_0Q_3 \\
Y_5 = \overline{Q_0}Q_1 \\
Y_6 = \overline{Q_1}Q_2 \\
Y_7 = \overline{Q_2}Q_3
\end{cases}
$$

图 5.5.6 所示为 8 个输出的移位型顺序脉冲发生器的时序图。

由扭环形计数器构成的顺序脉冲发生器的译码器是专门设计的译码器，该译码器的输入是扭环形计数器输出，译码器的输出是顺序脉冲。采用扭环形计数器构成的移位型顺序脉冲发生器没有竞争-冒险，但是状态利用率仍不高。

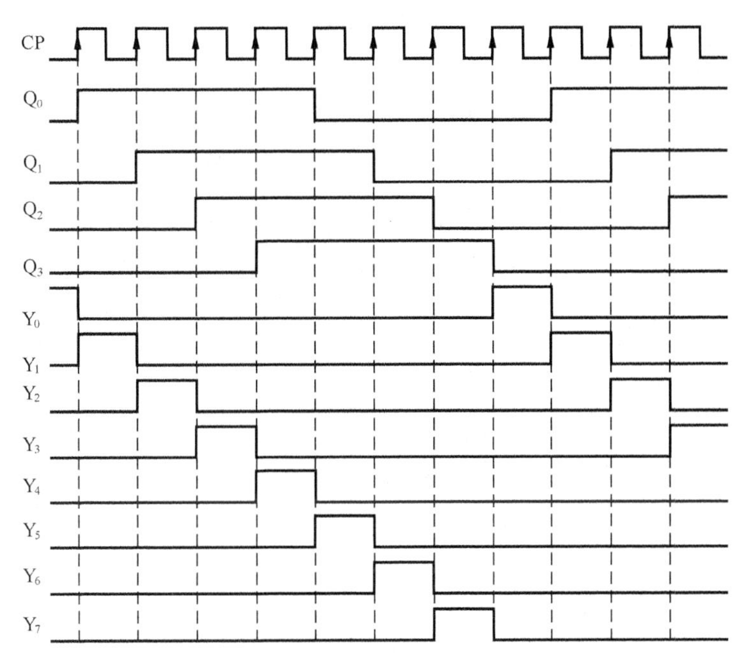

图 5.5.6 8 个输出的移位型顺序脉冲发生器的时序图

CC4017 是一种用途十分广泛的约翰逊十进制计数器/脉冲分配器。CC4017 的逻辑功能示意图、时序图和功能表分别如图 5.5.7、图 5.5.8 及表 5.5.1 所示。由波形图可知，它有两个时钟脉冲输入端，即 CP 和 INH，两者分别为上升沿和下降沿触发输入脉冲，CR 为异步清零使能端，当 CR=1 时，Q_0 为高电平，Q_1～Q_9 均为低电平；当 CR=0 时各 Q 端有译码输出。

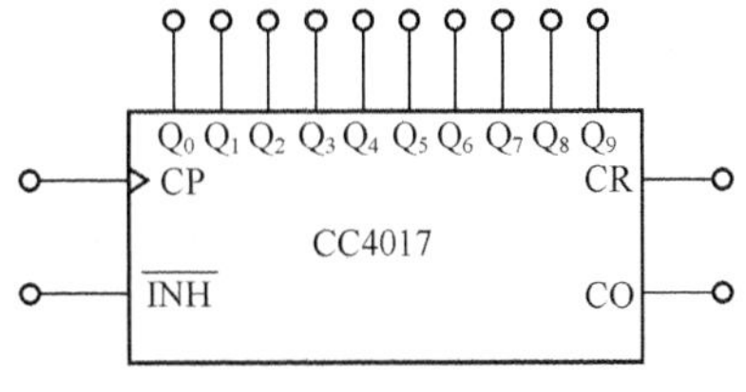

图 5.5.7 CC4017 的逻辑功能示意图

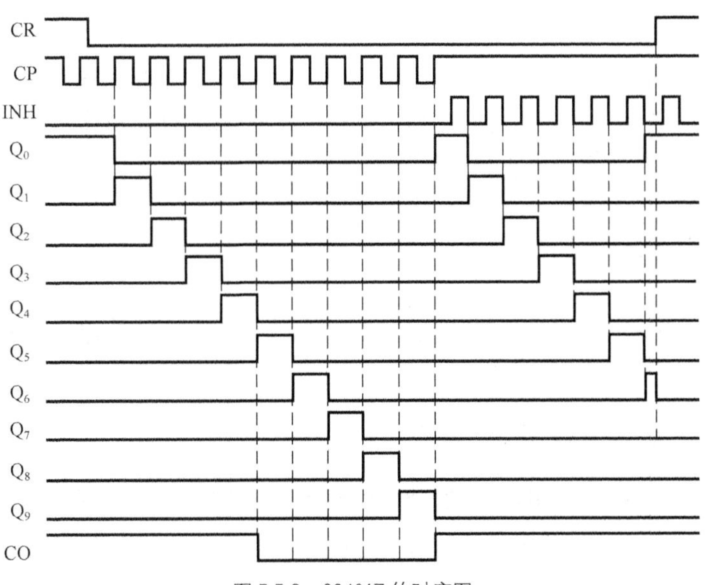

图 5.5.8 CC4017 的时序图

表 5.5.1　　CC4017 的功能表

输入			输出	
CP	$\overline{INT}$	CR	$Q_0 \sim Q_9$	CO
×	×	1	Q_0=1，其他为 0	计数脉冲为 Q_0～Q_4 时 CO = 1，为 Q_5～Q_9 时 CO=0
↑	0	0	译码输出	
1	↓	0		
↓	×	0	状态不变	
×	1	0		
0	×	0		
×	↑	0		

【例 5.5.1】 分析如图 5.5.9 所示循环彩灯发生器的电路原理。

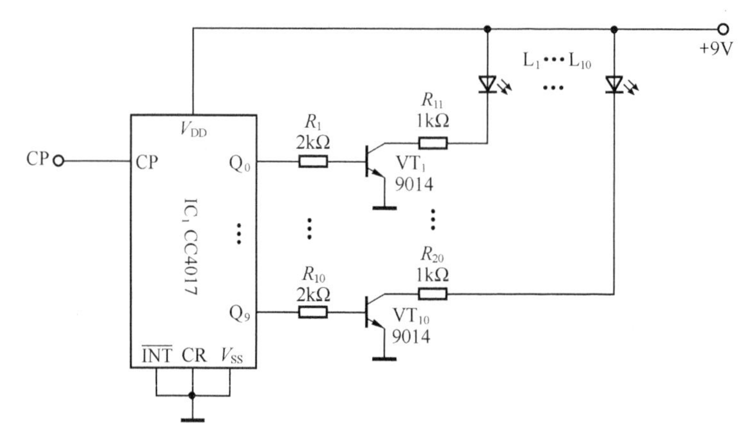

图 5.5.9　循环彩灯发生器

解：

本电路主要由两部分组成，其中包括一个由十进制计数/分频器构成的环形计数器和三极管、发光二极管构成的显示电路。当外部输入 CP 脉冲，CC4017 的输出端 Q_0～Q_9 依次出现高电平，并驱动相应的 VT_1～VT_{10} 依次导通，发光二极管 L_1～L_{10} 依次点亮。如果 CP 时钟脉冲的频率改变，循环彩灯的速度也会有所改变。

5.6　时序逻辑电路的应用举例

时序逻辑电路在数字系统中占有重要的位置，因此时序逻辑电路的应用也是相当广泛的。下面对几个典型的时序逻辑电路的应用进行分析。

应用举例 1：电子密码锁

在平时的日常生活中，很多保密的场合会接触到密码锁。比如出门旅行的行李箱上有密码锁，防盗门上有密码开关，保险箱上有密码锁，本节就介绍一款比较简单实用的密码电路。该电路设有 9 个密码输入按键，其中只有 3 个按键是有效密码输入键，其余 6 个是伪码按键，只有当使用者按顺序输入3位正确的密码后，执行控制电路才能执行开锁动作，否则无动作。

1. 电路组成

图5.6.1所示为密码锁电路原理图。

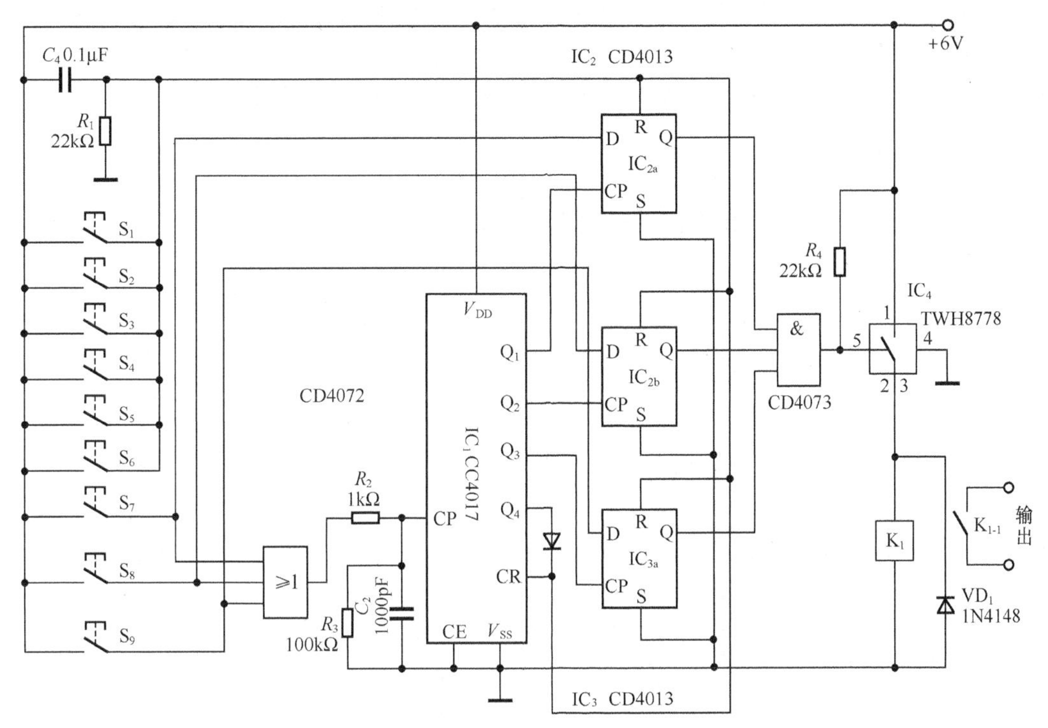

图5.6.1　密码锁电路原理图

密码锁电路主要由密码和伪码输入电路，密码检测电路和执行电路等构成。S_1～S_9为按键开关，其中S_1～S_6为伪码开关，S_7～S_9为密码开关。密码输入电路中的R_2、C_2构成了延迟电路，主要作用有两个，一是按键消抖，二是使IC_1CC4017的输出电平滞后于按动密码开关，保证触发器可靠翻转。IC_1为十进制计数器CC4017，IC_2、IC_3为上升沿触发的双D触发器CC4013，其置位和复位端均为高电平起作用。IC_1、IC_2、IC_3和与门共同组成密码检测电路。IC_4为功率开关TWH8778，它与继电器K_1构成了执行电路。

2. 工作原理

由于该电路所使用的密码开关为S_7～S_9，因此该密码锁的密码为789。

当接通电源的瞬间，R_1C_1微分电路产生的正脉冲作用于IC_1、IC_2、IC_3的复位端，使得电路通电瞬间复位，此时，IC_1的Q_0端为高电平，其余输出端Q_1～Q_4输出均为低电平，开关IC_4处于断开状态，继电器K_1不动作，其输出无信号。

当输入密码时，首先按下S_7键，产生高电平。不仅使IC_{2a}的D端输入高电平，而且通过R_2、C_2给IC_1提供计数脉冲，产生Q_1高电平，Q_2～Q_4低电平的输出信号。接下来依次按下S_8、S_9，IC_{2b}、IC_{3a}将逐个变为低电平。当3个触发器均输出高电平后，经过与门使IC_4的开关闭合，从而继电器$K_{1\text{-}1}$闭合，控制负载，完成密码功能。

若输入错误密码，至少有一个触发器不会产生高电平，IC_4 开关控制端仍为低电平，继电器不闭合，无法控制执行电路。

应用举例 2：停车场进出车辆统计器

停车场车位数是一定的，通常会人工清点进入停车场的车辆和离开停车场的车辆，从而计算剩余的车位数目，往往费时费力，下面介绍一款停车场进出车辆统计电路。该电路适用于小于 1000 个停车位的停车场，统计数据可以通过按键进行手动清零。

1. 电路组成

图 5.6.2 所示为停车场进出车辆统计器电路原理图。

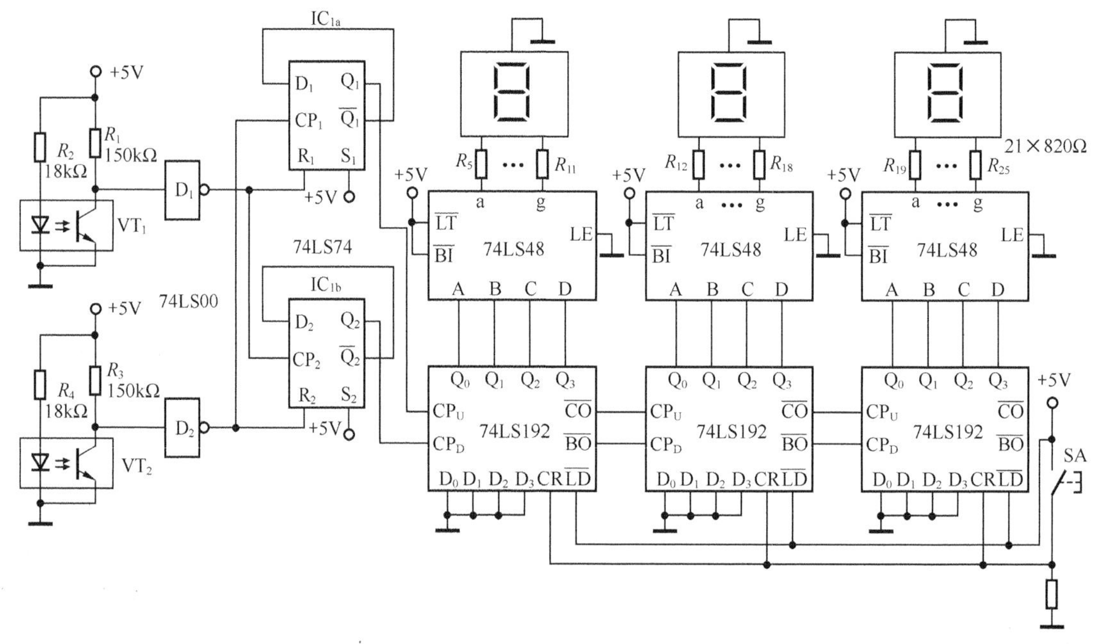

图 5.6.2　停车场进出车辆统计器电路原理图

该电路由光电传感器、互锁电路、加减计数电路和显示译码电路组成。

电路中利用光耦器件作为光电传感器，VT_1 和 VT_2 为两路光电传感器，电路中的光耦为反射式光耦器件，红外发光二极管和光敏三极管成 35° 夹角封装为一体，其交点在距光耦合成器 5mm 处。工作时，红外发光二极管发出的红外光，若被遮挡，则红外光被反射回来并被光敏三极管所接收并使其导通；若光耦器件不被遮挡，则光敏三极管处于截止状态。VT_1 安装在停车场的门口的外侧，为加计数传感器；VT_2 安装在门口的内侧，为减计数传感器。汽车通过 VT_1、VT_2 状态改变将有先有后，输出的脉冲也有先后，而决定哪一个脉冲加或减是通过互锁电路实现的。

由 74LS00 构成的 2 个非门和 74LS74 共同组成了互锁电路。其主要作用是当汽车进入停车场使计数器加计数时，它将计数脉冲送入计数器的加计数输入端 CP_U，并将减计数脉冲输入封锁；当汽车离开停车场使计数器做减计数时，它将减计数脉冲送入计数器的减计数脉冲输入端 CP_D，并将加计数脉冲输入端封锁。74LS74 主要实现如果复位端为高电平，输入一个上升沿，其输出进行翻转状态。

显示译码电路是由 3 个 74LS192、74LS48 和数码管组成。74LS192 是双时钟、可预置数的二-十进制加/减可逆计数器，它们组成了 3 位可逆计数电路，将前级的进/借位输出分别与后级相连，构成了多级可逆计数器。译码驱动电路采用的是驱动共阴数码管的 74LS48，用于将计数器所输出的二进制数码转换成七段数码管所能识别的十进制数字，从而显示计数结果。

2．工作原理

如果汽车进入停车场，首先经过 VT_1 加计数传感器，这时 VT_1 处于导通状态并输出低电平，将 D_1 反相后加到 IC_{1a} 的复位端 R_1 上，解除了对 IC_{1a} 的复位，但由于 IC_{1a} 的时钟输入端 CP_1 无上升沿输入，其输出端 Q_1 仍为低电平。随着汽车的进入，接下来将经过 VT_2 减计数传感器，VT_1、VT_2 均被遮挡，D_2 输出高电平，使 IC_{1a} 的 CP 端产生一个上升沿的脉冲，使 Q_1 输出高电平，由于此时 IC_{1b} 无脉冲输入，故 Q_2 输出仍为低电平。Q_1 输出端由低变高产生一个上升沿，给前级 74LS192 的加计数脉冲输入端一个上升沿，级联计数器加 1。然后，汽车继续向前前进，只有 VT_2 受遮挡，VT_1 不再受遮挡，D_1 输出由高电平变为低电平，又将 IC_{1a} 复位，使 Q_1 变为低电平。最后 VT_2 也不被遮挡，D_2 输出电平由高变低，但 IC_{1a} 和 IC_{1b} 的输出状态仍然保持不变。同理，有汽车离开停车场时，VT_2 先被遮挡，VT_1 后被遮挡，互锁电路的 Q_1 输出为低电平，而 Q_2 端输出一个上升沿。按下 SA 键，级联计数器清零，重新统计进出车辆数量。

本章小结

数字电路可以分为两大类，一类是前面讲解的组合逻辑电路，其基础知识是逻辑代数和门电路；另一类是本章介绍的时序逻辑电路，其基础知识是触发器。在数字电路中，时序逻辑电路具有相当重要的地位，并具有一定的代表性。

时序电路的特点是，在任何时刻的输出不仅与输入有关，而且还取决于电路原来的状态。为了记忆电路的状态，时序电路必须包含存储电路。存储电路通常以触发器为基本单元。时序电路可分为同步时序电路和异步时序电路两类。它们的主要区别是，前者的所有触发器受同一脉冲控制，而后者的触发器则受不同的脉冲源控制。时序电路逻辑功能的描述方法有逻辑图、逻辑表达式、状态图、卡诺图和时序图 6 种，它们的本质是相同的，可以相互转换。

时序电路的分析，实际上就是逻辑电路到逻辑功能的转换过程。而时序电路的设计，是逻辑功能到逻辑电路的转换过程。时序电路的分析和设计互为逆过程。

计数器是非常典型的时序电路。用来计输入脉冲个数的电路为计数器。计数器的主要作用，一是对输入脉冲个数进行计数，二是对输入脉冲信号进行分频等。计数器按计数方式可为分加法计数器、减法计数器和可逆计数器；按计数长度可分为二进制计数器、十进制计数器和 N 进制计数器。n 个触发器可以组成 n 位二进制计数器，十进制计数器需要 4 个触发器构成。计数脉冲同时作用在所有的触发器时钟信号输入端的计数器为同步计数器，否则为异步计数器。集成计数器还可以利用清零端或置数端构成 N 进制计数器，使用的方法可以为同步归零法和异步归零法。

寄存器也是比较典型、应用很广的时序电路，要注意有关概念和方法的理解和学习。寄存器属于较简单的时序电路，有送数控制端和数据输入端，用于寄存二进制代码。移位寄存器有串行输入输出端、并行输出端和移位控制端，可实现数据的移位等功能。

产生顺序脉冲信号的电路称为顺序脉冲发生器，又称为脉冲分配器。常用的顺序脉冲发生器主要包括两种形式，一种是计数型，另一种是移位型。比较常用的集成顺序脉冲器为CC4017，要求了解其使用方法。

习　　题

习题 5.1　填空题

（1）在数字电路中，任何时刻电路的稳定输出，不仅与该时刻的输入信号有关，还与电路原来的状态有关的逻辑电路，称为________电路。

（2）时序电路一般可以由两部分组成，一部分是________电路，另一部分是________电路。

（3）时序逻辑电路的“现态”反映的是接收输入信号________时刻电路的状态，而“次态”则反映接收输入信号________时刻电路的状态。

（4）在分析时序逻辑电路时，状态方程是将________方程代入相应触发器的________方程中求得的。

（5）8 位移位寄存器，串行输入时经________个 CP 脉冲后，才能使 8 位数码全部移入寄存器中。若该寄存器已存满 8 位数码，预将其串行输出，则需经________个 CP 脉冲后，数码才能全部输出。

（6）移位寄存器可分为________移位寄存器、________移位寄存器和________移位寄存器。

（7）扭环形移位寄存器的状态利用率是环形移位寄存器的________倍。

（8）按计数方式分，计数器可以分为________计数器、________计数器和________计数器三种类型。

（9）n 位二进制计数器一般由________个触发器组成。

（10）N 进制计数器一般指除了________进制和________进制计数器外其它进制的计数器。

（11）计数型顺序脉冲发生器是由________器和________器构成的。

习题 5.2　选择题

（1）从时序逻辑电路在结构上看，说法正确的是（　　）。

A．必须有组合逻辑电路　　B．必须存储电路

C．必须有存储电路和组合逻辑电路　　D．必须有门电路

（2）如题图 5.1 所示电路中，CP 脉冲的频率为 4kHz，则输出端 Q 的频率为（　　）。

A．1kHz　　B．2kHz　　C．4kHz　　D．8kHz

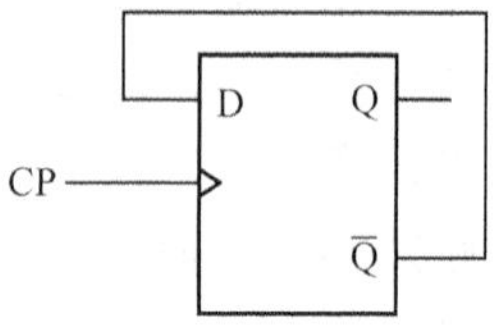

题图 5.1

（3）具有记忆功能的逻辑电路是（　　）。

A．加法器　　B．显示器　　C．译码器　　D．计数器

（4）同步时序逻辑电路和异步时序逻辑电路的区别在于异步时序逻辑电路（　　）。

A．没有触发器　　B．没有统一的时钟脉冲控制

C．没有稳定状态　　D．输出只与内部状态有关

（5）在相同的时钟脉冲作用下，同步计数器和异步计数器比较，工作速度（　　）。

A．较慢　　B．较快　　C．不确定　　D．一样

（6）若用触发器组成某十一进制加法计数器，需要（　　）个触发器，有（　　）个无效状态。

A．4；5　　B．5；4　　C．4；4　　D．5；5

（7）从0开始计数的N进制加法计数器，最后一个计数状态为（　　）。

A．N　　B．$N-1$　　C．$N+1$　　D．$2N$

（8）集成计数器74LS161从0计数到第（　　）个时钟脉冲时，进位端输出进位脉冲。

A．2　　B．10　　C．5　　D．15

（9）下列电路中不属于时序电路的是（　　）。

A．同步计数器　B．异步计数器　　C．寄存器　　D．译码器

（10）同步计数器结构含义是指（　　）的计数器。

A．由同类型的触发器构成

B．各触发器的时钟端连在一起，统一由系统时钟控制

C．可用前级的输出做后级触发器的时钟

D．可用后级的输出做前级触发器的时钟

（11）具有串行-并行数据转换功能的器件的是（　　）。

A．译码器　　B．数据比较器　　C．移位寄存器　　D．计数器

（12）一个4位串行数据输入的移位寄存器，时钟脉冲频率为1kHz，若完成4位并行数据输出的时间为（　　），再完成4位串行数据输出时间共为（　　）。

A．4ms，4ms　B．4ms，8ms　　C．8μs，4μs　　D．4μs，8μs

（13）要将串行数据转换成为并行数据，应选用（　　）的移位寄存器。

A．并入串出方式　　B．串入串出方式

C．串入并出方式　　D．并入并出方式

（14）n位扭环形计数器，其有效状态为（　　）。

A．n　　B．$2n$　　C．2^n　　D．2^n-2n

习题5.3　时序电路如题图5.2所示，起始状态$Q_0Q_1Q_2=001$，列出电路的状态表，画出电路的状态图。

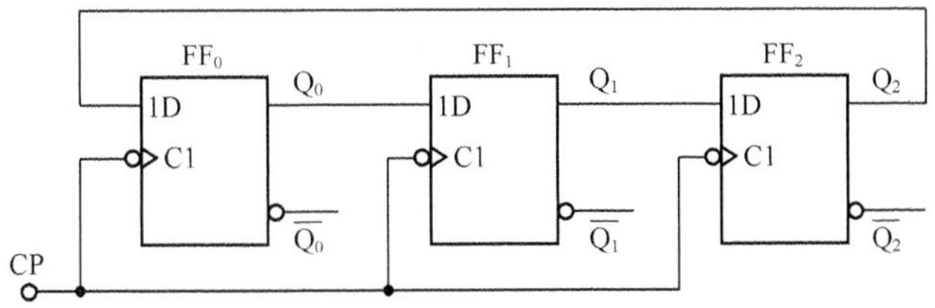

题图5.2

习题 5.4 分析题图 5.3 所示的时序电路的状态图和时序图。

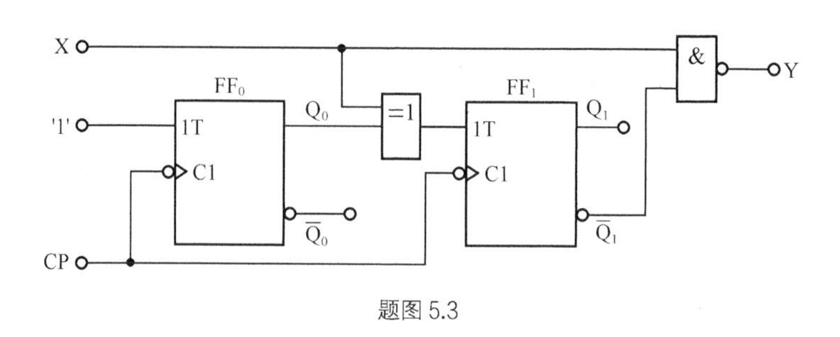

题图 5.3

习题 5.5 分析题图 5.4 所示时序电路，写出驱动方程、状态方程；画出状态转换图；说明电路的逻辑功能，并判断电路能否自启动。

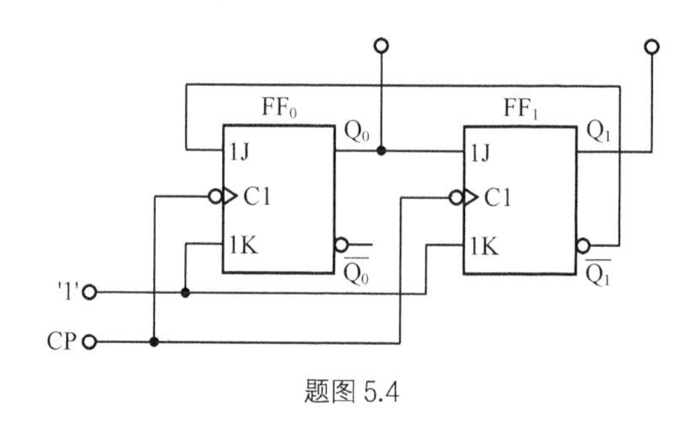

题图 5.4

习题 5.6 分析题图 5.5 所示时序电路，画出其状态图和时序图。

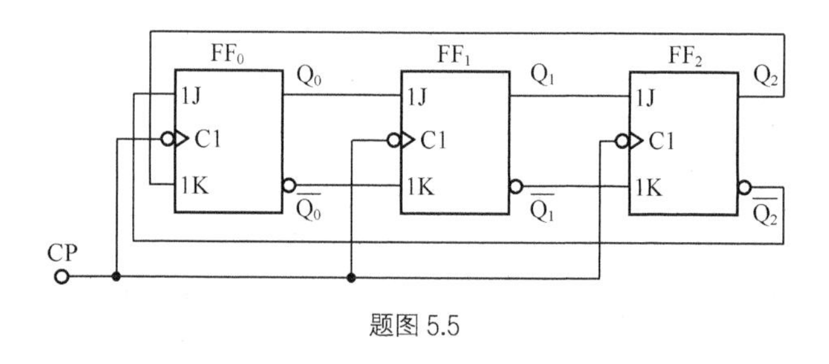

题图 5.5

习题 5.7 试画出题图 5.6 所示时序电路，写出驱动方程、状态方程；画出状态转换图；并分析电路的逻辑功能。

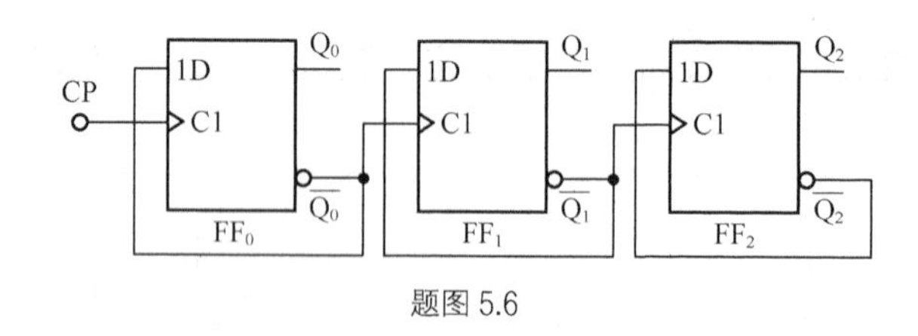

题图 5.6

习题 5.8 试画出题图 5.7 所示电路的时序图，并分析其功能。

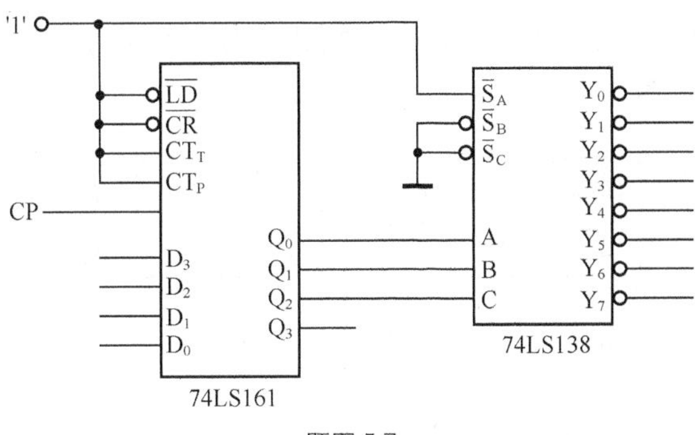

题图 5.7

习题 5.9　分析题图 5.8 所示电路，画出它们的状态图和时序图，指出各是几进制计数器。

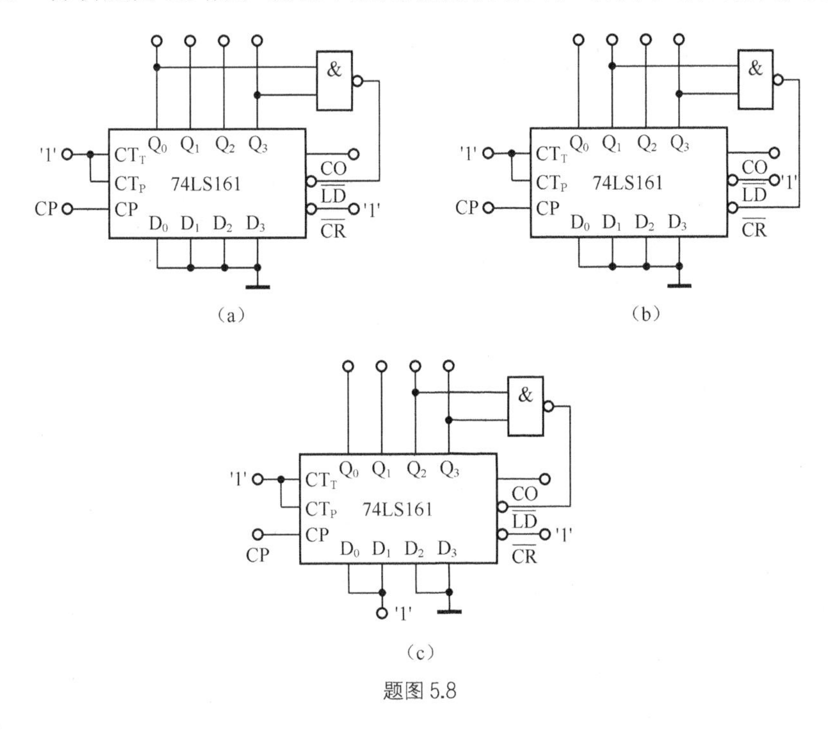

题图 5.8

习题 5.10　分析题图 5.9 所示电路，画出它们的状态图和时序图，指出各是几进制计数器。

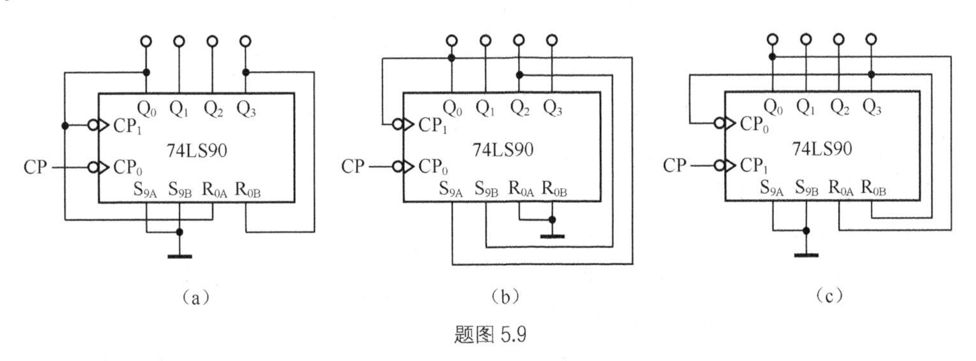

题图 5.9

习题 5.11 题图 5.10 所示电路均为可变进制计数器。试分别分析当控制变量 A 为 1 和 0 时电路分别为几进制计数器。

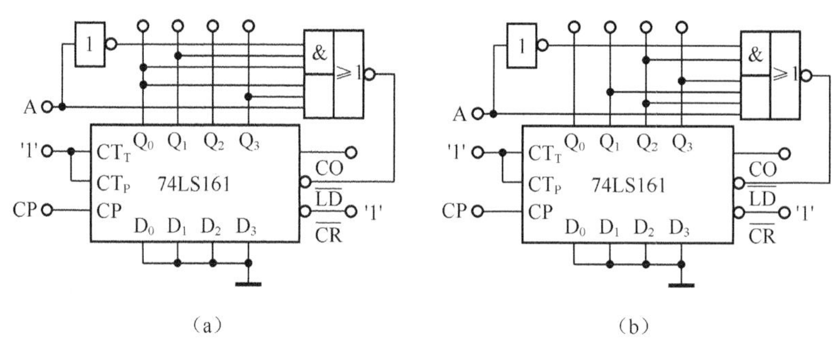

题图 5.10

习题 5.12 分析题图 5.11 所示电路，指出该电路为几进制计数器。

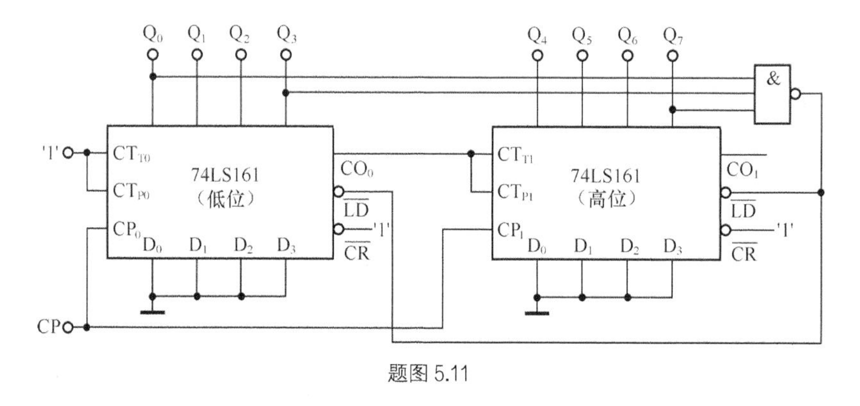

题图 5.11

习题 5.13 分析题图 5.12 所示电路，指出该电路为几进制计数器。

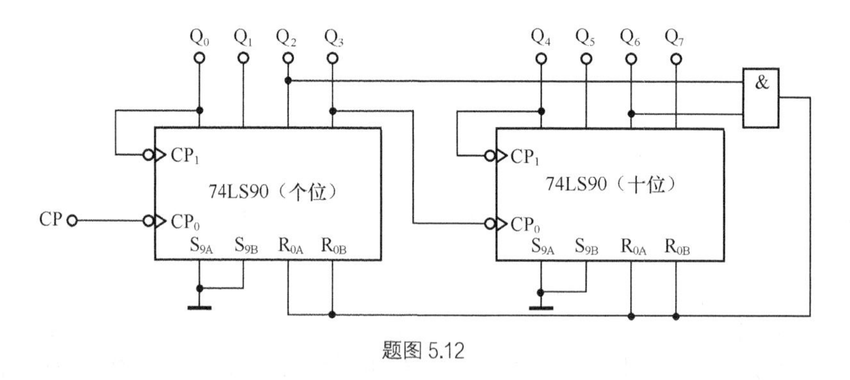

题图 5.12

习题 5.14 分别画出利用下列方法构成的 6 进制计数器的连线图。

（1）利用 74LS161 的异步清零功能。

（2）利用 74LS161 的同步置数功能。

（3）利用 74LS163 的同步清零功能。

（4）利用 74LS90 的异步清零功能。

习题 5.15 分别画出用 74LS161 的异步清零和同步置数功能构成的下列计数器的连线图。

（1）11 进制计数器。

（2）49 进制计数器。

（3）99 进制计数器。

（4）134 进制计数器。

习题 5.16 分别画出用 74LS90 构成下列按自然态序进行计数的各个计数器连线图。

（1）7 进制计数器。

（2）85 进制计数器。

（3）68 进制计数器。

（4）99 进制计数器。

习题 5.17 试用上升沿触发的 JK 触发器设计一个按自然态序进行计数的 8 进制同步加法计数器。

习题 5.18 题图 5.13 为 74LS194 构成的分频器，试分析其分频系数，要求列出状态表画出时序图。

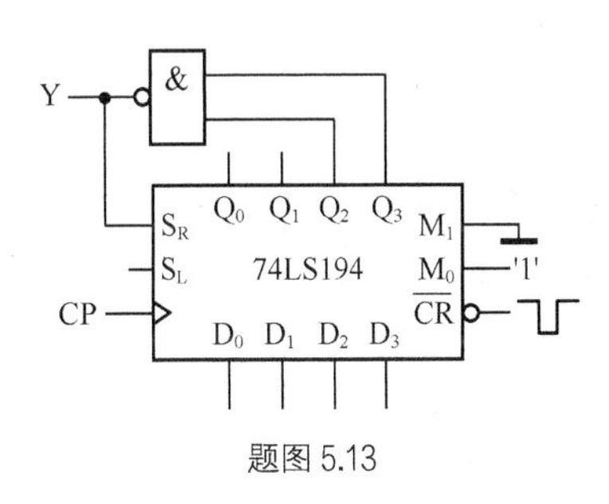

题图 5.13

习题 5.19 设计一个步进电机用的三相 6 状态的顺序脉冲发生器。如果用“1”表示线圈导通，用“0”表示线圈截止，则 3 个线圈 A、B、C 的状态转换图如题图 5.14 所示。在正转时控制输入端 G=1，反转时为 G=0。

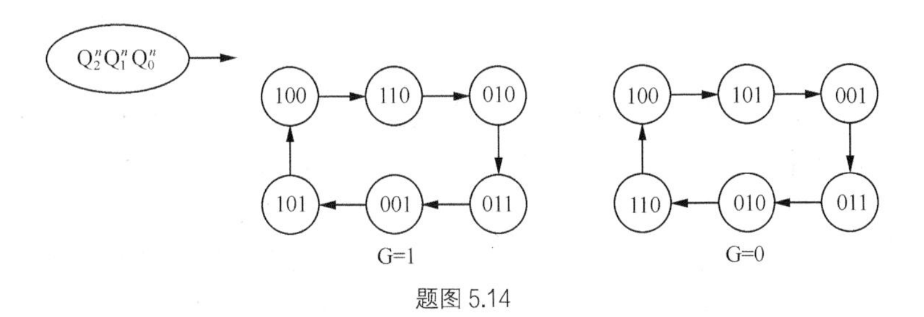

题图 5.14

习题 5.20 设计一个脉冲序列发生器，使之在 CP 脉冲的作用下，能够周期性地输出脉冲序列 010010001。

习题 5.21 试用上升沿触发的 D 触发器设计一个异步时序电路，要求状态图如题图 5.15 所示。

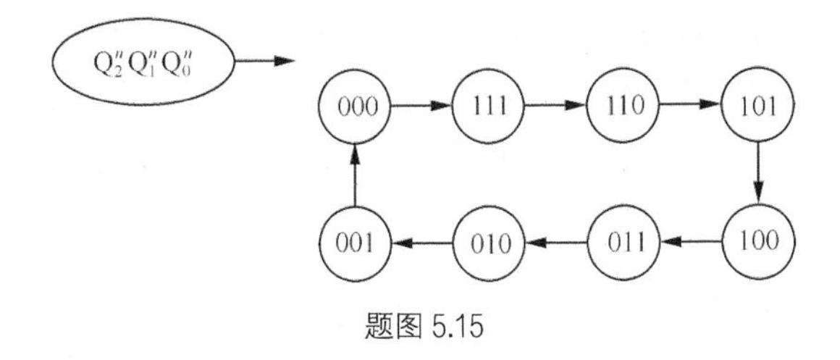

题图 5.15

习题 5.22 试用两片 74LS161 设计一个 1～12 循环计数的加法计数器。

第6章 脉冲产生与整形电路

本章要求学生掌握施密特触发器、单稳态触发器和多谐振荡器的特点，掌握555定时器构成以上3种电路的连接方法，并且了解常用的集成施密特触发器、集成单稳态触发器和石英晶体振荡器的功能及应用。本章学习的重点是施密特触发器、单稳态触发器、多谐振荡器的电路特点和应用，本章重点介绍了555定时器的应用。本章的难点是对多谐振荡器的工作原理、施密特触发器的滞回特性的理解以及对常用脉冲电路输出波形的分析。

6.1 概述

在数字系统中，不仅需要研究各单元电路之间的逻辑关系，还需要产生脉冲信号源作为系统的时钟。矩形脉冲常常用作数字系统的命令信号或同步时钟信号，因此波形的好坏将关系到电路能否正常运作。有关定量描述矩形脉冲的参数已在第2章中进行过介绍。

获取矩形脉冲波形的途径主要有两种，一种是利用各种形式的多谐振荡器电路直接产生所需要的矩形脉冲，另一种则是通过各种整形电路把已有的周期性变化的波形变换为符合要求的矩形脉冲，如施密特触发器、单稳态触发器等整形电路。当然，在采用整形的方法获取矩形脉冲时，是以能够找到一种频率和幅度都符合要求的已有的电信号为前提的。

6.2 施密特触发器

施密特触发器最重要的特点就是把变化非常缓慢的输入脉冲波形，整形成为数字电路需要的矩形脉冲。而且由于具有滞回特性，所以其抗干扰能力很强。施密特触发器在脉冲整形电路中得到了广泛应用。因此无论是在TTL电路中还是CMOS电路中，都有集成施密特触发器产品。

6.2.1 555定时器的电路结构及工作原理

555定时器最早是由美国的Signetics（西格尼蒂克）公司在1972年开发出来的，又称作555时基集成电路。555定时器是一种多用途的数字-模拟混合的中规模集成电路，利用它能极方便地构成施密特触发器、单稳态触发器和多谐振荡器。由于使用灵活、方便，所以555定时器被广泛地应用在波形产生与变换、工业自动控制、定时、仿声、电子乐器和防盗报警等方面。

555定时器能在很宽的电压范围内工作，并可承受较大的负载电流。双极型555定时器的电源电压范围为5~16V，最大的负载电流可达到200mA，CMOS型7555定时器的电源电压范围为3~18V，但最大负载电流在4mA以下。另外，555定时器还能提供与TTL、MOS电路相兼容的逻辑电平。正因为如此，国际上各主要的电子器件公司相继生产了各自的555定时器产品。尽管产品型号繁多，但所有双极型产品型号最后的3位数字都是555，所有CMOS产品型号最后的4位数字都是7555。而且，它们的功能和外部引脚的排列完全相同。为了提高集成度，Signetics随后又生产了双定时器产品556（双极型）和7556（CMOS型）。

图6.2.1（a）是国产双极型定时器CB555的电路结构图，其逻辑符号如图6.2.1（b）所示。

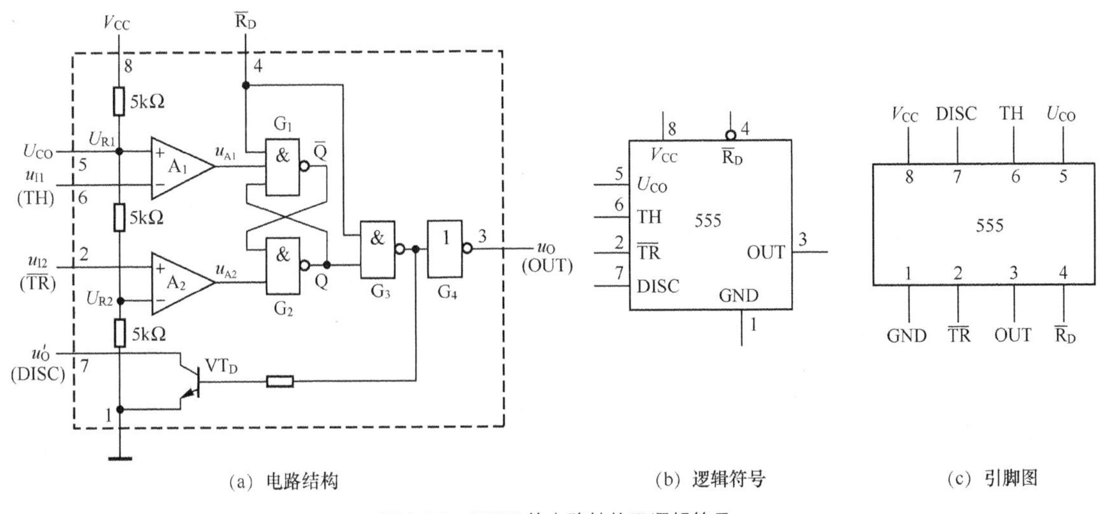

(a) 电路结构 (b) 逻辑符号 (c) 引脚图

图6.2.1 CB555的电路结构及逻辑符号

它的内部结构由比较器C_1和C_2、基本RS触发器和集电极开路的放电三极管VT_D三部分组成。比较器前接有3个5kΩ电阻构成的分压器，555也是由此得名。

u_{I1}是比较器A_1的输入端（也称阈值端，用TH标注），u_{I2}是比较器A_2的输入端（也称触发端，用$\overline{TR}$标注）。A_1和A_2的参考电压（电压比较器的基准）U_{R1}和U_{R2}由V_{CC}经3个5kΩ电阻分压给出。在控制电压输入端U_{CO}悬空时，$U_{R1}=\frac{2}{3}V_{CC}$，$U_{R2}=\frac{1}{3}V_{CC}$。如果U_{CO}外接固定电压，则$U_{R1}=U_{CO}$，$U_{R2}=\frac{1}{2}U_{CO}$。

$\overline{R}_D$是置零输入端，只要在$\overline{R}_D$端加上低电平，输出端u_O便立即被置成低电平，不受其他输入端状态的影响。正常工作时，必须使$\overline{R}_D$端处于高电平。

在输出端设置缓冲器G_4，是为了提高电路的带负载能力。如果将u_O'端经过电阻接到电源上，那么只要这个电阻的阻值足够大，u_O为高电平时u_O'也一定为高电平，u_O为低电平时u_O'也一定为低电平。

由图6.2.1（a）可知，当$u_{I1}>U_{R1}$，$u_{I2}>U_{R2}$时，比较器A_1的输出$u_{A1}=0$，比较器A_2

的输出$u_{A2}=1$，基本RS触发器被置成0态，由于正常工作时$\overline{R}_D=1$，VT_D导通，同时u_O为低电平。

当$u_{I1}<U_{R1}$，$u_{I2}>U_{R2}$时，$u_{A1}=1$，$u_{A2}=1$，基本RS触发器的状态保持不变，因而VT_D和输出的状态也维持不变。

当$u_{I1}<U_{R1}$，$u_{I2}<U_{R2}$时，$u_{A1}=1$，$u_{A2}=0$，基本RS触发器被置成1态，由于正常工作时$\overline{R}_D=1$，所以u_O为高电平，同时VT_D截止。

当$u_{I1}>U_{R1}$，$u_{I2}<U_{R2}$时，$u_{A1}=0$，$u_{A2}=0$，基本RS触发器处于$Q=\overline{Q}=1$的状态，u_O为高电平，同时VT_D截止。

将以上分析情况汇总后形成了表6.2.1所示的CB555的功能表。

表6.2.1　　CB555的功能表

输　入			输　出	
$\overline{R}_D$	u_{I1}	u_{I2}	u_O	VT_D
0	×	×	低电平	导通
1	$>U_{R1}$	$>U_{R2}$	低电平	导通
1	$<U_{R1}$	$>U_{R2}$	不变	不变
1	$<U_{R1}$	$<U_{R2}$	高电平	截止
1	$>U_{R1}$	$<U_{R2}$	高电平	截止

施密特触发器（Schmitt Trigger）是一种经常使用的脉冲波形变换电路，它有两个稳定状态，是双稳态触发器的一个特例。它具有以下特点。

（1）施密特触发器是一种电平触发器，它能将变化缓慢的信号（如正弦波、三角波及各种周期性变化的不规则波形）变换为边沿陡峭的矩形波。

（2）施密特触发器具有两个门限电压。输入电压信号从低电平上升的过程中电路状态转换时对应的输入信号电压值U_{T+}，与输入信号从高电平下降的过程中对应的输入信号电压值U_{T-}是不同的，即电路有回差（Backlash）特性。

由于施密特触发器具有这样两个特点，在实际应用中，不仅可以将边沿变化缓慢的电压信号波形整形为接近于理想的矩形波形，也可以将夹杂在信号中的干扰噪声电压信号有效地消除。

6.2.2　由555定时器构成的施密特触发器

1．电路结构

将555定时器的阈值端TH(6脚)和触发端$\overline{TR}$(2脚)连接在一起作为信号输入端，即可得到施密特触发器，为了提高比较器参考电压U_{R1}和U_{R2}的稳定性，通常在U_{CO}（5脚）端接有0.01μF左右的滤波电容，电路如图6.2.2所示。

由于555定时器的比较器A_1和A_2的参考电压不同。因此，输出电压u_O由高电平变为低电平和由低电平变为高电平所对应的u_I值也不相同，这样就满足了施密特触发器的特点。

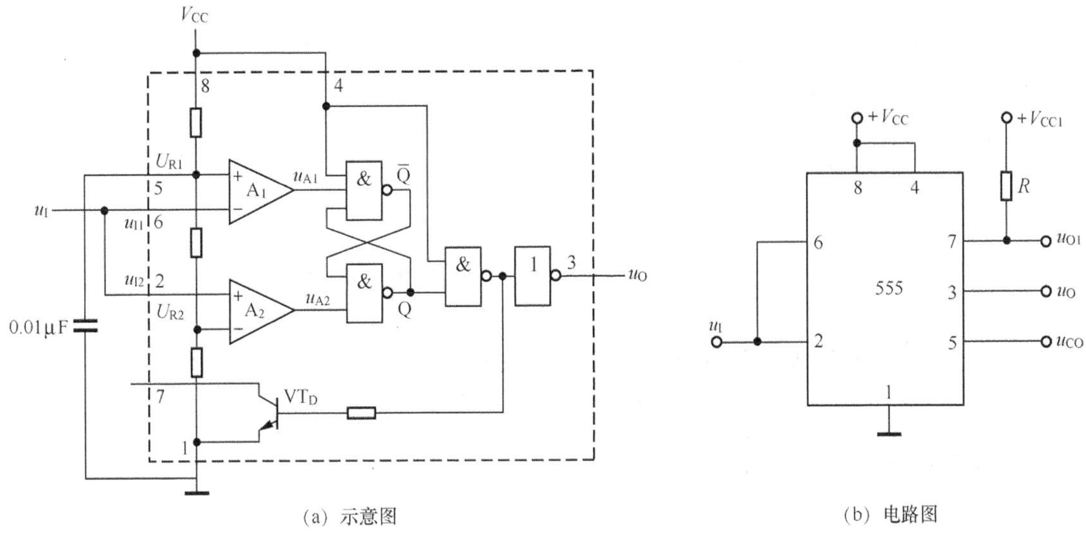

(a) 示意图　　(b) 电路图

图 6.2.2　用 555 定时器构成的施密特触发器

2. 工作原理

(1) u_I 上升过程

当 $u_I < U_{R2}$ 时，即 $u_{I1} < U_{R1}$，$u_{I2} < U_{R2}$ 时，由 555 定时器的功能表（见表 6.2.1）可知，$u_O = U_{OH}$。随着 u_I 的上升，当 $U_{R2} < u_I < U_{R1}$ 时，即 $u_{I1} < U_{R1}$，$u_{I2} > U_{R2}$ 时，$u_O = U_{OH}$ 保持不变。u_I 继续上升，当 $u_I > U_{R1}$ 时，即 $u_{I1} > U_{R1}$，$u_{I2} > U_{R2}$ 时，$u_O = U_{OH}$。

因此，在 u_I 上升过程中，电路状态发生转换时对应的输入电压（上限阈值电压）U_{T+} 为

$$U_{T+} = U_{R1} \tag{6.2.1}$$

(2) u_I 下降过程

当 $u_I > U_{R1}$ 时，即 $u_{I1} > U_{R1}$，$u_{I2} > U_{R2}$ 时，$u_O = U_{OL}$。随着 u_I 的下降，当 $U_{R2} < u_I < U_{R1}$ 时，即 $u_{I1} < U_{R1}$，$u_{I2} > U_{R2}$ 时，$u_O = U_{OL}$ 保持不变。u_I 继续下降，当 $u_I < U_{R2}$ 时，即 $u_{I1} < U_{R1}$，$u_{I2} < U_{R2}$ 时，$u_O = U_{OL}$。

因此，在 u_I 下降过程中，电路状态发生转换时对应的输入电压（下限阈值电压）U_{T-} 为

$$U_{T-} = U_{R2} \tag{6.2.2}$$

因此得到电路的回差电压为

$$\Delta U_T = U_{T+} - U_{T-} = U_{R1} - U_{R2} \tag{6.2.3}$$

若 U_{CO} 悬空，则 $\Delta U_T = \frac{1}{3}V_{CC}$；若 U_{CO} 外接固定电压，则 $\Delta U_T = \frac{1}{2}U_{CO}$，通过调整 U_{CO} 的值可以调节回差电压的大小。

555 定时器构成的施密特触发器的电压传输特性如图 6.2.3（a）所示，它是一个典型的反相输出施密特触发器。逻辑符号如图 6.2.3（b）所示。

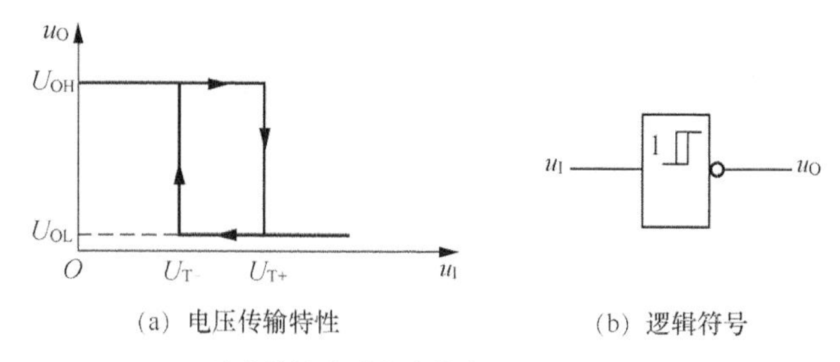

（a）电压传输特性　　（b）逻辑符号

图 6.2.3　施密特触发器电路的电压传输特性和逻辑符号

6.2.3　由逻辑门电路构成的施密特触发器

采用 CMOS 门电路组成的施密特触发器如图 6.2.4 所示，该电路是由反相器和电阻组成的。将两级反相器串接起来，同时经过分压电阻将输出端的电压反馈到输入端，就形成了一个具有施密特触发特性的电路。

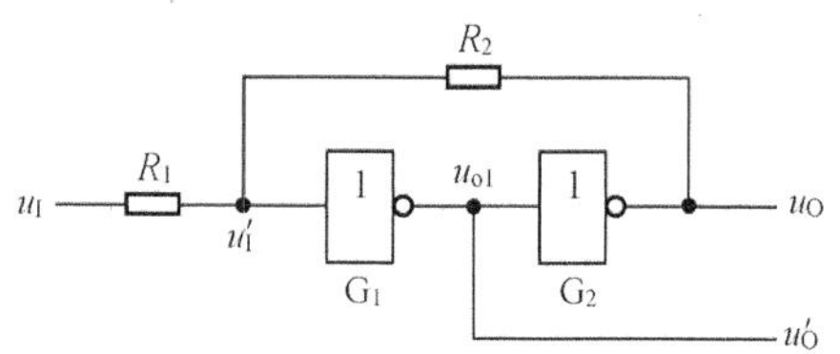

图 6.2.4　用 CMOS 反相器构成的施密特触发器

假定反相器 G_1 和 G_2 是 CMOS 电路，它们的阈值电压为 $U_{TH} \approx \frac{1}{2}V_{DD}$，且 $R_1<R_2$。

当 $u_I=0$ 时，因 G_1、G_2 接成了正反馈电路，所以 $u_O=U_{OL}\approx0$，这时 G_1 的输入 $u_I'\approx0$。

当 u_I 从 0 逐渐升高并达到 $u_I'=U_{TH}$ 时，由于 G_1 进入了电压传输特性的转折区（放大区），所以 u_I' 的增加将引发下面的正反馈过程。

$$u_I'\uparrow \rightarrow u_{O1}\downarrow \rightarrow u_O\uparrow$$

于是，电路的状态迅速地转换为 $u_O=U_{OH}\approx V_{DD}$。由此便可以求出 u_I 上升过程中电路状态发生转换时对应的输入电平。因为这时有

$$u_I'=U_{TH}\approx\frac{R_2}{R_1+R_2}U_{T+}$$

所以

$$U_{T+}=\frac{R_1+R_2}{R_2}U_{TH}=\left(1+\frac{R_1}{R_2}\right)U_{TH} \tag{6.2.4}$$

当 u_I 从高电平 V_{DD} 逐渐下降并达到 $u_I'=U_{TH}$ 时，u_I' 的下降会引发又一个正反馈过程

$$u_I'\downarrow \rightarrow u_{O1}\uparrow \rightarrow u_O\downarrow$$

使电路的状态迅速转换为 $u_O=U_{OL}\approx0$。由此又可以求出 u_I 下降过程中电路状态发生转换时对应的输入电平 U_{T-}。由于这时有

$$u_I'=U_{TH}=V_{DD}-(V_{DD}-U_{T-})\frac{R_2}{R_1+R_2}$$

所以　$U_{T-}=\frac{R_1+R_2}{R_2}U_{TH}-\frac{R_1}{R_2}V_{DD}$

将 $V_{DD}=2U_{TH}$ 代入上式后得到

$$U_{T-}=\left(1-\frac{R_1}{R_2}\right)U_{TH} \tag{6.2.5}$$

根据式（6.2.4）和式（6.2.5）得到图 6.2.4 电路的回差电压

$$\Delta U_T=U_{T+}-U_{T-}=2(R_1/R_2)U_{TH} \tag{6.2.6}$$

根据式（6.2.4）和式（6.2.5）画出的电压传输特性如图 6.2.5（a）所示。因为u_O和u_I的高、低电平是同相的，所以也将这种形式的电压传输特性称为同相输出的施密特触发特性。

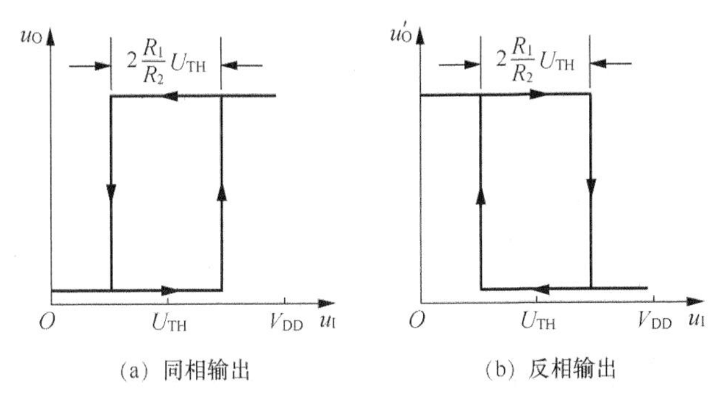

（a）同相输出　　（b）反相输出

图 6.2.5　CMOS 反相器构成的施密特触发电路的电压传输特性

通过改变 R_1 和 R_2 的比值，可以调节U_{T+}、U_{T-}和回差电压的大小。但 R_1 必须小于 R_2，否则电路将进入自锁状态，不能正常工作。

6.2.4　集成施密特触发器

由于施密特触发器的应用非常广泛，所以无论是在 TTL 电路中还是在 CMOS 电路中，都有集成的施密特触发器产品。下面以 TTL 集成施密特触发器 74LS14 为例进行介绍。

图 6.2.6 所示的为 74LS14 反相施密特触发器的电路图。电源电压为 5V，图中 VD_1 和 VD_2 构成输入电路，其输出作为施密特触发器的输入信号；VT_1 和 VT_2 构成具有回差特性的施密特电路；输出级具有逻辑非功能。这样整个电路构成反相施密特触发器。

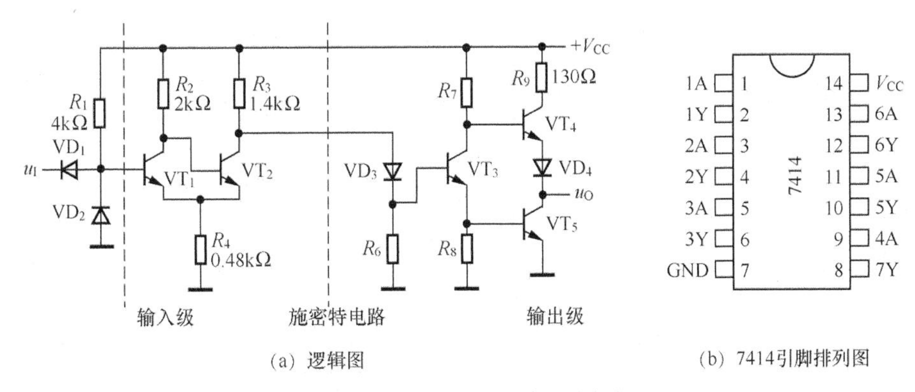

（a）逻辑图　　（b）7414引脚排列图

图 6.2.6　74LS14 反相施密特触发器

常用的 TTL 集成施密特触发器的型号还有四输入与非的施密特触发器 74LS13、四-二输入与非的施密特触发器 74LS132、CMOS 集成施密特触发器如 CC40106 等。具体的上、下限阈值电压，可查阅使用手册。表 6.2.2 所示的为 TTL 施密特触发器门电路几个主要参数的典型值。

表 6.2.2　　TTL 施密特触发器门电路几个主要参数

型号	延迟时间/ns	门功耗/mW	U_{T+} /V	U_{T-} /V
7414	15	25.5	1.7	0.9
74LS14	15	8.6	1.6	0.8
74132	15	25.5	1.7	0.8
74LD132	15	8.8	1.6	0.8

TTL 与非门施密特触发器有一下几个特点。

（1）即使输入信号的边沿变化非常缓慢，电路也可以正常工作；

（2）对于阈值电压和滞回电压均有温度补偿；

（3）带负载能力和抗干扰能力强。

6.2.5　施密特触发器的应用

1. 脉冲整形

在数字通信系统中，脉冲信号在传输过程中经常发生畸变，如传输线上电容较大，会使波形的上升沿、下降沿明显变坏，如图 6.2.7（a）所示的u_I。当传输线较长，而且阻抗不匹配时，在波形的上升沿和下降沿将产生振荡，如图 6.2.7（b）所示的u_I。当其他脉冲信号通过导线间的分布电容或公共电源线叠加到矩形脉冲信号时，信号将出现附加噪声，如图 6.2.7（c）所示的u_I。为此，必须对发生畸变的脉冲波形进行整形。利用施密特触发器对畸变了的脉冲进行整形可以取得较为理想的效果（图 6.2.7 中均采用的是反相施密特触发器）。由图 6.2.7 可见，只要施密特触发器的U_{T+}和U_{T-}选择合适，均能收到满意的整形效果。

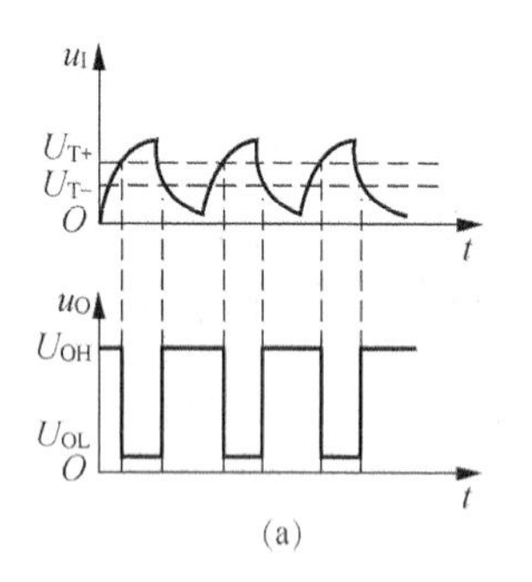

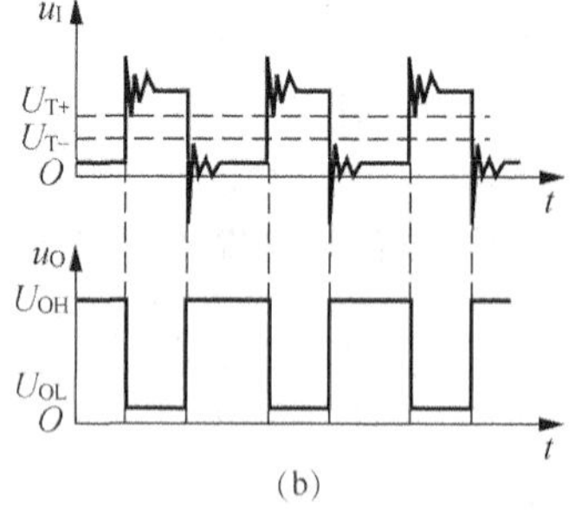

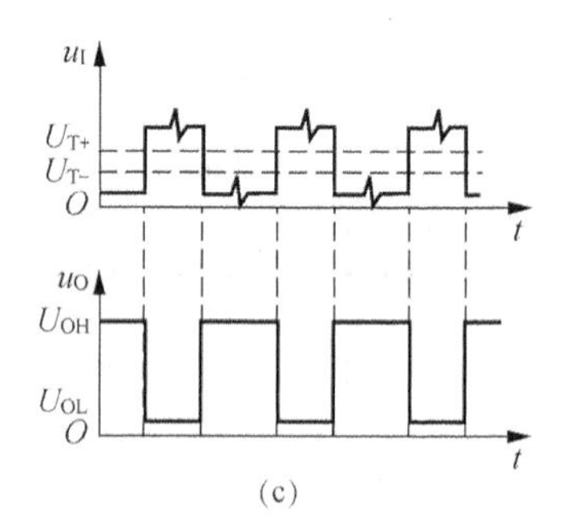

图 6.2.7　用施密特触发器对脉冲整形

2. 波形变换

利用施密特触发器状态转换过程中的正反馈作用，可以把边沿变化缓慢的周期性信号变换为边沿很陡的矩形脉冲信号。

在图6.2.8中，输入信号为正弦波，只要输入信号的幅度大于 U_{T+}，即可在施密特触发器的输出端得到同频率的矩形脉冲信号。

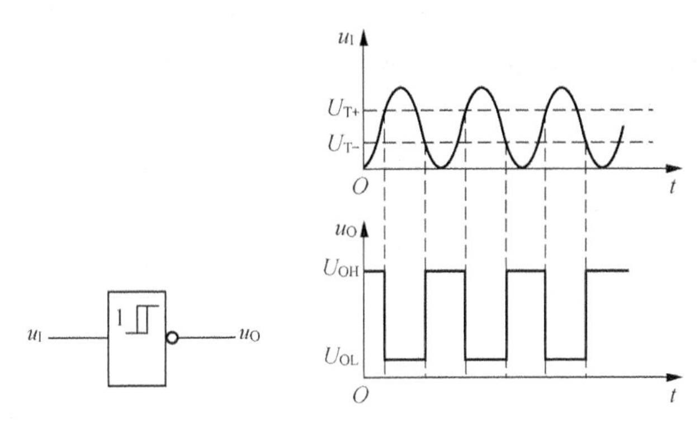

图6.2.8 用施密特触发器实现波形变换

3. 脉冲鉴幅

图6.2.9所示的为利用施密特触发器鉴别脉冲幅度。若将一系列幅度不等的脉冲信号加到施密特触发器的输入端时，施密特触发器能将幅度大于 U_{T+}的脉冲选出，具有脉冲鉴幅的能力。

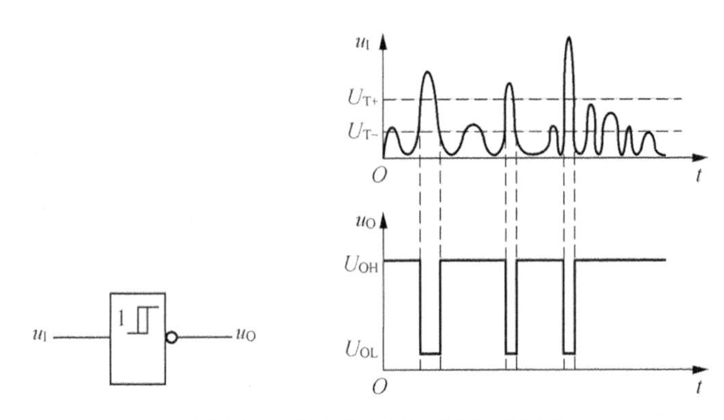

图6.2.9 用施密特触发器鉴别脉冲幅度

6.3 多谐振荡器

多谐振荡器（Astable Multivibrator）是一种自激振荡器，在接通电源后，不需要外加触发信号就可以自动地产生矩形波。由于矩形波含有丰富的高次谐波成分，所以矩形波振荡器又称为多谐振荡器。多谐振荡器没有稳定的状态，只有两个暂稳态，又称为无稳态电路。因为多谐振荡器产生矩形波的幅度和宽度都是一定的，所以它常用来作脉冲信号源。

6.3.1　由 555 定时器构成的多谐振荡器

1. 电路结构

前面已经介绍过，施密特触发器具有滞回特性，假如能使它的输入电压在 U_{T+} 和 U_{T-} 之间不停地往复变化，那么在其输出端就可以得到一系列矩形波了。因此，首先将 555 定时器的 TH（6 脚）和 $\overline{TR}$（2 脚）端连在一起接成施密特触发器，然后将输出 u_O 经 RC 积分电路接回到输入端就可以了。

为了减轻门 G_4 的负载，在电容 C 的容量较大时，不宜直接由 G_4 提供电容的充、放电电流。为此，将电路中的 VT_D 与 R_1 接成一个反相器，它的输出 u_O' 与 u_O 在高、低电平状态上完全相同。将 u_O' 经 R_2 和 C 组成的积分电路接到施密特触发器的输入端同样也能构成多谐振荡器，如图 6.3.1 所示。

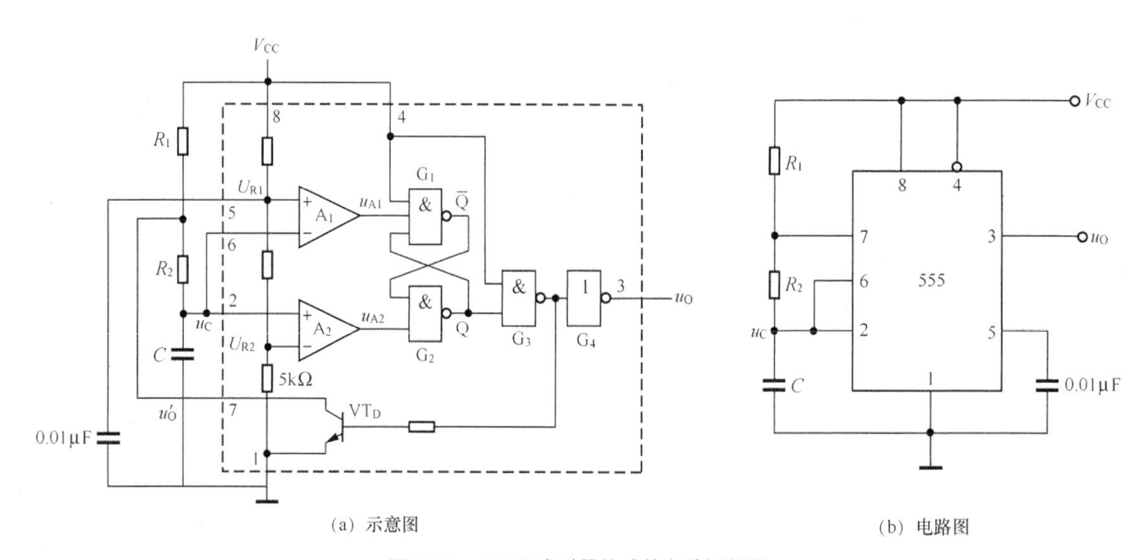

图 6.3.1　用 555 定时器构成的多谐振荡器

2. 工作原理

当电源接通后，电容 C 来不及充电，所以 u_C 为低电平，输出 u_O 为高电平，三极管 VT_D 截止，这样电源 V_{CC} 经电阻 R_1 和 R_2 对电容 C 充电。

随着充电的进行，u_C 电位升高，当升高到略大于 $\frac{2}{3}V_{CC}$ 时，输出 u_O 变为低电平，使 VT_D 导通，此时电容 C 经电阻 R_2、三极管 VT_D 放电。

随着放电的进行，u_C 电位降低，当下降到略小于 $\frac{1}{3}V_{CC}$ 时，输出 u_O 变为高电平，使 VT_D 截止，这样电源 V_{CC} 经电阻 R_1 和 R_2 对电容 C 充电。

如此循环往复下去，在输出端就得到了一系列矩形波。u_C 和 u_O 的波形如图 6.3.2 所示。

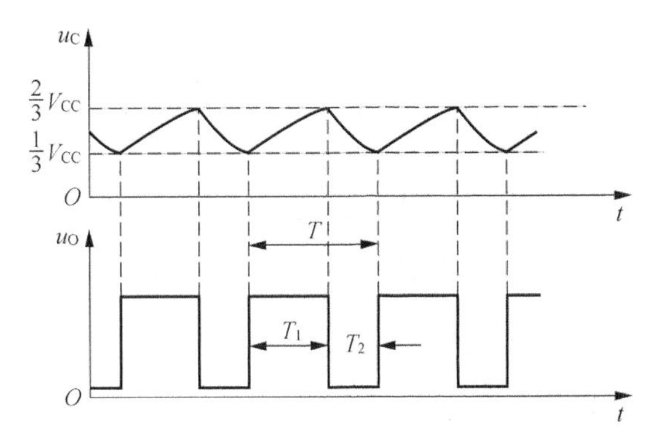

图 6.3.2 多谐振荡器的工作波形

由图 6.3.2 中 u_C 的波形，求得电容 C 的充电时间 T_1 和放电时间 T_2 分别为

$$T_1 = (R_1 + R_2)C\ln\frac{V_{CC} - U_{T-}}{V_{CC} - U_{T+}} = (R_1 + R_2)C\ln 2 = 0.7(R_1 + R_2)C \tag{6.3.1}$$

$$T_2 = R_2 C\ln\frac{0 - U_{T-}}{0 - U_{T+}} = R_2 C\ln 2 = 0.7R_2 C \tag{6.3.2}$$

故电路的振荡周期为

$$T = T_1 + T_2 = (R_1 + 2R_2)C\ln 2 = 0.7(R_1 + 2R_2)C \tag{6.3.3}$$

振荡频率为

$$f = \frac{1}{T} = \frac{1}{(R_1 + 2R_2)C\ln 2} = \frac{1}{0.7(R_1 + 2R_2)C} \tag{6.3.4}$$

占空比为

$$q = \frac{T_1}{T} = \frac{R_1 + R_2}{R_1 + 2R_2} \tag{6.3.5}$$

同样道理，任意一个施密特触发器只要将输出 u 经 RC 积分电路接回到输入端，就可以接成多谐振荡器，其电路如图 6.3.3 所示。

由式（6.3.5）可以看出，图 6.3.1 所示电路的占空比大于 50%，电路输出高、低电平的时间不可能相等（即不可能输出方波）。另外，电路参数确定之后，占空比不可调。为了获得占空比可调的多谐振荡器，在图 6.3.1 所示电路的基础上增加一个电位器和两个二极管，就可以构成一个占空比可调的多谐振荡器，其电路如图 6.3.4 所示。由于接入了二极管 VD_1 和 VD_2，电容的充电电流和放电电流流经不同的路径，充电回路为 V_{CC} 经 R_1、VD_1 对 C 充电，而放电回路为 C 经 VD_2、R_2、VT_D 放电，因此电容的充电时间为

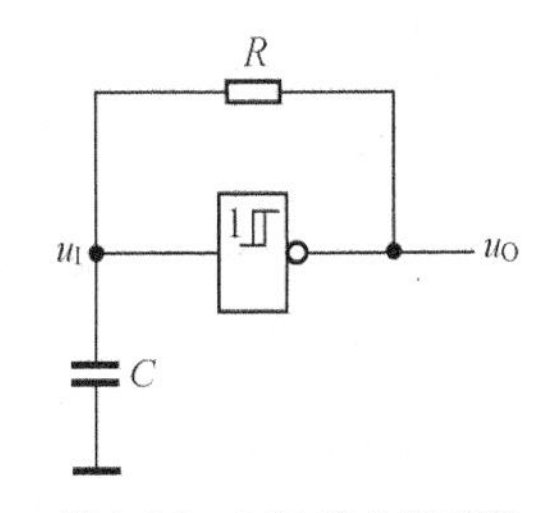

图 6.3.3 用施密特触发器构成的多谐振荡器

$$T_1 = R_1 C\ln 2 = 0.7R_1 C \tag{6.3.6}$$

而放电时间为

$$T_2 = R_2 C \ln 2 = 0.7 R_2 C \tag{6.3.7}$$

输出脉冲的占空比为

$$q = \frac{R_1}{R_1 + R_2} \tag{6.3.8}$$

图 6.3.5 所示的为用施密特触发器构成的占空比可调的多谐振荡器。

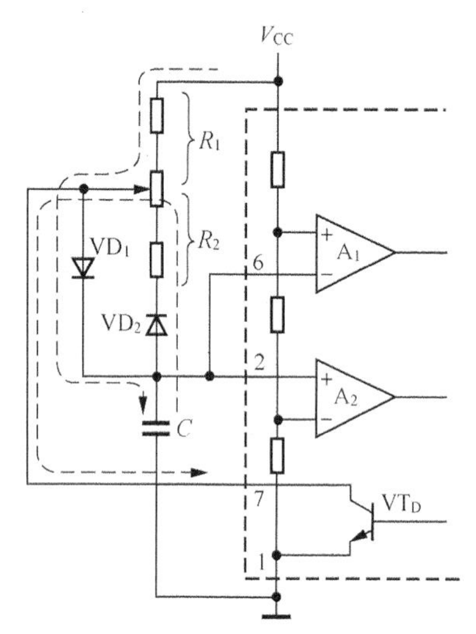

图 6.3.4　用 555 定时器构成的占空比可调的多谐振荡器

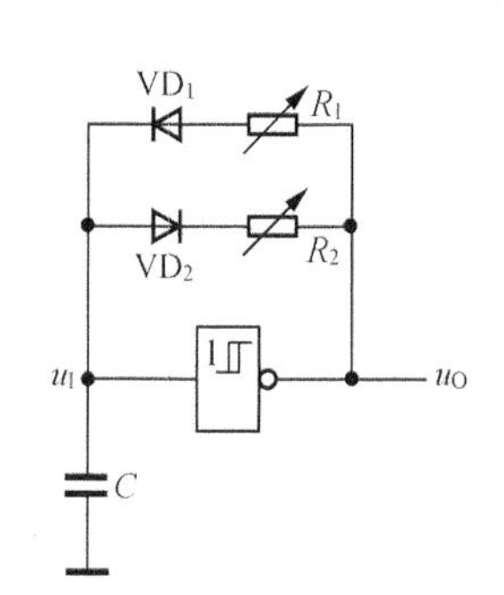

图 6.3.5　用施密特触发器构成的占空比可调的多谐振荡器

由式（6.3.8）可以看出，图 6.3.4 和图 6.3.5 所示的电路只要改变电位器滑动端的位置，即可达到调节占空比的目的。当 $R_1=R_2$ 时，占空比 $q=1/2$，即电路输出的高、低电平的时间相等，即为方波。

6.3.2　由逻辑门电路构成的多谐振荡器

图 6.3.6 为由 TTL 门电路组成的对称多谐振荡器的电路结构和电路符号。图中 G_1、G_2 两个反相器之间经电容 C_1 和 C_2 耦合形成正反馈回路，使 G_1 和 G_2 工作在电压传输特性的转折区，这时，两个反相器都工作在放大区。由于 G_1 和 G_2 的外部电路对称，因此又称为对称多谐振荡器。

u_{O1} 为低电平 0、u_{O2} 为高电平 1 时，称为第一暂稳态；u_{O1} 为高电平 1、u_{O2} 为低电平 0 时，称为第二暂稳态。

接通电源后，由于某种原因使 u_{I1} 产生了很小的正跃变，经 G_1 放大后，输出 u_{O1} 产生负跃变，经 C_1 耦合使 u_{I2} 随之下降，G_2 输出 u_{O2} 产生较大的正跃变，通过 C_2 耦合，使 u_{I1} 进一步增大，于是电路产生正反馈过程。反馈电路波形如图 6.3.7 所示。

正反馈使电路迅速翻到 G_1 开通、G_2 关闭的状态。输出 u_{O1} 负跃变到低电平 U_{OL}，u_{O2} 正跃变到高电平 U_{OH}，电路进入第一暂稳态。

G_2 输出 u_{O2} 的高电平经 C_2、R_{F1}、G_1 的输出电阻对电容 C_2 进行反向充电，使 u_{I1} 下降。同时，u_{O2} 的高电平又经 R_{F2}、C_1 的输出电阻对 C_1 充电，u_{I2} 随之上升，当 u_{I2} 上升到 G_2 的阈值电平 U_{TH} 时，电路又产生另一个正反馈过程。

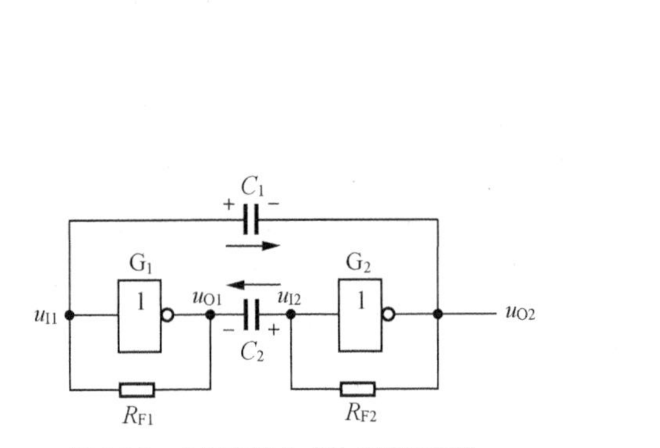

图 6.3.6 由门电路构成的多谐振荡器

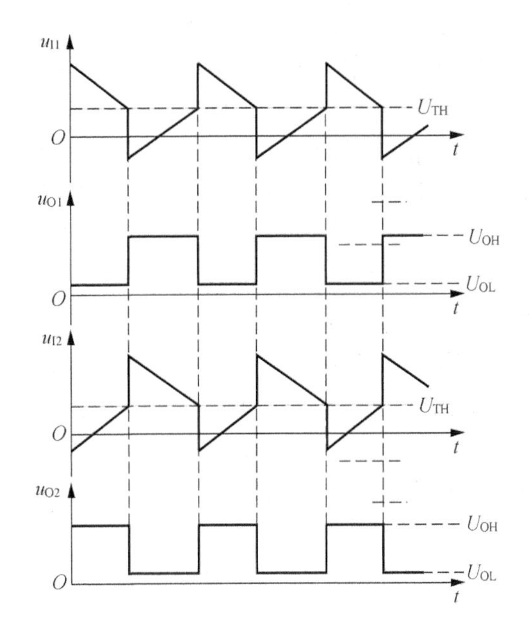

图 6.3.7 由门电路构成的多谐振荡器的输出波形图

正反馈的结果使 G_2 开通，输出 u_O 由高电平 U_{OH} 跃变到低电平 U_{OL}，通过电容 C_2 的耦合，u_{I1} 迅速下降到小于 G_1 的阈值电压 U_{TH}，使 G_1 关闭，它的输出由低电平 U_{OL} 跃变到高电平 U_{OH}，电路进入第二暂稳态。

接着，G_1 输出的高电平 u_{O1} 经 C_1、R_{F2} 和 G_2 的输出电阻对 C_1 进行反向充电，u_{I2} 随之下降，同时，G_1 输出 u_{O1} 的高电平经 R_{F1}、C_2 和 G_2 的输出电阻对 C_2 进行充电，u_{I1} 随之升高。当 u_{I1} 上升到 G_1 的 U_{TH} 时，G_1 开通、G_2 关闭，电路又返回到第一暂稳态。

由以上分析可知，由于电容 C_1 和 C_2 交替进行充电和放电，电路的两个暂稳态自动相互交替，从而使电路产生振荡，输出周期性的矩形脉冲。

如多谐振荡器采用 CT74H 系列与非门组成，当取 $R_{F1}=R_{F2}=R_F$、$C_1=C_2=C$、$U_{TH}=1.4V$、$U_{OH}=3.6V$、$U_{OL}=0.3V$ 时，振荡周期 T 可用下式估算：

$$T=2t_W\approx 1.4R_FC \tag{6.3.9}$$

当取 $R_F=1K\Omega$、$C=100\ pF\sim 100\mu F$ 时，则该电路的振荡频率可在几赫到几兆赫的范围内变化，这时 $t_{W1}=t_{W2}=t_W\approx 0.7R_FC$，输出矩形脉冲的宽度与间隔时间相等。

6.3.3 石英晶体多谐振荡器

在许多场合下对多谐振荡器的振荡频率有严格的要求。例如，将多谐振荡器作为数字钟的脉冲源，它的频率稳定性将直接影响计时的准确性。这时可以采用石英晶体多谐振荡器。

图 6.3.8 给出了石英晶体（Crystal）的符号和电抗的频率特性。由石英晶体的电抗频率特性可知，当外加电压的频率为 f_0 时它的阻抗最小，所以把它接入多谐振荡器的反馈环路中以后，频率为 f_0 的电压信号最容易通过它，并在电路中形成正反馈，而其他频率的信号经过石英晶体时被衰减。因此，振荡器的工作频率也必然是 f_0。

由石英晶体组成的多谐振荡器电路如图 6.3.9 所示。其工作原理是：为了产生自激振荡，电路就不能有稳定状态。因此要设法使门电路 G_1 和 G_2 工作在线性区，即放大区，为此两个门电路分别连接了反馈电路 R_1 和 R_2。

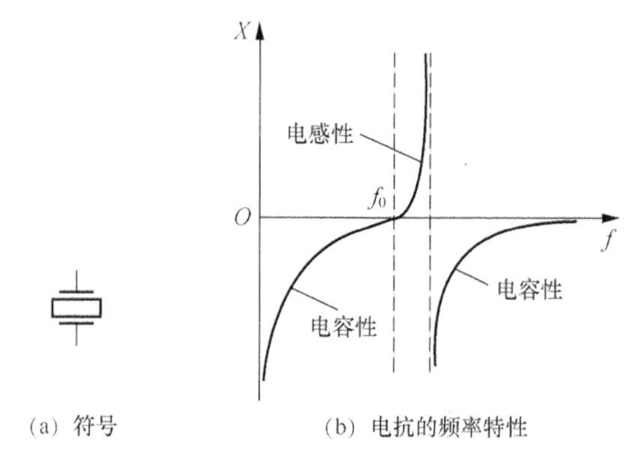

(a) 符号 (b) 电抗的频率特性

图 6.3.8 石英晶体振荡器的符号和电抗的频率特性

设电路接通电源时，门电路 G_1 的输出为高电平，门电路 G_2 输出为低电平，在不考虑石英晶体作用的情况下，G_1 高电平输出通过电阻 R_1 对电容 C_2 充电，使门电路 G_1 输入端的电压增大为高电平，输出跳变成低电平。与此同时，电容 C_1 在门电路 G_2 输入端的高电平，通过电阻 R_2 放电，使门电路 G_2 输入端的电压减少为低电平，输出跳变成高电平，实现门电路 G_1 的输出从高电平跳变成低电平，门电路 G_2 的输出从低电平跳变成高电平的一次翻转，电路周而复始地翻转产生方波信号输出。

晶振在电路中的作用是选频网络，当电路的振荡频率等于晶振的固有振荡频率 f_0 时，频率 f_0 的信号最容易通过晶振和 C_2 所在的支路形成正反馈，促进电路产生振荡，输出方波信号。

对于 TTL 门电路，图 6.3.9 所示的电路中电阻 R_1 和 R_2 的取值为 0.7kΩ~2kΩ。对于 CMOS 门电路，电路中电阻 R_1 和 R_2 的取值为 10MΩ~100MΩ。

当门电路为 CMOS 器件时，石英晶体多谐振荡器电路的组成采用图 6.3.10 所示的形式更为简单。图中门电路 G、电阻 R、电容 C_1、C_2 和晶振组成电容三点式振荡电路，产生频率为 f_0 的正弦波振荡，输出频率为 f_0 的正弦波信号。

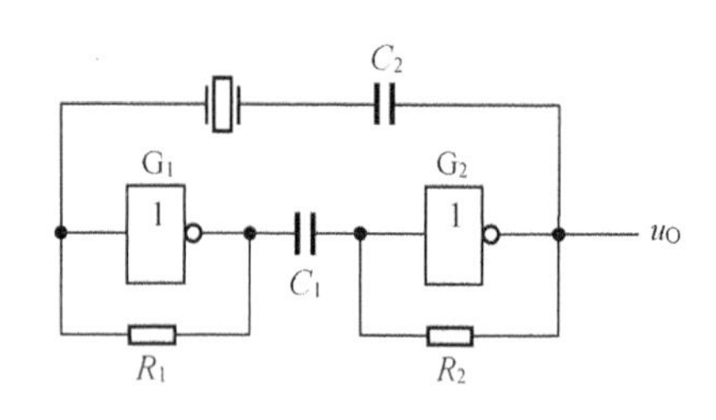

图 6.3.9 石英晶体多谐振荡器

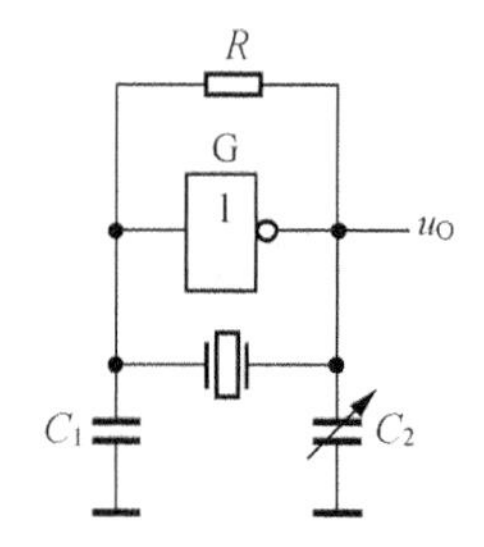

图 6.3.10 用 CMOS 器件组成的多谐振荡器

6.3.4 多谐振荡器的应用举例

多谐振荡器是一种自激振荡器，接通电源后不需要外加触发信号便能自动产生矩形脉冲。所以这种电路在实际生活中应用非常广泛，现以以下几种应用为例，让大家了解多谐振荡器在生产生活中的应用。

1. 模拟声响电路

图 6.3.11（a）所示的为模拟声响电路，该电路是将振荡器 I 的输出电压 u_{O1} 接到振荡器 II 中 555 定时器的复位端（4 脚），当 u_{O1} 为高电平时，振荡器 II 振荡，为低电平时，555 定

时器复位，振荡器Ⅱ停止振荡。接通电源，试听音响效果。调换外接阻容元件，再试听音响效果，此时扬声器发出“呜……呜……”的间隙声响。输出波形如图 6.3.11（b）所示。

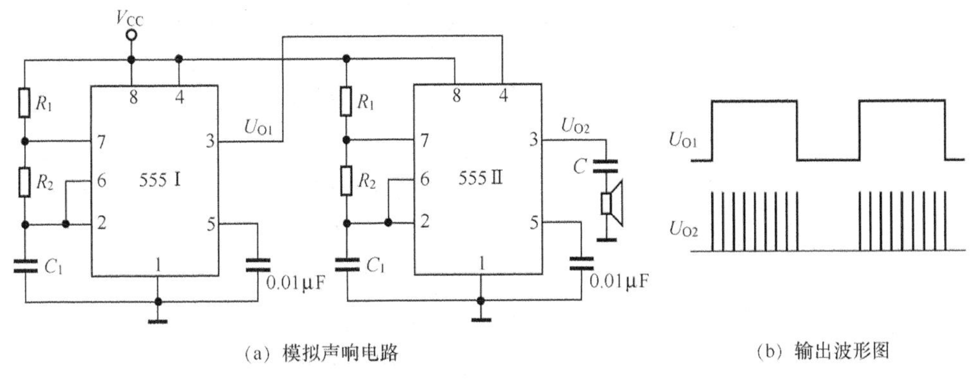

（a）模拟声响电路　　（b）输出波形图

图 6.3.11　模拟声响电路及输出波形图

2．通断检测器

图 6.3.12 是检测 AB 两点是否通断的电路图，如果 AB 接通则实现多谐振荡电路，蜂鸣器发出声响；反之如果 AB 断开，则蜂鸣器不发声音，用于检测 AB 的通断情况。

将探头 A、B 接通，则电路扬声器发声；A、B 断开，扬声器无声。该电路应用十分广泛，如检测电路的通断、水位报警等。

3．手控蜂鸣器

电路的振荡是通过控制 555 的复位端 4 脚实现的。按下 S，4 脚接高电平，电路产生振荡输出音频信号，扬声器发声。松开 S 后，电容 C_3 通过 R_3 放电，直到复位端 4 脚变为低电平时电路停振。R_3、C_3 为延时电路，改变它们的值可以改变延迟时间。该电路可用作电子门铃、医院病床用呼叫器等，其电路如图 6.3.13 所示。

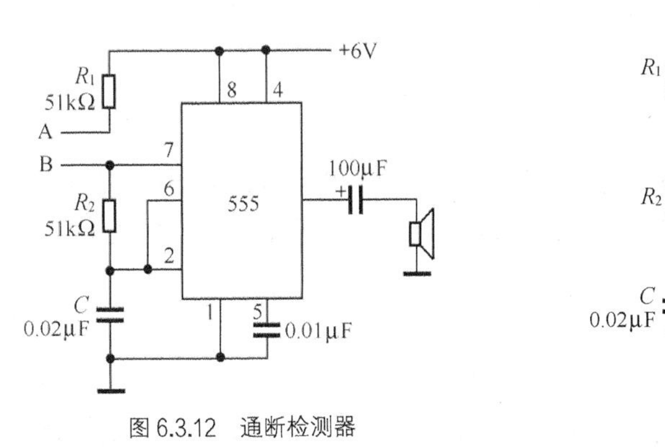

图 6.3.12　通断检测器

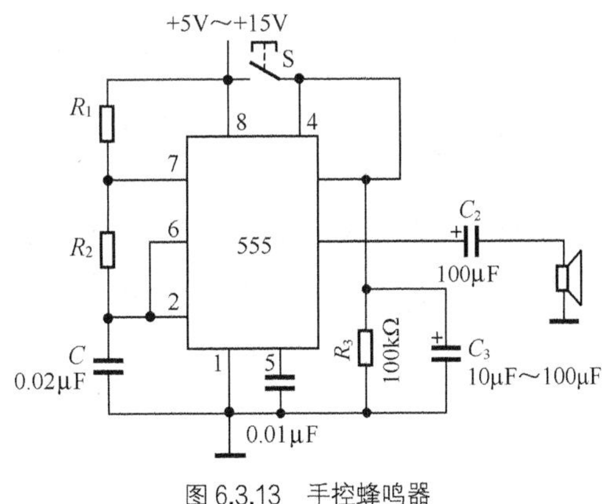

图 6.3.13　手控蜂鸣器

4．时钟脉冲信号

图 6.3.14 所示电路为彩灯循环控制电路。CD4017 是一个十进制计数/分配器，随着时钟

脉冲的输入，IC_2的输出端Q_0~Q_9一起出现高电平，所以发光二极管LED_1~LED_{10}依次点亮形成移动的光点，并不停地循环下去。通过调节RP_1可以改变发光二极管的点亮速度。

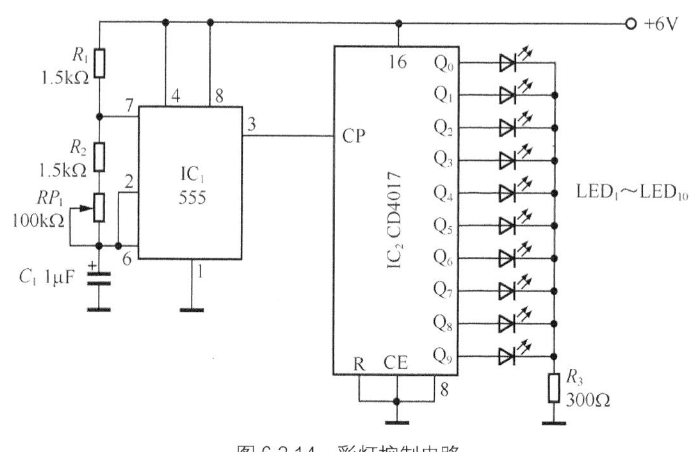

图 6.3.14　彩灯控制电路

6.4　单稳态触发器

单稳态触发器（monostable trigger）具有以下特点。

（1）它有一个稳定状态和一个暂时稳定状态（简称暂稳态）。

（2）在外来触发脉冲的作用下，能够由稳定状态翻转到暂稳态，在暂稳态维持一段时间以后，再自动返回稳态。

（3）暂稳态维持时间的长短，仅取决于电路本身的参数，与触发脉冲的宽度和幅度无关。正是因为具有上述特点，单稳态触发器被广泛地应用于脉冲整形、延时（产生滞后于触发脉冲的输出脉冲）以及定时（产生固定时间宽度的脉冲信号）的脉冲电路。

6.4.1　由555定时器构成的单稳态触发器

1．电路结构

若以555定时器的$\overline{TR}$端(2脚)作为触发信号的输入端，并将放电端DISC接至阈值端TH(6脚)，同时在TH端对地接入电容C，与直流电源V_{CC}之间接电阻R，就构成了图6.4.1所示的单稳态触发器。

2．工作原理

（1）如果没有触发信号时u_I处于高电平，那么稳态时电路一定处于u_O=0。假定接通电源后触发器停在Q=0的状态，则三极管VT_D导通，u_C=0。故u_{A1}=u_{A2}=1，Q=0及u_O=0的状态将稳定地维持不变。

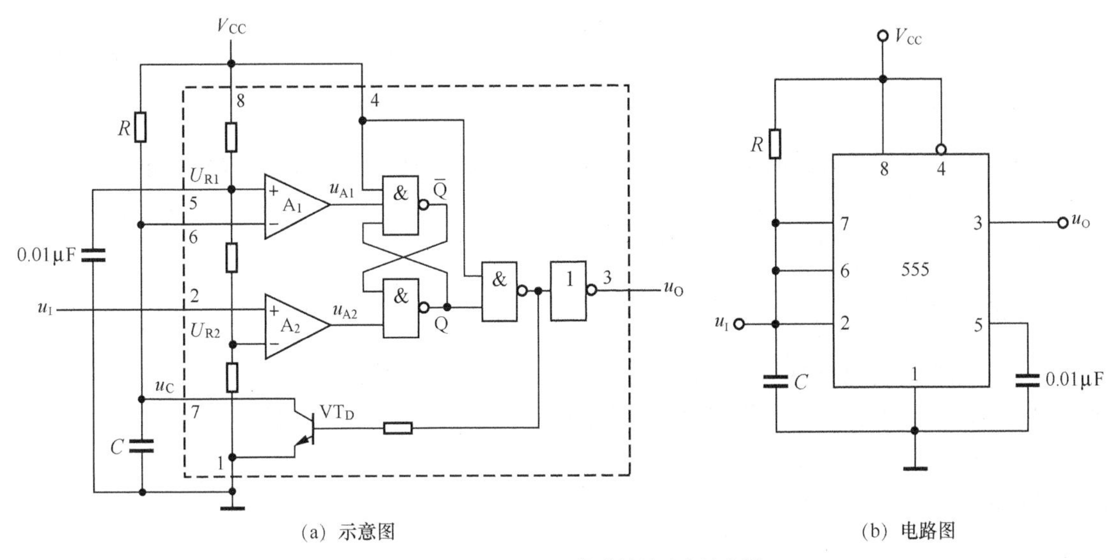

(a) 示意图　　　　(b) 电路图

图 6.4.1　用 555 定时器构成的单稳态触发器

如果接通电源后触发器停在 Q=1 的状态，则三极管 VT_D 截止，电源 V_{CC} 便经电阻 R 向电容 C 充电。当充电到 $u_C=\frac{2}{3}V_{CC}$ 时，u_{A1} 变为 0，于是将 RS 触发器置 0。同时三极管 VT_D 导通，电容 C 经 VT_D 迅速放电，使 $u_C=0$。此后，由于 $u_{A1}=u_{A2}=1$，触发器保持 0 态不变，输出也相应地稳定在 $u_O=0$ 的状态。

（2）在负脉冲的作用下，电路进入暂稳态。当外加触发脉冲 u_I 的下降沿到达，使 u_{I2} 跳变到 $\frac{1}{3}V_{CC}$ 以下时，$u_{A2}=0$（此时 u_{A1} 仍然为 1），触发器被置成 1 态，输出 u_O 也跳变为高电平，电路进入暂稳态。与此同时，三极管 VT_D 截止，电源 V_{CC} 便经电阻 R 开始向电容 C 充电。

（3）暂稳态维持一段时间后自行恢复到稳态。当电容充电使 u_C 略大于 $\frac{2}{3}V_{CC}$ 时，u_{A1} 变为 0。如果此时输入端的触发脉冲已经消失，即 u_{A1} 回到了高电平，则触发器被置 0，于是输出返回 $u_O=0$ 的状态。同时三极管 VT_D 又变为导通状态，电容 C 经 VT_D 迅速放电，直至 $u_C=0$，电路恢复稳态。

以上的分析过程可以用图 6.4.2 所示的工作波形图表示。

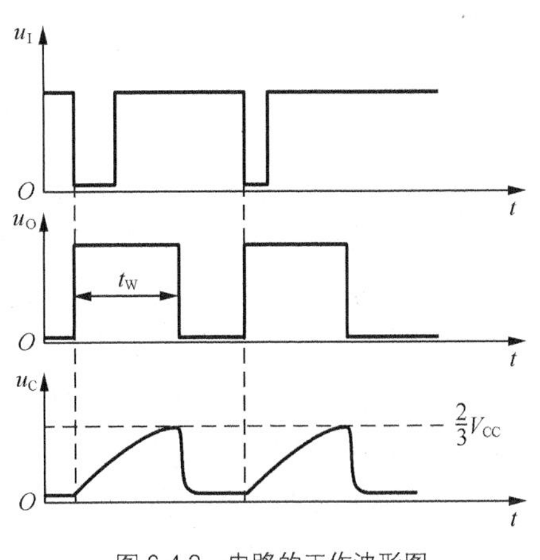

图 6.4.2　电路的工作波形图

3．输出脉冲的宽度 t_W 的计算

图 6.4.2 中输出脉冲的宽度 t_W 等于暂稳态的持续时间，而暂稳态持续的时间取决于外接电阻 R 和电容 C 的值，t_W 等于电容电压在充电过程中从 0 上升到 $\frac{2}{3}V_{CC}$ 所需要的时间，因此得到

$$t_{w}=RC\ln\frac{V_{CC}-0}{V_{CC}-\frac{2}{3}V_{CC}}=RC\ln 3\approx 1.1RC \qquad (6.4.1)$$

可见，要延长暂稳态的时间，只要增大 R 或电容 C 的值即可。通常，R 的取值在几百欧姆到几百万欧姆之间，电容的取值范围为几百皮法到几百微法，t_w 的范围为几微秒到几分钟。但必须注意，随着 t_w 的宽度增加，它的精度和稳定度也将下降。

6.4.2　由逻辑门电路构成的单稳态触发器

单稳态电路的暂稳态通常是靠 RC 电路的充、放电过程来维持的。RC 电路有不同接法(即接成微分电路形式或积分电路形式)，本节将重点介绍微分型单稳态电路。

图 6.4.3 所示的是用 CMOS 门电路和 RC 微分电路构成的微分型单稳态电路。

对于 CMOS 门电路，可以近似地认为 $U_{OH}=V_{DD}$，$U_{OL}\approx 0$，而且通常 $U_{TH}\approx\frac{1}{2}V_{DD}$。在稳态下 u_I=0、u_{I2}=V_{DD}，故 u_O=0、u_{O1}=V_{DD}，电容 C 上没有电压。

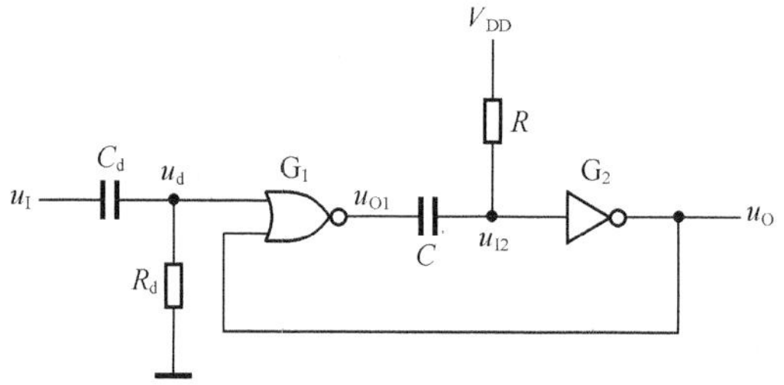

图 6.4.3　微分型单稳态电路

当触发脉冲 u_I 加到输入端时，在 R_d 和 C_d 组成的微分电路输出端得到很窄的正、负脉冲 u_d。当 u_d 上升到 U_{TH} 以后，将引发如下的正反馈过程

$$u_d\uparrow\rightarrow u_{O1}\downarrow\rightarrow u_{I2}\downarrow\rightarrow u_O\uparrow$$

使 u_{O1} 迅速跳变为低电平。由于电容上的电压不可能发生突跳，所以 u_{I2} 也同时跳变至低电平，并使 u_O 跳变为高电平，电路进入暂稳态。这时，即使 u_d 回到低电平，u_O 的高电平仍将维持。

与此同时，电容 C 开始充电。随着充电过程的进行，u_{I2} 逐渐升高，当升至 u_{I2}=U_{TH} 时，又引发另外一个正反馈过程

$$u_{I2}\uparrow\rightarrow u_O\downarrow\rightarrow u_{O1}\uparrow$$

如果这时触发脉冲已经消失（u_d 已回到低电平），则 u_{O1}、u_{I2} 迅速跳变为高电平，并使输出返回 u_O=0 的状态。同时，电容 C 通过电阻 R 和门 G_2 的输入保护电路使 V_{DD} 放电，直至电容上的电压为 0，电路恢复到稳定状态。

根据以上分析，即可画出电路中各点的电压波形，如图 6.4.4 所示。

为了定量地描述单稳态电路的性能，需要经常使用输出脉冲宽度 t_w、输出脉冲幅度 U_m、恢复时间 t、分别时间 t_d 等几个参数。

由图 6.4.4 可见，输出脉冲宽度 t_w 等于从电容 C 开始充电到 u_{I2} 上升至 U_{TH} 的这段时间。电容 C 充电的等效电路如图 6.4.5 所示。图 6.4.5 中的 R_{ON} 是或非门 G_1 输出低电平时的输出电阻。在 R_{ON}=R 的情况下，等效电路可以简化为简单的 RC 串联电路。

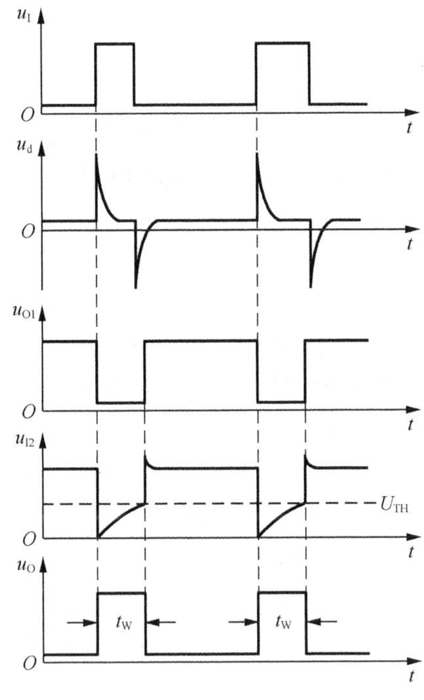

图 6.4.4 电路的电压波形图

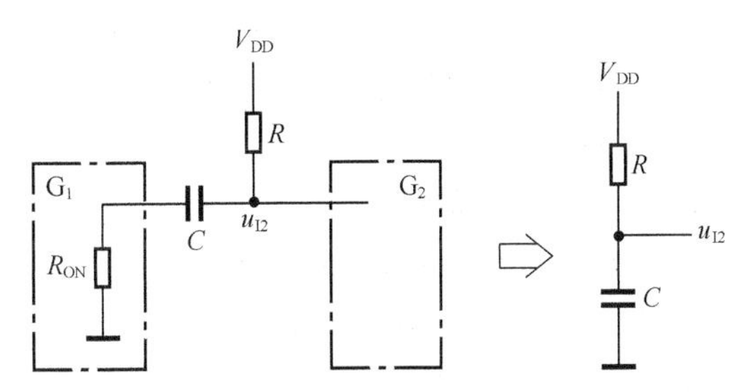

图 6.4.5 微分型单稳态电路中电容 *C* 充电的等效电路

根据对 RC 电路过渡过程的分析可知，在电容充、放电过程中，电容上的电压 u_c 从充、放电开始到变换至某一数值 U_{TH} 所经过的时间可以用下式计算

$$t = RC\ln\frac{u_c(\infty)-u_c(0)}{u_c(\infty)-U_{TH}} \tag{6.4.2}$$

其中 $u_c(0)$ 是电容电压的起始值，$u_c(\infty)$ 是电容电压充、放电的终了值。

由图 6.4.4 的波形图可见，图 6.4.5 所示的电路中电容电压从 0 充至 U_{TH} 的时间即 t_w。将 $u_c(0)=0$ 、 $u_c(\infty)=V_{DD}$ 代入式（6.4.2）得到

$$t_w = RC\ln\frac{V_{DD}-0}{V_{DD}-U_{TH}} = RC\ln 2 = 0.69RC \tag{6.4.3}$$

输出脉冲的幅度为

$$U_m = U_{OH} - U_{OL} \approx V_{DD} \tag{6.4.4}$$

在 u_O 返回低电平后，还要等到电容 *C* 放电完毕，电路才恢复为起始的稳态。一般认为，经过 3~5 倍于电路时间常数的时间以后，RC 电路基本达到稳态。图 6.4.3 电路中电容 *C* 放电的等效电路如图 6.4.6 所示。图 6.4.6 中的 VD_1 是反相器 G_2 输入保护电路中的二极管。如果 VD_1 的正向导通电阻比 *R* 和门 G_1 的输出电阻 R_{ON} 小得多，则恢复时间为

$$t_{re} \approx (3\sim5)R_{ON}C \tag{6.4.5}$$

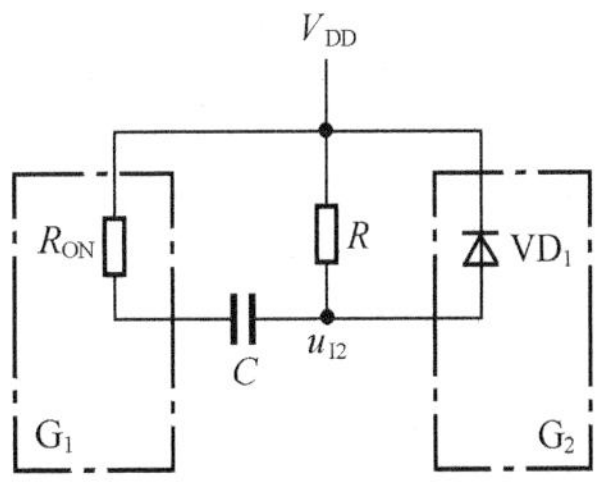

图 6.4.6 微分型单稳态电路中电容 C 放电的等效电路

分辨时间 t_d 是指在保证电路能正常工作的前提下，允许两个相邻触发脉冲之间的最小时

间间隔，故有

$$t_{\mathrm{d}} = t_{\mathrm{w}} + t_{\mathrm{re}} \tag{6.4.6}$$

微分型单稳态电路可以用窄脉冲触发。在 u_{d} 的脉冲宽度大于输出脉冲宽度的情况下，电路仍能工作，但是输出脉冲的下降沿较差。因为在 u_{O} 返回低电平的过程中 u_{d} 输入的高电平还存在，所以电路内部不能形成正反馈。

6.4.3 集成单稳态触发器

由于单稳态触发器应用十分广泛，因此在 TTL 系列和 CMOS 系列集成电路的产品中，都有单稳态触发器的专用器件。集成单稳态触发器有不可重复触发的单稳态触发器和可重复触发的单稳态触发器两种。这些器件在使用时仅需要很少的外接元件和连线，而且由于器件内部电路附加上升沿触发、下降沿触发和置零等功能，所以使用起来极为方便。此外，由于元器件集成在同一芯片上，并且在电路上采取了温漂补偿措施，所以电路的温度稳定性较好。

在常用的TTL系列单稳态触发器中，不可重复触发的系列产品有74121，74LS121，74221，74LS221 等；可重复触发的系列产品有 74122，74LS122，74123，74LS123 等。在 CMOS 系列单稳态触发器中，不可重复触发的系列产品有 CC74123 等；可重复触发的系列产品有 CC14528 和 CC14538 等。下面简单介绍 TTL 系列产品中的 74LS121 和 74LS123。

1．不可重复触发的单稳态触发器 74LS121

不可重复触发的单稳态触发器指触发器在触发信号作用下进入暂稳态后，再加入触发脉冲不会影响电路的工作过程，必须在暂稳态结束以后，它才能接受下一个触发脉冲而转入暂稳态。

图 6.4.7（a）和图 6.4.7（b）所示的分别为 TTL 集成单稳态触发器 74LS121 的逻辑图和逻辑符号，它是在普通的微分型单稳态触发器的基础上附加输入控制电路和输出缓冲电路而成的。

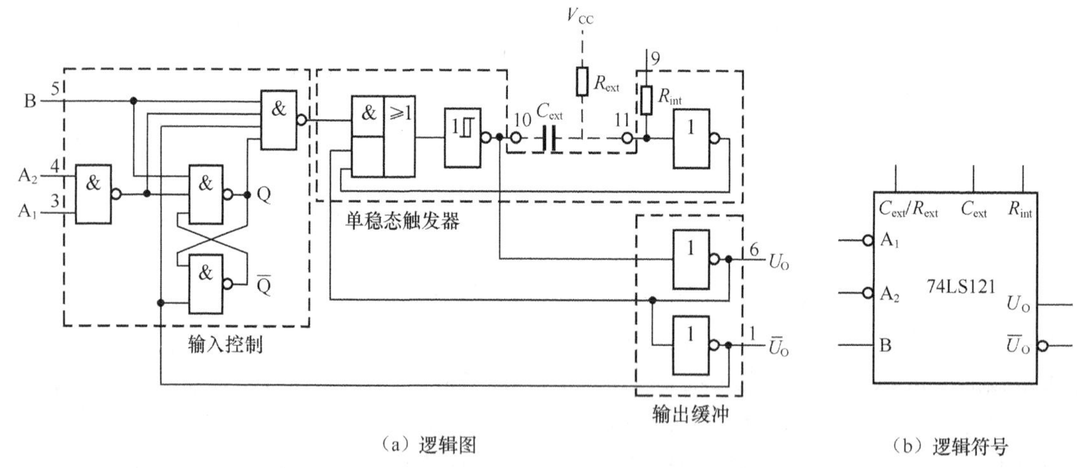

（a）逻辑图　　（b）逻辑符号

图 6.4.7 不可重复触发的单稳态触发器 74LS121 的逻辑图和逻辑符号

2．带清除端的可重复触发的单稳态触发器 74LS123

可重复触发单稳态触发器指触发器在触发信号作用下进入暂稳态后，如果再次加入触发脉冲，电路将重新被触发，使输出脉冲再继续维持一个 t_{w} 宽度。

74LS123 为带有清除端的双可重复触发的单稳态触发器，其逻辑符号如图 6.4.8 所示。其中 A_1、A_2 为下降沿触发端，B_1、B_2 为上升沿触发端，Q_1、Q_2 为正脉冲输出端，$\overline{Q_1}$、$\overline{Q_2}$ 为负脉冲输出端，$\overline{R}_{D1}$、$\overline{R}_{D2}$ 为直接清除端，低电平有效，C_{ext1}、C_{ext2} 为外接电容端，R_{ext1}、R_{ext2} 为外接电阻端。74LS123 的功能表如表 6.4.1 所示。

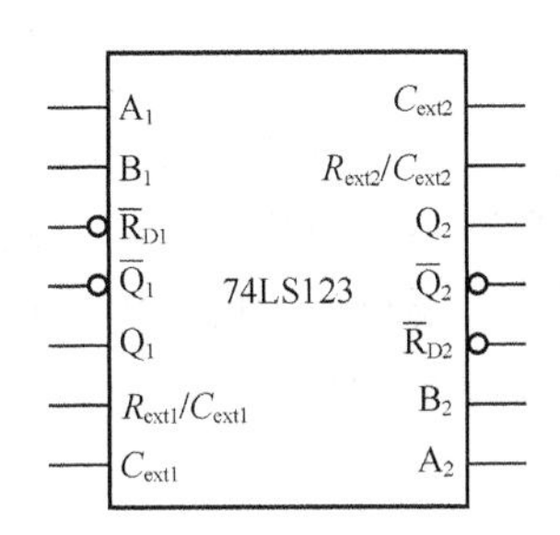

图 6.4.8　带有清除端的双可重复触发的单稳态触发器 74LS123 的逻辑符号

表 6.4.1　　带有清除端的双可重复触发的单稳态触发器 74LS123 的功能表

输入			输出	
$\overline{R}_{D1}$	A_1	A_2	Q_1	$\overline{Q_1}$
0	×	×	0	1
×	1	×	0	1
×	×	0	0	1
1	0	↑	⊓	⊔
1	↓	1	⊓	⊔
↑	0	1	⊓	⊔

外接电容接在 C_{ext} 和 R_{ext}/C_{ext}（电解电容正极)之间，外接电阻或可变电阻接在 R_{ext}/C_{ext} 和电源 V_{CC} 之间以获得脉冲宽度和重复触发脉冲。

74LS123 的输出脉冲宽度 t_W 可由 3 种方法控制，一是通过选择外接电阻 R_{ext} 和电容 C_{ext} 来确定脉冲宽度；二是通过正触发输入端 B 或负触发输入端 A 的重复延长 t_W(将脉冲宽度展开)；三是通过清除端 $\overline{R}_D$ 的清除使 t_W 缩小（缩短脉冲宽度）。

图 6.4.9 所示的为不可重复触发单稳态触发器与可重复触发单稳态触发器的工作波形对照图。

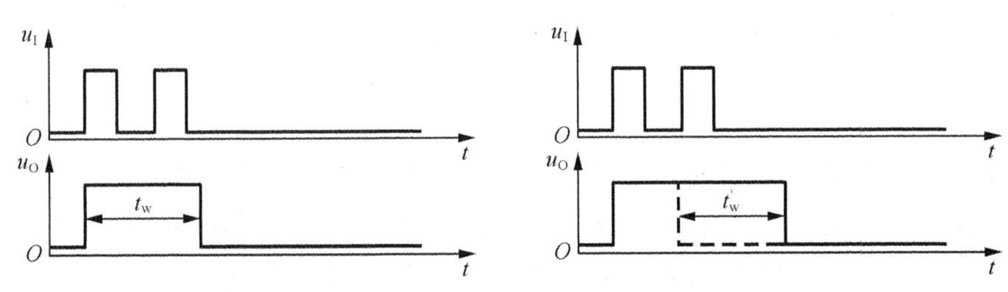

（a）不可重复触发的单稳态触发器工作波形　　（b）可重复触发的单稳态触发器工作波形

图 6.4.9　不可重复触发型和可重复触发型的单稳态触发器工作波形

6.4.4 单稳态触发器的应用举例

利用单稳态触发器在触发信号作用下由稳定状态进入暂稳态，暂稳态持续一定时间后自动回到稳定状态的特点，作脉冲整形、定时或延时器件。

1. 脉冲整形

单稳态触发器输出脉冲的宽度 t_W 取决于电路自身的参数，输出脉冲的幅度 U_m 取决于输出高、低电平之差。因此，在电路参数不变的情况下，单稳态触发器输出脉冲波形的宽度和幅度是一致的。若某个脉冲波形不符合要求时，可以用单稳态触发器进行整形，得到宽度一定、幅度一定的脉冲波形，其波形如图 6.4.10 所示。

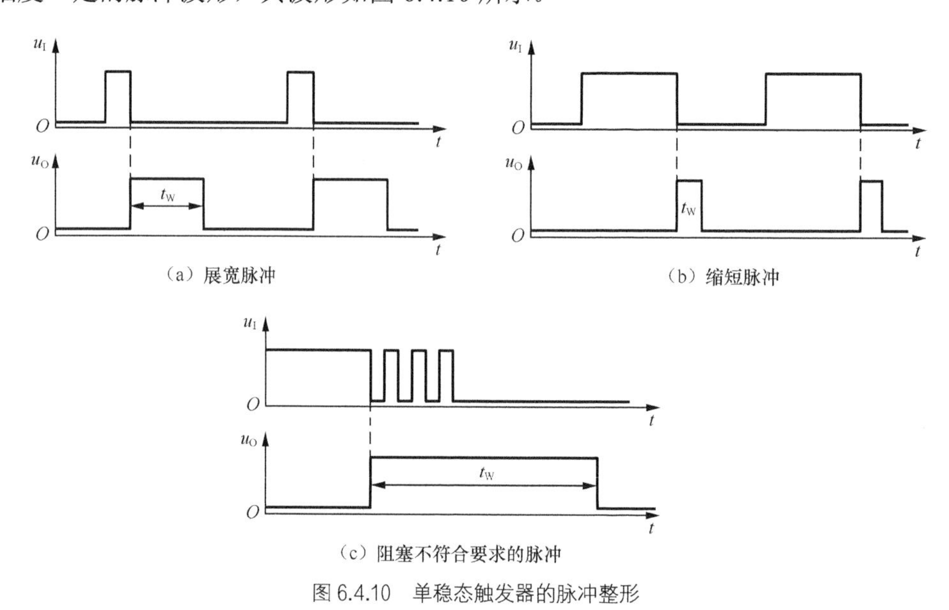

(a) 展宽脉冲

(b) 缩短脉冲

(c) 阻塞不符合要求的脉冲

图 6.4.10 单稳态触发器的脉冲整形

图 6.4.10（a）所示的是将触发脉冲展宽，当然脉冲宽度 t_W 应小于触发脉冲的间歇时间，否则会丢失脉冲。它还可以缩短脉冲，如图 6.4.10（b）所示。另外，可重复触发的单稳态触发器还可以阻塞不符合要求的脉冲，如图 6.4.10（c）所示，当输入脉冲为多个窄脉冲时，单稳态触发器可将其转换成一个单脉冲输出。例如，用机械开关作触发器的脉冲源，当开关闭合和断开时，触点要发生跳动，相当于输入信号在 0 和 1 之间多次转换，如果用开关信号直接控制数字系统，会引起错误操作，利用单稳态触发器就可以解决这个问题。当然，要使单稳态触发器输出的脉冲宽度 t_W 大于开关跳动时间。

2. 定时

利用单稳态触发器输出脉冲宽度一定的特点，还可以实现定时，如图 6.4.11 所示。若 u_{O1} 为单稳态触发器的输出端，当单稳态触发器处于稳定状态时，其输出 u_{O1}=0，将输入信号 u_F 封锁。当单稳态触发器有触发信号作用时，单稳态触发器进入暂稳态，其输出为 u_{O1}=1，与门被打开，允许输入信号 u_F 通过。若与门输出端接一个计数器，则可以知道在 t_W 时间内输出的脉冲个教（即可求得脉冲的频率）。

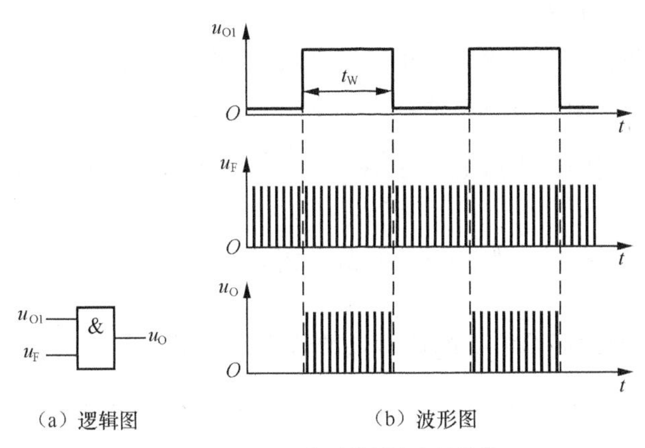

（a）逻辑图　　（b）波形图

图 6.4.11　用于定时的单稳态触发器

3. 延时

利用单稳态触发器输出脉冲宽度一定的特性也可以实现延时的功能。与定时不同的是，延时是将输入脉冲滞后 t_W 时间后才输出。图 6.4.12 所示电路为用 74LS121 设计的延时电路。当第 1 个 74LS121 接收触发信号 u_I 后，其 u_{O1} 端输出脉冲的宽度为 $t_{w1}=0.69R_{ext}C_{ext}\approx 2\text{ms}$，2ms 后第 2 个 74LS121 接收其触发信号 u_{O1}，其 u_O 端输出脉冲的宽度为 $t_{w1}=0.69R_{ext}C_{ext}\approx 1\text{ms}$。这里第 1 个 74LS121 就起到延时的作用，而第 2 个 74LS121 可以用作定时信号。其工作波形图如图 6.4.13 所示。

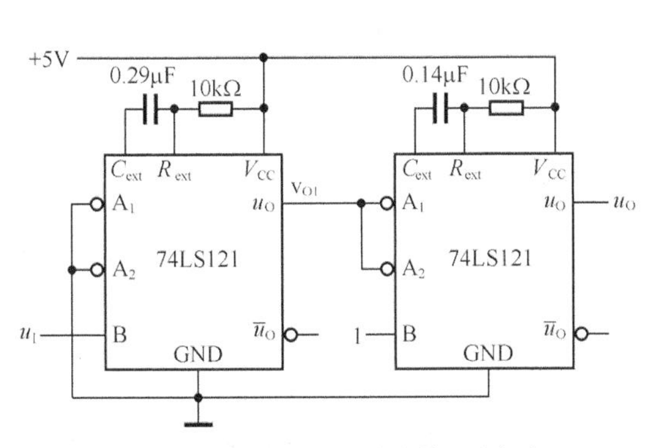

图 6.4.12　利用 74LS121 连接的延时电路

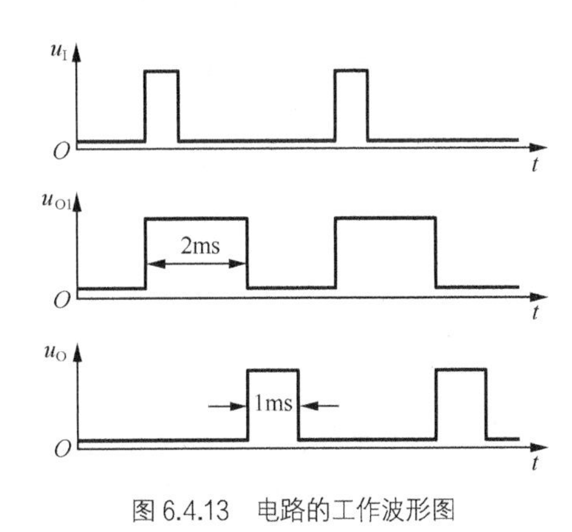

图 6.4.13　电路的工作波形图

本 章 小 结

在构成数字系统时必然要用到时钟脉冲。获取矩形脉冲波形的途径主要有两种，一种是利用各种形式的多谐振荡器电路直接产生所需要的矩形脉冲；另一种则是通过各种整形电路把已有的周期性变化的波形变换为符合要求的矩形脉冲，如施密特触发器、单稳态触发器整形电路。

施密特触发器能将各种变化缓慢的、周期性变化的不规则波形，变换为边沿陡峭的矩形波，有两个门限电压，具有滞回特性。因此在实际应用中，可以利用施密特触发器进行波形整形、波形变换和脉冲鉴幅。使用时，可以选择集成施密特触发器产品，如 74LS14 等，也可以利用 555 定时器构成施密特触发器。用 555 定时器构成的施密特触发器，当控制电压输入端 U_{CO} 悬空时，其上限阈值电压 U_{T+} 为 $\frac{2}{3}V_{CC}$，下限阈值电压 U_{T-} 为 $\frac{1}{3}V_{CC}$，回差电压 ΔU_T 为 $\frac{1}{3}V_{CC}$；若 U_{CO} 外接固定电压，则上限阈值电压 U_{T+} 为 U_{CO}，下限阈值电压 U_{T-} 为 $\frac{1}{2}U_{CO}$，回差电压 ΔU_T 为 $\frac{1}{2}U_{CO}$，通过调整 U_{CO} 的值可以调节回差电压的大小。

单稳态触发器有一个稳定状态和一个暂稳态。在外来触发脉冲的作用下，能够由稳定状态翻转到暂稳态，在暂稳态维持一段时间以后，再自动返回稳态。暂稳态维持时间的长短，仅取决于电路本身的参数，与触发脉冲的宽度和幅度无关。正是因为具有上述特点，单稳态触发器被广泛地应用于脉冲整形、延时以及定时的脉冲电路。使用时，可以选择集成单稳态触发器，如不可重复触发的单稳态触发器 74LS121，带清除端的可重复触发的单稳态触发器 74LS123 等，也可以利用 555 定时器构成单稳态触发器。用 555 定时器构成的单稳态触发器输出脉冲的宽度 t_W 约为 $1.1RC$。

多谐振荡器是一种自激振荡器，在接通电源后，不需要外加触发信号就可以自动地产生矩形波。多谐振荡器没有稳定的状态，只有两个暂稳态，所以又称为无稳态电路。因为多谐振荡器产生矩形波的幅度和宽度都是一定的，所以它常用来作脉冲信号源。用 555 定时器可以方便地构成多谐振荡器。产生矩形脉冲的周期为 $T=(R_1+2R_2)C\ln 2$，频率为 $f=\frac{1}{T}=\frac{1}{(R_1+2R_2)C\ln 2}$，占空比为 $q=\frac{T_1}{T}=\frac{R_1+R_2}{R_1+2R_2}$。若需要占空比可调的多谐振荡器，可以在充放电回路中增加电位器和二极管。若需要频率比较稳定，可以采用石英晶体多谐振荡器。若需要频率随外界输入电压的变化而变化，则可以采用压控振荡器。

习　　题

习题 6.1　填空题

（1）多谐振荡器的作用是_________，它具有________个稳态。与非门多谐振荡电路中，R=100Ω，C=1μF，振荡频率为_________。

（2）脉冲的波形参数常用的有_________、________、________、脉冲宽度和 ________。

（3）单稳态触发器有___________、_________、__________作用。

（4）施密特触发器有__________、________和__________作用。

（5）由 555 构成的单稳态触发电路、电路中 R=1kΩ，C=1μF、输出的脉冲宽度是_____s。

（6）施密特触发器的上限阈值电压和下限阈值电压的差值称为_________。

（7）单稳态触发器具有一个________状态和一个_________ 状态。在外来触发脉冲的作用下，能够由________状态翻转到_________状态，在________状态维持一段时间以后，再自动返回_________ 状态。

（8）多谐振荡器没有________状态，只有两个________状态，所以又称为________电路。

（9）将多谐振荡器作为数字钟的脉冲源，它的频率稳定性将直接影响计时的准确性，这时可以采用__________。

（10）由 555 定时器构成的施密特触发器中，如果在 U_{CO} 端外接直流电压时，回差电压 ΔU_T 为________。

习题 6.2　选择题

（1）要使矩形脉冲变成尖脉冲，应采用（　　）。

A．微分电路　　B．积分电路

C．耦合电路　　D．振荡电路

（2）555 定时器构成的单稳态触发器的触发信号宽度（　　）*RC* 的时间常数。

A．小于　　B．大于

C．等于　　D．都可以

（3）如果需要把正弦波信号转换成矩形脉冲输出，可利用的电路为（　　）。

A．3 线-8 线译码器　　B．寄存器

C．施密特触发器　　D．计数器

（4）RC 积分电路的时间常数满足（　　）。

A．$\tau>>t_W$　　B．$\tau>t_W$　　C．$\tau<<t_W$　　D．$\tau<t_W$

（5）组成脉冲波形变换电路的基础是（　　）。

A．电容与电阻　　B．电阻与二极管

C．电容与三极管　　D．电阻与三极管

（6）单稳态触发器的主要用途是（　　）。

A．整形、延时、鉴幅　　B．延时、定时、存储

C．延时、定时、整形　　D．整形、鉴幅、定时

（7）为了将正弦信号转换成与之频率相同的脉冲信号，可采用（　　）。

A．多谐振荡器　　B．移位寄存器

C．序列信号发生器　　D．施密特触发器

（8）石英晶体多谐振荡器的输出脉冲频率取决于（　　）。

A．晶体的固有频率　　B．晶体的固有频率和 RC 参数值

C．RC 参数的大小　　D．组成振荡器的门电路的平均传输时间

（9）滞回特性是（　　）的基本特性。

A．多谐振荡器　　B．555 定时器

C．施密特触发器　　D．单稳态触发器

（10）（　　）可以用来自动产生矩形脉冲信号。

A．施密特触发器　　B．多谐振荡器

C．555 定时器　　D．单稳态触发器

习题 6.3　用集成定时器 555 所构成的施密特触发器电路及输入波形 u_I 如题图 6.3 所示，其中上限阈值电压为 3.3V，下限阈值电压为 1.7V。试画出对应的输出波形 u_O。

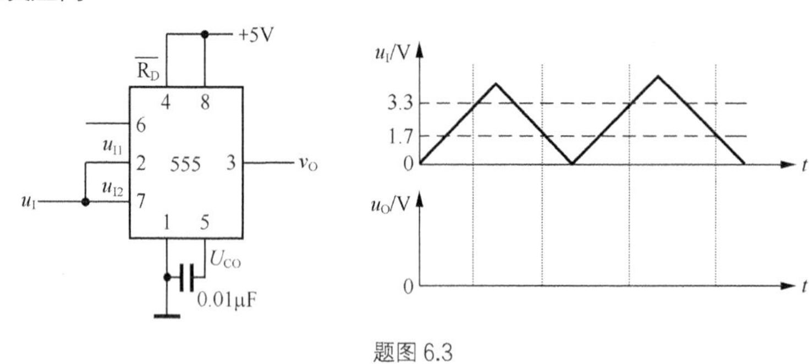

题图 6.3

习题 6.4 如题图 6.4 用 555 定时器接成的施密特触发器电路中，试求：

（1）当 V_{CC}=12V，而且没有外接控制电压时，U_{T+}、U_{T-}及 ΔU_T 的值。

（2）当 V_{CC}=9V，外接控制电压 U_{CO}=5V 时，U_{T+}、U_{T-}及 ΔU_T 的值。

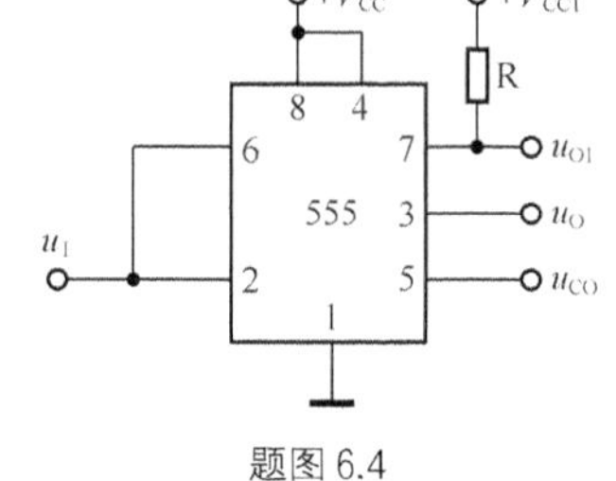

题图 6.4

习题 6.5 用集成芯片 555 所构成的单稳态触发器电路及输入波形 u_I 如题图 6.5（a）、（b）所示，试画出对应的输出波形 u_O 和电容上的电压波形 u_C，并求暂稳态宽度 t_W。

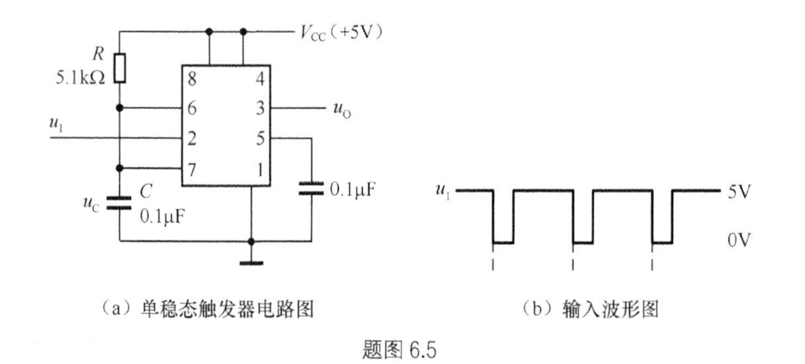

（a）单稳态触发器电路图　　（b）输入波形图

题图 6.5

习题 6.6 试用如题图 6.6 中 555 定时器设计一个单稳态触发器，要求定时宽度 t_W=1.1RC，选择电阻、电容参数，并画出接线图。

习题 6.7 在题图 6.7 中用 555 定时器组成的多谐振荡器中，若 $R_1=R_2$=5.1kΩ，C=0.01μF，V_{CC}=12V，试计算电路的振荡频率。

习题 6.8 用 555 定时器构成的多谐振荡器如题图 6.8 所示。当电位器 R_W 滑动至上、下两端时，分别计算振荡频率和相应的占空比 q。

习题 6.9 分析题图 6.9 中所示的电子门铃电路，当按下按钮 S 时可使门铃鸣响。

（1）说明门铃鸣响时 555 定时器的工作方式。

（2）改变电路中的什么参数能改变铃响的持续时间？

（3）改变电路中什么参数能改变铃响的音调高低？

习题 6.10 由集成定时器 555 的电路如题图 6.10 所示，请回答下列问题。

（1）构成电路的名称；

（2）已知输入信号波形 u_I，画出电路中 u_O 的波形（标明 u_O 波形的脉冲宽度）。

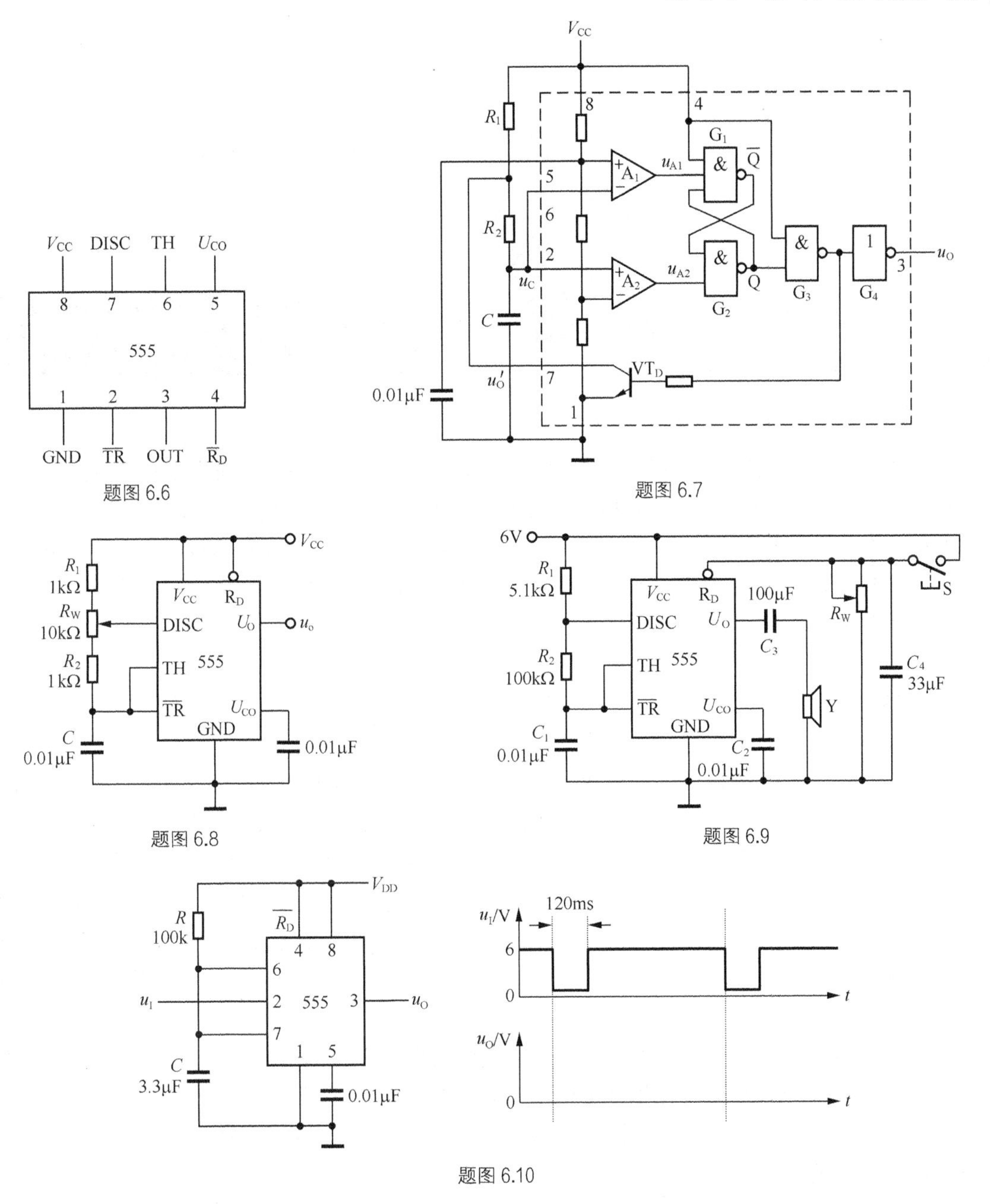

题图 6.6

题图 6.7

题图 6.8

题图 6.9

题图 6.10

第7章 数模与模数转换电路

在电子技术中，经常要进行模拟量和数字量之间的相互转换，本章系统介绍数模转换（把数字量转换成相应的模拟量）和模数转换（把模拟量转换成相应的数字量）的基本原理以及几种常用的典型电路。在数模转换中，主要介绍权电阻网络数模转换与倒T型数模转换电路。在模数转换器中，主要对模数转换的步骤、取样定理进行说明，然后介绍并联比较型、逐次渐近型和双积分型3种模数转换电路。

7.1 概述

随着电子技术的迅猛发展，各种数字设备已经渗透到了国民经济的各个领域。例如，计算机对生产过程进行自动控制时，其所要处理的变量往往是温度、压力、速度等模拟量，而计算机只能对数字量进行处理，所以必须先将模拟量转换成相应的数字量，才能传送到计算机中进行运算和处理，然后又要将计算机处理后的数字量转换为模拟量，才能实现对被控制的模拟量进行控制。另外，在数字仪表中，也要将被测的模拟量转换为数字量，才能实现数字显示。这样，就需要一种能在模拟量与数字量之间起桥梁作用的电路，称为模数转换电路和数模转换电路。

能将模拟量转换为数字量的电路，称为模数转换器（简称A/D转换器或ADC），能将数字量转换为模拟量的电路，称为数模转换器（简称D/A转换器或DAC），A/D转换器和D/A转换器是计算机系统中不可缺少的接口电路。图7.1.1所示的是ADC和DAC在加热炉温度控制系统中应用的例子。

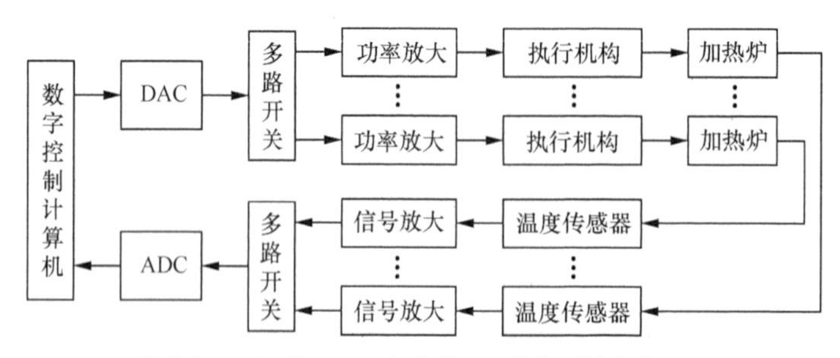

图7.1.1 ADC和DAC在加热炉温度控制系统中的应用

实际上，在数据传输系统、医疗信息处理、图像信息的处理与识别、语音信息处理等很多方面都离不开 ADC 和 DAC。下面介绍 ADC 和 DAC 的常用典型电路和工作原理。由于在许多 A/D 转换方法中用到了 D/A 转换过程，所以首先介绍 D/A 转换器。

7.2 D/A 转换器

7.2.1 D/A 转换器的基本原理及电路组成

1. D/A 转换器的基本原理

D/A 转换器的作用是把数字量转换成模拟量，数字量是用二进制代码按数位组合起来表示的，每位代码都有一定的权，所以为了将数字量转换成模拟量，必须将每一位的代码按其权的大小转换成相应的模拟量，然后将这些模拟量相加，所得到的总模拟量就与数字量成正比，从而实现了数模转换，这就是 D/A 转换器的基本指导思想。

图 7.2.1（a）是 D/A 转换器的输入、输出关系框图，此图表示电压输出型，图中 $D_0D_1D_2 \cdots D_{n-1}$ 是输入的 n 位二进制数，u_O 为输出的模拟量，是与输入二进制数成比例的输出模拟电压。$u_O = K_u \times D$，其中 K_u 是电压转换比例系数，D 是输入二进制数所代表的十进制数，若输入为 n 位二进制数 $D_0D_1D_2 \cdots D_{n-1}$，则输出模拟电压为

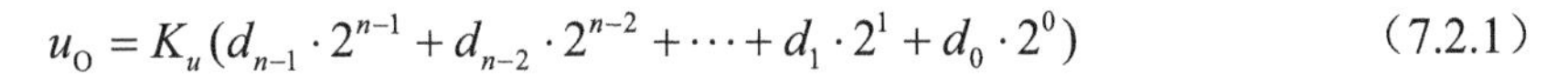

$$u_O = K_u(d_{n-1} \cdot 2^{n-1} + d_{n-2} \cdot 2^{n-2} + \cdots + d_1 \cdot 2^1 + d_0 \cdot 2^0) \tag{7.2.1}$$

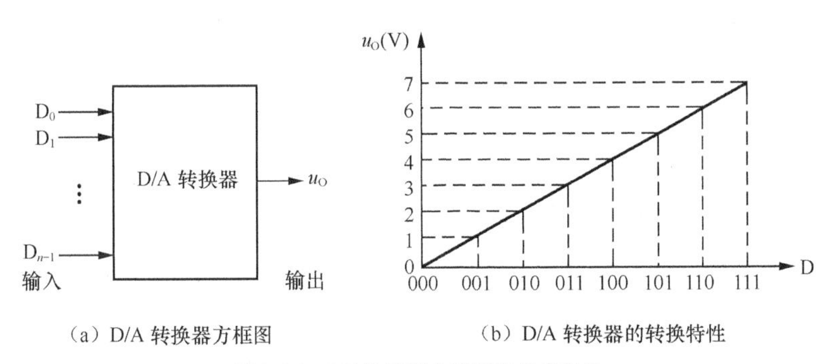

（a）D/A 转换器方框图　　（b）D/A 转换器的转换特性

图 7.2.1　D/A 转换器方框图及转换特性

D/A 转换器的转换特性指输出模拟量与输入数字量之间的转换关系，图 7.2.1（b）所示的是输入为 3 位二进制数时 D/A 转换器的转换特性。理想的 D/A 转换器的转换特性应是输出模拟量与输入数字量成正比。

2. D/A 转换器的电路组成

n 位 D/A 转换器是由数码寄存器、模拟开关电路、解码网络、求和放大器及基准电压几部分组成的，D/A 转换器结构方框图如图 7.2.2 所示。数字量以并行或串行的方式输入到 D/A 转换器中，并且存放在寄存器中，寄存器输出的每位数码驱动对应数位上的模拟开关，将在电阻解码网络中获得的相应数的位权值送入求和电路，求和电路将各位权值相加，就得到与

数字量对应的模拟量。

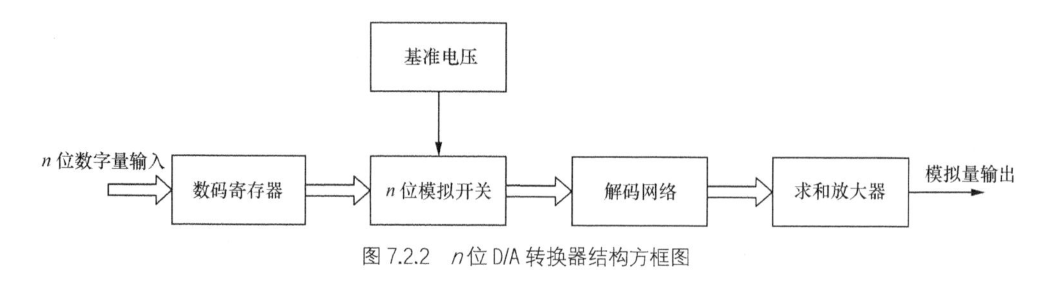

图 7.2.2　n 位 D/A 转换器结构方框图

D/A 转换器根据解码不同，基本可分为权电阻网络 D/A 转换器和倒 T 型电阻网络 D/A 转换器两大类。

7.2.2　权电阻网络 D/A 转换器

1．电路组成

图 7.2.3 所示为 4 位二进制数的权电阻网络 D/A 转换器的原理图。$D_3D_2D_1D_0$ 是输入的 4 位二进制数，控制着 4 个模拟开关 S_3、S_2、S_1、S_0。4 个电阻 2^0R、2^1R、2^2R、2^3R 组成权电阻转换网络；运算放大器实现求和运算，U_{REF} 是基准电压，u_O 是输出模拟电压。

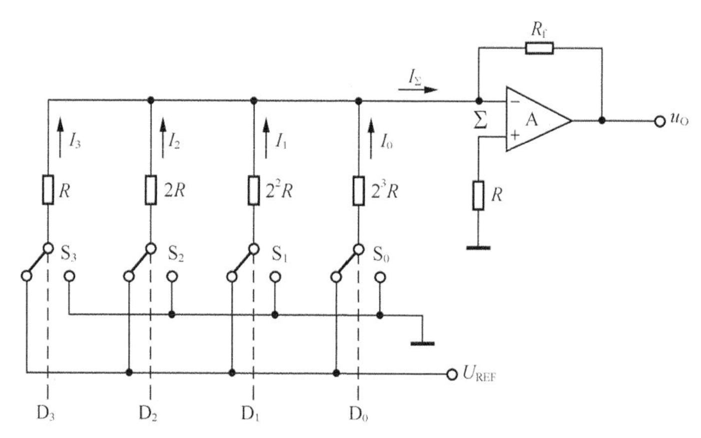

图 7.2.3　权电阻网络 D/A 转换器原理图

2．工作原理

开关 S_3、S_2、S_1、S_0 与 D_3、D_2 、D_1、D_0 的对应关系为：当 D_i=1（i=0、1、2、3），即为高电平时，相应的被控开关 S_i 接基准电压，即接通左边触点；当 D_i=0（i=0、1、2、3），即为低电平时，相应的被控开关 S_i 接地，即接通右边触点；利用运算放大器“虚地”的概念，运算放大器的反向输入端的电压为 0，则流过各支路的电流为

$$I_i = \frac{U_{REF}}{2^{n-1-i}R} D_i \tag{7.2.2}$$

运算放大器反向端的总电流为

$$
\begin{aligned}
I_{\Sigma} &= I_3 + I_2 + I_1 + I_0 = \frac{U_{\text{REF}}}{2^0 R}\text{D}_3 + \frac{U_{\text{REF}}}{2^1 R}\text{D}_2 + \frac{U_{\text{REF}}}{2^2 R}\text{D}_1 + \frac{U_{\text{REF}}}{2^3 R}\text{D}_0 \\
&= \frac{U_{\text{REF}}}{2^3 R}(2^3\text{D}_3 + 2^2\text{D}_2 + 2^1\text{D}_1 + 2^0\text{D}_0) \\
&= \frac{U_{\text{REF}}}{2^3 R}\text{D}
\end{aligned} \tag{7.2.3}
$$

根据运算放大器输入端“虚断”，有

$$u_{\text{O}} = -i_{\Sigma}R_f = -\frac{U_{\text{REF}}}{2^3 R}\text{D}R_f \tag{7.2.4}$$

可见，输出的模拟电压 u_{O} 与输入的数字量成正比，从而实现了数字量到模拟量的转换。

权电阻网络 D/A 转换器的优点是电路简单，可用于各种有权码。缺点是各电阻的阻值相差较大，例如输入信号为 10 位的二进制数时，若 R=10kΩ，则权电阻网络中，最小电阻为 10kΩ，最大电阻为 5.12MΩ，这样大范围的阻值，要保证每个电阻都有很高的精度是极困难的，不利于集成电路的制造。因此，很少采用权电阻网络，所以又研制出了倒 T 型电阻网络 D/A 转换器，DAC 广泛采用此类型的转换器。

7.2.3 倒 T 型电阻网络 D/A 转换器

在集成 D/A 转换器中，最常用的是 R-2R 倒 T 型电阻网络 D/A 转换器。

1．电路组成

图 7.2.4 是一个 4 位二进制数倒 T 型电阻网络 D/A 转换器的原理图。该转换器由 R 和 $2R$ 两种阻值电阻构成的倒 T 型电阻转换网络、4 个模拟开关和运算放大器组成。

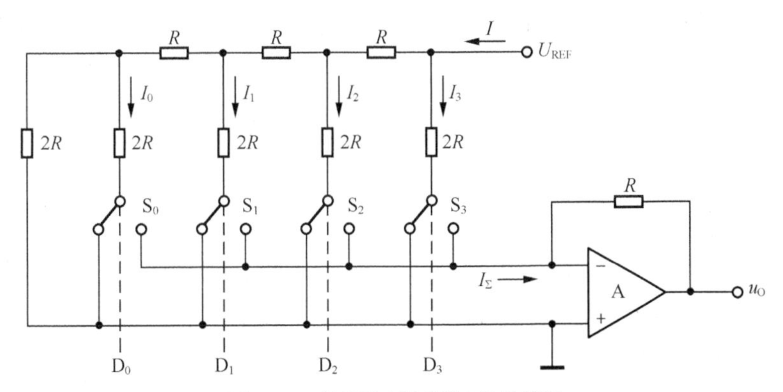

图 7.2.4　倒 T 型电阻网络 D/A 转换器

2．工作原理

4 个模拟开关也是由输入数字量来控制的，当 D_i=0（i=0、1、2、3）时，模拟开关接地，即接通左边触点；当 D_i=1 时，模拟开关接到运算放大器的反相输入端，即接通右边触点。利用运算放大器“虚地”概念，运算放大器的反相输入端的电压为 0，则基准电压提供的总电流为

$$I = \frac{U_{\text{REF}}}{R} \tag{7.2.5}$$

电阻解码网络的各支路电流为

$$I_3 = \frac{1}{2}I\text{，}\ I_2 = \frac{1}{4}I\text{，}\ I_1 = \frac{1}{8}I\text{，}\ I_0 = \frac{1}{16}I \tag{7.2.6}$$

支路的电流表达式为

$$I_i = \frac{U_{\mathrm{REF}}}{2^{i+1}R} \tag{7.2.7}$$

综上所述，集成运算放大器反向端的总电流为

$$\begin{aligned} I_\Sigma &= I_0 + I_1 + I_2 + I_3 \\ &= \frac{I}{16}\mathrm{D}_0 + \frac{I}{8}\mathrm{D}_1 + \frac{I}{4}\mathrm{D}_2 + \frac{I}{2}\mathrm{D}_3 \\ &= \frac{U_{\mathrm{REF}}}{2^4 R}\mathrm{D}_0 + \frac{U_{\mathrm{REF}}}{2^3 R}\mathrm{D}_1 + \frac{U_{\mathrm{REF}}}{2^2 R}\mathrm{D}_2 + \frac{U_{\mathrm{REF}}}{2^1 R}\mathrm{D}_3 \\ &= \frac{U_{\mathrm{REF}}}{2^4 R}\sum_{i=0}^{3}(\mathrm{D}_i \cdot 2^i) \end{aligned} \tag{7.2.8}$$

根据运算放大器输入端“虚断”，有

$$\begin{aligned} u_{\mathrm{O}} &= -I_\Sigma R_{\mathrm{f}} \\ &= -\frac{U_{\mathrm{REF}}R_{\mathrm{f}}}{2^4 R}\sum_{i=0}^{3}(\mathrm{D}_i \cdot 2^i) \\ &= -\frac{U_{\mathrm{REF}}R_{\mathrm{f}}}{2^4 R}\mathrm{D} \end{aligned} \tag{7.2.9}$$

从上式可见，输出的模拟电压 u_{O} 与输入的数字量成正比，从而实现了数字量到模拟量的转换。由于在倒 T 型电阻网络 D/A 转换器中，各支路电流直接流入运算放大器的输入端，它们之间不存在传输上的时间差，这样，不仅提高了转换速度，也减少了动态过程中输出端可能出现的尖脉冲。常用的 CMOS 开关倒 T 型电阻网络 D/A 转换器的集成电路有 AD7520、DAC1210 等。

7.2.4 D/A 转换器的转换精度、速度和主要参数

1. D/A 转换器的转换精度

转换精度指输出模拟量的实际值与理想值之差，差值越小，其转换精度越高。转换误差原因很多，如转换器中各元件参数的误差、运算放大器零漂的影响、基准电源不够稳定等。

D/A 转换器误差主要如下。

（1）非线性误差

通常把在满量程范围内偏离转换特性的最大误差称为非线性误差，它与最大量程的比值称为非线性度。产生非线性误差的一个原因是电阻网络中电阻值的偏差，另一个是模拟开关的导通电阻和导通压降的实际值不等于零，且呈非线性。

（2）零位误差

零位误差也称漂移误差，是由于运算放大器的零点漂移造成的，与输入数字量的数值变化无关。

（3）比例系数误差

比例系数误差指实际转换特性曲线的斜率与理想特性曲线斜率的偏差。此误差是由参考

电压的偏离引起的，且该误差与输入数字量的大小成正比。

2. D/A 转换器的转换速度

通常用建立时间来定量描述 D/A 转换器的转换速度。建立时间是从输入量变化开始，直到输出电压变化到相应稳定电压值所需的时间，也称转换时间。电路输入的数字量变化越大，D/A 转换器的输出建立时间就越长。一般将 D/A 转换器输入的数字量从全 0 变为全 1 开始，到输出电压达到规定的误差范围时所用的时间，称为输出建立时间。输出建立时间的倒数称为转换速率，即每秒钟 D/A 转换器完成的转换次数。

3. 分辨率

分辨率是 D/A 转换器对输入微小量变化敏感度的表征，定义其为 D/A 转换器的最小输出值（对应的输入二进制数只有最低位为 1）与最大输出电压（对应的输入二进制数的所有位全为 1）之比。例如，在 10 位 D/A 转换器中，分辨率为

$$\frac{1}{2^{10}-1}=\frac{1}{1023}\approx 0.001 \tag{7.2.10}$$

4. 温度系数

温度系数指在输入的数字量不变的情况下，输出模拟电压随温度变化而产生的变化量。一般用满刻度输出条件下温度每升高 1°C 输出电压变化的百分数作为温度系数。

7.2.5 D/A 转换器及其应用举例

集成 D/A 转换器的种类很多，按输入的二进制数的位数划分，DAC0808 是 8 位并行 D/A 转换器，其引脚如图 7.2.5（a）所示，D/A 转换电路如图 7.2.5（b）所示。只要给 DAC0808 芯片供给+5V 和−5V 电压，并供给一定的参考电压 U_{REF}，在电路的各输入端加上对应的 8 位二进制数字量，电路的输出端就可获得相应的模拟量。

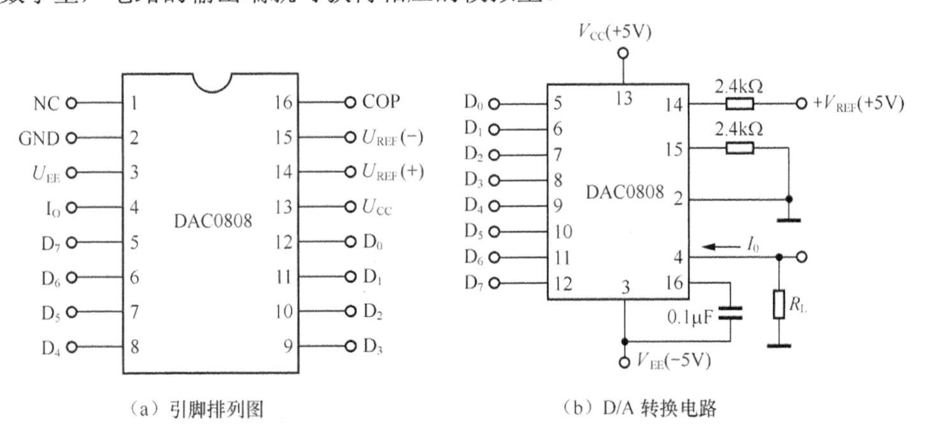

（a）引脚排列图　　（b）D/A 转换电路

图 7.2.5 集成 D/A 转换器 DAC0808 的引脚排列和实用转换电路

DAC0808 以电流形式输出，输出电流一般可达 2mA。当负载输入阻抗较高时，可直接将负载接到 DAC0808 的输出端，如图 7.2.5（b）中的 R_L，在 R_L 上得到反向输出电压。U_{REF} 和电阻的取值决定了参考电流的大小，从而影响了输出电流的大小，参考电流一般不小于 2mA。为了增强 DAC0808 的带负载能力，要在输出端 I_0 接一个运算放大器。

7.3 A/D 转换器

7.3.1 A/D 转换的一般步骤和取样定理

1. A/D 转换器的一般步骤

在 A/D 转换器中，因输入的模拟量在时间上是连续的，而输出的数字量是离散的，所以在信号转换时必须在一系列选定的瞬间，即在时间坐标轴上的一些规定点上，对输入的模拟量采样，然后再把这些采样值转换为数字量。因此，一般的 A/D 转换过程是通过取样、保持、量化和编码 4 个步骤完成的。图 7.3.1 为 A/D 转换器的原理框图。

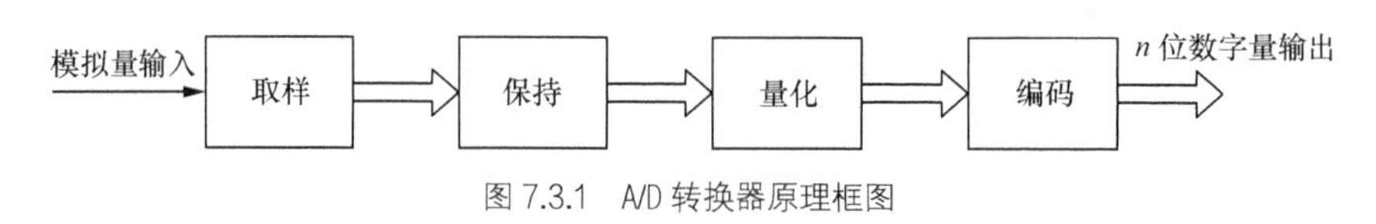

图 7.3.1 A/D 转换器原理框图

2. 取样定理

将模拟量每隔一定时间抽取一次样值，使时间上连续变化的模拟量变为一个时间上断续变化的模拟量，这个过程称为取样，也叫采样。为了正确地用取样后的信号 u_O 表示输入的模拟信号 u_I，必须满足条件

$$f_s \geqslant 2f_{max} \tag{7.3.1}$$

式（7.3.1）中 f_s 为取样频率，f_{max} 为输入信号 u_I 中最高次谐波分量的频率。这一关系称为取样定理。

A/D 转换器工作时的取样频率只有在满足所规定的频率要求时，才能做到不失真地恢复出原模拟信号。取样频率越高，进行转换的时间就越短，对 A/D 转换器的工作速度要求就越高，一般取 f_s=(3~5)f_{max}。图 7.3.2 所示的是某一输入模拟信号取样后得出的波形。

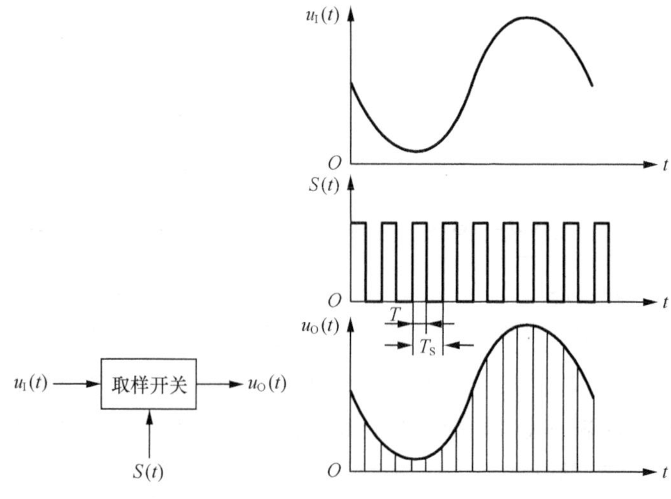

图 7.3.2 模拟信号取样过程的波形

由于把每次取样得到的取样电压转换为相应的数字量需要一定的时间，为了给后续的量化编码电路提供一个稳定值，所以在每次取样后，必须把取样电压保持一段时间，一般取样与保持都是同时完成的。图 7.3.3 为取样保持电路的原理图，它由输入运算放大器 A_1、输出运算放大器 A_2、模拟开关 S、保持电容 C_H 和控制 S 工作状态的逻辑单元电路 L 组成。现结合图 7.3.3 分析取样保持过程的工作原理。

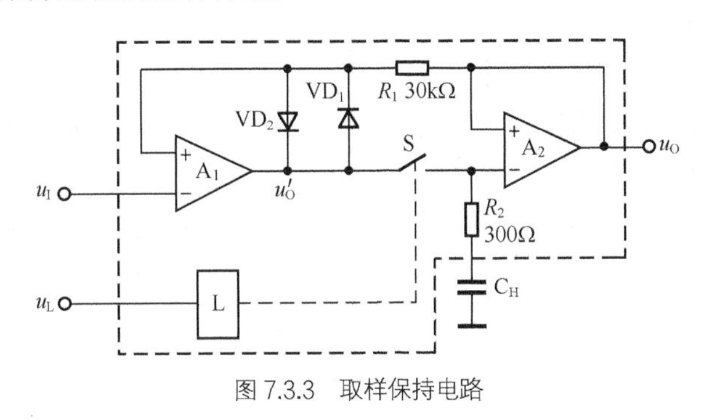

图 7.3.3　取样保持电路

当 u_L=1 时，模拟开关 S 闭合。A_1、A_2 接成电压跟随器，所以输出 u_O=u'_O=u_I。同时，u'_O 通过电阻 R_2 对外接电容 C_H 充电，使 u_{CH}=u_I。因为电压跟随器的输出电阻非常小，所以对外接电容 C_H 的充电时间很短。

当 u_L=0 时，模拟开关 S 断开，取样过程结束。由于 u_{CH} 无放电通路，所以 u_{CH} 上的电压值能保持一段时间不变，使取样结果 u_O 保持下来。

3. 量化与编码

数字量在时间上和数值上是离散的。任何一个数字量的大小都是以某个最小数量单位的整数倍来表示的，因此，用数字量表示取样电压时，就必须把它转化成这个最小数量单位的整数倍，这个过程称为量化。最小数量单位叫作量化单位，用 Δ 表示。由于输入电压是连续变化的，它的幅值不一定能被 Δ 整除，因而不可避免地会引入误差，这种误差称为量化误差。量化误差属于原理误差，是不可被消除的。A/D 转换器的位数越多，量化误差的绝对值就越小。

把量化的数值用二进制代码或其他代码进行表示，叫作编码。这个二进制代码就是 A/D 转换器的输出信号。

A/D 转换器的种类有很多，按其转换过程可分为直接型 A/D 转换器和间接型 A/D 转换器。

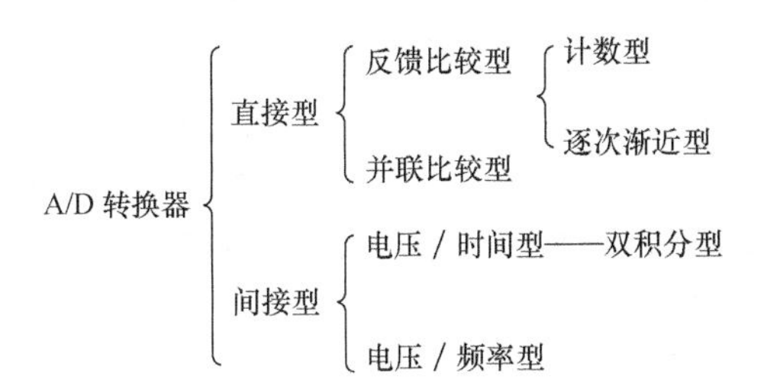

直接型 A/D 转换器可以把输入的模拟电压直接转换为输出的数字代码，不需要通过中间

变量。间接型 A/D 转换器要把待转换的输入模拟电压转换为一个中间变量，然后再对中间变量进行量化编码得出转换结果。

7.3.2 并联比较型 A/D 转换器

根据不同的要求，常采用的 A/D 转换器有并联比较型 A/D 转换器、逐次渐近型 A/D 转换器、双积分型 A/D 转换器等。

图 7.3.4 所示的是 3 位并联比较型 A/D 转换器，它由电压比较器、寄存器和优先编码器组成，U_{REF} 是基准电压，u_I 是输入模拟电压，其幅值在 0~U_{REF}，$D_2D_1D_0$ 是输出的 3 位二进制代码，CP 是控制时钟信号。

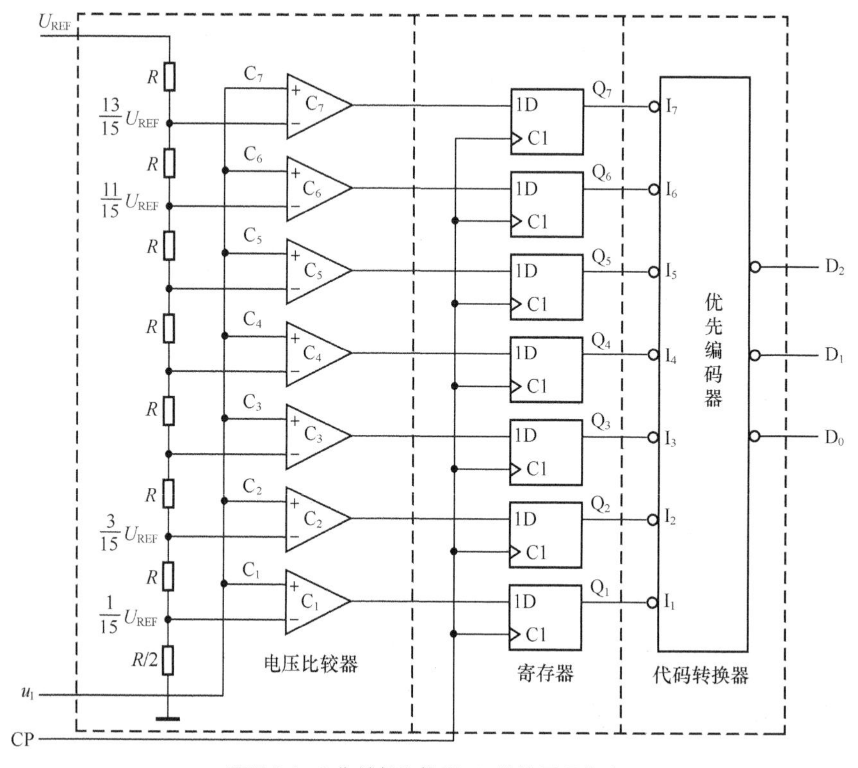

图 7.3.4 3 位并行比较型 A/D 转换原理电路

由图 7.3.4 可知，由 8 个电阻组成的分压器将基准电压 U_{REF} 分成 8 个等级，其中 7 个等级的电压分别接到 7 个比较器 C_1~C_7 的反相输入端，作为它们的参考电压，基数值分别为 $U_{REF}/15$、$3U_{REF}/15$、…、$13U_{REF}/15$，量化单位 $\Delta=2U_{REF}/15$。然后，将输入模拟电压 u_I 同时接到每个比较器的同相输入端上，与这 7 个基准电压进行比较，从而决定每个比较器的输出状态。例如，当 $0\leqslant u_I<U_{REF}/15$ 时，7 个比较器的输出全为 0；当 $7U_{REF}/15\leqslant u_I<9U_{REF}/15$ 时，C_1、C_2 和 C_3 输出为 1，而其他输出全为 0。比较器的输出状态由 D 触发器进行存储，再经优先编码器编码，得到数字量的输出。3 位并联比较型 A/D 转换器的输入、输出关系如表 7.3.1 所示。

表 7.3.1　　3 位并行 A/D 转换器输入与输出转换关系表

输入模拟电压 u_I	比较器输出							编码输出		
	Q_7	Q_6	Q_5	Q_4	Q_3	Q_2	Q_1	D_2	D_1	D_0
$0 \leqslant u_I < U_{REF}/15$	0	0	0	0	0	0	0	0	0	0
$U_{REF}/15 \leqslant u_I < 3U_{REF}/15$	0	0	0	0	0	0	1	0	0	1
$3U_{REF}/15 \leqslant u_I < 5U_{REF}/15$	0	0	0	0	0	1	1	0	1	0
$5U_{REF}/15 \leqslant u_I < 7U_{REF}/15$	0	0	0	0	1	1	1	0	1	1
$7U_{REF}/15 \leqslant u_I < 9U_{REF}/15$	0	0	0	1	1	1	1	1	0	0
$9U_{REF}/15 \leqslant u_I < 11U_{REF}/15$	0	0	1	1	1	1	1	1	0	1
$11U_{REF}/15 \leqslant u_I < 13U_{REF}/15$	0	1	1	1	1	1	1	1	1	0
$13U_{REF}/15 \leqslant u_I < U_{REF}$	1	1	1	1	1	1	1	1	1	1

并联比较型 A/D 转换器的优点是转换速度快。因为输入电压同时加到比较器的所有输入端，从模拟量输入到数字量输出所经历的时间为比较器、D 触发器和编码器的延迟时间之和而且各位代码的转换几乎是同时进行的，增加输出代码位数对转换速度的影响很小。

并联比较型 A/D 转换器的缺点是使用电压比较器和触发器数量较多，随着分辨率的提高，所需元件数目按几何级数增加。若输出 3 位二进制代码时，需要的电压比较器和触发器的个数均为 $2^3-1=7$。若输出 10 位二进制代码时，需要的电压比较器和触发器的个数均为 $2^{10}-1=1023$。相应的编码器也变得相当复杂，显然，这是不经济的。

7.3.3　逐次渐近型 A/D 转换器

逐次渐近型 A/D 转换器属于直接型 A/D 转换器，它能把输入的模拟电压直接转换为输出的数字代码。在介绍该转换器的工作原理前，先用一个天平称量物体的例子来说明逐次渐近的概念。假设用 4 个分别为 8g、4g、2g 和 1g 的砝码去称量重量为 11g 的物体，称量的过程如表 7.3.2 所示。

表 7.3.2　　逐次渐近称量物体的过程

步骤	砝码重量	比较判别	加减砝码	称量结果
1	8g	砝码重量<被称量物体的重量	保留	8g
2	4g	砝码总重量>被称量物体的重量	除去	8g
3	2g	砝码总重量<被称量物体的重量	保留	10g
4	1g	砝码总重量=被称量物体的重量	保留	11g

逐次渐近型 A/D 转换器的工作原理与之类似，只不过逐次渐近型 A/D 转换器所加减的不是砝码而是标准电压值。通过逐次渐近的方法，使标准电压值与被转换的电压值平衡。

逐次渐近型 A/D 转换器由控制逻辑电路、逐次渐近寄存器、电压比较器和 D/A 转换器等组成，工作原理框图如图 7.3.5 所示。

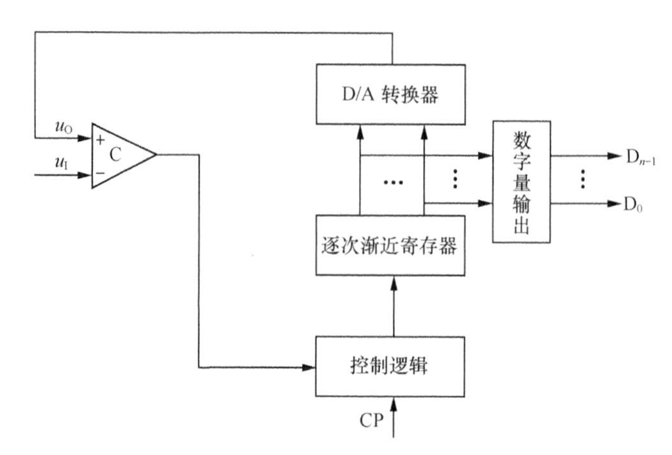

图 7.3.5　逐次渐近 A/D 转换器的工作原理框图

这种转换器是将模拟量输入 u_I 与一系列由 D/A 转换器输出的基准电压进行比较而获得的。比较是从高位到低位逐位进行的，并依次确定各位数码是 1 还是 0。转换开始前，首先将所有寄存器清 0，转换开始后，时钟脉冲首先将寄存器最高位置为 1，使输出数字为 100…000，这个数码被 D/A 转换器转换成相应的模拟电压 u_O，送到电压比较器作基准电压，并与模拟输入 u_I 进行比较。若 $u_O>u_I$，说明数字过大，则这个 1 应去掉，故将最高位的 1 清除；若 $u_O\leqslant u_I$，说明数字还不够大，这个 1 应保留。然后再按同样的方法将次高位置成 1，并比较 u_O 和 u_I 的大小，确定这一位的 1 是否应该保留。这样逐位比较下去，一直到最低位比较完为止。比较完毕后，寄存器中所存的数码就是所求的输出数字量。

4 位逐次渐近型 A/D 转换器的逻辑电路如图 7.3.6 所示。

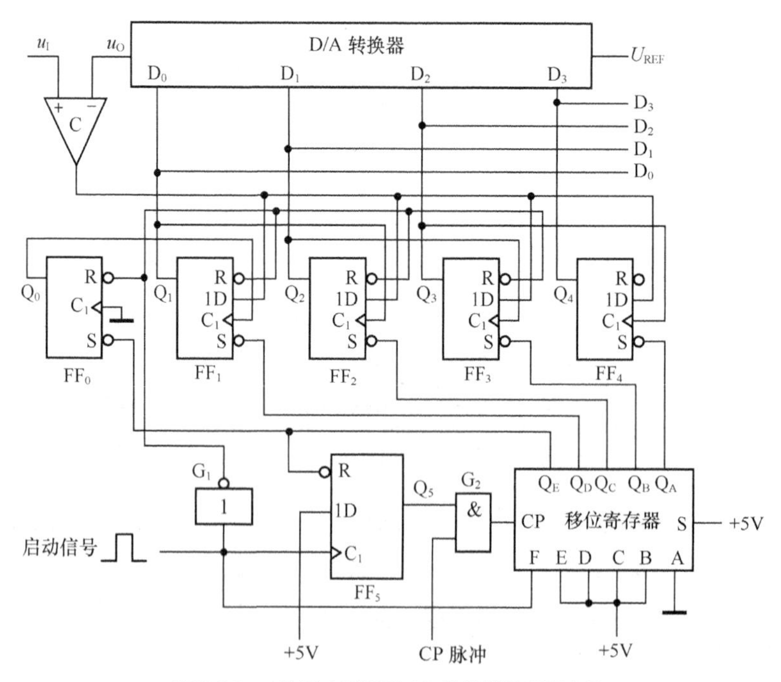

图 7.3.6　4 位逐次渐近型 A/D 转换器的逻辑电路

转换开始时，启动信号一路经 G_1 反相后首先使触发器 FF_0~FF_4 被清零，另一路加到移位寄存器的使能端 F 上，使 F 由 0 变为 1，同时启动信号又使触发器 FF_5 输出端 Q_5 置为 1，G_2 开启，时钟脉冲 CP 进入移位寄存器。在第一个 CP 作用下，因移位寄存器的置数使能端 F 从 0 变为 1，所以 $Q_AQ_BQ_CQ_DQ_E$=01111，因为 Q_A=0，又使触发器 FF_4 的 Q_4 置为 1，即 $Q_4Q_3Q_2Q_1$=1000。D/A 转换器将数字信号 1000 转换为模拟电压 u_O 输出到比较器 C，与输入电压 u_I 进行比较，若 $u_O>u_I$，比较器输出为 0，否则换为 1。比较结果被同时送到寄存器的各个输入端。

当第二个 CP 脉冲到来后，移位寄存器右移一位，即输出 $Q_AQ_BQ_CQ_DQ_E$=10111。因为 Q_B=0，又使 Q_3 由 0 变为 1，这个正跳变作为有效触发信号加到 FF_4 的 C_1 端，使第一次比较的结果存于 Q_4。由于其他触发器无触发脉冲，所以它们保持原来的状态不变。Q_3 变为 1 后，建立了新的 D/A 转换器的数据，u_o 再与 u_I 进行比较，比较结果存于 Q_3，如此进行，直到 Q_E 由 1 变为 0 时，使 Q_5 由 1 变为 0 后将 G_2 封锁，一次 A/D 转换过程结束。于是电路的输出端 $D_3D_2D_1D_0$ 得到与输入电压成正比的数字量。

逐次渐近型 A/D 转换器的分辨率较高、转换速度较快、误差较低，是应用较广的一种 A/D 转换器。

7.3.4　双积分型 A/D 转换器

双积分型 A/D 转换器是一种间接 A/D 转换器，也称电压-时间变换型。其基本原理是，对输入模拟电压和参考电压分别进行两次积分，将输入电压平均值变换成与之成正比的时间间隔，在此时间间隔中对固定频率的时钟脉冲信号进行计数，所得的计数值即为相应的数字量输出。

1．电路组成

图 7.3.7 所示为双积分 A/D 转换器的电路原理图，它由积分器、比较器、计数器和时钟脉冲控制门等几部分组成。

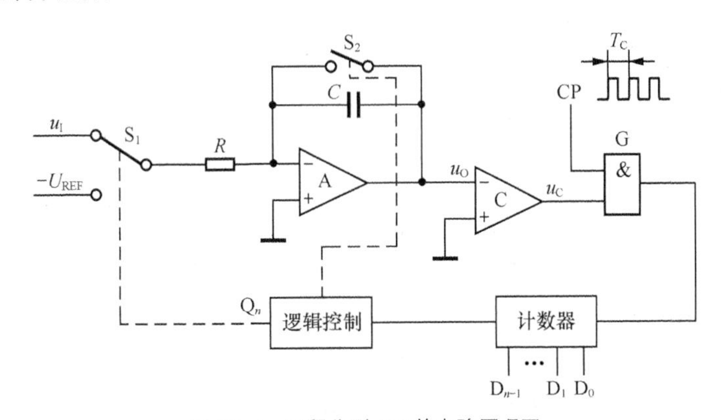

图 7.3.7　双积分型 ADC 的电路原理图

（1）积分器

积分器 A 是转换器的核心部分，它的输入端所接开关 S_1 由定时信号 Q_n 控制。当其为不同电平时，输入电压 u_I 和参考电压$-U_{REF}$ 将分别加到积分器的输入端，实现一次转换中的两次积分过程，即积分器对模拟输入电压 u_I 进行的定时积分和对恒定基准电压$-U_{REF}$ 进行的比较积分，由于两次积分具有不同的斜率，所以称为双积分 A/D 转换器。积分时间常数 $\tau=RC$。

（2）过零比较器

过零比较器 C 是用来确定积分器输出电压 u_O 的过零时刻的。当 $u_O\geqslant 0$ 时，比较器输出 u_C 为低电平；当 $u_O<0$ 时，比较器输出 u_C 为高电平。比较器的输出信号接到时钟控制门 G 作为开门和关门信号。

（3）计数器和定时器

它由 n 个触发器 FF_0~FF_{n-1} 串联组成。触发器 FF_0~FF_{n-1} 构成 n 级计数器，对输入时钟脉冲 CP 计数，以便把与输入电压平均值成正比的时间间隔转变成数字信号输出。当计数到 2^n 个时钟脉冲时，FF_0~FF_{n-1} 均回到 0 状态，而 FF_n 翻转到 1 状态，$Q_n=1$ 后，开关 S_1 从位置 u_I 转接到$-U_{REF}$。

（4）时钟脉冲控制门

时钟脉冲源采用标准周期 T_C 作为测量时间间隔的标准时间。当 $u_C=1$ 时，与门打开，时钟脉冲通过与门加到触发器 FF_0 的输入端。

2．工作原理

转换前，先将计数器清零，接通 S_2 使电容 C 完全放电。转换开始时，断开 S_2。整个转换过程分为两个阶段进行。

第一阶段，设开关 S_1 接通 u_I。由 RC 构成的积分电路对输入电压 u_I 进行积分，积分器的输出电压 u_O 为

$$u_O=\frac{1}{C}\int_0^{T_1}\left(-\frac{u_1}{R}\right)dt=-\frac{T_1}{RC}u_1 \qquad (7.3.2)$$

从上式可见，输入电压 u_I 与输出电压 u_O 成正比，其斜率小于 0，波形图如图 7.3.8 所示。由于 $u_O<0$，比较器输出 u_C 为高电平，时钟控制门 G 打开，于是计数器在 CP 作用下从 0 开始计数。经过 2^n 个时钟脉冲后，触发器 FF_0~FF_{n-1} 都翻转到 0 状态，同时 FF_{n-1} 产生的进位脉冲使 $Q_n=1$，这段时间正好等于固定的积分时间 T_1。因 $Q_n=1$，开关 S_1 断开 u_I，而与$-U_{REF}$ 接通，第一阶段结束。

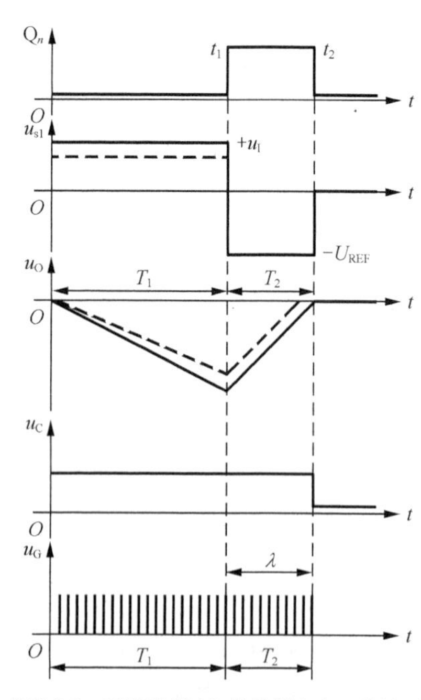

图 7.3.8 双积分型 A/D 转换器各点工作波形

第二阶段，是把 u_O 转换为成比例的时间间隔。第一阶段结束时，因参考电压$-U_{REF}$ 极性与 u_I 相反，积分器对基准电压$-U_{REF}$ 反向积分。计数器从 0 开始重新计数，经过 T_2 时间，积分器输出电压升高到 0，过零比较器输出为低电平，封锁时钟脉冲控制门 G，计数器停止计数，同时通过逻辑控制电路又使开关 S_2 与 u_I 接通，重复第一步过程。因此得到式 7.3.3。

$$\frac{T_2}{RC}U_{REF}=\frac{T_1}{RC}u_I \qquad 即 T_2=\frac{T_1}{U_{REF}}u_I \qquad (7.3.3)$$

可见，反向积分时间 T_2 与输入模拟电压 u_I 成正比。在 T_2 期间，时钟脉冲控制门 G 打开，标准时钟通过时钟脉冲控制门 G，计数器开始计数，计数结果为 D，由于 $T_1=2^nT_{CP}$，$T_2=DT_{CP}$，则计数的脉冲为

$$D=\frac{T_1}{T_{CP}U_{REF}}u_I=\frac{2^n}{U_{REF}}u_I \tag{7.3.4}$$

上式表明，在计数器中所计得的数 D（$\lambda=D_{n-1}\cdots D_1D_0$），与在取样时间 T_1 内输入电压的平均值 u_I 成正比。只要 $u_I<U_{REF}$，转换器就能正常将输入模拟电压转换为数字量，并能从计数器读取转换结果。如果在数值上取 $U_{REF}=2^n$V，则 $D=u_I$，计数器所计的数在数值上就等于输入模拟电压。

由于双积分型 A/D 转换器在 T_1 时间内取样的是输入电压的平均值，所以具有很强的抗工频干扰能力，此外，双积分型 A/D 转换器还有转换精度高、性能比较稳定等优点。其缺点是转换速度低，在对转换精度要求高，而对转换速度要求不高的场合，如数字万用表等检测仪器中，该转换器得到了广泛的应用。

7.3.5 A/D 转换器的转换精度和转换速度

1. A/D 转换器的转换精度

单片集成 A/D 转换器的转换精度用分辨率和转换误差来描述。

（1）分辨率

分辨率用来说明 A/D 转换器对输入信号的最小变化量的分辨能力，用输出二进制数的位数表示，位数越多，误差越小，分辨率越高。从理论上讲，n 位输出的 A/D 转换器能区分 2^n 个不同等级的输入模拟电压，能区分输入电压的最小值为满量程输入的 $1/2^n$。例如，输入模拟电压变化范围为 0~5V，输出 8 位二进制数可以分辨的最小模拟电压为 $5V\times2^{-8}\approx20mV$。

（2）转换误差

转换误差用来说明 A/D 转换器实际输出的数字量和理论上的输出数字量之间的差别。通常用最低有效位的倍数表示。例如给出的相对误差小于等于±LSB/2，就表明实际输出的数字量和理论上应得到的输出数字量间的误差小于最低位的半个字。

2. A/D 转换器的转换速度

转换速度是指完成一次转换所需的时间。A/D 转换器的转换时间是指从接到转换控制信号开始，到输出端得到稳定的数字输出信号所经过的这段时间。不同类型的转换器转换速度相差很大，并联比较型 A/D 转换器转换速度最高，逐次渐近型 A/D 转换器次之，双积分型 A/D 转换器的转换速度最低。

7.3.6 集成 A/D 转换器的应用举例

计算机中广泛采用逐次渐近型 A/D 转换器作为接口电路，ADC0809 是一种常用的 8 位逐次渐近型 A/D 转换器，其转换时间为 100μs，输入电压为 0~5V。ADC0809 的引脚图如图 7.3.9 所示，引脚功能如下。

IN_0~ IN_7：8 路模拟信号输入引脚。

D_0~ D_7：8 位数字信号输出引脚。

A、B、C：地址码输入线。不同的地址码选择不同通道的模拟信号。

$U_{REF(+)}$：参考电压正端。

$U_{REF(-)}$：参考电压负端。

START：启动脉冲输入线，下降沿开始 A/D 转换。

ALE：地址锁存允许信号输入端。ALE 的上升沿将地址信号锁存于地址锁存器中。

EOC：转换结束信号输出引脚，高电平时表示 A/D 转换结束。

OE：输出允许控制端，高电平时允许 D_7~ D_0 输出转换后的数字量，低电平时则 D_7~ D_0 呈高阻态。

CLK：时钟信号输入端。

ADC0809 的输入模拟信号必须满足信号的单极性，电压范围为 0~5V，如果信号太小，要进行放大。输入的模拟信号在转换过程中应保持不变，如模拟信号变化太快，需在输入前加采样保持电路。ADC0809 内部没有时钟电路，所需时钟信号必须由外界提供，通常使用频率为 500kHz。

ALE 线为高电平时，地址锁存与译码器将 A、B、C 三条地址线的地址信号进行锁存，经译码后被选中通道的模拟信号进入转换器。当 START 下降沿时，对进入转换器的模拟信号开始 A/D 转换，在转换期间，START 应该保持低电平。当 START 上升沿时，所有内部寄存器将清零；当 EOC 高电平时，表示转换结束，否则表示正在进行 A/D 转换；当 OE=1 时，三条输出锁存器向外界输出转换得到数字量，当 OE=0 时，输出数据线呈高阻态。图 7.3.10 为 ADC0809 与现场可编程逻辑器件（FPGA）电路的典型应用连线图。

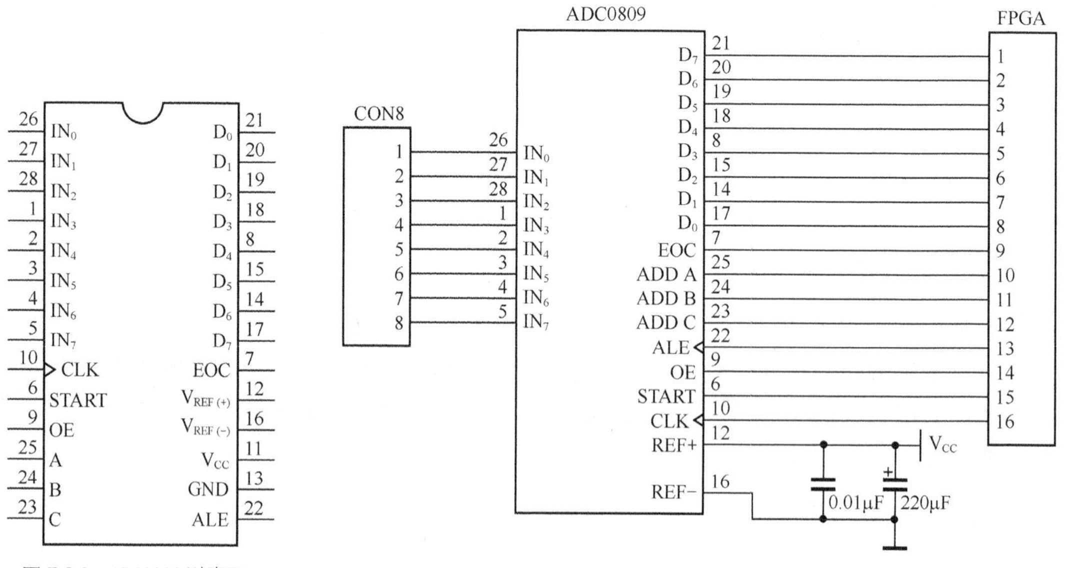

图 7.3.9　ADC0809 引脚图

图 7.3.10　ADC0809 典型应用电路的连接图

本章小结

A/D和D/A转换器是现代数字系统的重要部件，在计算机控制、快速检测和信号处理等系统中的应用日益广泛。数字系统所能达到的精度和速度取决于A/D和D/A转换器的转换精度和速度。因此，转换精度和转换速度是A/D和D/A转换器的两个重要指标。

D/A转换器可以将输入的二进制数字量转换成相对应的模拟量。实现D/A转换常用的方法有权电阻网络D/A转换、倒T型电阻网络D/A转换等，其中倒T型电阻网络D/A转换器最适合集成工艺，集成D/A转换器普遍采用这种电路结构。D/A转换器的分辨率和转换精度与D/A转换器的位数有关，位数越多，分辨率和精度越高。

A/D转换器可以将输入的模拟量转换成一组多位的二进制数字量输出。不同的A/D转换方式具有各自的特点，在要求转换速度高的场合，选用并联比较型A/D转换器；在要求转换精度高的场合，可采用双积分A/D转换器，当然也可选用高分辨率的其他形式的A/D转换器。由于逐次渐近型A/D转换器在一定程度上兼顾了以上两种转换器的优点，因此得到了广泛应用。

习 题

习题7.1 填空题

（1）D/A 转换器是将_______量转换成________________量的器件，A/D 转换器是将________________量转换成________________量的器件。

（2）D/A转换器主要是由________________、________________、________________、________________等几部分构成的。

（3）将模拟信号转换成数字信号要用________________转换器，将数字信号转换成模拟信号要用________________转换器。

（4）A/D转换过程是通过________________、________________、________________、________________4个步骤完成的。

（5）A/D转换器主要参数有________________、________________。

（6）在并联比较型、逐次渐近型和双积分型A/D转换器中，________________的抗干扰能力较强，________________的转换速度较快。

（7）A/D转换器的分辨率与输出位数有关，位数越__________，分辨率越高。

（8）如果将一个最大值为5V的模拟量转换为数字量，要求模拟信号每变化20mV使数字量最低位发生变化，那么应选用__________位的A/D转换器。

（9）在并联比较型A/D转换器中，要得到3位数字，要用_________个比较器。

习题7.2 选择题

（1）D/A转换器的分辨率与（　　）有关。

A．输入数字量的位数　　B．输出模拟电压的大小

C．基准电压U_{REF}的大小　　D．输出的最小电压变化量

（2）双积分型A/D转换器的缺点是（　　）。

A．转换速度较慢　　B．转换时间不固定

C．对元件稳定性要求较高　　　　D．电路较复杂

（3）D/A 转换器中的主要参数有分辨率、转换精度和（　　）。

A．输入电阻　　B．输出电阻　　C．转换速度　　D．参考电压

（4）A/D 转换器中，（　　）的转换速度最快。

A．并联比较型　B．逐次渐近型　C．双积分型　　D．权电阻网络型

（5）一个 8 位 D/A 转换器的最小输出电压增量为 0.04V，若输入数字为 11001001B，输出电压是（　　）。

A．8V　　B．7.72V　　C．3V　　D．5V

习题 7.3　常见的 D/A 转换器有哪几种？

习题 7.4　常见的 A/D 转换器有哪几种？

习题 7.5　D/A 转换器和 A/D 转换器的分辨率的含义？

习题 7.6　如题图 7.1 所示的倒 T 型电阻网络 D/A 转换器，若 U_{REF}=10V，R=10kΩ，R_F=10kΩ。试求当输入数字量为 0FDH 时，输出电压 u_O 为多少？

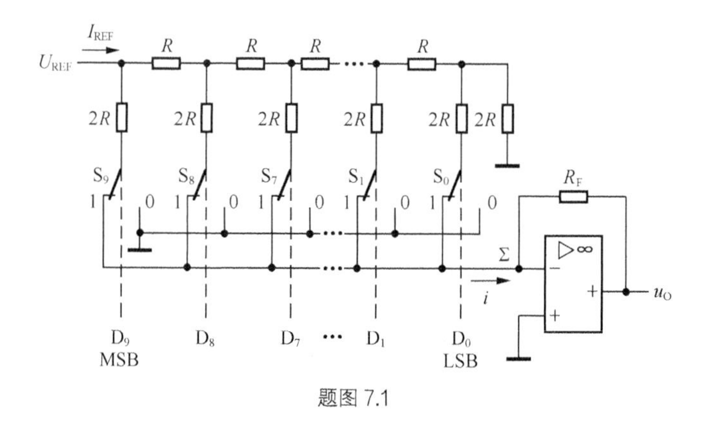

题图 7.1

习题 7.7　如题图 7.2 所示的 8 位二进制权电阻型 D/A 转换器，如果 U_{REF}=−10V，R=10kΩ，R_F=10kΩ。试求当输入数字量为 01H、80H 和 81H 时 i 的值。

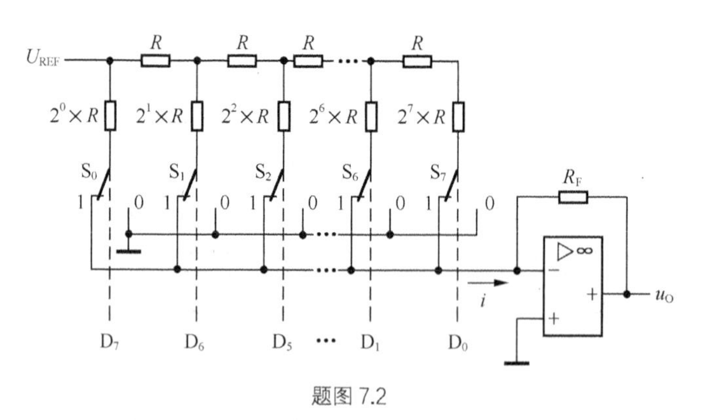

题图 7.2

习题 7.8　某一 D/A 转换器如题图 7.3 所示，74290 输出端 Q_i=1 时，相应的模拟开关 S_i 在位置 1；Q_i=0 时，相应的模拟开关 S_i 在位置 0。试求：

（1）该电路是哪一种 D/A 转换器？

（2）求 u_O 与数字量 $Q_3Q_2Q_1Q_0$ 之间的关系式。

（3）若 U_{REF}=1V，求 $Q_3Q_2Q_1Q_0$=0001 和 0101 时的 u_O 值。

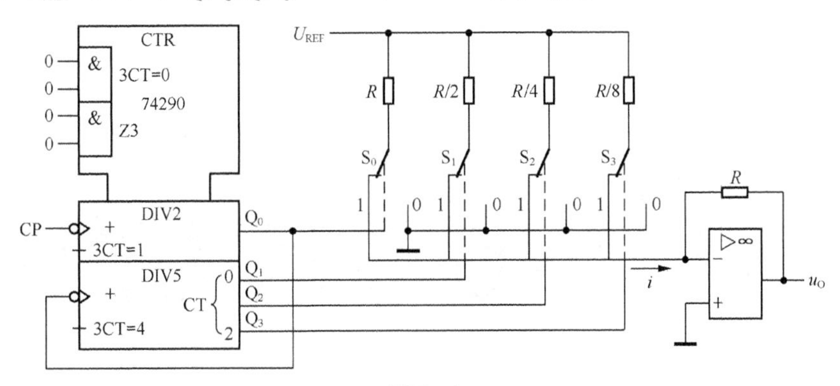

题图 7.3

习题 7.9 题图 7.4 所示的电路是 10 位 D/A 转换器 CB7520 和 4 位右移移位寄存器 74195 组成的波形发生器电路。已知 CB7520 的 U_{REF}=−10V，试画出输出电压 u_O 的波形，并标出波形图上各点电压的幅度。

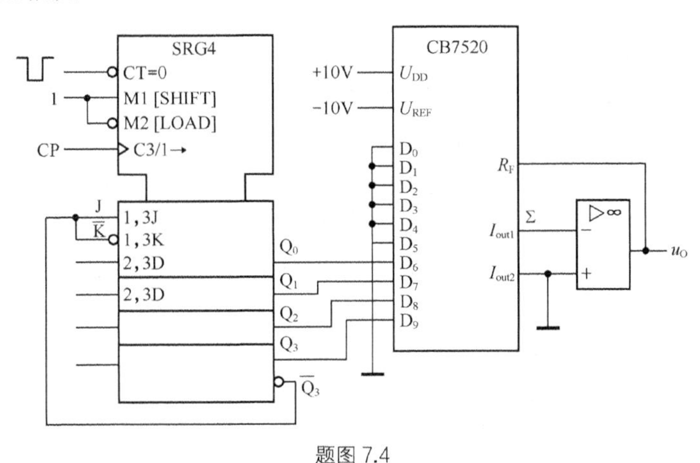

题图 7.4

习题 7.10 题图 7.5 所示的为程控增益放大电路，图中计数器某位输出 Q_i=1 时，相应的模拟开关 S_i 与 u_I 相接；Q_i=0 时，模拟开关 S_i 与地相接。

（1）试求该放大电路的电压放大倍数 $A_u=u_O/u_I$ 与数字量 $Q_3Q_2Q_1Q_0$ 之间的关系表达式。

（2）试求该放大电路的输入电阻 $R_I=u_I/I_I$ 与数字量 $Q_3Q_2Q_1Q_0$ 之间的关系表达式。

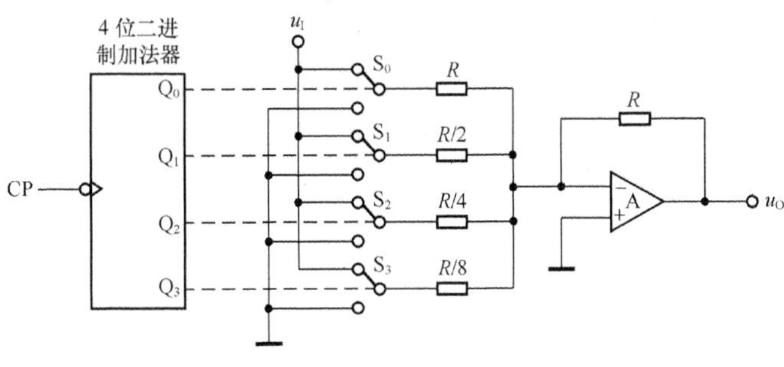

题图 7.5

第 8 章 半导体存储器和可编程逻辑器件

本章首先介绍了只读存储器（ROM）和随机存取存储器（RAM）的结构及工作原理，以及存储容量的扩展方式；然后介绍了可编程逻辑器件 PAL、GAL、CPLD 和 FPGA 的基本结构。

8.1 概述

半导体存储器是一种能存储大量二值数字信息的大规模集成电路，是现代数字系统特别是计算机中的重要组成部分。第 4 章中介绍的触发器只能存储一位二进制数，由触发器构成的寄存器可以存储一组二进制数，而存储器又包含若干个寄存器，可以看成是寄存器的组合。要存储大量的信息，就要把若干个存储器按一定规则组合起来，并加上控制电路，这就形成了一个存储矩阵，叫作半导体存储器。半导体存储器属于大规模集成电路，它具有集成度高、体积小、易于接口等优点，经常用在计算机和数字系统中，用来存储数据、运算程序和资料等。存储器种类很多，按内部信息的存取方式，分成只读存储器（Read-Only Memory，ROM）和随机存取存储器（Random Access Memory，RAM）。而 ROM 按存入方式的不同，又可分为掩膜 ROM、一次可编程 ROM（PROM）、光可擦除可编程 ROM（EPROM）、电可擦除可编程 ROM（E^2PROM）。

数字逻辑器件按逻辑功能的特点可分为通用型和专用型两大类。通用集成电路（如 SSI、MSI 等）是目前世界上使用最广泛的集成器件，由于它们的逻辑功能比较简单，而且固定不变，理论上可以实现任何复杂的数字系统，但是需要大量的芯片和连线；它们功耗大、体积大、可靠性差。专用集成电路（ASIC），一般比通用型用量少得多，设计和制造成本很高，且设计和制造周期很长。随着微电子技术的发展，在 20 世纪 70 年代后期出现了具有特殊功能的大规模集成电路——可编程逻辑器件（Programmable Logic Devices，PLD）。用户可以按照自己的设计来对芯片进行编程。这类器件具有编程灵活、设计修改方便、处理速度快和高可靠性等特点，很好地解决了中小规模器件在构成大型复杂系统时可能导致的占用空间大和可靠性差等问题，在工业控制和新产品开发等方面得到了广泛的应用。

8.2 只读存储器

只读存储器（ROM）只能读出，不能写入，所以称为只读存储器。ROM 存储固定内容，即先把信息或数据写入存储器中，工作时一般不改变存储内容，主要是反复读取所存储的内容。ROM 的优点是存储信息可靠，即具有非易失性，关断电源后，其内容仍能保留。ROM 的缺点是写入的内容只能由特定的写入设备或制造商来完成，存储的内容不能更新。

8.2.1 ROM 的结构及工作原理

1. ROM 的结构

ROM 因为只能读不能写，无反馈支路，因此也是一种组合逻辑电路。ROM 的电路结构主要由地址译码器、数据存储矩阵和输出缓冲器三部分组成，结构框图如图 8.2.1 所示。

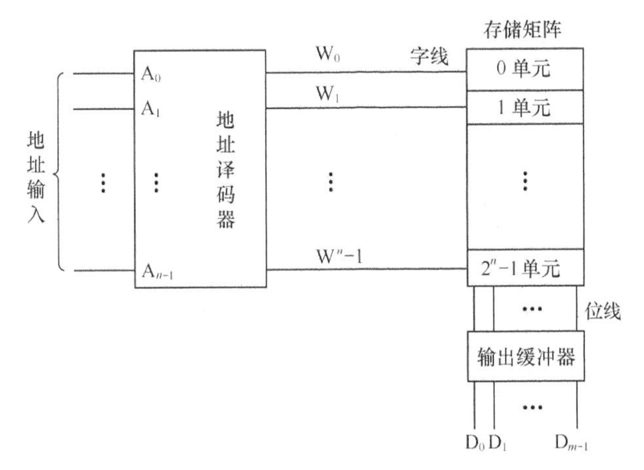

图 8.2.1 ROM 结构图

地址译码器：其作用是负责把输入的 n 位二进制地址代码 A_0～A_{n-1} 翻译成 2_n（W_0～ W_{2n-1}）个相应的控制信号（即地址变量的所有最小项），从而选中存储矩阵中相应的存储单元，以便将该单元的 m 位数据传送给输出缓冲器。

存储矩阵：每个地址译码器输出的控制信号都对应着存储矩阵的一个存储单元，所以存储矩阵有 2^n 个存储单元，即每个存储单元都有一个对应的 n 位地址码，如 1 单元对应地址码为 A_{n-1} $A_{n-2}\cdots A_1A_0$=00…01（即此时地址译码器输出的地址为 W_1=1），每个存储单元中都存放着 m 位二进制数 D_0～D_{m-1}。存储单元由若干个基本存储电路组成（一般为 2 的整数倍），基本存储电路可以由二极管、三极管或 MOS 管构成，1 个存储电路只能存储 1 位二进制代码（0 或 1）。

输出缓冲器：输出缓冲器由三态门组成，可以提高存储器的带负载能力，同时可以实现对输出状态的三态控制，以便与系统的数据总线连接。当输入某一地址码后，地址译码器输出的控制信号就将其指定的存储单元中的数据通过输出缓冲器输出。若将 1 单元的数据输出，只需输入地址码 $A_{n-1}A_{n-2}\cdots A_1A_0$＝00…0 1 即可。

通常将地址输入 A_0～A_{n-1} 称为地址线；将地址译码器输出的每个代码叫作“字”，并把 W_0～W_{2n-1} 称为字线；将存储矩阵的输出线称为位线，即数据线 D_0～D_{m-1}；存储器中所存储的二进制信息的总位数称为存储器的容量，即存储矩阵的大小，一个具有 n 根地址输入线（2_n

根字线）和 m 根数据输出线（m 根位线）的 ROM，其存储容量为：

$$存储容量=字线数\times位线数=2^n\times m\ 位 \tag{8.2.1}$$

2. ROM 的基本工作原理

图 8.2.2 所示的是具有 2 位地址输入代码和 4 位数据输出（存储容量为 $2^2\times4$）ROM 的结构图。它的存储单元由二极管或门阵列构成，而地址译码器由二极管与门阵列构成。2 位地址代码（A_1 和 A_0）决定它有 $2^2=4$ 条字线（W_0～W_3），对应可以寻找到 4 个存储单元，每个单元存放一个 4 位二进制数 $D_3D_2D_1D_0$（4 条位线）。字线和位线有 16 个交叉点，每个交叉点都是一个存储单元，交叉点处有二极管的表示存储数据为 1，没有二极管的表示存储数据为 0。三态输出电路组成输出缓冲器，当 $\overline{EN}=0$ 时，允许输出；$\overline{EN}=1$ 时禁止输出。

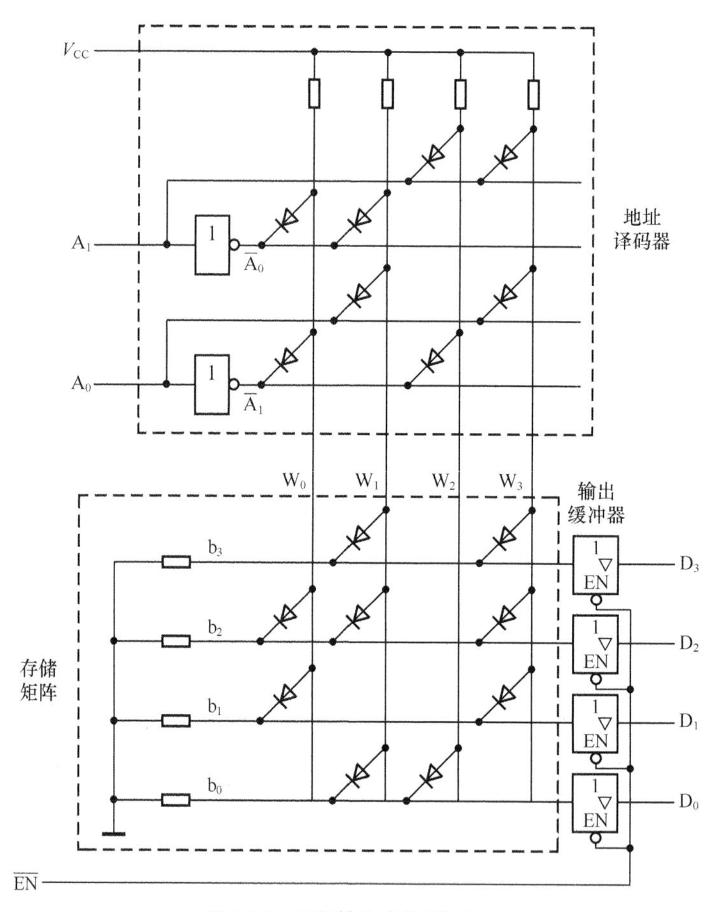

图 8.2.2　二极管构成的 ROM 结构

由图 8.2.2 可以看出，当 $A_1A_0=00$ 时，地址译码器的与门阵列中因为最左边 2 个二极管同时都截止，所以 W_0 字线变为高电平，其他字线均为低电平。W_0 与位线 b_2、b_1 相连的二极管都导通，位线 b_2、b_1 也都变为高电平，此时，如果 $\overline{EN}=0$，则 ROM 输出数据 $D_3D_2D_1D_0=0110$。同理，当地址码 $A_1A_0=01$、11、10 时，输出的数据分别为 1101、1110、0001。4 个单元对应的存储内容如表 8.2.1 所示。

表 8.2.1　　　ROM 存储内容

地　址		数　据			
A_1	A_0	D_3	D_2	D_1	D_0
0	0	0	1	1	0
0	1	1	1	0	1
1	0	0	0	0	1
1	1	1	1	1	0

工程上，为了 ROM 设计方便，常把图 8.2.2 所示结构图简化为图 8.2.3 所示阵列图。在阵列图中的与阵列中的小圆点“•”表示各变量之间的与运算，或阵列中的小圆点“•”表示各最小项之间的或运算。

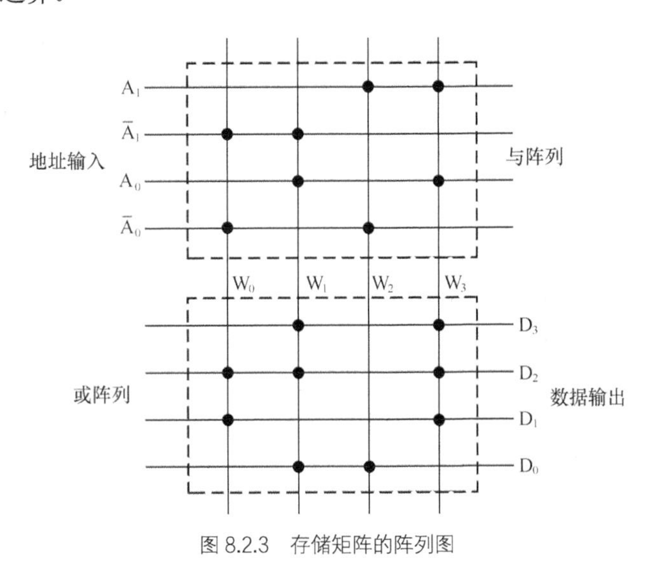

图 8.2.3　存储矩阵的阵列图

8.2.2　ROM 应用举例及容量扩展

1. ROM 的应用举例

由 ROM 的结构图可以看出，ROM 的地址译码器由许多与门组成，若将 n 位二进制地址代码（A_0～A_{n-1}）看作是组合逻辑电路的输入变量，则地址译码器输出的 2^n 条字线控制信号（W_0～W_{2^n-1}）便是全部输入变量的各个最小项。例如，二进制地址代码 A_0、A_1 和 A_2 作为输入变量，则地址译码器输出的 8（2^3）条字线控制信号分别是：$W_0=\bar{A}_2\bar{A}_1\bar{A}_0$，$W_1=\bar{A}_2\bar{A}_1A_0$，$W_2=\bar{A}_2A_1\bar{A}_0$，$W_3=\bar{A}_2A_1A_0$，$W_4=A_2\bar{A}_1\bar{A}_0$，$W_5=A_2\bar{A}_1A_0$，$W_6=A_2A_1\bar{A}_0$，$W_7=A_2A_1A_0$。ROM 的存储矩阵是由多个或门构成的，输出数据是上述最小项（W_0～W_{2^n-1}）的或运算，例如，在图 8.2.4 中，$D_0=W_2+W_3$，$D_1=W_0+W_3$，$D_2=W_0+W_1+W_3$，$D_3=W_1+W_3$。因此 ROM 的任一输出均是其地址变量的最小项之和。由于任何组合逻辑函数都可变换为标准与或式，即最小项之和的形式，所以利用 ROM 可以实现任何组合逻辑函数。

综上所述，可以把 ROM 看作是由与或阵列组成的，如图 8.2.5（a）所示。ROM 的阵列图如图 8.2.5（b）所示。

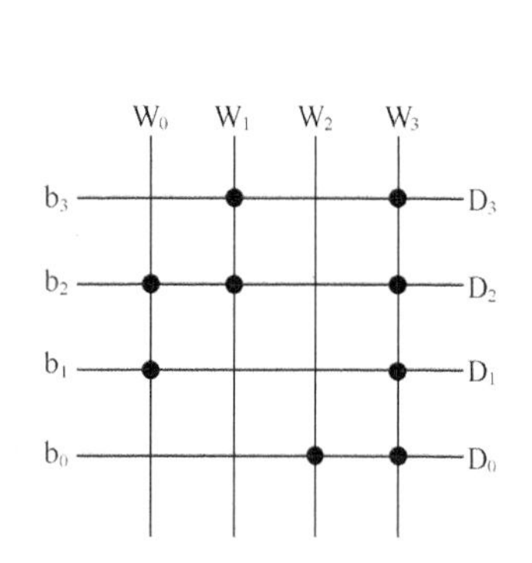

图 8.2.4 二极管存储矩阵阵列图 ROM

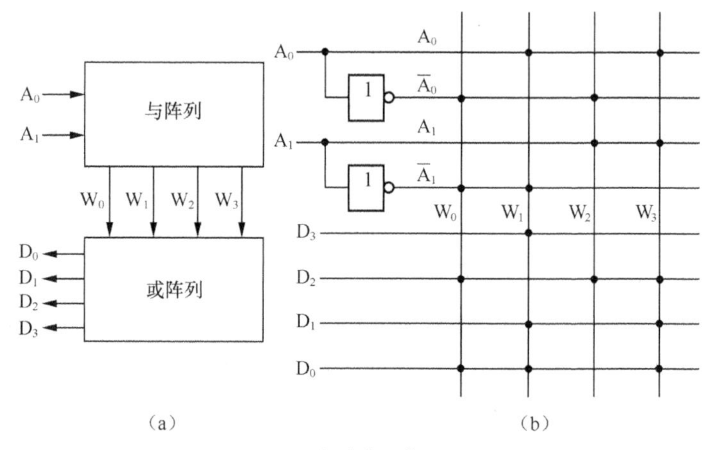

图 8.2.5 用与或表示的 ROM

【例 8.2.1】 用 ROM 实现下列函数：$Y_0 = \overline{A}\,\overline{B}C + AB$，$Y_1 = A\overline{A} + ABC$。

解： $Y_0 = \overline{A}\,\overline{B}C + AB(C+\overline{C}) = \overline{A}\,\overline{B}C + ABC + AB\overline{C})$

$Y_1 = ABC$

ROM 的部分阵列图如图 8.2.6 所示。

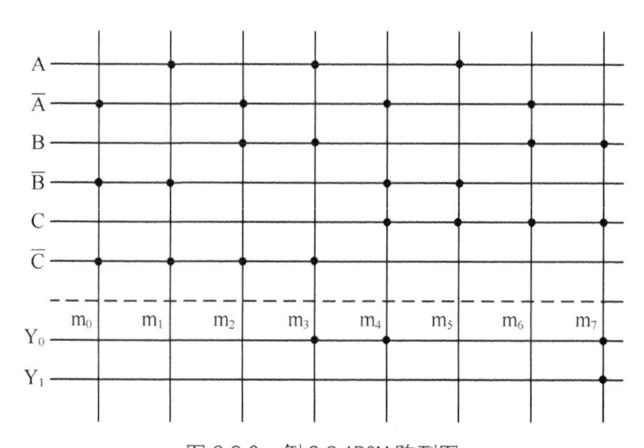

图 8.2.6 例 8.2.1ROM 阵列图

【例 8.2.2】 根据图 8.2.7 与或阵列图，写出逻辑函数 Y_0、Y_1 的表达式。

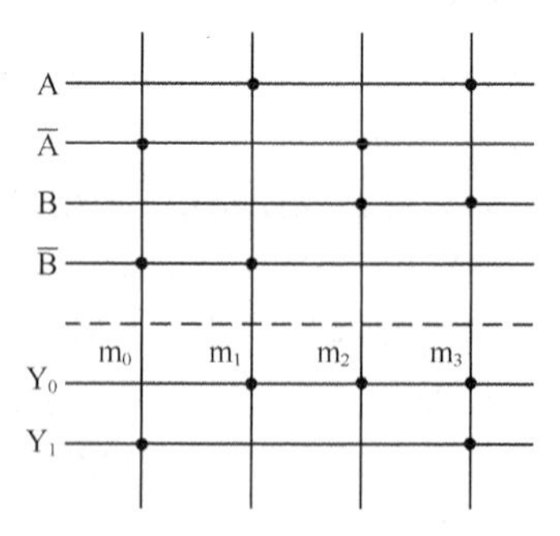

图 8.2.7 例 8.2.2 与或阵列图

解：

$$Y_0 = \overline{A}B + A\overline{B},\quad Y_1 = \overline{A}\,\overline{B} + AB$$

在数字系统中，ROM 应用广泛，如实现各种逻辑函数、各种代码转换、函数运算等。

2. ROM 容量的扩展

（1）字扩展

当 ROM 的字线不够时，要进行字扩展，字扩展就是对地址译码器中的二进制地址码进行扩展，所以字扩展也叫作地址扩展。

【例 8.2.3】 将存储容量为 1KB×4 的 ROM 扩展成容量为 4KB×4 的 ROM。

解：

存储容量为 1KB×4，说明字线为 1KB，每个存储器存储的数据是 4 位的。每条字线对应一个存储器，1KB（2^{10}=1 024）条字线对应 1 024 个存储器，1 024（2^{10}）个存储器需要用 10 位二进制地址码来表示；存储容量为 4KB×4，说明字线为 4KB，每个存储器存储的数据仍是 4 位的，4KB（2^{12}=4 096）条字线对应 4 096 个存储器，4 096（2^{12}）个存储器需要用 12 位二进制地址码来表示，所以要进行地址码的扩展，将 4 片容量为 1KB×4 的 ROM 扩展成 4KB×4 的 ROM 的连接图，如图 8.2.8 所示。

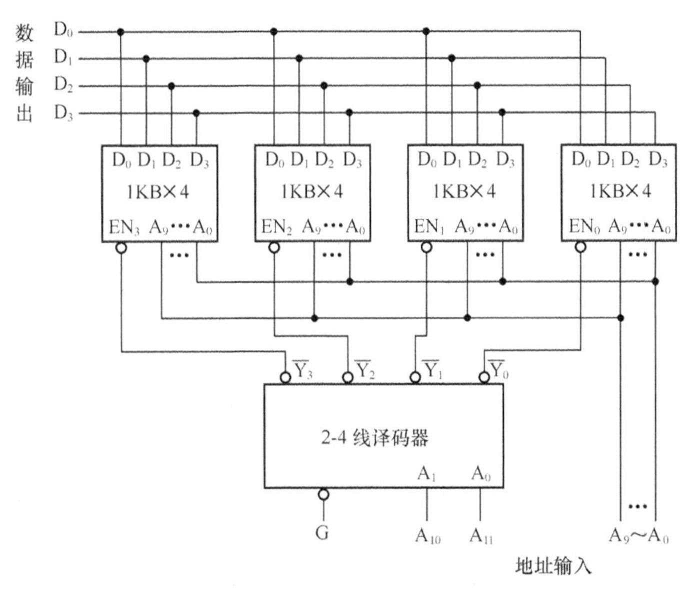

图 8.2.8　ROM 字扩展连线图

（2）位扩展

当 ROM 的数据输出位线不够时就要进行位扩展，将多片 ROM 的输出位线并联即可。

【例 8.2.4】 将存储容量为 1KB×4 的 ROM 扩展成容量为 1KB×8 的 ROM。

解：

存储容量为 1KB×4 的 ROM 有 4 根数据线，存储容量为 1KB×8 的 ROM 有 8 根数据线，所以只要将两片 1KB×4 的 ROM 并联使用就行。位扩展的连接图如图 8.2.9 所示。

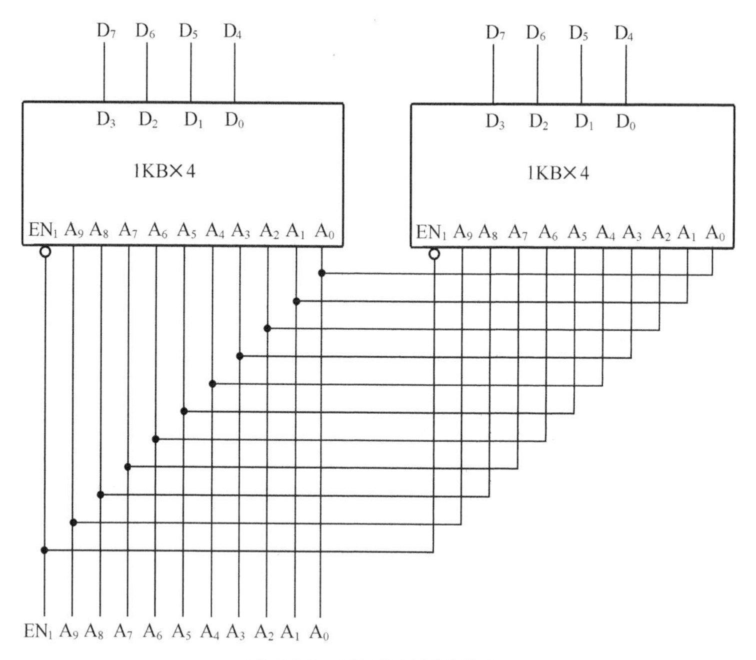

图 8.2.9 ROM 位扩展连线图

8.3 随机存取存储器

与 ROM 不同，随机存储器（RAM）不仅可以读出数据，也可以无数次地写入数据，所以也称为读写存储器。因此 RAM 的读写更方便，使用更灵活。RAM 的缺点是具有易失性，即关断电源后，数据会丢失，因此不利于长期保存数据。理论上来说，RAM 可以替代 ROM，但因为 RAM 成本高、易失数据等缺点，存储固定数据时仍用 ROM 为好。

按照电路结构和工作原理的不同，RAM 可分为静态 RAM 和动态 RAM 两种。

静态 RAM 简称 SRAM，它的存储单元是由静态 MOS 电路或双极型电路组成的。静态 RAM 的数据由触发器记忆，只要不断电，数据就能永久保存。但是其存储单元所用的管子数目多，功耗大，集成度受到限制。

动态 RAM 简称 DRAM，它利用 MOS 管栅型电容存储信息。由于电容上的电荷不能长时间保存，所以为了保存原来存储的信息，必须定期对存储信息的电容进行充放电，也称为刷新。动态 RAM 的存储单元所用的管子数目少，功耗小，集成度高。

8.3.1 RAM 的结构及存储单元

RAM 由存储矩阵、地址译码器、读/写及片选控制电路、输入输出电路等组成。RAM 结构图如图 8.3.1 所示。

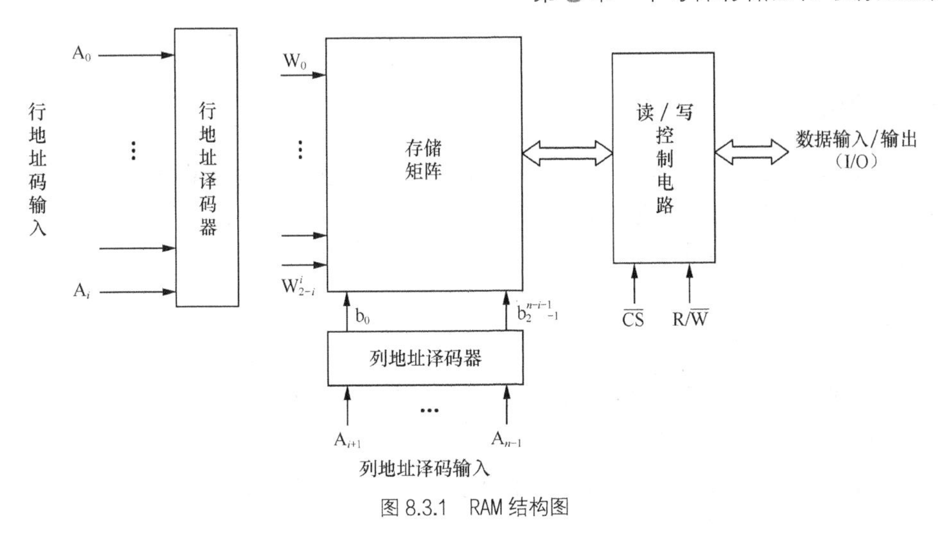

图 8.3.1　RAM 结构图

1．存储矩阵

存储矩阵是由很多个存储单元组成的，每个存储单元又由很多个触发器组成，每个触发器存放一位二进制数据。一个或多个存储单元可以组成一个字，所以存储单元越多，存储的字数就越多，即存储容量就越大。存储矩阵的存储容量为字线数×位线数。例如 256×4 的 RAM 存储器的容量为 1 024，其中有 256 个字，每个字 4 位。

2．地址译码器

通常 RAM 以字为单位进行数据的读出与写入，所以把存放同一个字的存储单元分为一组，用一个号码来表示，这个号码就称为地址。不同的字单元具有不同的地址，用地址译码器来决定选中哪个字单元。地址译码器是由行地址译码器和列地址译码器组成的，它将外部给出的地址进行译码，行地址译码器进行行地址译码，使行地址线 W（字线）的一条被选中，从而该字线对应的存储单元被选中；列地址译码器进行列地址译码，使列地址线 b（位线）的一列或几列被选中。例如，一个容量为 256×4 的 RAM 存储器，有 256（2^8）个字，需要 8 根地址线（A_7～A_0），将高 3 位（A_7～A_5）作为行地址译码器输入，产生 8（2^3）根行地址线（W_7～W_0），将低 5 位（A_4～A_0）作为列地址译码器输入，产生 32（2^5）根列地址线（b_{31}～b_0），有行和列（或几列）都被选中的存储单元才可以进行读写操作。

3．读写及片选控制电路

在读写及片选控制电路的控制下，被选中的存储单元中的数据才可以通过数据线进行输入和输出。每片 RAM 上都有一个片选端 $\overline{CS}$，当 $\overline{CS}$=0 时，说明该片被选中，这时当 $R/\overline{W}$=0 时，进行写操作，当 $R/\overline{W}$=1，进行读操作。当 $\overline{CS}$=1 时，说明该片没有被选中，则不能进行读写操作。

4．输入/输出电路

图 8.3.1 中的双向箭头表示双向传输数据，读时为输出端，写时为输入端，由读写控制信

号决定。

8.3.2 RAM 存储容量的扩展

一片 RAM 的容量是有限的，当实际应用时，往往对 RAM 的容量要求是很大的，所以就要对 RAM 进行容量扩展，也就是通过某种方式将多片 RAM 连接在一起。RAM 的容量扩展也分为字扩展和位扩展两种。

1．字扩展（地址扩展）

当 RAM 存储器的字数不够时，要进行字扩展（也就是地址扩展），字扩展可利用外加译码器控制各 RAM 芯片的片选端来实现。

【例 8.3.1】 试用 256×8 位的 RAM 扩展为 1024B×8 位存储器。

解：

将 4 片 256B×8 位 RAM 的地址线（A_0～A_7）、读/写线对应地并联，数据端（D_0～D_7）并列输出。字扩展也就是地址线扩展，字数要扩展 2^2 倍，只需增加 2 条地址线（A_8、A_9），通过译码器对 2 条地址线译码（2^2=4）来控制 4 片 RAM 的片选信号，当 2-4 线译码器的地址译码输入端 A_1A_0=00 时，第 1 片 RAM 工作，当 A_1A_0=01 时，第 2 片 RAM 工作，当 A_1A_0=10 时，第 3 片 RAM 工作，当 A_1A_0=11 时，第 4 片 RAM 工作。因此可以得出由字扩展的倍数来决定增加的地址线条数，如字数扩展 2 倍，就增加一条地址线（2^1=2）（通过非门就可实现）；字数扩展 4 倍，就增加 2 条地址线，依此类推。扩展图如图 8.3.2 所示。

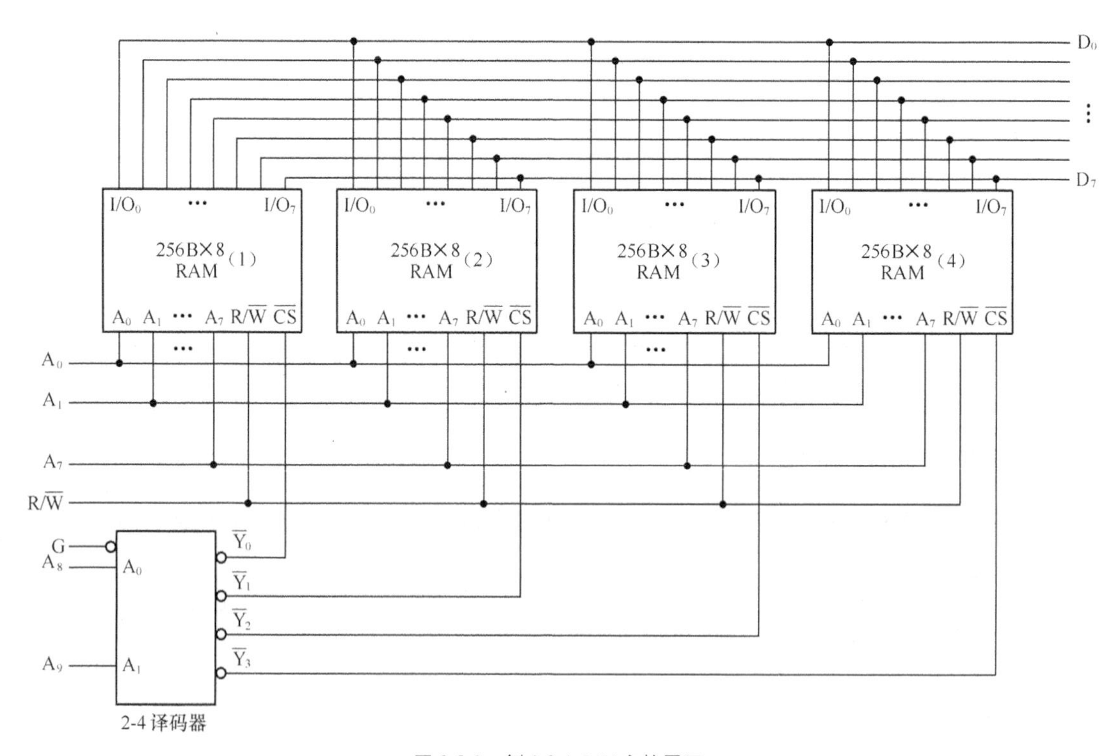

图 8.3.2　例 8.3.1 RAM 字扩展图

2. 位扩展（字长扩展）

当实际应用时需要的位数（字长）不够时，就要进行位扩展。

【例 8.3.2】 试用 2114（1KB×4 位）RAM 扩展成 1KB×8 位存储器。

解： 位扩展也就是数据线扩展，只需将两片 RAM 的读/写线、片选线、地址线并联，而各自的输入/输出分开使用作为字的各个位线。扩展图如图 8.3.3 所示。

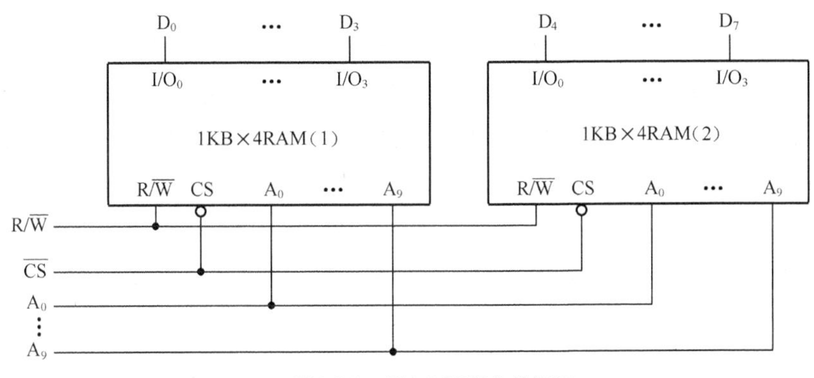

图 8.3.3 例 8.3.2RAM 位扩展图

在实际应用中，有很多典型的存储芯片，如 Intel 公司的 2114（1KB×4），可寻址的存储单元数为 1KB=1024（2^{10}）个，所以有 10 条地址线，每个存储单元由 4 个基本电路组成，总的存储容量为 1×1024×4 位；2116（16KB×1）的存储容量为 16×1024×1，可寻址的存储单元数为 16K（2^{14}）个，需要 14 条地址线。还有很多其他芯片，如 2101（1KB×1）、4118（1KB×8）、6232（4KB×8）和 61256（32KB×8）等。下面以 Intel 6116 为例，简单介绍其引脚功能。图 8.3.4 所示为 Intel 6116 的引脚排列图。其中 A_0～A_{10} 是地址输入端，行地址是 A_0～A_7，列地址是 A_8～A_{10}，D_0～D_7 是数据输入、输出端，V_{CC} 是+5V 电源，$\overline{CS}$ 是片选信号端，$\overline{OE}$ 输出允许端，$\overline{WE}$ 是读写控制端。

图 8.3.4 Intel 6116 引脚排列图

8.4 可编程逻辑器件简介

PLD（Programmable Logic Device，可编程逻辑器件）是电子设计领域中最具活力和发展前途的一项技术，它产生的影响不亚于 20 世纪 70 年代单片机的发明和使用。早期的可编程逻辑器件只有可编程只读存储器（PROM）、紫外线可擦除只读存储器（EPROM）和电可擦除只读存储器（EEPROM）三种。由于结构的限制，只能完成简单的数字逻辑功能。后来，出现一类结构上稍复杂的可编程芯片——可编程逻辑器件（PLD），各种数字逻辑功能都能够由它通过编程来完成，具有设计制造周期短、成本低、可靠性高和保密性好等优点。可编程逻辑器件的出现揭开了数字系统崭新的一页。

1. PLD 的结构

典型的 PLD 主要是由一个“与”门阵列和一个“或”门阵列构成的，而“与—或”式可以描述任何一个组合逻辑，所以 PLD 能以乘积和的形式完成很多组合逻辑功能。图 8.4.1 所示的为 PLD 的结构示意图。为了使输入信号有足够的驱动能力，并产生原变量和反变量，输入端都设有输入缓冲电路。输出端一般都采用三态输出结构，且设有内部通路，可把输出信号反馈到输入端。

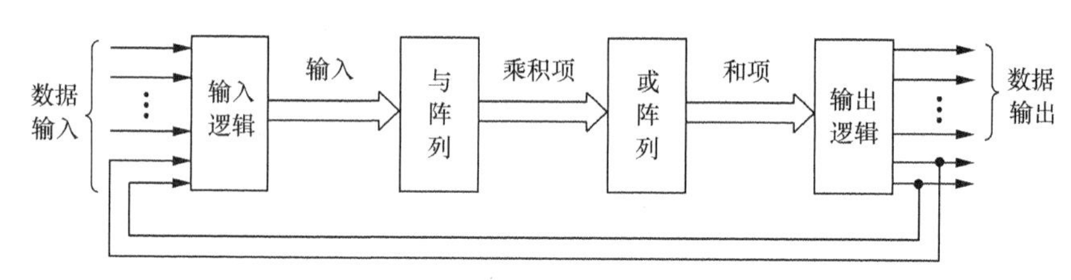

图 8.4.1 PLD 的结构示意图

2. PLD 电路的表示方法

图 8.4.2 所示的为一个简单的 PLD 的阵列结构图。从图中可以看出，与阵列和或阵列的连接方式有三种，其中画“•”的交叉点为固定连接或硬连接；画“×”的交叉点为编程连接，可以通过编程的方式把该连接点断开；交叉点处既无“•”也无“×”，表示该连接点断开。

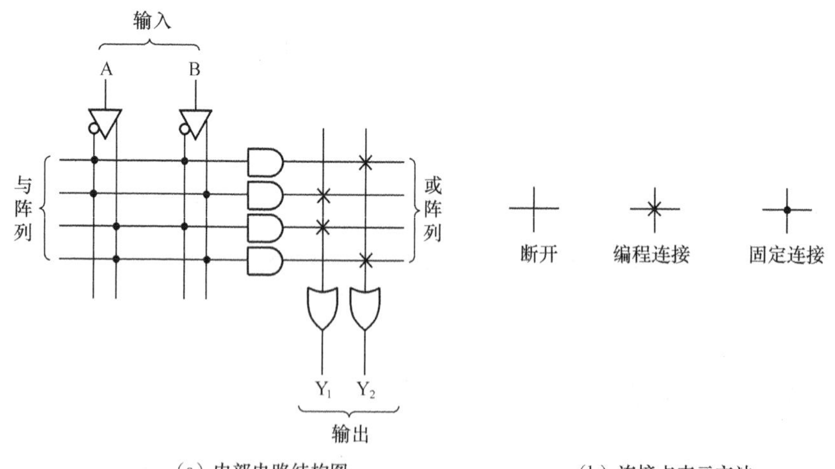

（a）内部电路结构图 （b）连接点表示方法

图 8.4.2 PLD 内部电路结构图及连接点表示方法

3. PLD 的分类

PLD 按照集成度可以分为低集成度（SPLD）和高集成度（CPLD）两种类型。低集成度型 PLD 主要有 PAL（可编程阵列逻辑）和 GAL（通用阵列逻辑）。PAL 由一个可编程的“与”阵列和一个固定的“或”阵列构成，或门的输出可以通过触发器有选择地被置为寄存工作状态。PAL 器件是现场可编程的，实现它的工艺有反熔丝技术、EPROM 技术和 EEPROM 技术。在 PAL 的基础上，又发展了一种通用阵列逻辑（Generic Array Logic，GAL），如 GAL16V8A 等。它使用了 EEPROM 工艺，实现了电可擦除、电可改写的功能，其输出结构是可编程的逻辑宏单元，所以它的设计具有很强的灵活性。

随着集成度规模的不断提高，出现了复杂可编程逻辑器件（CPLD），由于 CPLD 采用电可擦写技术，所以也称为 EPLD。在可编程逻辑器件发展的同时，又出现了另一种可在用户现场进行编程的门阵列产品，称为现场可编程门阵列（FPGA）。FPGA 尽管也可以编程，但是它的结构和所采用的编程方法与 CPLD 器件不同。FPGA 密度高，触发器多，多用于 10 000 门以上的大规模设计，更适合做复杂的时序逻辑。CPLD 和 FPGA 各具特点，因此在不同的场合可以选用不同的器件。

8.4.1　可编程阵列逻辑器件

可编程陈列逻辑（PAL）器件是由可编程的与逻辑电路和固定的或逻辑电路组成的。双极型 PAL 器件的结构如图 8.4.3 所示，它是利用烧断熔丝进行编程的，每条横线称为与线，每条竖线称为输入线，对应一个输入变量（原变量或反变量）。如果与线与输入线的交叉点处的熔丝没有烧断，那么这条与线（横线）对应的与项中包含输入线（竖线）所对应的变量。如果熔丝烧断，那么该与项中不包含输入线所对应的变量。交叉点处有“×”表示熔丝没有烧断，没有“×”表示熔丝烧断。图 8.4.4 所示的是其阵列图。

PAL 器件可以实现任何逻辑函数，每个输出都是若干个乘积项之和，但乘积项数目不变（即或逻辑固定）。图 8.4.5 中，每个输出包含两个乘积项，$F_1 = AB + \overline{A}B$，$F_2 = A\overline{B} + A\overline{A}$，$F_3 = \overline{A} + B$，$F_4 = 1 + \overline{A}\,\overline{B}$。

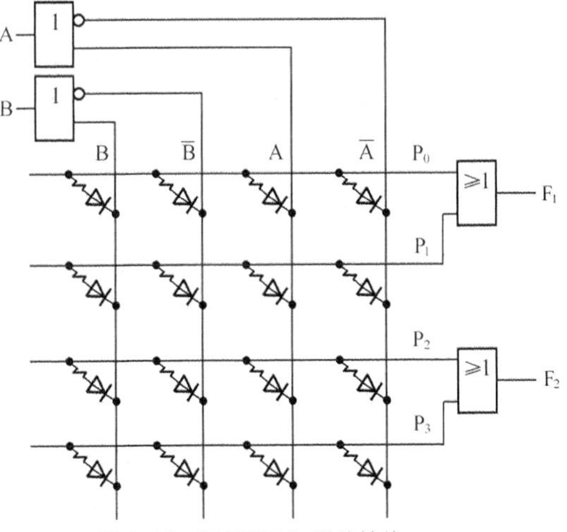

图 8.4.3　双极型 PAL 器件结构

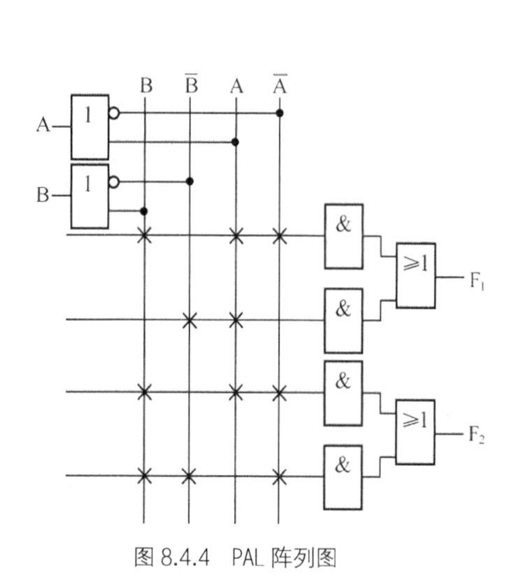

图 8.4.4 PAL 阵列图

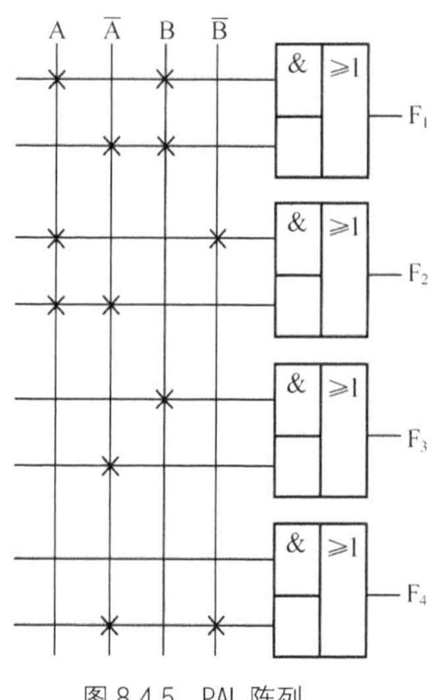

图 8.4.5 PAL 阵列

由于 PAL 器件是采用熔丝工艺，因此为一次性编程器件，即编程后不可改写。PAL 器件的规模小，只能代替几个中规模集成电路。

8.4.2 可编程通用阵列逻辑器件

1985 年推出了另一种新型的可编程逻辑器件——通用阵列逻辑（GAL）器件。GAL 器件与 PAL 器件阵列结构相同，但输出结构不同，GAL 器件的输出端设置了可编程的输出逻辑宏单元（Output Logic Macro Cell，OLMC），输出方式可通过编程将 OLMC 设置成需要的组态，这样可以用同一种型号的 GAL 器件实现 PAL 器件的各种输出电路工作模式，因此 GAL 功能更强，更灵活。

下面以 GAL16V8 为例介绍 GAL 器件的基本结构。图 8.4.6 所示的为 GAL16V8 的逻辑图，它由输入缓冲器、输出反馈缓冲器、输出缓冲器、与阵列、输出逻辑宏单元（OLMC）和系统时钟（CK）组成。其中 2～9 脚是输入端，每个输入端有一个输入缓冲器，8 个输出端（12～19 脚）也用作反馈输入，因此，GAL16V8 最多有 16 个输入端，8 个输出端。10 脚为接地端，20 脚为电源端（+5V），GAL 器件与 PAL 器件的主要区别在于 GAL 器件的每个输出端都有一个输出逻辑宏单元。

图 8.4.7 中的虚线框为 GAL16V8 输出逻辑宏单元（OLMC）的结构图。可以看出，OLMC 是由一个或门、一个异或门、一个 D 触发器和 4 个数据选择器（MUX）组成的。或门接收来自与阵列的输出信号，或门输出乘积项之和。异或门用来选择输出极性，当 XOR(n)为“0”时，异或门输出极性不变；当 XOR(n)为“1”时，异或门起反相器的作用。D 触发器作为异或门的状态存储器，使 GAL 器件能够适用于时序逻辑电路。4 个多路数据选择器（MUX）分别是乘积项数据选择器（PTMUX）、输出三态控制数据选择器（TSMUX）、输出控制数据选择器（OMUX）及反馈控制数据选择器（FMUX）。

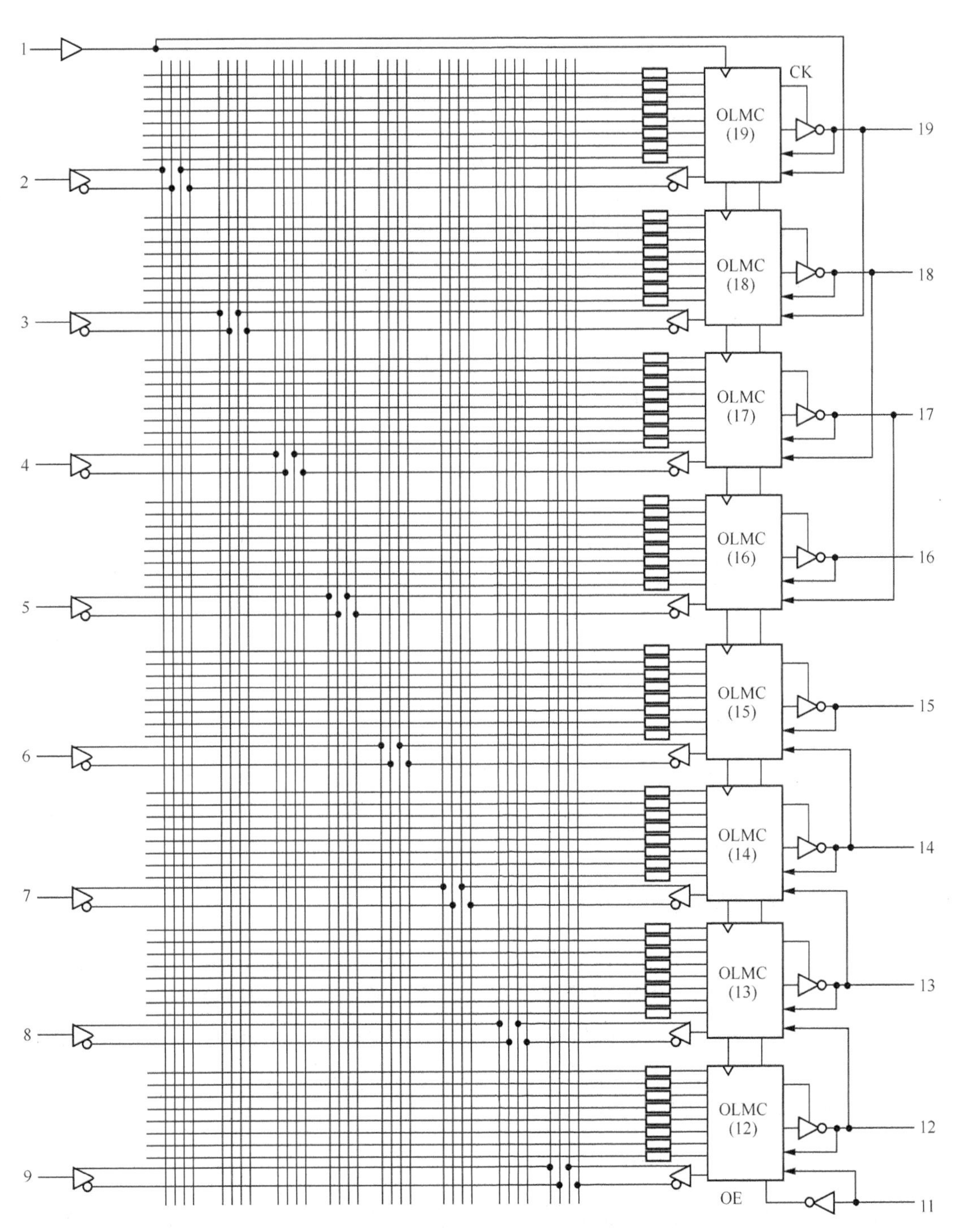

图 8.4.6 GAL16V8 的逻辑图

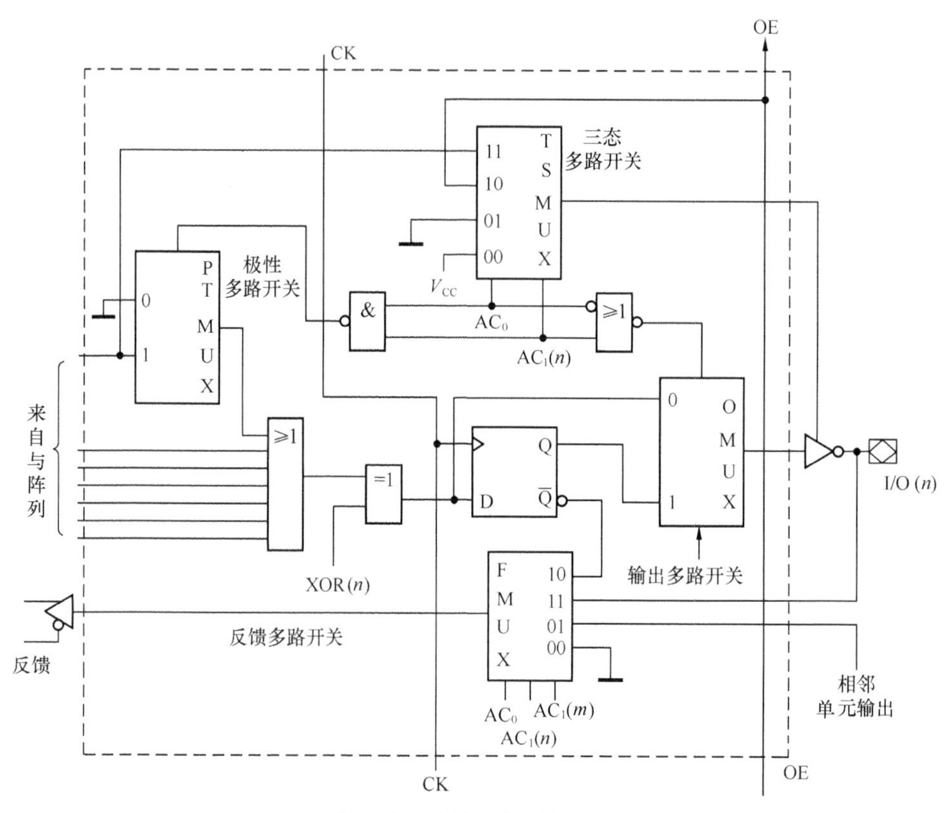

图 8.4.7　GAL 的输出逻辑宏单元

1．乘积项数据选择器

乘积项多路选择器（PTMUX）是乘积项选择器，用 AC_0、$AC_1(n)$控制来自与阵列的第一乘积项或地（0）送到或门输入端。若信号 AC_0 和 $AC_1(n)$为“11”，则第一乘积项为或门的一个输入项；若信号 AC_0 和 $AC_1(n)$为“00.01.10”，则选择地信号送或门输入端。

2．输出控制数据选择器

输出控制多路选择器（OMUX）是输出类型选择器，它在信号 AC_0、$AC_1(n)$的控制下，分别选择组合型输出（异或门输出端）及寄存型输出（D 触发器输出端）送到输出缓冲器，以便适用于组合电路和时序电路。若 AC_0 和 $AC_1(n)$为“00.01.11”，则异或门的输出送到输出缓冲器，输出是组合型的；若 AC_0 和 $AC_1(n)$为“0”，则 D 触发器的输出值送到输出缓冲器，输出是寄存型的。

3．输出三态控制多路选择器

输出三态控制多路选择器（TSMUX）是三态缓冲器的使能信号选择器，是四选一多路选择器，在 AC_0、$AC_1(n)$控制下，可以分别选择电源、地电平、OE 或第一乘积项为输出缓冲器使能信号。若 $AC_0AC_1(n)$=00，则电源 V_{CC} 为三态控制信号，输出缓冲器被选通；若 AC_0 $AC_1(n)$=01，则地电平为三态控制信号；若 AC_0 $AC_1(n)$=10，则 OE 为三态控制信号；若 AC_0

$AC_1(n)$=11，则第一个乘积项为三态控制信号。

4. 反馈控制数据选择器

反馈控制多路选择器（FMUX）是反馈源选择器，也是一个四选一多路选择器，用于选择不同信号反馈给与阵列作为输入信号，在 AC_0、$AC_1(n)$和 $AC_1(m)$的控制下，选择地电平、D 触发器的$\overline{Q}$端、本级 DLMC 的输出或邻级 DLMC 的输出为反馈信号。

8.4.3 复杂的可编程逻辑器件

尽管 GAL 器件输出结构是可编程的逻辑宏单元，可由软件完成它的硬件结构设计，比纯硬件的数字电路更灵活，但其过于简单的结构也使它只能实现小规模电路。为弥补这一缺点，20 世纪 80 年代中期，推出了复杂可编程逻辑器件（CPLD），CPLD 内部包含有若干个逻辑单元块，而每个逻辑块就相当于一个 GAL 器件，可编程内部连线把这些逻辑块相互连接起来。CPLD 具有编程灵活、集成度高、适用范围宽等特点，很多中小规模通用数字集成电路均可用 CPLD 来完成。CPLD 现已深入应用在网络、汽车电子等多个方面。

CPLD 的基本结构也是由可编程的与阵列、固定的或阵列和宏单元组成的，与 PAL 器件、GAL 器件的结构相似，CPLD 的集成规模要比 PAL 器件、GAL 器件大很多，图 8.4.8 所示的是 CPLD 的结构框图，它包括逻辑块、互连矩阵和 I/O 控制模块。

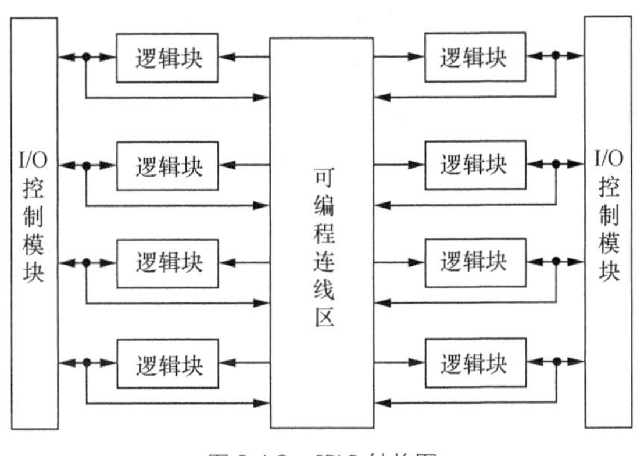

图 8.4.8 CPLD 结构图

1. 逻辑块

每个逻辑块包括可编程与阵列、乘积项分配器和宏单元，每个宏单元由逻辑阵列、乘积项选择阵列和可编程寄存器组成，可以被配置为时序逻辑方式或组合逻辑方式。

2. I/O 控制模块

I/O 是内部信号到 I/O 引脚的接口，负责输入输出的电气特性控制。CPLD 只有几个专用的输入端口，且系统的输入信号经常要锁存，所以 I/O 端口常作为独立单元。可以对 I/O 端口进行编程，使每个引脚配置为寄存器和输入输出双向等工作方式。这样使用 I/O 端口就更灵活方便了。

3. 互连矩阵

快速互连矩阵负责信号传递，连接所有的功能模块。各互连矩阵通过连线接受来自专用输入或输出端口的信号，并把宏单元的信号反馈给要到达的目的地，允许在不影响引脚分配的情况下改变内部设计，所以这种互连机制十分灵活方便。

8.4.4 现场可编程门阵列

现场可编辑门阵列（Field Programmable Gate Array，FPGA）是可编程逻辑器件，它也是在 PAL、GAL 等逻辑器件的基础之上发展起来的。同以往的 PAL、GAL 等相比，FPGA 的规模比较大，可以替代几十个甚至几千个通用 IC 芯片，这样的 FPGA 实际上就是一个子系统部件。这种芯片受到电子工程设计人员的广泛关注。经过十几年的发展，许多公司都开发出了多种可编程逻辑器件，比较典型的就是 Xilinx 公司的 FPGA 器件系列。

FPGA 的功能由逻辑结构的配置数据决定。工作时，这些配置数据存放在片内的 SRAM 或熔丝图上，基于 SRAM 的 FPGA 器件，工作前需要从芯片外部加载配置数据，配置数据可以存储在片外的 EPROM 上，用户可以控制加载过程，在现场修改器件的逻辑功能。

可配置的逻辑模块一般有 3 种结构形式：（1）查找表结构；（2）多路开关结构；（3）多级与非门结构。不同厂家和不同型号的 FPGA 的可编程逻辑块的内部结构、互连结构等不同。

尽管 FPGA 和其他类型 PLD 的结构各有特点，但它们都是由三大部分组成的。（1）可编程逻辑模块（Configurable Logic Block，CLB）阵列；（2）可编程输入/输出块（I/O Block，IOB），它是芯片内部逻辑与外部封装脚之间的接口，围绕在逻辑单元阵列的四周；（3）连接逻辑块的互连资源（Programmable Interconnect，PI），它由各种长度的连线组成，其中也有一些可编程的连接开关，它们将逻辑块之间、逻辑块与输入/输出块之间和输入/输出块之间连接起来，构成特定功能的电路。FPGA 的框图如图 8.4.9 所示，改变各个 CLB 的功能或改变各个 CLB 与 IOB 的连接组合都能改变整个芯片的功能。由此可见，FPGA 的功能是非常强大和灵活的。

1. CLB

CLB 是 FPGA 的基本逻辑单元，可以实现复杂的逻辑功能。图 8.4.10 所示的是 XC2000 的 CLB 图，每个 CLB 中包含组合逻辑电路、存储电路和由一些多路选择器组成的内部控制电路。

CLB 是有 A、B、C、D 四个输入端和 *X*、*Y* 两个输出端的通用逻辑模块，这些输入/输出端通过 PI 与其他 CLB 或 IOB 连接，其内的组合逻辑电路通过查表方式实现逻辑函数关系。XC2000 系列的 CLB 查表为 16 位，根据设计的需要，可以将组合逻辑电路分别设置成四变量组合逻辑函数、三变量组合逻辑函数和五变量组合逻辑函数。图 8.4.11 所示电路是两输入变量通用模块，是用 NMOS 管构成的，A、B 是输入变量，F 是输出变量，C_0、C_1、C_2、C_3 是编程控制信号（即静态随机存储器 SRAM 的 4 位），当 $C_3C_2C_1C_0$=0000 时，输出函数 F=0，当 $C_3C_2C_1C_0$=1 000 时，输出函数 F=AB。同理可以找出三变量、四变量通用逻辑模块的函数表达式。

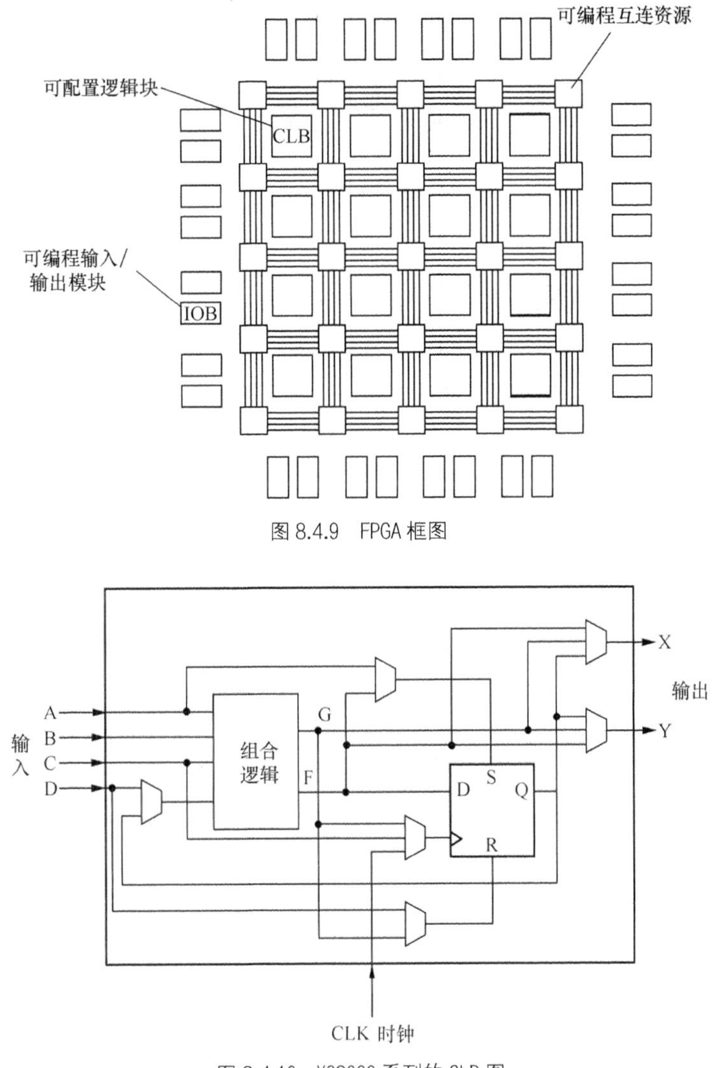

图 8.4.9　FPGA 框图

图 8.4.10　XC2000 系列的 CLB 图

CLB 中包含一个触发器，这个触发器可以设置为边沿触发的 D 触发器或电平触发的 D 型锁存器。时钟信号可以选择片内公共时钟 CLK 为时钟信号，工作在同步方式；也可以选择输入端或组合电路的输出为时钟信号，工作在异步方式。可以编程决定触发器时钟的上升沿或下降沿，电平锁存器的高电平或低电平触发。

2. IOB

IOB 是芯片内部逻辑与外部封装脚之间的接口，围绕在逻辑单元阵列的四周。每个 IOB 对应一个引脚，可将引脚定义为输入、输出和双向功能。图 8.4.12 所示的是 IOB 的简化电路图，每个 IOB 由输出三态缓冲器、输入缓冲器、触发器和多路选择器构成。当是输入工作方式时，外输入信号经过输入缓冲器送入芯片内部；当是输出工作方式时，输出信号经输出缓冲器和三态缓冲器送到 I/O 端；当是双向工作方式时，由三态控制信号控制方向。

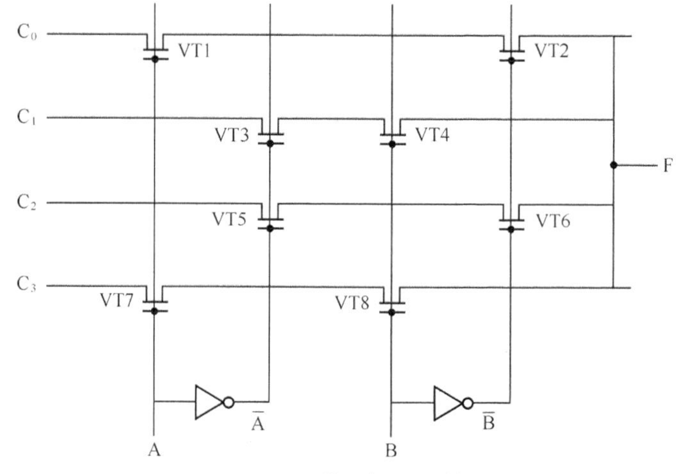

图 8.4.11　两输入变量通用模块

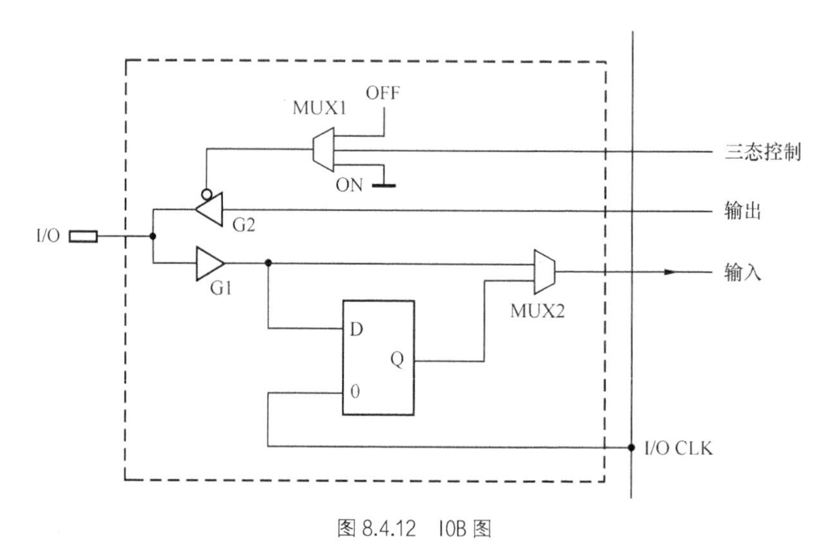

图 8.4.12　IOB 图

3．互连资源

互连资源由各种长度的连线组成，它们将 CLB 之间、CLB 与 IOB 之间和 IOB 之间连接起来，实现复杂的逻辑功能。互连资源可以分为三类：金属线、开关矩阵和可编程连接点。

本 章 小 结

半导体存储器是数字电路的重要组成部分，本章重点介绍了只读存储器（ROM）和随机存储器（RAM），还有可编程逻辑器件 PAL、GAL、CPLD、FPGA 等。

ROM 存储的是固定数据，只能读不能写，ROM 是一种非易失性的存储器，在断电后存储的信息不会丢失。RAM 存储的数据是随机的，在断电后存储的信息就会丢失。目前，可编程逻辑器件的使用越来越广泛，PAL 和 GAL 是典型的可编程逻辑器件，都是由与—或阵列构成的。由于 GAL 器件的输出增加了输出逻辑宏单元（OLMC），因此比 PAL 具有更强的功能和灵活性。CPLD 和 FPDA 都是在 PAL、GAL 基础上发展起来的。FPGA 是基于 SRAM 的可编程器件，以 CLB 为基本逻辑单元，且每个单元是可编程的，单元之间可以灵活地互相连接，没有与—或阵列的局限，断电后数据不丢失。FPGA/CPLD 的规模比较大，可以替代几十块甚至几千块通用 IC 芯片。

习　　题

习题 8.1　填空题

（1）在 ROM 中存储的内容，当断电后会________。

（2）要构成容量为 1KB×4 的 ROM，需要________片容量为 256×4 的 ROM。

（3）随机存储器 RAM 具有________功能。

（4）1KB×4 的 RAM 具有________根地址线，________根数据线。

（5）用 RAM 实现位扩展时，方法是将两片 RAM 的________、________、________并联在一起。

习题 8.2　选择题

（1）1KB×4 的 ROM 存储器，其存储器的容量是（　　）。

A．1KB　　B．4KB　　C．8KB　　D．16KB

（2）容量为 1KB×4 的存储器有（　　）个存储单元。

A．1KB　　B．4KB　　C．8KB　　D．9000

（3）需要（　　）片 1KB×4 位 RAM 才能扩展成 4KB×4 位 RAM。

A．1　　B．4　　C．8　　D．16

（4）4KB×4 的 RAM 需要（　　）根地址线。

A．1　　B．4　　C．12　　D．16KB

（5）ROM 存储器具有（　　）功能。

A．只读　　B．读和写　　C．只写　　D．没有读

（6）当断电后，RAM 中的内容会（　　）。

A．全部消失　　B．不变　　C．全变为 1　　D．部分变为 1

习题 8.3　ROM 和 RAM 的主要区别是什么？

习题 8.4　有三个存储器，它们的存储容量分别 1024×4 位，256×8 位，2048×1 位，哪一个存储器的存储容量最大？

习题 8.5　根据题图 8.1 所示的与或阵列图，写出逻辑函数 Y_0、Y_1 的表达式。

习题 8.6　用 ROM 实现一位全加器，并画出 ROM 的阵列图。

习题 8.7　需要几片 1024×8 位的 ROM 才能组成 1024×16 位的 ROM。

习题 8.8　用 Intel 2116（16KB×1 位）扩展为 16KB×4 位的 RAM，需要几片 2116？画出连线图。

习题 8.9　题图 8.2 所示是 CT74PAL14L8 部分阵列图，请写出 Y_1～Y_4 的表达式。

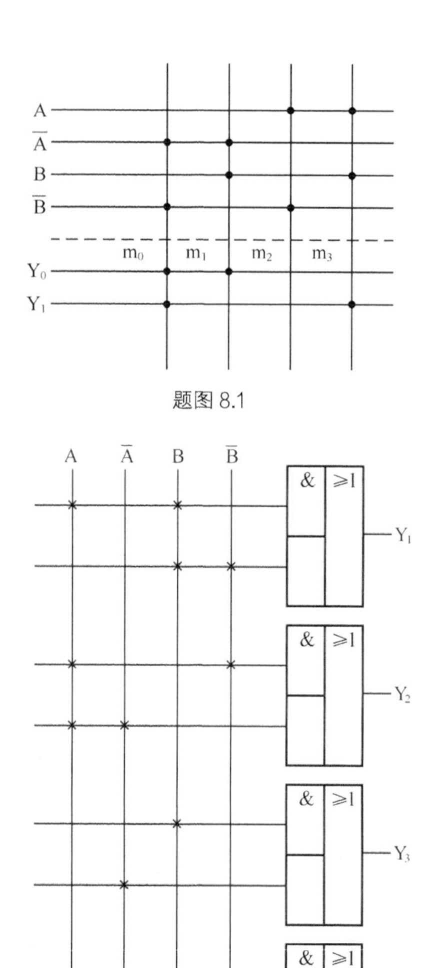

题图 8.1

题图 8.2

习题 8.10 比较 GAL 和 PAL 电路结构上的异同。

习题 8.11 可编程器件有哪几种？它们的共同特点是什么？

习题 8.12 用 GAL 实现全加器。

第9章 可编程逻辑器件的应用

本章首先简要地介绍PLD开发的EDA工具软件——Quartus Ⅱ的基本操作方法，系统讲述硬件描述语言VHDL的程序结构、语法规则等基本知识；然后着重讲解常用的组合逻辑电路和时序逻辑电路的VHDL描述，使读者进一步理解应用VHDL设计电路的方法和步骤；最后以应用电路数字钟的设计为例，分模块地说明数字系统设计的基本思路和方法。

9.1 概述

9.1.1 现代数字系统设计方法简介

前面章节中介绍的组合和时序逻辑电路的设计方法，都是基于传统电子电路的设计方法而进行的设计和分析过程。传统的设计方法一般采用的是自下而上的设计方法，这种方法没有明显的规律可循，主要靠设计者的经验和技巧，用一些分立元件或具有固定功能的标准集成电路像积木块一样堆积于电路板上，通过设计电路板来实现系统功能。

随着计算机技术和电子技术的迅猛发展，现代电子系统的数字化和集成化成为发展的必然趋势，电子设计自动化（Electronic Design Automation，EDA）应运而生。EDA技术是以计算机为工作平台，以硬件描述语言（HDL）为描述系统的主要表达方式，以可编程器件（CPLD/FPGA）为设计载体，进行必要的元件建模和系统仿真的电子产品自动化设计过程。

可编程逻辑器件（Programmable Logic Device，PLD）是作为一种通用型器件生产的，而它们的逻辑功能又是由用户通过对器件编程来自行设定的。它可以把一个数字系统集成在一片PLD上，而不必由芯片制造商去设计和制作专用集成芯片。由于它是用户可配置的逻辑器件，使用灵活，设计周期短，费用低，而且可靠性好，承担风险小，特别适合于系统样机的研制，因此很快得到了普遍应用，发展非常迅速。

目标器件为FPGA和CPLD的HDL设计，是采用自上而下的设计方法。此方法是将系统分解成各个模块的集合，把设计的每个独立模块分派给不同的工作小组，各自完成后，将不同的模块集成为最终的系统模型，并对其进行综合测试和仿真。采用自上而下的设计方法，就是对整个设计系统逐步精细的过程，层层分解，符合常规的逻辑思维习惯。

9.1.2 现代数字系统的设计步骤

利用可编程逻辑器件设计数字系统，其主要步骤分为设计准备、设计输入、系统仿真和硬件测试等。

1. 设计准备

首先是系统任务的提出。在设计任务书上，提出对整个数字系统的逻辑要求，即用自然语言表达系统项目的功能特点和技术参数等。然后根据系统的大小，选择相应的 CPLD/FPGA 芯片。最后选择一款合适的 EDA 开发软件，目前比较实用的开发软件主要有 MAX + plus Ⅱ 和 Quartus Ⅱ。

2. 设计输入

设计输入需要在开发软件上进行。对于高密度可编程逻辑器件的设计输入，一般需要采用图形输入和硬件描述语言输入方式。

在设计输入的过程中，注意尽量调用设计软件元件库中提供的元件，这样既可以提高设计速度，也可以节约器件资源，使设计更优化。

3. 系统仿真

当电路图设计完成后，必须验证设计是否正确。在传统的数字电路设计中，只能通过搭接电路、调试硬件来得到设计结果。而在现代数字系统的设计中，设计者可以先通过 EDA 软件实现功能和时序等的仿真工作，仿真结果正确后再进行实际电路的搭接与测试。由于 EDA 软件验证的结果十分接近实际结果，因此可以极大地提高电路设计的效率。

4. 硬件测试

硬件测试是指用实际的器件实现数字系统的设计，使用仪器仪表测量设计电路的性能指标是否符合设计要求。

9.2 可编程逻辑器件的基础知识

9.2.1 Quartus Ⅱ软件的使用

为了方便学习本课程，并能在计算机上验证各个单元电路的正确性，本节将简单介绍一款 EDA 工具软件——Quartus Ⅱ的使用方法。学习本部分内容不仅可以对单元电路的功能进行仿真、验证，熟悉使用 VHDL 语言设计电路的方法，也可以加深所学单元电路的基本工作原理。

Altera 公司的 Quartus Ⅱ软件是一款易学、易用的可编程逻辑器件开发软件，其界面友好、集成化程度高。

Quartus Ⅱ支持多种编辑输入法，包括图形编辑输入法，VHDL、Verilog HDL 和 AHDL 的文本编辑输入法，符号编辑输入法，以及内存编辑输入法。Quartus Ⅱ软件不仅可以将设计文件编译下载到可编程逻辑器件中，也可以对其进行功能仿真和时序仿真，验证其正确性。

Quartus Ⅱ与MATLAB和DSP Builder结合可以进行基于FPGA的DSP系统开发，是DSP硬件系统实现的关键EDA工具，与SOPC Builder结合，可实现SOPC系统开发。

下面介绍一下Quartus II的设计步骤，该软件支持多种输入方法，本节我们主要介绍文本编辑方法。

1. 建立新工程

图9.2.1所示的为Quartus II的主界面，主界面主要包括工程管理窗口、编译过程窗口、编译结果信息窗口和主工作区，在主菜单中选择“File→New Project Wizard”命令，弹出新建工程向导窗口，按照提示单击“Next”按钮后在图9.2.2所示的新建工程信息设置窗口中填入工程信息。

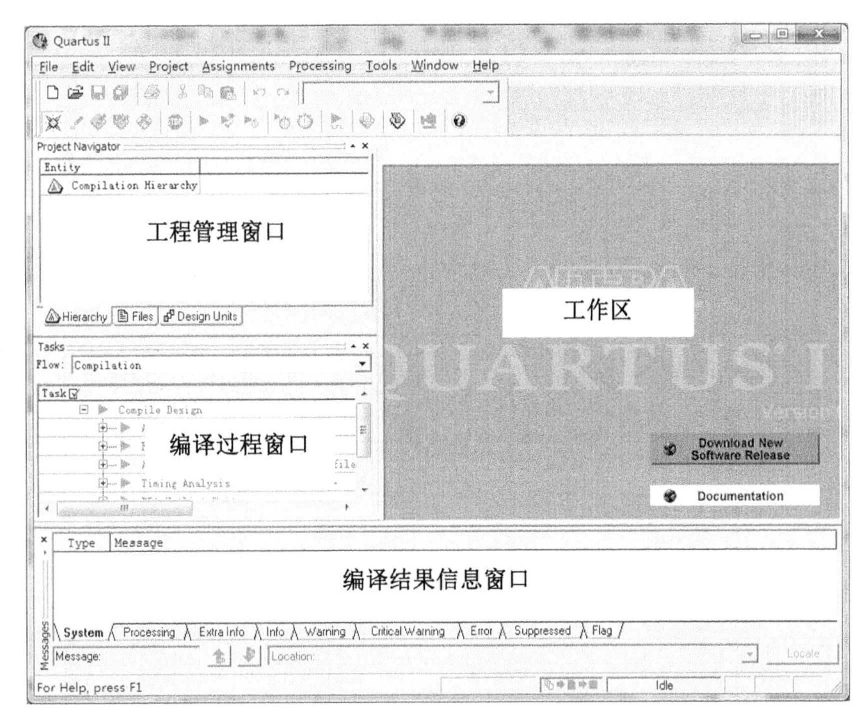

图9.2.1　Quartus II的主界面

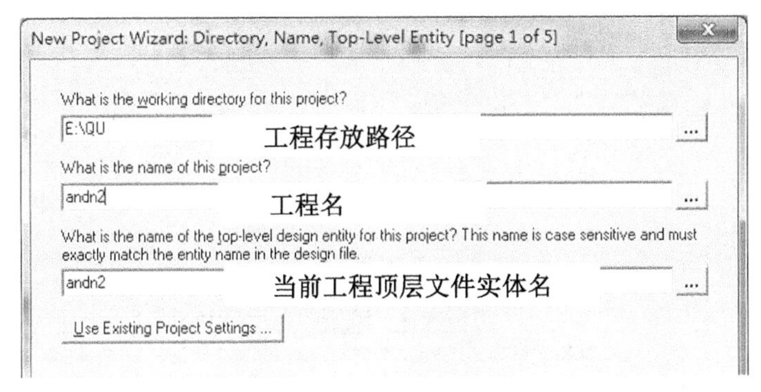

图9.2.2　新建工程信息设置窗口

新建工程信息设置窗口第一项为工程存放路径，注意此路径从上到下的文件夹不能以中文命名；第二项为新建工程的名称；第三项为当前工程顶层文件实体名（实体名含义详见 9.2.2 节），在第二项设置完成后此内容自动显示，并与工程名一致，这就要求第二项的工程名要与当前工程顶层文件实体名一致，否则编译会出现错误。

如果已有编辑好的文件，也可以单击“Next”按钮后，在图 9.2.3 所示窗口中导入已有的设计文档，并添加到当前工程中；如果新建设计输入文件，则选择“Next”按钮，进入图 9.2.4 所示的目标器件选择窗口。

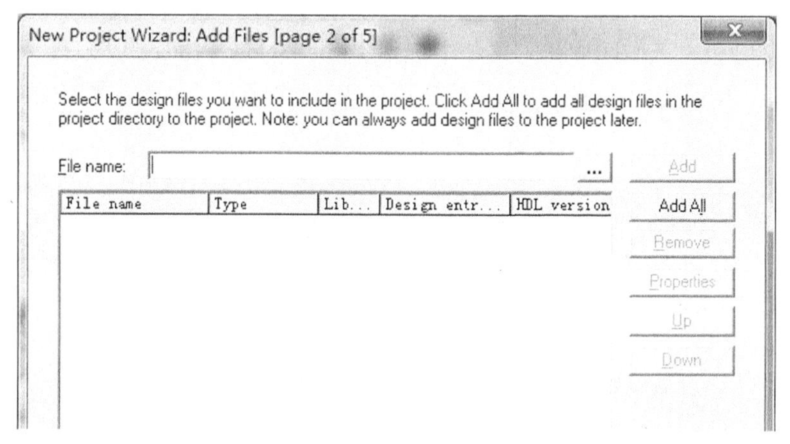

图 9.2.3 已有设计文档导入窗口

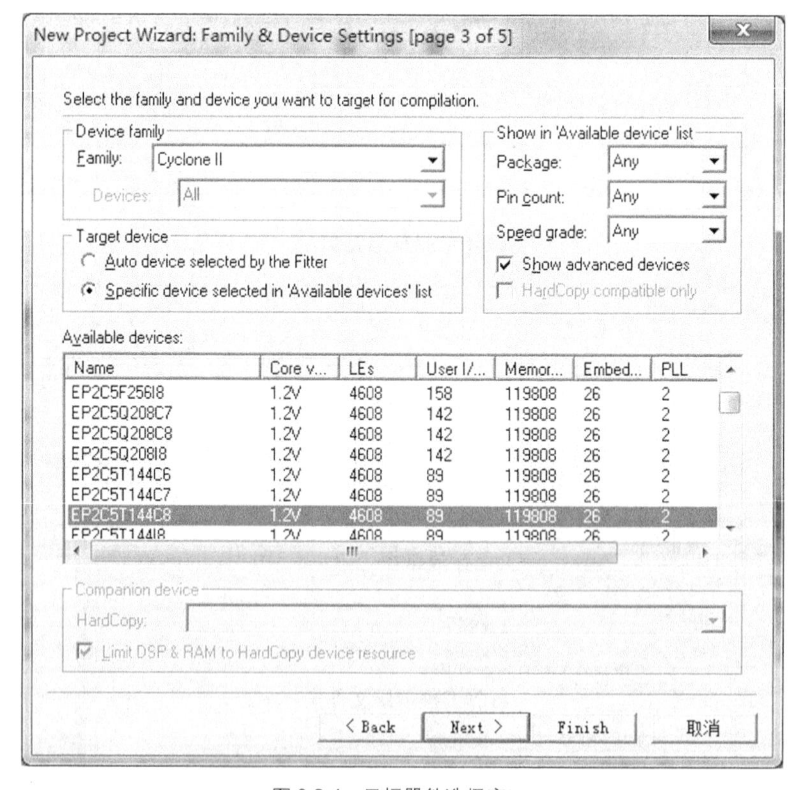

图 9.2.4 目标器件选择窗口

在目标器件选择窗口中，如果在“Target device”目标器件区域选择“Auto device selected by the Fitter”，则过滤器会自动分配一个器件给当前工程；如果不采用自动分配，则选中“Specific device selected in ‘Available devices’ list”选项，在窗口中手动选择目标器件。目标器件的选择可以通过本窗口提供的过滤的选项进行筛选，“Device family”为目标器件系列选择，“Show in ‘Available device’ list”区域中通过“Package”器件封装、“Pin count”引脚数和“Speed grade”速度等级选项进行快速筛选，最终在“Available devices”中选择最终目标器件的具体型号。

设置完目标器件后，单击“Next”按钮，进入图 9.2.5 所示的选择仿真器和综合器类型窗口。Quarus II 允许工程使用第三方的 EDA 工具，因此在工程创建初期可以指定该工程所要使用的第三方设计输入和综合工具、仿真工具和时序分析工具，如 ModleSim、Synplify 等。如果没有调用第三方工具，则都选择“None”。

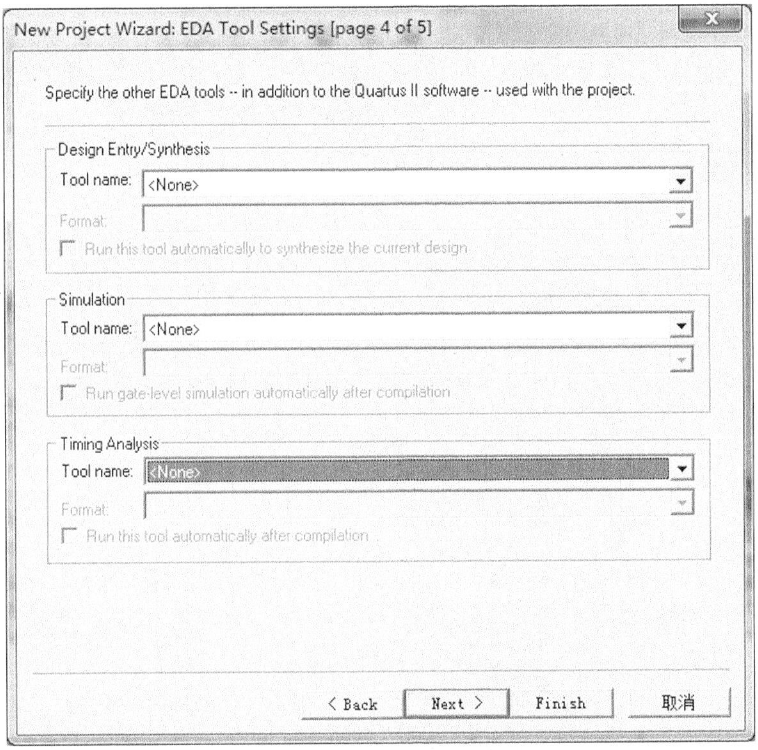

图 9.2.5　选择仿真器和综合器类型窗口

第三方 EDA 工具选择完成后，单击“Next”按钮，系统出现的窗口中会将刚刚新建工程的基本信息显示在窗口中，如果确认无误后，单击“Finish”按钮后，就完成了工程的新建过程。

图 9.2.6 所示的界面为新建工程完成后的界面，左侧的工程管理窗口中会显示当前工程的目标器件，以及新建的工程名称。

工程新建完成后，需要新建设计文件。常用的新建文件类型包括图形编辑、文本编辑和波形编辑。在新工程界面选择菜单栏中的“File”菜单，选择“New”选项后，即弹出图 9.2.7 所示的新建设计文件选择窗口。

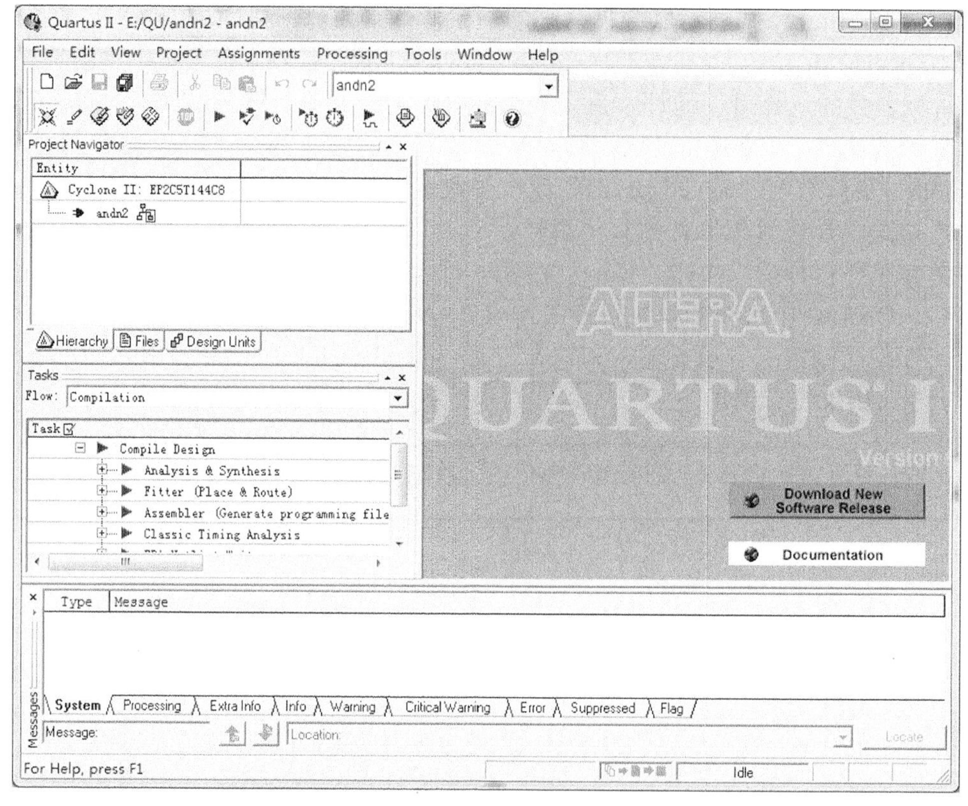

图 9.2.6 新建工程完成界面

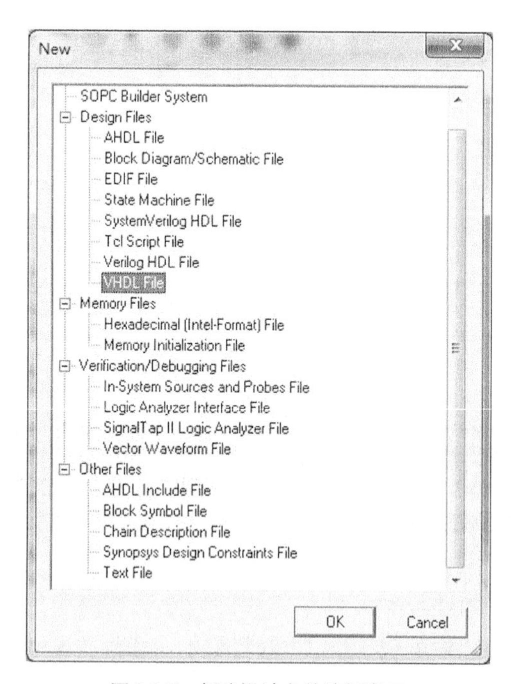

图 9.2.7 新建设计文件选择窗口

在新建设计文件选择窗口中提供了多种编辑方式，常用的有图形编辑方式 Block Diagram/Schematic File、文本编辑方式 Verilog HDL File 和 VHDL File、仿真波形编辑方式 Vector Waveform File 等。本节主要介绍文本编辑 VHDL 方式，可以选择 VHDL File 然后单击“OK”按钮，就可以进入文本编辑界面。

2. 编辑文件

以 2 输入与非门的设计为例进行介绍，其文本文件如下所示。

```
library ieee;
use ieee.std_logic_1164.all;
entity  nand2  is
  port(a,b:in std_logic;
      y    :out  std_logic);
end;
architecture arc of nand2 is
  begin
      y<=a  nand  b;
end;
```

3. 保存并设置项目

文本文件编辑完成后，对文件进行保存和设置项目。首先单击主菜单中的“保存”按钮，在弹出窗口中默认该文件名为新建工程时的顶层文件名称。注意此文件名与实体名一致，并且其扩展名为“.vhd”。

4. 编译

验证文本功能是否符合设计需要，也就是对它进行模拟或下载。模拟或下载之前必须对逻辑电路进行检查。选择“Processing→Start Compilation”命令，若有错误必须针对错误信息修改电路，直到电路编译完全无误。电路编译成功后才可进行功能模拟或下载。

5. 仿真

仿真分为功能仿真和时序仿真。功能仿真是在设计输入之后，综合和布局布线之前的仿真，不考虑电路的逻辑和门电路的时间延时，着重考虑电路在理想环境下的行为和预期设计效果的一致性。时序仿真是在综合、布局布线后，也即电路已经映射到特定的工艺环境后，考虑器件延时的情况下对布局布线的网络表文件进行的一种仿真，其中器件延时信息通过反向标注时序延时信息实现。

通过文本编辑完成的文件编译成功后，应验证一下其功能是否符合要求。此时可以通过功能仿真编辑器实现。

步骤 1：建立仿真文件。

在 Quartus II 菜单下选择“File→New”，弹出图 9.2.7 所示的窗口，选取“Vector Waveform File”选项，弹出波形编辑界面，如图 9.2.8 所示，此为一个尚未命名的波形编辑器。

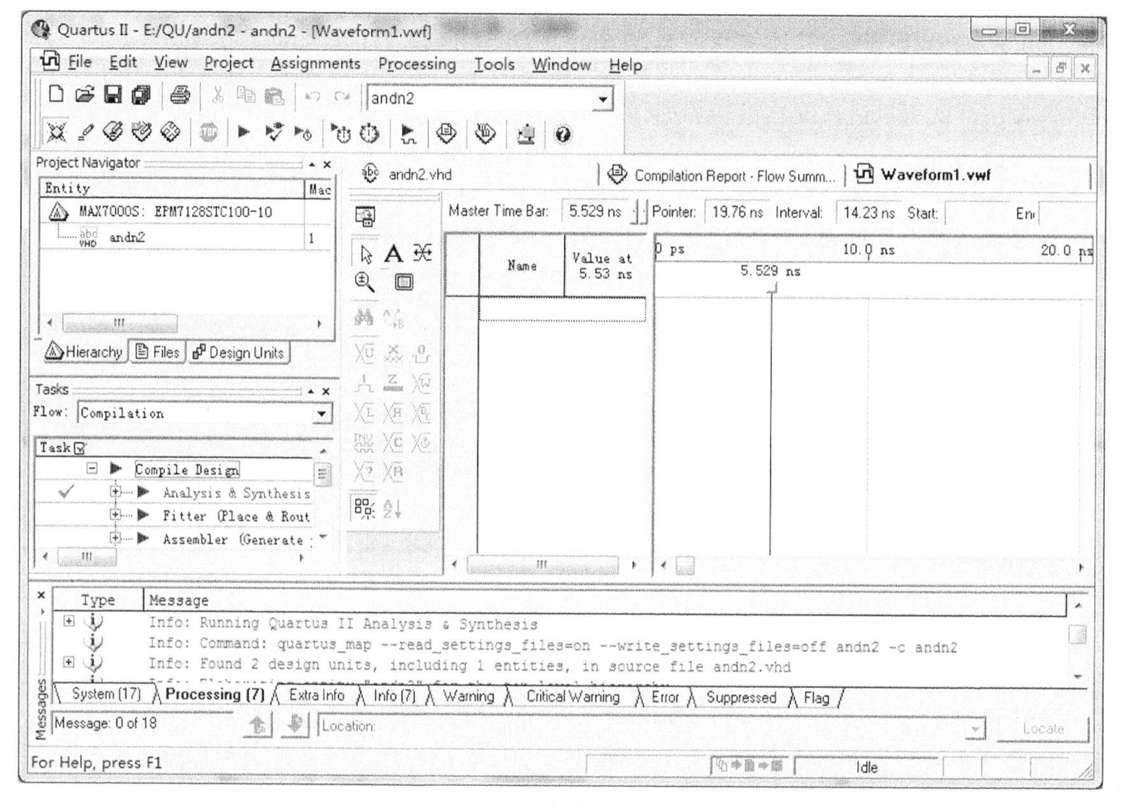

图 9.2.8　波形编辑界面

步骤 2：选取波形输入与观测点。

选取波形输入与观测点是为了能输入模拟的输入波形，以及模拟后观察其输出端口的波形，也可以选取内部节点观测波形变化。

选取波形观测点的方法为，在波形编辑界面左键双击“Name”下方空白处，弹出“Insert Node or Bus”对话框，如图 9.2.9 所示。单击对话框“Node Finder…”按钮后，弹出“Node Finder”对话框，如图 9.2.10 所示。

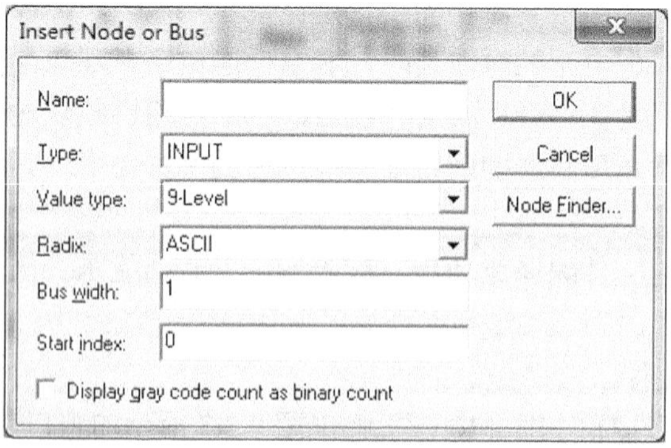

图 9.2.9　“Insert Node or Bus”对话框

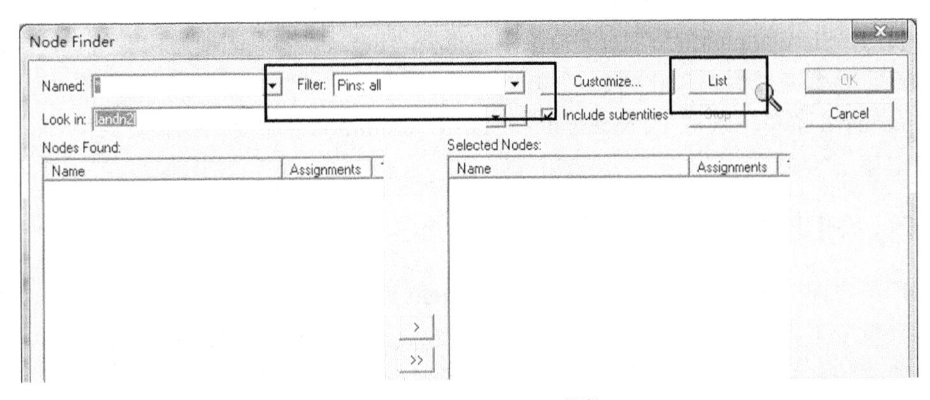

图 9.2.10　“Node Finder”对话框

按照下列顺序选取波形输入与观测点。

（1）在 Filter 区域选择“Pins:all”。

（2）然后单击“ist”按钮，会自动生成设计文件中的输入输出观测信号点。在“Nodes Found”列表框中，以鼠标左键选取波形输入与输出观测信号点（被选取的点的颜色会变深）。

（3）单击“〉”按钮，则被选取的波形输入与输出观测信号点会复制至“Selected Nodes”列表框内。

（4）单击“OK”按钮后，再在“Insert Node or Bus”窗口单击“OK”按钮，可进入波形编辑界面。

步骤 3：设定输入引脚波形。

仿真波形界面的左侧有波形赋值工具条，可以对输入信号设置高低电平或时钟信号。

步骤 4：存储波形编辑文件。

选择“File→Save”命令，所存储的文件名称为“andn2.vwf”（注意：波形编辑文件的扩展名为“.vwf”），单击“OK”按钮，完成存储波形编辑文件。

步骤 5：仿真。

单击“Assignments”菜单下的“Settings”命令，单击左侧标题栏中的“Simulator Settings”选项后，如图 9.2.11 所示。

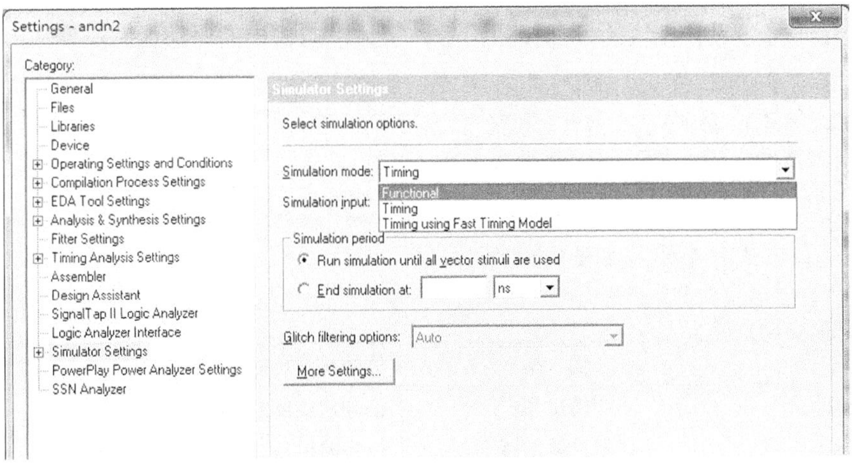

图 9.2.11　仿真设置窗口

在右侧的“Simulation mode”的下拉菜单中选择“Functional”选项为功能仿真，“Timing”为时序仿真，设置完成后，单击“OK”按钮后完成设置。

在 Quartus Ⅱ菜单下选取“Processing→Start Compilation”命令，执行仿真动作，就可以得到仿真结果。

9.2.2 VHDL 语言的基础知识

VHDL 语言即 Very High Speed Integrated Circuit Hardware Description Language，是符合美国电气和电子工程师协会标准（IEEE 标准）的超高速集成电路硬件描述语言，它可以用一种形式化的方法来描述数字电路和设计数字逻辑系统。利用 VHDL 进行自顶向下的电路设计，并结合一些先进的 EDA 工具软件（例如，在 9.2.1 节介绍的 Quartus Ⅱ软件），可以极大地缩短产品的设计周期，加快产品进入市场的步伐。本章的实例都是在 Quartus Ⅱ软件平台上进行的编译、仿真验证。

1. VHDL 的基本结构

一个完整的 VHDL 设计一般包括实体（Entity）、结构体（Architecture）、库（Library）。下面以二输入与非门为例介绍 VHDL 语言的基本结构。

【例 9.2.1】 二输入与非门的 VHDL 设计。

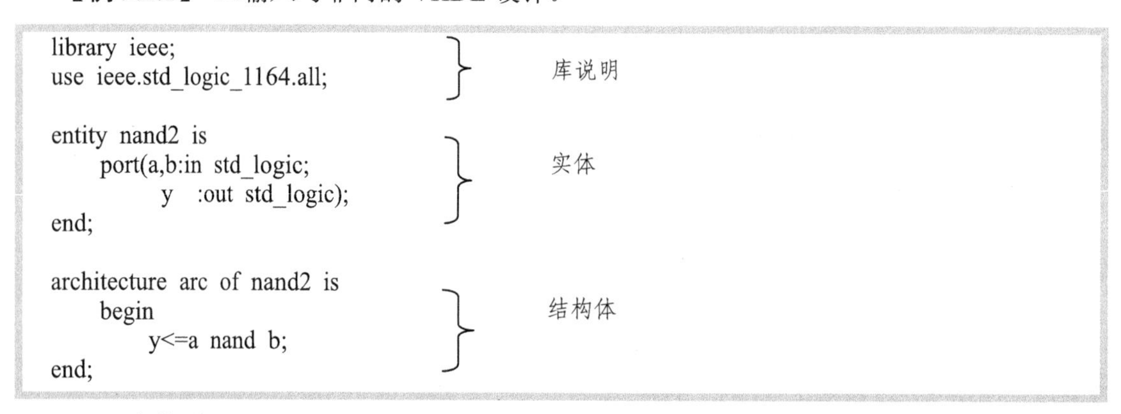

```
library  ieee;                              }  库说明
use  ieee.std_logic_1164.all;

entity  nand2  is                           }  实体
     port(a,b:in  std_logic;
            y   :out  std_logic);
end;

architecture  arc  of  nand2  is            }  结构体
     begin
          y<=a  nand  b;
end;
```

（1）实体说明

实体是用于描述设计模块的外部接口信号。实体说明语句的语法如下：

```
entity 实体名  is
    port (端口名称 1: 端口方式 1 端口类型 1;
          端口名称 2: 端口方式 2 端口类型 2; ... );
end  实体名;
```

常用的端口方式有 4 种，如表 9.2.1 所示。

表 9.2.1　　端口方式

in	输入型	信号从该端口进入实体
out	输出型	信号从实体内部经该端口输出
inout	输入输出型	信号即可从该端口输入也可输出
buffer	缓冲型	与 out 类似但在结构体内部可作反馈

图9.2.12所示为例9.2.1中二输入与非门的实体说明部分的端口示意图。

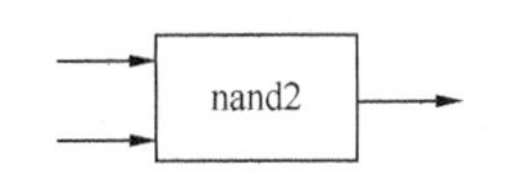

图 9.2.12 二输入与非门的端口示意图

（2）结构体说明

结构体是整个 VHDL 中至关重要的一个组成部分，这个部分会给出模块的具体内部结构和行为。结构体说明语句的语法如下：

```
architecture 结构体名 of 实体名 is
            结构体说明部分;
begin
            结构体功能描述语句部分;
end 结构体名;
```

结构体说明部分：对结构体内部所使用的信号、常数、数据类型和函数进行定义，这部分内容可以省略。例 9.2.1 中省去了结构体说明部分，功能描述语句使用了一句并行描述语句“y<=a nand b;”。

结构体功能描述语句以并行语句的形式完成对模块的描述。所谓并行语句，实际上是一种执行顺序与它们的书写顺序无关的语句形式，可以同时实现并行语句所要求的功能。

（3）库说明

例 9.2.1 利用了 ieee 库以及 ieee 库中的 std_logic_1164 的全部资源。库说明语句的一般语法如下：

library 库名;

use 库名.程序包名.项目名;

库是用 VHDL 编写的源程序及其通过编译的数据的集合，它由各种程序包组成，程序包提供了各种数据类型、函数定义以及各种类型转换函数及运算等，以提供设计者使用。VHDL提供 5 个库，分别为 IEEE 库、STD 库、VITAL 库、自定义库和 WORK 库。

2．VHDL 的常用数据对象和类型

（1）VHDL 的数据对象

数据对象可认为是数值的载体，VHDL 主要有 3 种数据对象：常量、变量和信号。

① 常量。常量是一种不变的量，其值一旦赋值不会发生变化。一般格式为：

Constant 常数名：数据类型：=表达式;

② 变量。变量是可以改变值的量，可以在进程和子程序中定义，变量的赋值立即生效。一般格式为：

Variable 变量名：数据类型：=初始值或表达式;

③ 信号。信号是电路内部硬件连接的抽象，它定义了电路中的连线和元件的端口。信号不能在进程中说明，但只能在进程中使用。一般格式为：

Signal 信号名：数据类型：初始值;

（2）VHDL 的数据类型

VHDL 是一种强类型语言，每一个数据必须具有确定的数据类型，并且相同数据类型的量才能互相传递。下面介绍几种常用的数据类型。

① 位数据类型。位数据类型的取值只能是 0 或 1，其值用单引号括起来表示。

② 位矢量数据类型。位矢量是一组位数据，在 VHDL 程序中，其值用双引号括起来使用，常用来表示数据总线。

③ 整数数据类型。整数类型的数有正整数、负整数和零，VHDL 的整数范围为 −2 147 483 647～2 147 483 647。整数数据类型已经预先定义，编写 VHDL 程序时可以直接使用。

④ std_logic 数据类型。与位数据类型相似，std_logic 数据类型定义了 9 种不同的值：

‘U’——初始值；　‘X’——不定，未知　‘0’——0；

‘1’——1；　‘Z’——高阻；　‘W’——弱信号不定，未知；

‘L’——弱信号 0；　‘H’——弱信号 1；　‘—’——不可能情况。

⑤ std_logic_vector 数据类型。与位矢量相似，它是一组 std_logic 数据，使用该类型时数据用双引号括起来。

std_logic 和 std_logic_vector 表示数据时，能够更准确地表示电路的实际状态，因此工程人员在 VHDL 程序编写过程中，会经常使用 std_logic 和 std_logic_vector 数据类型。

由于 std_logic 数据类型是在 IEEE 库的 std_logic_1164 程序包中声明的，因此在使用这两种数据类型时，必须在 VHDL 的库说明语句部分加入上述程序包。

3．VHDL 的运算符

在 VHDL 中，表达式是通过不同的操作符连接多个操作数来完成算术或逻辑计算的式子。VHDL 的操作符有逻辑操作符、关系运算符、算术运算符和并置运算符。不同数据类型的变量使用的运算符也不尽相同，逻辑类型的变量要用逻辑运算符，整数、实数类型的变量要用算术运算符。变量类型和运算操作符必须匹配，否则在 EDA 工具软件中编译将无法通过。

（1）逻辑运算符

在 VHDL 语言中，逻辑运算符有 6 种，分别为：

①NOT——取反　②AND——与　③OR——或

④NAND——与非　⑤NOR——或非　⑥XOR——异或

在一个 VHDL 语句中存在两个或两个以上逻辑表达式时，左右没有优先级差别，若逻辑表达式中包含括号，括号的优先级别最高。

（2）算术运算符

在 VHDL 语言中，算术运算符有 8 种，分别为：

① + ——加运算　② - ——减运算　③ * ——乘运算

④ / ——除运算　⑤ MOD——求模运算　⑥ REM——取余运算

⑦ ** ——指数运算　⑧ ABS ——取绝对值

（3）关系运算符

在两个对象做比较运算时，就要使用关系运算符。这些关系运算符运算的结果为 boolean 数据类型，即为真或为假。VHDL 中的关系符如下：

① = ——等于　② /= ——不等于　③ < ——小于

④ <= ——小于等于　⑤ > ——大于　⑥ => ——大于等于

（4）并置关系符

在VHDL程序设计中，并置运算符“&”用于位的连接。当并置运算符用于位连接时，可形成位矢量，当用于两个位矢量的连接时，就可构成更大的位矢量。

4．VHDL的描述语句

VHDL的描述语句一般被分为并行和顺序两种类型。并行描述语句是VHDL语句所特有的，并行语句用来描述一组并发行为，它是并行执行的，与程序的书写顺序无关；顺序语句是严格按照顺序执行的语句，与程序的书写顺序有关。

（1）顺序描述语句

VHDL中常用的顺序语句有很多，这里重点介绍几个常用的顺序描述语句。

① 信号和变量赋值语句。

信号赋值语句的书写格式：　　目标信号 <= 表达式；

变量赋值语句的书写格式：　　目标变量 := 表达式；

信号赋值语句和变量赋值语句相似，但两者之间也存在着区别。对于信号赋值语句来说，它的执行和信号值的更新至少有δ延时，只有延时过后信号才能得到新值，否则保持原值；而变量赋值没有延时，变量赋值语句执行后立即得到新值。

② if语句。if语句是条件功能控制语句，根据指定条件是否成立来确定语句的执行顺序，其书写格式有三种：

```
格式1:   if  条件1  then
              顺序语句;
          elsif   条件2  then
              顺序语句;
          else 顺序语句;
          end if;
格式2:  if   条件 then
            顺序语句;
        end if;
格式3:  if   条件   then
            顺序语句;
        else
            顺序语句;
        end if;
```

if语句是有序的，先处理最起始、最优先的条件，后处理次优先的条件。

③ case语句。case语句是根据条件表达式的值执行由符号“=>”所指的一组顺序语句。其格式如下：

```
case   条件表达式    is
    when  条件表达式的值 =>顺序语句 1;
                ……             ……
    when  条件表达式的值 =>顺序语句 n-1;
    when  others=>顺序语句 n;
end case;
```

case语句是无序的，所有条件表达式的值都并行处理。case语句中条件表达式的值必须列举穷尽，且不能重复。不能穷尽的条件表达式的值用 others 表示。

（2）并行描述语句

VHDL 常用的并行描述语句有进程语句、条件信号和选择信号赋值语句等。

① 进程语句（process）。process 是 VHDL 中最常用的语句，其语法如下：

```
标号: process (敏感信号表)
          变量说明语句;
      begin    顺序语句;
      end process 标号;
```

在进程中，敏感信号发生变化就执行相应的进程。进程语句结构内部所有语句都是顺序执行的，进程语句的启动是由 process 后敏感信号表中所标明的敏感信号来触发的。

② 条件信号赋值语句。条件信号赋值语句也是一种并行描述语句，它是一种根据不同条件将不同的表达式值赋给目标信号的语句。书写格式为：

```
目标信号<= 表达式 1   when   条件 1   else
           表达式 2   when   条件 2   else
           ……               ……
           表达式 n-1   when 条件 n-1  else
           表达式 n;
```

条件信号赋值语句中的各个条件语句的书写顺序并不代表程序执行的先后顺序，它们是并发执行的。

③ 选择信号赋值语句。选择信号赋值语句是一种根据选择条件的不同而将不同的表达式赋给目标信号的语句，其书写格式为：

```
with    表达式   select
        目标信号<= 表达式 1   when   选择条件 1,
                   表达式 2   when   选择条件 2,
                   ……                ……
                   表达式 n   when   选择条件 n;
```

选择信号赋值语句中的选择条件不允许出现涵盖不全的情况，选择信号赋值语句是一种并行描述语句，因此不能在进程内部使用。

9.3 组合逻辑电路的设计

用 VHDL 设计组合逻辑电路，可以借助组合逻辑电路的描述方法来设计，比如逻辑表达式、真值表等。下面通过几个实例对组合逻辑电路的设计进行具体介绍。

9.3.1 译码器

【例 9.3.1】 试用 VHDL 设计 3 线-8 线译码器。

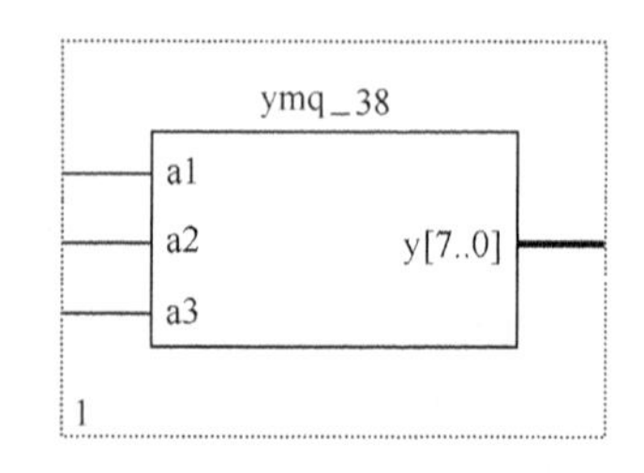

图 9.3.1　3 线-8 线译码器的管脚图

解：

（1）设计分析

根据题意，设定输入信号为 a1、a2、a3；输出信号为 y（8 位），输出为低电平有效。图 9.3.1 所示的为 3 线-8 线译码器的管脚图。

（2）源程序

```
library ieee;
use ieee.std_logic_1164.all;
entity ymq_38 is
     port (a1,a2,a3:in std_logic;
           y:out std_logic_vector(7 downto 0));
end;
architecture behave of ymq_38 is
       signal a:std_logic_vector(0 to 2);
begin
  a<=a3&a2&a1;
     process(a)
       begin
           case a is
             when "000"=>y<="11111110";
             when "001"=>y<="11111101";
             when "010"=>y<="11111011";
             when "011"=>y<="11110111";
             when "100"=>y<="11101111";
             when "101"=>y<="11011111";
             when "110"=>y<="10111111";
             when "111"=>y<="01111111";
             when others=>y<="11111111";
           end case;
       end process;
end;
```

（3）仿真波形

图 9.3.2 所示为 3 线-8 线译码器的仿真波形。

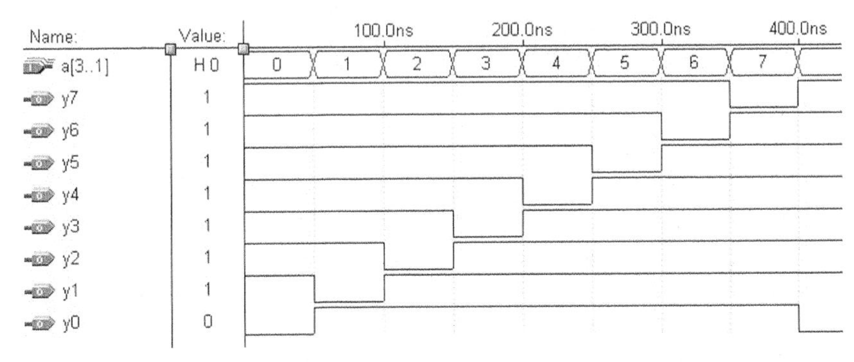

图 9.3.2　3 线-8 线译码器的仿真波形

（4）程序说明

① 该设计使用的是顺序描述语句，顺序语句必须在进程内执行。

② a1、a2、a3 为地址信号，本程序中用数组 a 的 8 种取值表示 a3、a2、a1 并置后的不同组合，将 a 作为输入送入译码器。

【例 9.3.2】 试用 VHDL 设计一个驱动共阴数码管的显示译码器。

解：

（1）设计分析

根据题意，设定输入信号为 a（4 位），输出信号为 y（8 位）。由于该译码器为驱动共阴数码管，因此输出端为高电平有效。图 9.3.3 所示的为驱动共阴数码管的显示译码器管脚图。

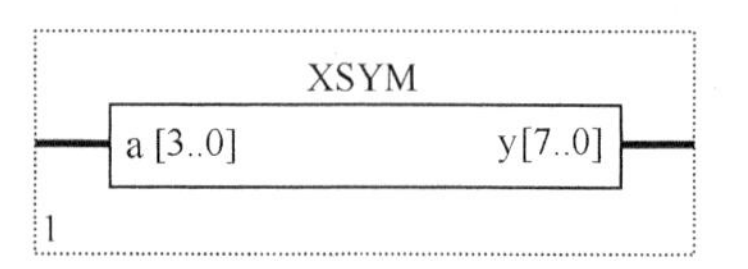

图 9.3.3 显示译码器的管脚图

（2）源程序

```
library ieee;
use ieee.std_logic_1164.all;
entity xsym is
     port(a:in std_logic_vector(3 downto 0);
          y:out std_logic_vector(7 downto 0));
end;
architecture behave of xsym is
begin
     process(a)
     begin
          case a is
               when"0000"=>y<="11111100";--0
               when"0001"=>y<="01100000";--1
               when"0010"=>y<="11011010";--2
               when"0011"=>y<="11110010";--3
               when"0100"=>y<="01100110";--4
               when"0101"=>y<="10110110";--5
               when"0110"=>y<="10111110";--6
               when"0111"=>y<="11100000";--7
               when"1000"=>y<="11111110";--8
               when"1001"=>y<="11100110";--9
               when"1010"=>y<="11101110";--A
               when"1011"=>y<="00111110";--b
               when"1100"=>y<="00011010";--c
               when"1101"=>y<="01111010";--d
               when"1110"=>y<="10011110";--E
               when others=>y<="10001110";--F
          end case;
     end process;
end;
```

（3）程序说明

y(7)对应数码管的 a 段，y(6)对应数码等的 b 段，…，y(0)对应数码管的 h 段。

9.3.2 选择器和加法器

【例 9.3.3】 试用 VHDL 设计一个四选一数据选择器。

解：

（1）设计分析

四选一数据选择器具有 4 个数据输入端、1 个输出端和 2

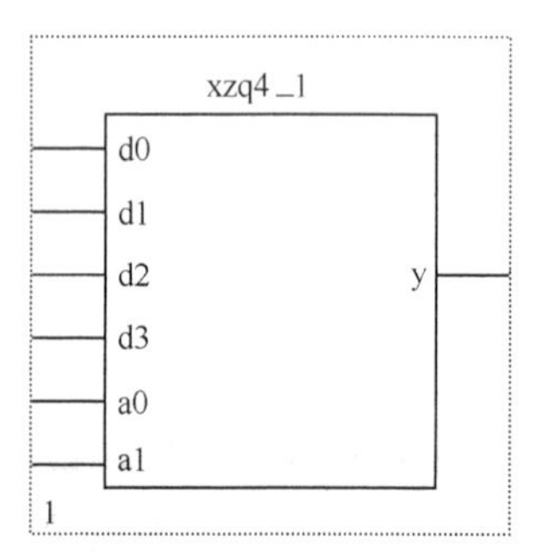

图 9.3.4 四选一数据选择器的管脚图

个地址控制端。设定数据输入信号用 d0、d1、d2、d3 表示，输出信号用 y 表示，地址控制端用 a0 和 a1 表示。四选一数据选择器的管脚图如图 9.3.4 所示。

（2）源程序

```
library  ieee;
use  ieee.std_logic_1164.all;
entity  xzq4_1  is
     port(d0,d1,d2,d3:in  std_logic;
          a0,a1         :in  std_logic;
          y             :out  std_logic);
end;
architecture  arc  of  xzq4_1  is
begin
     process
     begin
          if(a1='0'  and  a0='0')then  y<=d0;
          elsif(a1='0'  and  a0='1')then  y<=d1;
          elsif(a1='1'and  a0='0')then  y<=d2;
          elsif(a1='1'and  a0='1')then  y<=d3;
          else
               y<='Z';
          end  if;
     end  process;
end;
```

（3）仿真波形

四选一数据选择器的仿真波形如图 9.3.5 所示。

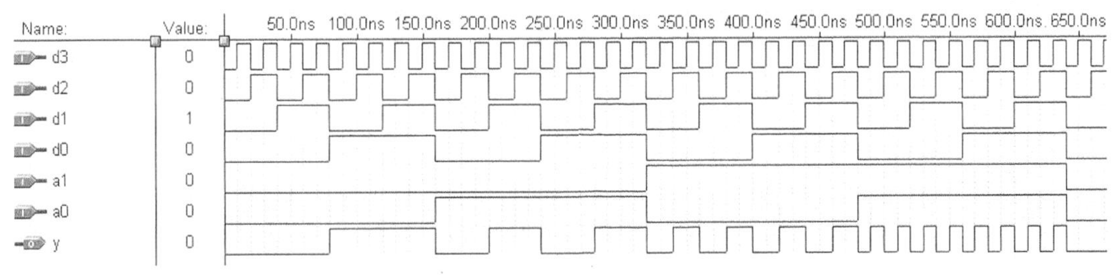

图 9.3.5　四选一数据选择器的仿真波形

（4）程序说明

本程序采用 if…elsif 顺序描述语句，顺序语句必须在进程中出现。若选择器的地址选择信号 a1=‘0’且 a0=‘0’时，输出为 d0。

【例 9.3.4】 试用 VHDL 设计一个半加器。

解：

（1）设计分析

设定半加器的被加数和加数分别为 a、b，输出的和为 s，进位为 c。图 9.3.6 所示为半加器的管脚图。

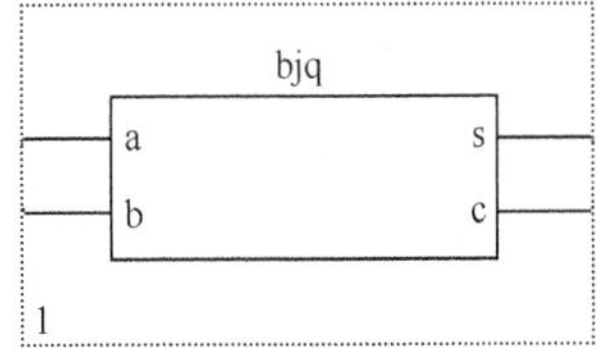

图 9.3.6　半加器的管脚图

（2）源程序

```
library ieee;
use ieee.std_logic_1164.all;
entity bjq is
        port(a,b:in std_logic;
            s,c:out std_logic);
end;
architecture arc of bjq is
signal temp:std_logic_vector(1 downto 0);
begin
        temp<=a&b;
        process
        begin
          case temp is
                when"00"=>s<='0';c<='0';
                when"01"=>s<='1';c<='0';
                when"10"=>s<='1';c<='0';
                when"11"=>s<='1';c<='1';
                when others=>null;
          end case;
        end process;
end;
```

（3）仿真波形

图 9.3.7 所示的为半加器的仿真波形。

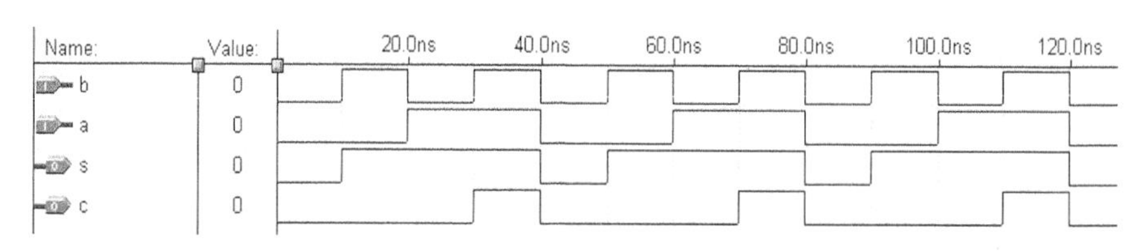

图 9.3.7　半加器的仿真波形

（4）程序说明

源程序是借助真值表，用 case 顺序描述语句描述的半加器。被加数和加数 a、b 用一个两元素的数组 temp 表示。

9.4　时序逻辑电路的设计

9.4.1　触发器

【例 9.4.1】 试用 VHDL 设计一个基本的 RS 触发器。

解：

（1）设计分析

根据题意，设定输入信号为 r、s，输出信号为 q、qn。图 9.4.1 所示的为基本 RS 触发器的管脚图。

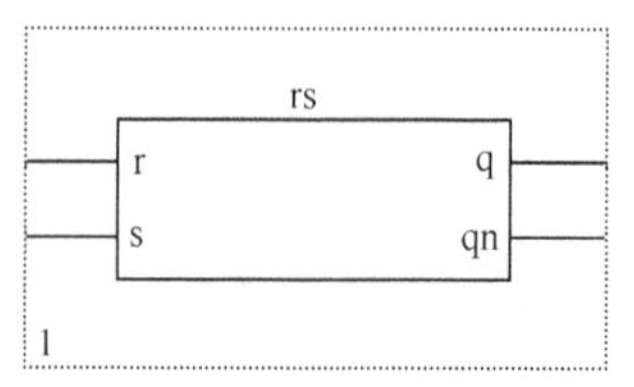

图 9.4.1　基本 RS 触发器的管脚图

（2）源程序

```
library ieee;
use ieee.std_logic_1164.all;
entity rs is
        port(r,s:in std_logic;
            q,qn:buffer std_logic);
end;
architecture arc of rs is
begin
        process
        begin
          q<=s nand qn;
          qn<=r nand q;
        end process;
end;
```

（3）仿真波形

图 9.4.2 所示为基本 RS 触发器的仿真波形。

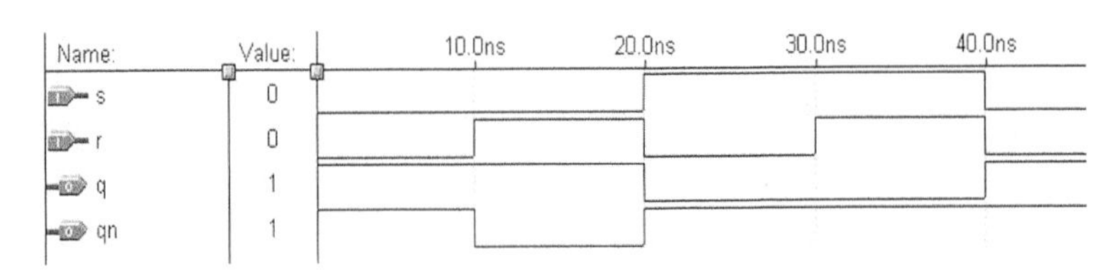

图 9.4.2　基本 RS 触发器的仿真波形

（4）程序说明

q 和 qn 都为“buffer”型端口，可以从内部再次返回结构体内作为输入信号使用。

【例 9.4.2】 试用 VHDL 设计一个 T 触发器。

解：

（1）设计分析

设定输入信号为 t，输出信号为 q。图 9.4.3 所示的为 T 触发器的管脚图。

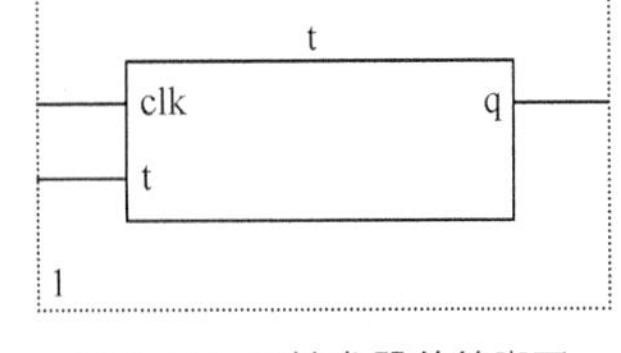

图 9.4.3　T 触发器的管脚图

（2）源程序

```
library ieee;
use ieee.std_logic_1164.all;
entity t is
        port(clk,t:in std_logic;
            q:out std_logic);
end;
architecture arc of t is
signal temp:std_logic;
begin
        process(clk)
        begin
          if(clk'event and clk='1')then
```

```
                if(t='1')then
                    temp<=not temp;
                else
                    temp<=temp;
                end if;
            end if;
        end process;
end;
```

（3）仿真波形

图 9.4.4 所示为 T 触发器的仿真波形。

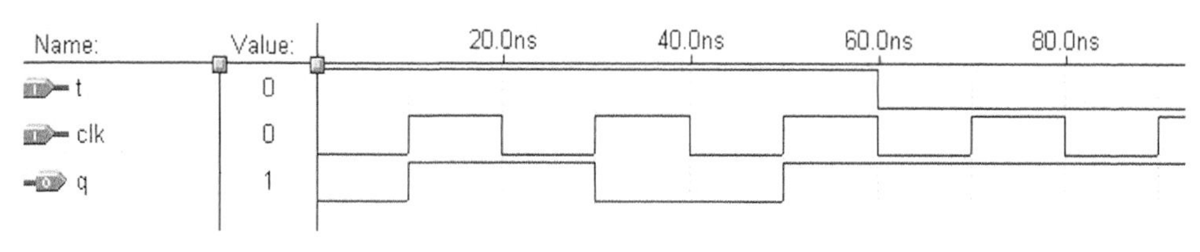

图 9.4.4　T 触发器的仿真波形

（4）程序说明

① “clk'event and clk='1'” 表示上升沿，下降沿的表示方法为 “clk'event and clk='0'”。

② 此程序未使用 “buffer” 端口，而使用的是 “out” 端口，引入了信号 temp 作为触发器内部变化的缓冲信号。

9.4.2　计数器、分频器

【例 9.4.3】 试用 VHDL 设计一个十进制同步加法计数器。

解：

（1）设计分析

设定计数器的脉冲为 clk，清零端为 rd，置数端为 ld，输入信号为 d3、d2、d1、d0，输出信号为 q3、q2、q1、q0，进位信号为 c。图 9.4.5 所示的为十进制同步加法计数器的管脚图。

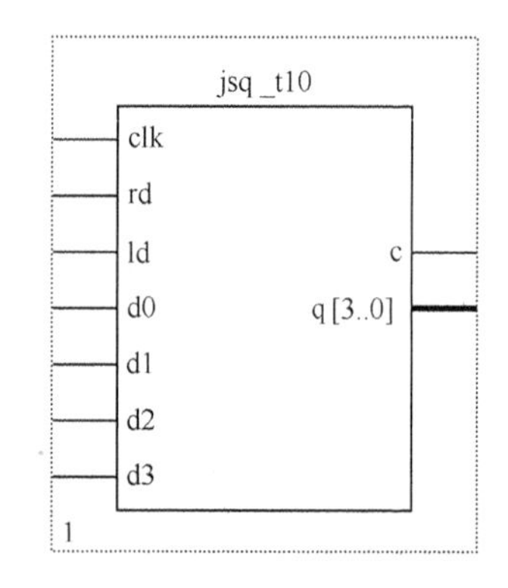

图 9.4.5　十进制同步加法计数器的管脚图

（2）源程序

```
library ieee;
use ieee.std_logic_1164.all;
use ieee.std_logic_unsigned.all;
entity jsq_t10 is
        port(clk,rd,ld,d0,d1,d2,d3:in std_logic;
            c:out std_logic;
            q:out std_logic_vector(3 downto 0));
end;
architecture arc of jsq_t10 is
signal d,temp_q:std_logic_vector(3 downto 0);
```

```
begin
        process(clk,rd,ld)
        begin
        d<=d3&d2&d1&d0;
          if rd='0' then
                temp_q<="0000";
                c<='0';
         elsif (clk 'event and clk='1')then
                if ld='0'then
                   temp_q<=d;
                elsif(temp_q=9)then
                   temp_q<="0000";
                   c<='1';
                   else temp_q<=temp_q+1;c<='0';
                end if;
          end if;
        end process;
        q<=temp_q;
end;
```

（3）仿真波形

图 9.4.6 所示为十进制同步加法计数器的仿真波形。

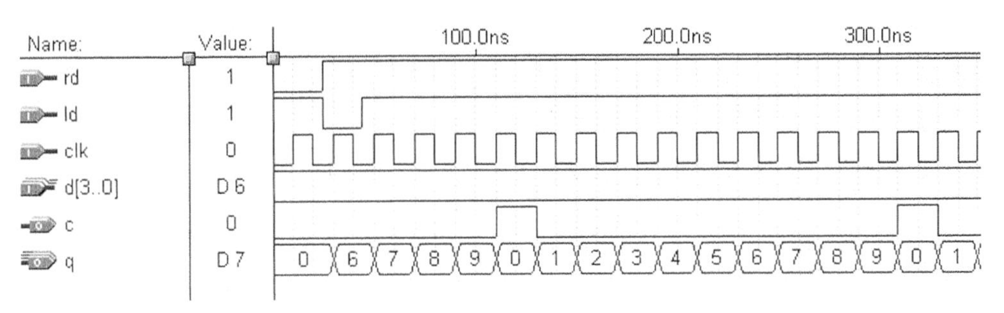

图 9.4.6 十进制同步加法计数器仿真波形

（4）程序说明

① 该计数器采用异步清零、同步置数的方式。

② 仿真波形中，首先计数器的输出被异步清零，紧接着清零端无效，置数端有效后输出仍然保持低电平；直到 clk 的上升沿到来时刻，计数器的输出被置成 6；以后再出现 clk 上升沿，计数器输出在 6 的基础上加计数。

【例 9.4.4】 试用 VHDL 设计一个分频系数为 10 的分频器。

解：

（1）设计分析

设定分频器的时钟信号为 clk，输出信号为 fout。图 9.4.7 所示的为分频系数为 10 的分频器的管脚图。

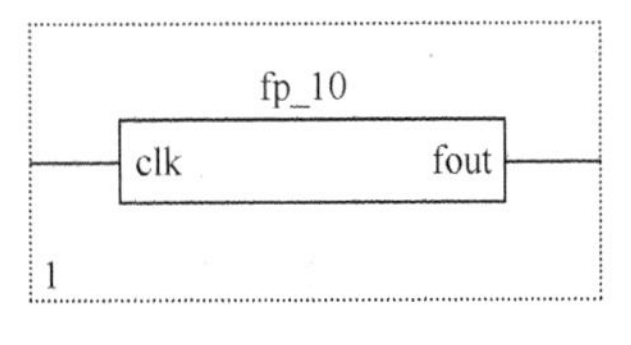

图 9.4.7 分频系数为 10 的分频器

（2）源程序

```
library ieee;
use ieee.std_logic_1164.all;
entity fp_10 is
    port(clk:in std_logic;
         fout:out std_logic);
end;
architecture arc of fp_10 is
    signal cout:integer range 0 to 19;
begin
process(clk)
begin
    if(clk'event and clk='1')then
        if cout=9 then
            cout<=0;
        else cout<=cout+1;
        end if;
    end if;

    if cout<5 then
        fout<='0';
    else fout<='1';
    end if;
end process;
end;
```

（3）仿真波形

图 9.4.8 所示的为该分频器的仿真波形。

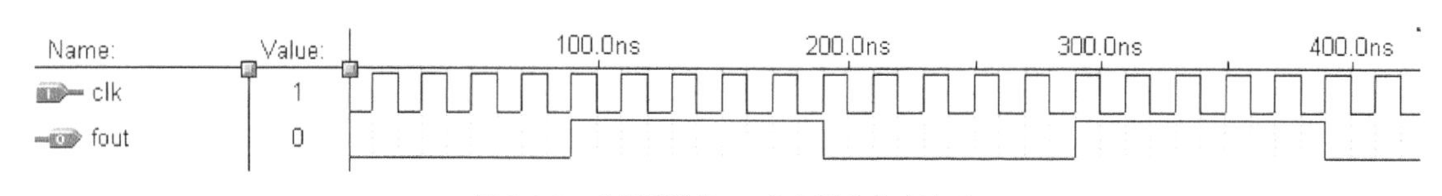

图 9.4.8　分频系数为 10 分频器的仿真波形

（4）程序说明

源程序的进程分两部分。第一部分描述的是十进制计数器，第二部分描述的是分频器输出信号占空比为 50%。如果 cout<5，则 fout=‘0’；否则 fout=‘1’，通过这种方式控制是矩形波的占空比。若将 cout 后比较的数值稍作修改，就可以轻松改变分频器的占空比，如 cout<2，则占空比为 80%。

9.4.3　寄存器、顺序脉冲发生器

【例 9.4.5】 试用 VHDL 设计一个 4 位串入并出移位寄存器。

解：

（1）设计分析

设定该寄存器的时钟信号为 clk，串行输入信号为 din，并行输出信号为 q［0..4］（5 位）。图 9.4.9 所示的为串入并出移位寄存器的管脚图。

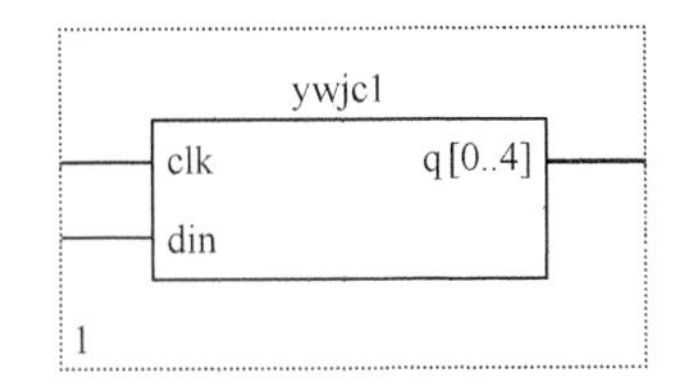

图 9.4.9　串入并出移位寄存器的管脚图

（2）源程序

```
library ieee;
use ieee.std_logic_1164.all;
entity ywjc1 is
        port(clk,din:in std_logic;
             q:buffer std_logic_vector(0 to 4));
end;
architecture arc of ywjc1 is
component dff
        port(d,clk:in std_logic;
            q      :out std_logic);
end component;
        begin
        u0:dff port map(din,clk,q(0));
        g1:for i in 0 to 3 generate
          ux:dff port map (q(i),clk,q(i+1));
        end generate;
end;
```

（3）仿真波形

图 9.4.10 所示的为 4 位串入并出移位寄存器的仿真波形。

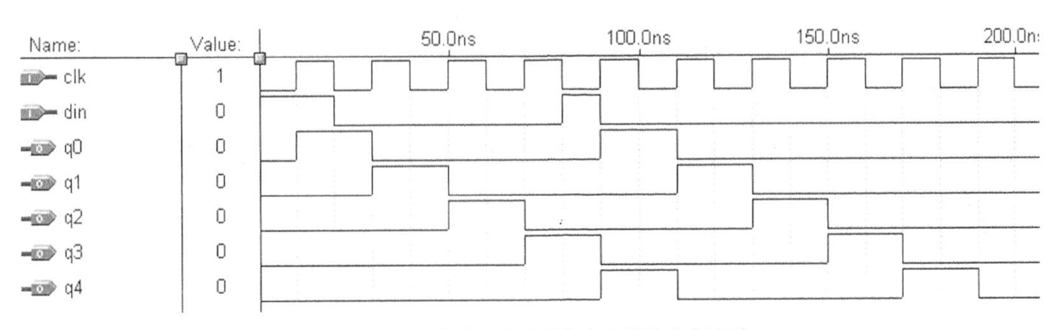

图 9.4.10　4 位串入并出移位寄存器的仿真波形

（4）程序说明

本程序使用程序包，利用库中提供 D 触发器（dff）作为底层文件。

【例 9.4.6】试用 VHDL 设计一个 4 位顺序脉冲发生器。

解：

（1）设计分析

设定该顺序脉冲发生器的时钟信号为 clk，输出信号为 q（4 位）。图 9.4.11 所示为 4 位顺序脉冲发生器的管脚图。

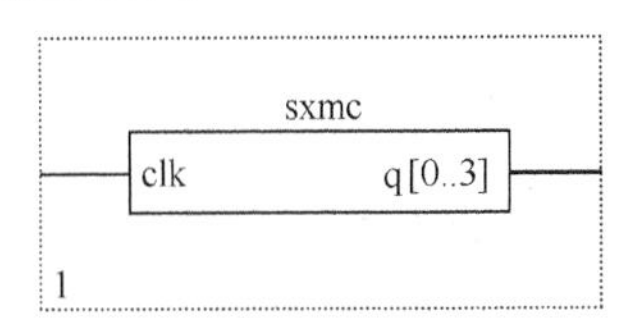

图 9.4.11　4 位顺序脉冲发生器的管脚图

（2）源程序

```
library ieee;
use ieee.std_logic_1164.all;
entity sxmc is
        port(clk:in std_logic;
            q   :inout std_logic_vector(0 to 3));
end;
architecture arc of sxmc is
begin
        process(clk)
        begin
          if(clk'event and clk='1')then
                q(3)<=q(2);
                q(2)<=q(1);
                q(1)<=q(0);
                q(0)<=(not q(2))and(not q(1))and(not q(0));
          end if;
        end process;
end;
```

（3）仿真波形

图 9.4.12 所示为 4 位顺序脉冲发生器的仿真波形。

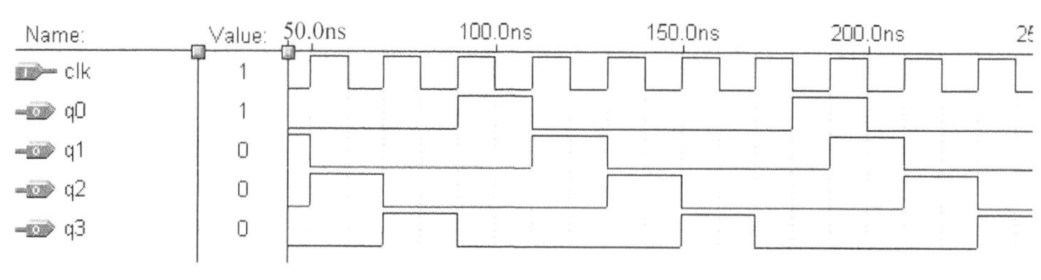

图 9.4.12　4 位顺序脉冲发生器的仿真波形

（4）程序说明

源程序实际上就是利用能自启动的环形移位寄存器来构成的移位型顺序脉冲发生器。

9.5　数字钟的应用举例

数字钟设计是数字电路中的一个典型应用，设计方法很多，本节介绍用 CPLD 设计数字钟的方法。

设计要求：能进行正常的时、分、秒计时功能，分别由 6 个数码管动态显示 24h、60min、60s。

1．设计分析

假设该数字钟使用 2 组四位一体的数码管来显示，因此设定输入时钟信号为 clk，输出数码管的段码为 segment（7 位），位选输出信号为 sel（8 位）。图 9.5.1 所示的为数字钟的总体框图。

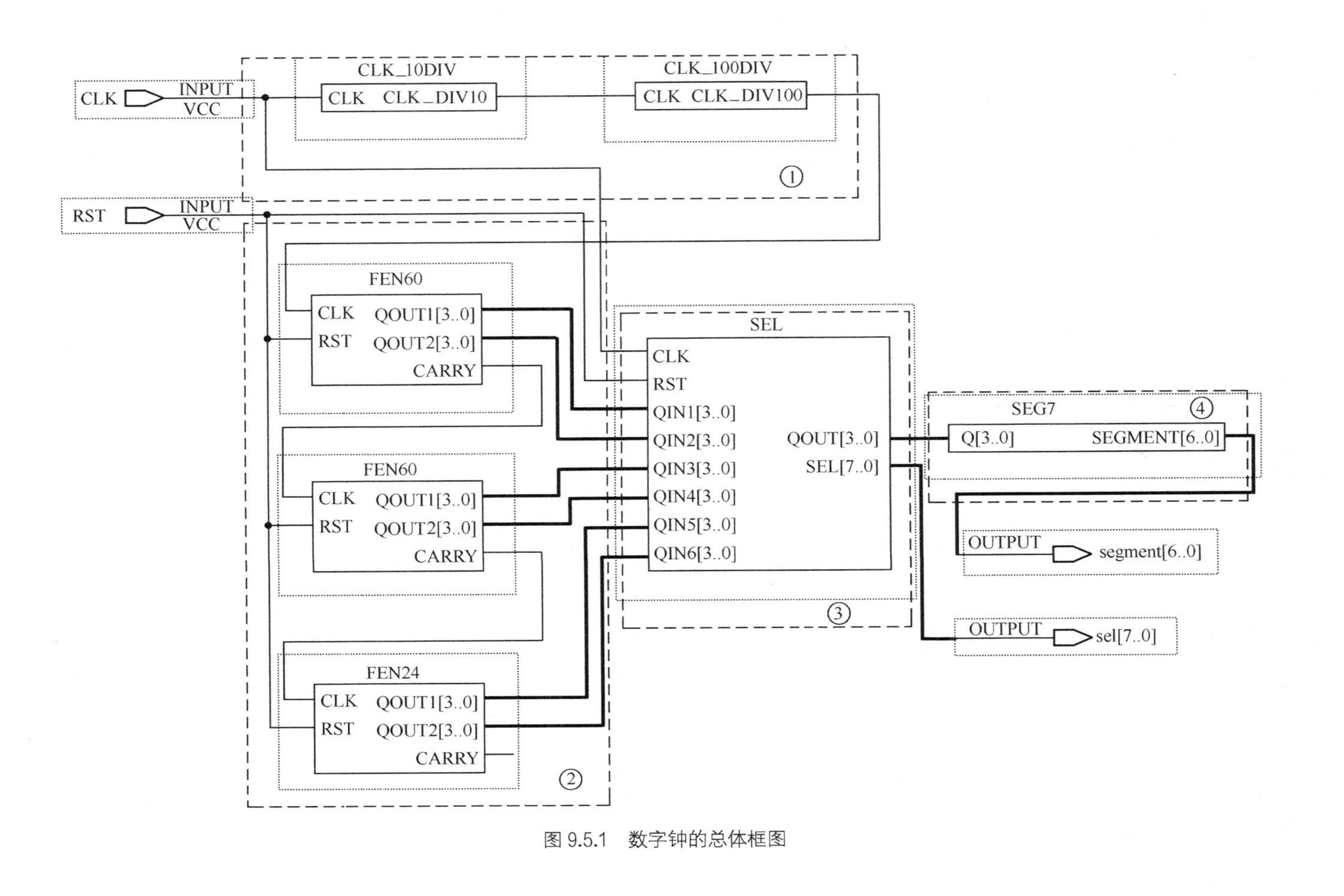

图 9.5.1　数字钟的总体框图

2．模块构成

该设计可以采用 VHDL 的文本编辑方式生成底层文件，采用图形编辑方式生成顶层文件，来实现数字钟的总体设计。该设计共由 4 部分组成，第①部分为分频器，提供 1s 标准时钟信号；第②部分是计数器，由 2 个 60 进制和 1 个 24 进制计数器级联构成，实现 24h 和 60min、60s 的计数；第③部分产生数码管位选和段选信号，该部分主要实现两个功能，首先提供了数码管动态扫描位选信号，其次它将 8 个数码管要显示的数据（即段选信号），在时钟信号的控制下，依次传送至下一部分进行分时显示，利用人眼的视觉暂留特性显示数据，理论上这部分实现了数据分配器的作用；第④部分是显示译码器部分。

本章小结

EDA 技术为数字电路的设计者提供了一种全新的设计方法和设计思路。利用 CPLD/FPGA 设计逻辑系统，首先可以使用硬件描述语言 HDL 实现系统逻辑电路的描述，再通过 EDA 工具软件 Quartus II 对其进行编译、适配、综合，最后将生成的下载文件下载到相应的 ASIC 或 SoC 芯片中，最后配合外围的输入输出设备实现相应的设计功能。

1．以 Quartus II 软件为例，简要介绍了该软件的使用方法。它提供了 4 种文件编辑类型，分别是图形编辑、图形库编辑、文本编辑和波形编辑。本章主要讲述了文本编辑器的使用，并对文本编辑器中所使用的硬件描述语言 VHDL 的基本结构、数据类型和描述语句等进行了说明。

2．对常用的组合和时序逻辑电路的 VHDL 描述及仿真波形进行分析，一方面加深对 Quartus Ⅱ软件的使用以及 VHDL 的描述方法的了解，另一方面可以加深对组合和时序逻辑电路基础知识的理解。

3．利用 VHDL 设计数字系统，通常采用自顶向下、由粗到细、逐步精细的设计方法。自顶向下的方法就是将数字系统的整体逐步分解为各个子系统和模块，从而便于逻辑电路的设计和实现。本章对数字钟应用电路设计进行了模块分割，使整个系统的各部分构成更加清晰，使读者更好地了解利用 CPLD/FPGA 设计数字系统的全过程。

习　题

习题 9.1　填空题

（1）PLD 的中文含义是：________。

（2）VHDL 基本结构一般包括________、________和________。

（3）VHDL 语言常用顺序描述语句有：________、________、________。

（4）Quartus Ⅱ软件支持________和________两种输入方法。

（5）在 Quartus Ⅱ软件中，新建文件的常用类型包括________编辑、________编辑和________编辑。

（6）VHDL 中，端口方式的定义通常有 in、________、________和________4 种。

（7）进程语句的启动是由 process 中的________来触发的。

习题 9.2　选择题

（1）电子设计自动化的英文缩写是（　　）。

A．PLD　　B．EDA　　C．CPLD　　D．SoC

（2）进程中的变量赋值语句，其变量更新是（　　）。

A．立即完成　　B．按顺序完成

C．在进程的最后完成　　D．再次进入进程中完成

（3）VHDL 是一种结构化设计语言。一个设计实体包括实体和结构体两部分，其中结构体是描述（　　）。

A．器件外部特性　　B．器件内部特性

C．器件的综合约束　　D．器件的外部特性和内部特性

（4）VHDL 是一种结构化设计语言。一个设计模块的实体部分是描述（　　）。

A．器件外部特性　　B．器件内部特性

C．器件的综合约束　　D．器件的外部特性和内部特性

（5）在一个 VHDL 程序设计中，din 是一个信号，其数据类型为 std_logic_vector，下面（　　）赋值语句是正确的。

A．din<="00101110";　　B．din:= "00101110";

C．din<='00101110';　　D．din:= '00101110';

（6）在 VHDL 程序设计中，下列对时钟边沿的描述正确的是（　　）。

A．if clk'event and clk='1' then　　B．if clk='1' then

C．if clk'change and clk='1'then　　D．if clk'state and clk='1'then

（7）基于硬件描述语言 VHDL 的数字系统设计，目前最常用的设计方法是（　　）。

A．自底向上　　B．自顶向下

C．积木式　　D．从内向外

（8）在 VHDL 中为目标变量赋值符号的是（　　）。

A．=　　B．<=　　C．:=　　D．=>

（9）Quartus Ⅱ软件中的文本设计文件的扩展名为（　　）。

A．.scf　　B．.bdf　　C．.vhd　　D．.vwf

（10）Q_0 为输出信号，但内部设计会用到其反馈信号，其正确的端口说明是（　　）。

A．Q_0：in　bit　　B．Q_0：out　bit

C．Q_0：inout　bit　　D．CLK：in　bit

习题 9.3　VHDL 的信号和变量有什么区别？

习题 9.4　一个 VHDL 模块是否可以有多个实体和结构体？简述它们各自的作用。

习题 9.5　在 case 语句中，在什么情况下可以不要 when others 语句？

习题 9.6　采用 case 语句设计一个 4-16 译码器。

习题 9.7　在 VHDL 程序设计中，如何描述时钟信号的上升沿或下降沿？

习题 9.8　时序电路的复位和清零信号有哪两种不同的方式？在 VHDL 程序设计中，分别应如何描述？

习题 9.9 试分析下面的 VHDL 语言描述的是什么功能。

```
library ieee;
use ieee.std_logic_1164.all;
entity t is
 port(clk,t:in std_logic;
      q:buffer std_logic);
end;
architecture arc of t is
signal temp:std_logic;
begin
  process(clk)
   begin
     if(clk'event and clk='1')then
         temp<=not temp;
     end if;
  end process;
end;
```

第10章 数字电路的设计

本章首先介绍设计电子电路的一般方法与步骤，然后结合实例，介绍数字电路的综合分析方法和设计方法。

10.1 设计电子电路的一般方法与步骤

电子电路设计一般按照确定总体方案→设计单元电路→选择元器件→计算参数→画总体电路图→组装与调试等步骤进行。

1. 明确设计任务、确定总体方案

在接到设计任务后，首先应该针对设计任务，进行调查研究，查阅有关资料。这期间，要着重从拟定的方案能否满足功能要求、结构是否简单、能否运行稳定、能否达到设计指标、是否经济等方面进行比较和论证，最终确定系统总体方案。然后将系统分解成若干个单元功能模块，并用框图的形式画出系统组成框图，框图中的每个框应尽可能是具有特定功能的单元电路，尤其是关键功能模块的作用和功能一定要表达清楚。另外，还要表示出各个功能模块各自的作用和相互间的关系，注明信号的走向和制约关系。

2. 单元电路的设计

任何复杂的电子电路装置和设备，都是由若干个具有简单功能的单元电路组成的。设计单元电路时，可以借鉴成熟先进的电路，也可以进行改进或自主创新，但必须要保证性能要求，不仅每个单元电路的设计要合理，还要注意各个单元电路之间的信号联系，尽可能地减少元器件的类型和数量、电平转换和接口电路，同时还要考虑所选用的器件是否能够买得到，以保证电路最简单、工作最可靠且经济适用。

3. 器件选择

为了减小电子设备的体积、成本，并且安装、调试方便，提高运行可靠性，简化设计，一般应优先选用性能上能够满足设计要求的集成电路。可以先根据设计方案考虑应该选用什么功能的集成电路，然后再考虑具体性能因素（如功耗、电压、速度、温度、价格等），决定选用哪种型号的集成电路，另外还要考虑集成电路的封装方式。为便于安装、更换、调试和

维修，一般情况下应尽可能选用双列直插式集成电路。电阻和电容是两种常用的分立元件，它们的种类很多，性能各异，价格和体积也可能相差很大。设计者应当熟悉各种常用电阻和电容的种类、性能和特点，以便根据电路的要求进行选择。

4．参数计算

在每个单元电路的结构、形式确定之后，常常还需要对影响技术指标的元器件参数进行计算。计算时应注意以下几点。

（1）元器件的工作电压、电流、频率和功耗等应能满足电路的指标要求。

（2）对于环境温度、交流电网电压等工作条件，计算参数时应按最不利的情况考虑。

（3）元器件的极限参数必须留有足够富余量，一般按 1.5 倍左右考虑。

（4）电阻值尽可能选在 1MΩ 范围内，最大一般不应超过 10MΩ。非电解电容尽可能在 100pF～0.1μF 范围内选择。数值应选在计算值附近的标称值系列之内。

5．画出总体电路图

通常在完成了上述设计内容后，就要画出系统的总体电路图了，它是进行电路组装、调试和维修的依据。绘制电路图时要注意以下几点。

（1）布局合理、排列均匀、图面清新。为了便于看清各个单元电路的功能关系，每一个功能单元电路的元器件应集中布置在一起，并尽可能按工作顺序排列。

（2）图形符号要标准，并在图中加适当的标注。为了便于识图，分析查找故障点，集成芯片符号最好采用逻辑功能示意图，而不要按引脚排列图画连线图，并且标出每根线的名称和引脚号，多余的引脚要处理好。

（3）注意信号的流向。一般从输入端或信号源画起，由左至右或由上至下按信号的流向依次画出各单元电路，而反馈通路的信号流向则与此相反。

（4）连接线应为直线，并且交叉和折弯应最少，注意标注结点符号。

6．电路的安装

电子电路设计完毕以后，便可进行电路的安装。在进行电路的安装时，应注意整体结构布局和电路板上元器件安装布局两个问题。

（1）整体结构布局

整体结构布局主要指电子装置各部分的空间位置，例如电源变压器、电路板、执行机构、指示与显示部分、操作部分以及其他部分的几何尺寸、如何摆放等问题。设计整体结构布局时，应注意以下几点。

① 注意电子装置的重心平衡与稳定。较重的器件安装在装置的底部，装置前后、左右的重量要尽可能平衡。

② 注意发热部件的通风散热及对其他器件的热干扰。大功率管应加装散热片，必要时加装小型排风扇。半导体器件、热敏器件、电解电容等应尽可能远离发热部件。

③ 注意电磁干扰对电路正常工作的影响。容易接受干扰的元器件应尽可能远离干扰源（如变压器、高频振荡器、继电器、接触器等）。当远离有困难时，应采取屏蔽措施。此外，输入级也应尽可能远离输出级。

④ 注意电路板的分块与布置。如果电路规模不大或电路规模虽大但安装空间没有限制，则尽可能采用一块电路板，否则采用多块电路板。与指示和显示有关的电路板最好安装在面板附近。

⑤ 注意连线的相互影响。强电流线与弱电流线应分开走，输入级的输入线应与输出级的输出线分开走。

⑥ 注意安装、调试和维修的方便，并尽可能注意整体布局的美观。

（2）电路板结构布局

电路板结构布局是指在一块板上按电路原理图把元器件组装成电路，布局的优劣不仅影响到电路板的走线、调试、维修以及外观，还对电路板的电气性能有一定影响。设计电路板结构布局，应注意以下几点。

① 首先布置主电路的集成块和晶体管的位置。所有集成电路的插入方向要保持一致。

② 安排其他电路元器件（电阻、电容、二极管等）的位置。各级元器件应围绕各级的集成块或晶体管布置，同类元器件的安置方式要保持一致。如果有发热量较大的元器件，应注意远离集成块或晶体管。

③ 导线的选用和连线。导线直径应和插接板的插孔直径相一致，颜色可多选几种。一般习惯是正电源用红线，负电源用蓝线，地线用黑线，信号线用其他颜色。连接时应注意导线应尽量短，避免交叉重叠，不能跨接在器件上，第一级输入线与末级的输出线，强电流线与弱电流线、高频线与低频线等应分开走，其间距离应足够大，以避免相互干扰。另外还要注意电路之间要共地。

④ 注意安装、调试和维修的方便，并尽可能注意电路板结构布局的美观。

7. 电子电路的调试

调试过程是利用符合指标要求的各种电子测量仪器，如示波器、万用表、信号发生器、频率计、逻辑分析仪等，对安装好的电路板或电子装置进行调整和测量，以保证电路或装置正常工作，同时判别其性能的好坏、各项指标是否符合要求等。调试电路时，可参考如下方法和步骤。

（1）不通电检查。将连接好的电路板与电路原理图一一比对，可借助万用表（欧姆挡位），检查电源线、地线、信号线、元器件接线端之间有无短路，连线处有无接触不良，接线是否正确，并注意对已经检查过的连线做出标记；检查二极管、三极管、电解电容等有极性元器件引线端有无错接、反接；集成芯片是否插对方向、电源线是否已接好。

（2）通电检查。把经过准确测量的电源电压加入电路，但暂不接入信号源信号。电源接通之后不要急于测量数据和观察结果，首先要观察有无异常现象，包括有无冒烟、有无异常气味、触摸元件是否有发烫现象、电源是否短路等。如果出现异常，应立即切断电源，排除故障后方可重新通电。

（3）调试电路。按照“先静态、后动态”，“先分调、后总调”的步骤进行。“先静态”是指先进行静态调试，即电路输入端未加输入信号或加固定电位信号，测试电路各点的电位，如测试模拟电路的静态工作点，数字电路的各输入、输出电平及逻辑关系等。“后动态”是指在静态工作正常后，再进行动态调试，即在电路的输入端加入了适当频率和适当幅度的信号，来检查电路功能和各种指标是否满足设计要求。对于模拟电路来说，包括信号幅值、波形的形状、相位关系、频率、放大倍数、输出动态范围等。而对数字电路来说，一般是测试电平的转换和工作速度等。“先分调”是指按某一合适的顺序（一般是信号流程），对构成总体电路的各个单元电路进行调试，以满足单元电路的要求。“后总调”是对已分调过的单元电路连接在一起的总体电路进行调试，以满足总体设计要求。

（4）指标测试。电路能够正常工作后，要根据设计要求，逐个检测指标完成情况。未能达到指标要求的，需分析原因，找出改进电路的措施，或通过实验，调整电路元器件及参数，最终达到指标要求。

最后强调说明一点，上述设计方法和步骤，在具体应用中并不是一成不变的，有时需要交叉进行，甚至会出现反复，所以在设计时，应根据实际情况灵活掌握。对于比较简单的电路或定型产品，常常在整个电路安装完毕后实行一次性调试。而对于新设计的电路，常常采用边安装边调试的方法，就是把复杂的电路按功能分为几个模块，然后分块进行安装和调试，一个模块成功后，再逐步扩大安装和调试的范围，最后完成整机调试。采用这种方法的优点是能够及时发现问题和解决问题，但调试时要注意各个模块之间的相互联系，要把相互之间有影响的信号线处理好。

10.2 数字电路的应用举例

应用举例 1：八路数显抢答器

1. 设计要求

用中小规模集成芯片设计并制作八路数显抢答器，具体要求如下。

（1）可以同时供八位选手抢答；

（2）LED 数码管显示抢答成功的选手编号，同时有声响提示；

（3）抢答器具有锁存功能，即一路抢答成功，其他路抢答无效。

2. 确定总体方案

根据设计要求，分析其功能，可知该电路实际上是一个由编码电路、显示译码电路、锁存电路、复位和解锁电路、声音提示电路等构成的组合逻辑电路。原理框图如图 10.2.1 所示。

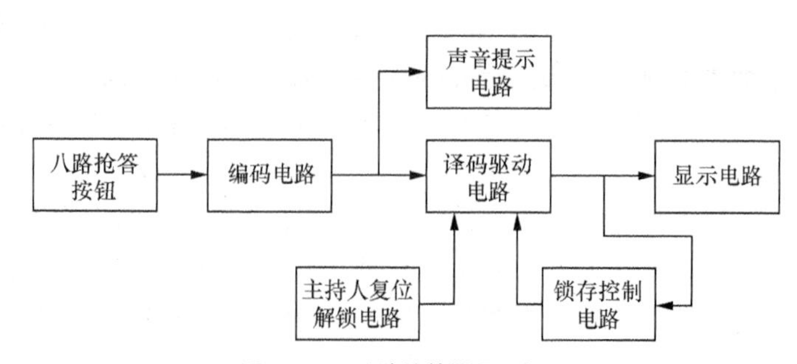

图 10.2.1　八路抢答器原理框图

该系统的工作原理是，八路抢答器同时供 8 名选手或 8 个代表队比赛，主持人宣布抢答开始，电路复位八位选手可以同时抢答。编码器对优先抢答的选手编码，输出该选手编号对应的 BCD 码，再经过译码驱动及显示电路，显示出该选手的编号。该电路具有锁存功能，即若有选手优先抢答，编号立即锁存，对输入信号进行封锁，禁止其他选手抢答。优先抢答选手的编号一直保持到主持人将系统清零为止。

其工作过程为，主持人宣布抢答开始，同时按下复位按钮，抢答开始后，若有选手按动抢答按钮，该选手编号将显示在 LED 数码管上，同时伴有声音提示。若再有其他选手抢答则无效，禁止其他选手抢答。

3. 单元电路的设计

（1）八路抢答按钮及优先编码电路的设计

抢答及编码电路的作用是当选手按下抢答按钮时，编码器能输出相应的 8421BCD 码。如图 10.2.2 所示，抢答电路由 S_1～S_8 八路开关组成，每位选手与一个开关相对应。按钮为常开型，当按下按钮时，开关闭合；当松开按钮时，按钮自动弹出断开。每路抢答按钮都对应有 VD_1～VD_9 中的编码，若有选手优先按下抢答按键时，编码电路将按键号码转换成相应的 8421BCD 码，以提供数显电路所需要的编码输入。例如，若按下 S_3 按钮，则通过两个二极管 VD_1、VD_2，加到 CC4511 的 BCD 码输入端为“0011”。

（2）译码驱动及显示电路的设计

译码驱动电路的作用是将 8421BCD 码以数字的形式显示在数码管上，其输入信号为编码器的输出，最终显示优先抢答选手编号的数字，其电路如图 10.2.3 所示。CC4511 是输出高电平有效的显示译码器，因而 LED 显示器应选共阴极数码管，且由于 LED 的电流很小，因此在数码显示器前必须加限流电阻。

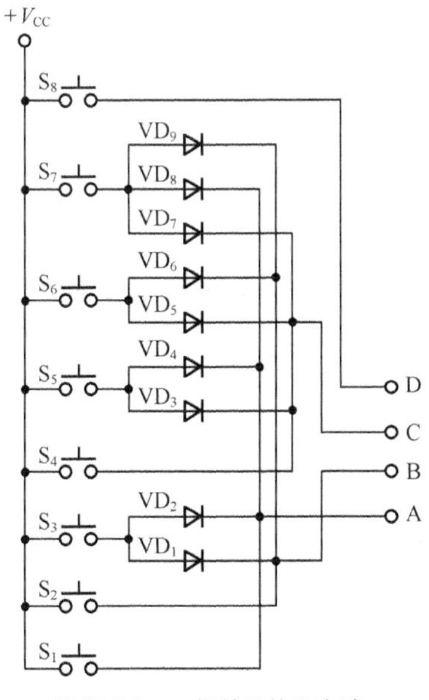

图 10.2.2　二极管及编码电路

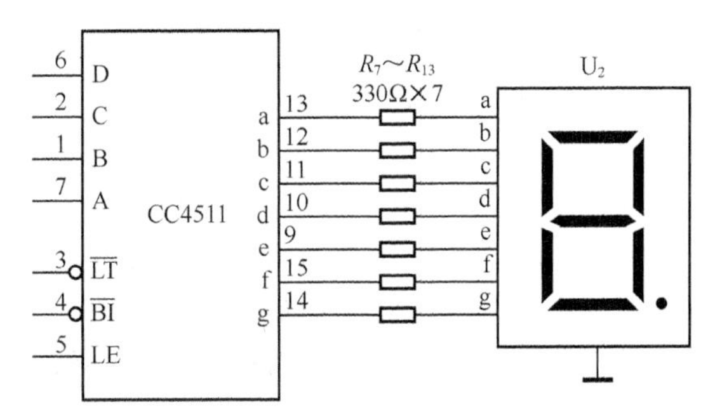

图 10.2.3　译码驱动及显示电路

（3）锁存控制电路的设计

锁存电路主要功能有两个，一个是已有选手优先抢答后，将显示译码器锁存；另一个功能是数码管显示‘0’时，显示译码器处于不锁存状态，即主持人复位后，允许选手抢答。

当有选手优先抢答时，数码管上将显示该选手的编号，此时译码显示电路处于锁存状态，数码管保持不变，直到主持人再次按下清零按钮为止。系统的锁存控制电路如图 10.2.4 所示。该电路主要包括 VD_{15}、VD_{14}、R_{14}、R_6、R_{15} 和 9013。当抢答器按钮没有按下时，则 BCD 码输入端都接电阻，所以 BCD 码输入端为“0000”，输出端 d 为高电平，输出端 g 为低电平。通过对 0～9 这十个数字分析可以看出，只有在数字‘0’时，d 端为高电平，同时 g 端为低电平。此时通过锁存控制电路使 CC4511 的锁存端 LE 为低电平，此时 CC4511 没有锁存，允许 BCD 码输入，选手可以进行抢答。当 S_1～S_8 中任意一个按钮按下时，输出端 d 为高电平或者输出端 g 为高电平，这时 CC4511 的 LE 脚为高电平，芯片的锁存功能有效，封锁了后边来的其他信号。若 2、3、4、5、6、8 号选手首先抢答，则 VD_{15} 导通，LE 获得高电平，显示译码器锁存；若 1、7 号选手首先抢答，则 D_{14} 导通，VD_{15} 和 9013 截止，LE 获得高电平，显示译码器锁存；三极管 VT 的作用是保证抢答器清零后，锁存器对当前显示的 0 号数据不锁存，确保主持人复位后选手能够正常抢答。

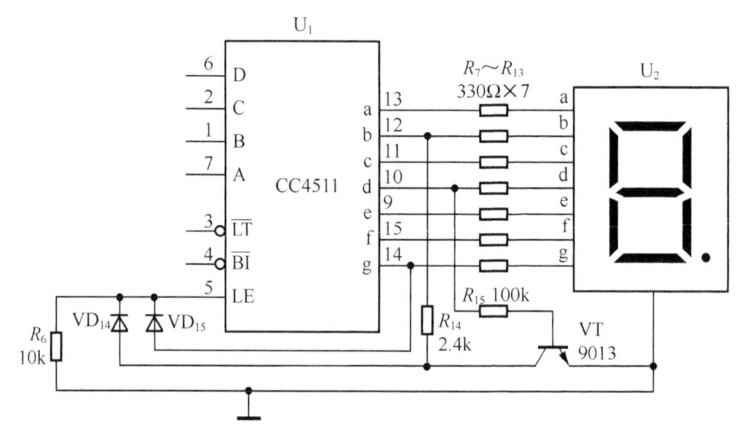

图 10.2.4　锁存控制电路

（4）复位和解锁电路

复位和解锁电路的作用是主持人在抢答开始前对电路进行复位，或者当进入下一轮抢答时主持人对译码驱动电路解锁，数码管显示数字“0”。当进入下一次抢答环节时，主持人再次按下 S_0 清零按钮，数码管显示“0”，系统复位，八位选手开始抢答。主持人复位和解锁电路如图 10.2.5 所示。

（5）声音提示电路的设计

声音提示电路的作用是当有选手抢答时伴有声音提示，如图 10.2.6 所示。声音提示电路的 D、C、B、A 四输入端为编码器的输出端，若 S_1～S_8 任意键按下时，D、C、B、A 四端至少有一端为高电平，则 VD_{10}～VD_{13} 四个二极管中至少有一个导通，蜂鸣器发出声音提示。

4．总体电路的设计

通过单元电路的设计，最终设计出总体电路如图 10.2.7 所示。

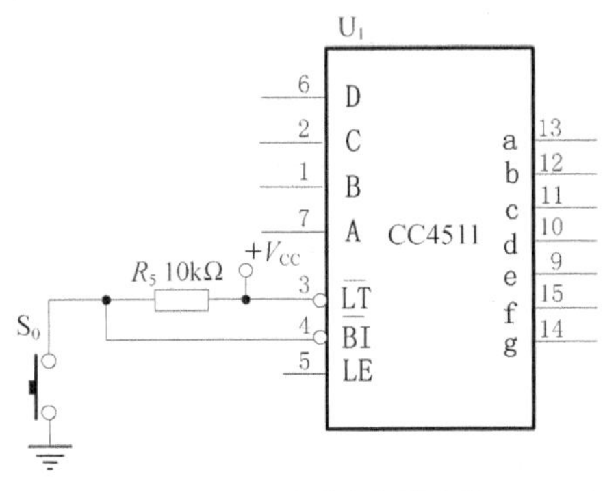

图 10.2.5 复位和解锁电路

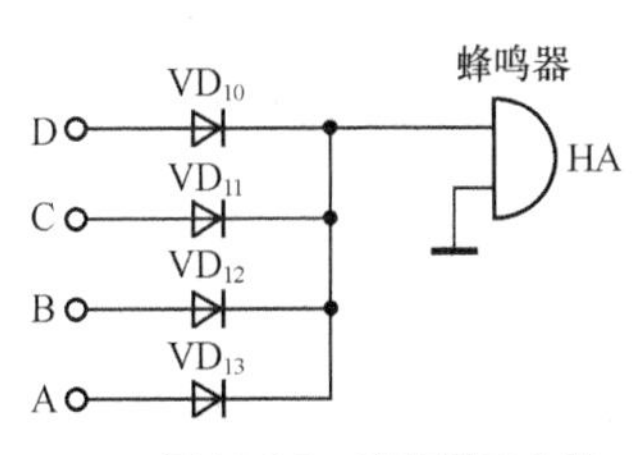

图 10.2.6 声音提示电路

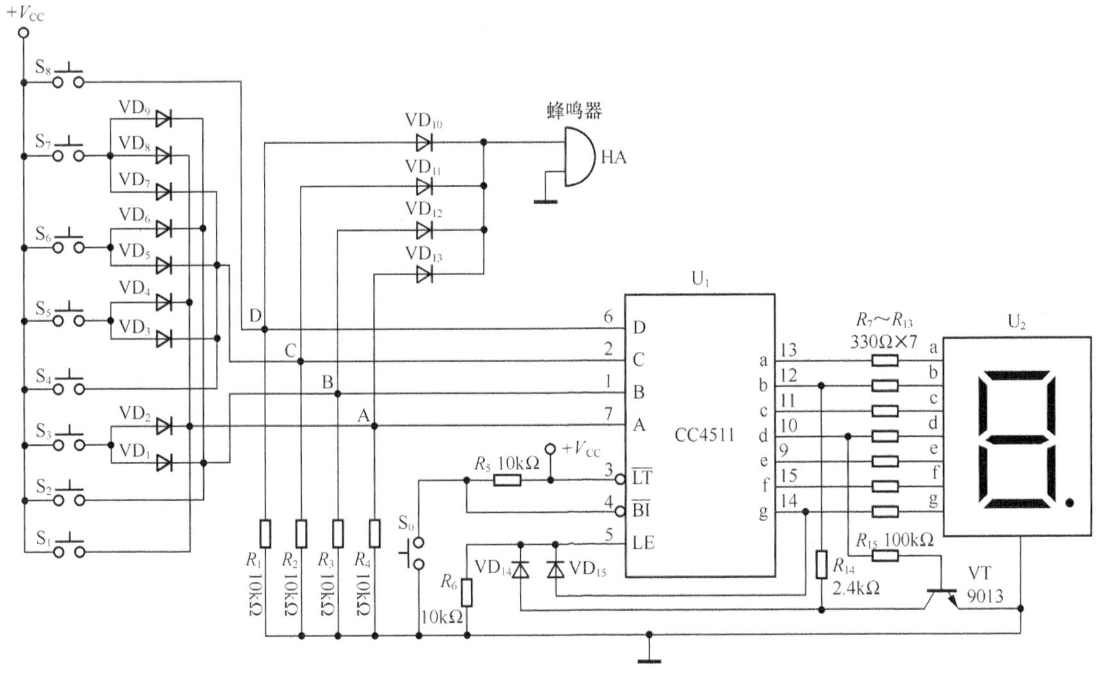

图 10.2.7 八路抢答电路电路原理图

5. 电路调试要点

（1）抢答按钮及优先编码电路的调试：接通电源后，分别按下 S_1～S_8 按键，并利用万用表分别测试 D、C、B、A 四点的电位，观测四点电位是否符合相应键号的 BCD 码。若 S_1 键按下，则 D、C、B、A 四点电位应为“0001”；若 S_6 键按下，则 D、C、B、A 四点电位应为“0110”。若按下某一路按钮不显示或显示错误，只要检查与之对应的那组二极管，检查是否反接或损坏即可。

（2）显示译码电路的调试：在 CC4511 的译码输入端加入不同的 BCD 码，观测数码管显示数字是否正确。在此过程中注意检查芯片的电源和地引脚接入是否可靠，共阴极数码管的公共端是否可靠接地，并严格检查数码管与译码器的连线。

（3）控制锁存电路的调试：使 CC4511 输入 2、3、4、5、6、8 号选手编号对应的 BCD 码测试 VD_{15} 是否导通，LE 是否获得高电平；使 CC4511 输入 1、7 号选手编号对应的 BCD

码测试 VD_{14} 是否导通，VD_{15} 和 9013 是否截止，LE 是否获得了高电平；使 CC4511 输入“0000”，测试输出端 d 是否为高电平，输出端 g 是否为低电平。根据现象找出问题所在。

（4）声音提示电路的调试：检查二极管极性是否接反，电路是否有虚焊、接错即可。

应用举例 2：会议发言限时器

1．设计要求

用中小规模集成芯片设计并制作会议发言限时器，具体要求如下。

（1）以分钟为单位，在 1～99min 任意设定限时时间。

（2）用 4 位 LED 数码管显示剩余时间，其中两位显示分，两位显示秒。

（3）具有暂停和继续计时控制功能。开关拨在暂停档位时，限时器停止计数，数码显示器保持当前剩余时间不变；开关拨在继续档位时，限时器从当前所示数值继续进行减法计数。

（4）当剩余时间为最后一分钟时，限时器发出一个持续时间为 1s 的短提示音；当剩余时间显示“00 00”时，发出一个持续时间为 5s 的长提示音。

2．确定总体方案

根据设计要求，分析其功能，可知它实际上是一个对标准时基信号（1Hz）进行减法计数的时序逻辑电路。原理框图如图 10.2.8 所示。

该系统的工作原理是由时基电路产生的秒脉冲信号，作为限时器的时间基准，经过秒计数器；秒计数器按减法计数规律由 59 减到 00 时，产生的借位信号，作为分计数器的时钟信号；分计数器和秒计数器均为 60 进制减法计数器。计数器的输出经译码驱动后送至 LED 数码显示器。控制电路的功能是根据主持人的开关信号，产生相应的控制信号，控制限时器初始值的置入、开始计时、暂停计时和继续计时操作。声响提示电路是根据计数器的状态，工作 1s 或 5s，产生相应的 1s 提示音和 5s 提示音。

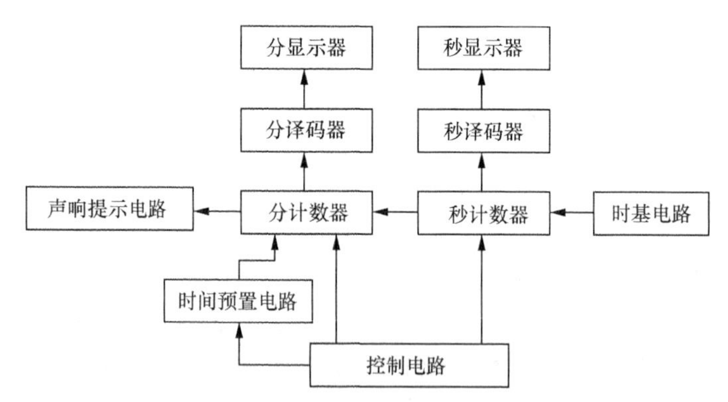

图 10.2.8　会议发言限时器原理框图

3．单元电路的设计

（1）时基电路的设计

时基电路实际上就是一个多谐振荡器，它是限时器的核心，它的稳定度及频率的精确度决定了限时器计时的准确程度。一般来说，振荡器的频率越高，计时精度越高。在数字钟的设计中，通常都选用石英晶体构成振荡器，常取晶振的频率为 32768Hz，然后经过 15 级分频，产生 1Hz 的时基脉冲。考虑到该限时器的最大限时范围为 99min，对精度要求又不是很高，为了使整个系统所用的器件种类和数量尽可能少，故采用 555 定时器与 RC 元件构成多谐振荡器，使其振荡频率为 1Hz。

555 定时器构成的多谐振荡器的工作原理参见第 6 章的内容。如果了解了振荡电路中的充放电回路后，各个器件参数的确定就容易了很多。在图 6.3.1 电路中，若取占空比 $q=\frac{2}{3}$，则有 R_1=R_2，若电容 C 选用 10μF，计算得 R_1=R_2=47.62kΩ，取标称值 47kΩ，其中 R_1 可以和一个 2kΩ 电位器串联，作为频率的微调电位器。

（2）六十进制秒计数器的设计

根据电路的功能要求，需要构成一个六十进制的减法计数器，这里选用具有置数功能的同步十进制可逆计数器 74LS192。它的有效状态为 59、58、57、…、00、59…即当计数器状态为 00 时的下一个状态应该返回到 59，因为 74LS192 是异步置数的，所以要利用的过渡状态应该是 99，即极短暂的过渡状态应当为 S_N=10011001，这样可以得到置数控制信号为 $\overline{LD}=\overline{Q_{23}^nQ_{20}^nQ_{13}^nQ_{10}^n}$，连线图如图 10.2.9 所示。低位片的借位输出端 $\overline{BO}$ 接高位片的脉冲输入端 CP，当两个秒计数器 74LS192 的输出端 Q_3 Q_2 Q_1 Q_0 分别是“0000”时，再来一个脉冲，两个计数器的输出端分别变为“1001”，这样经过四输入与非门给异步置数控制端 11 脚一个低电平，两片 74LS192 同时执行置数操作，将数据输入端的“0101”和“1001”分别送入计数器，实现了由 00 到 59 的过渡。

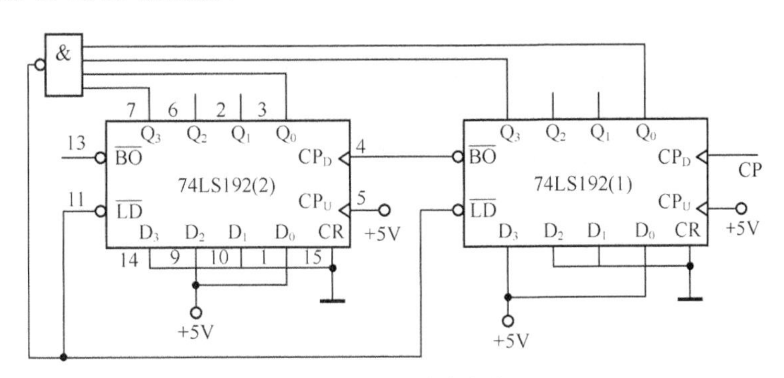

图 10.2.9 六十进制秒计数器原理图

（3）分计数器的设计

根据设计要求，分计数器应是 99～00 的减法计数器，并能够根据限时要求，进行限时时间的设定。考虑到应用者的操作方便，即使不懂电路的人，也能够轻松使用，故采用 BCD 码拨码盘输入限时时间。

拨码盘的外观如图 10.2.10（a）所示，每按动递增按钮“＋”一次，数盘上的数字按照 0→9 递增规律变化一次；每按动递减按钮“－”一次，数盘上的数字由 9→0 递减变化一次。拨码盘的内部结构为印刷电路板和电刷旋转触点，相当于 4 个开关 S_3～S_0，根据 8421BCD 码 1 态闭合，与拨码盘数字一致。例如当拨码盘数字为 7 时，即 8421 码为 0111，则 S_3 断开，S_2～S_0 闭合。所以计数器置数端和拨码盘的接线图如图 10.2.10（b）所示。当 S 开关闭合时，相当于计数器的置数端输入 1，当开关断开时，计数器置数端通过 4 个 1kΩ 电阻接地，相当于输入 0。

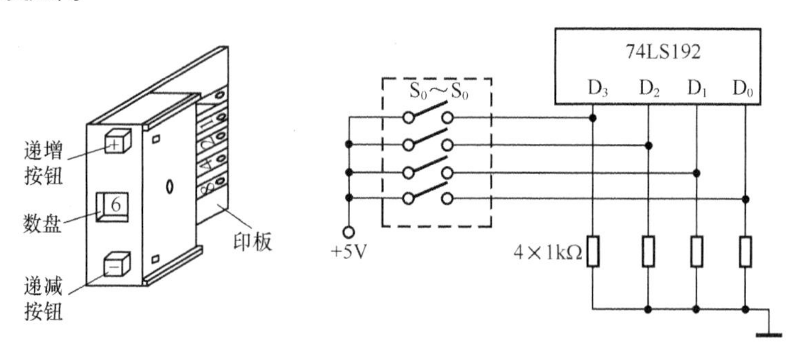

（a）BCD 拨码盘外观图　　（b）计数器置数端和拨码盘的接线图

图 10.2.10　BCD 拨码盘外形及接线图

分计数器电路如图 10.2.11 所示。当主持人将“计时/置数”开关 S_1 拨到置数档位时，限时器执行置数操作，两个分计数器的置数端 $\overline{LD}$ 分别接地为低电平，计数器的输出状态和拨码盘数盘数字一致，限时时间可以直接从拨码盘置入，并通过数码管显示。当 S_1 开关拨到计时档位时，两个分计数器的置数端 $\overline{LD}$ 分别接电源为高电平，置数端不起作用，电路可以执行计数操作。

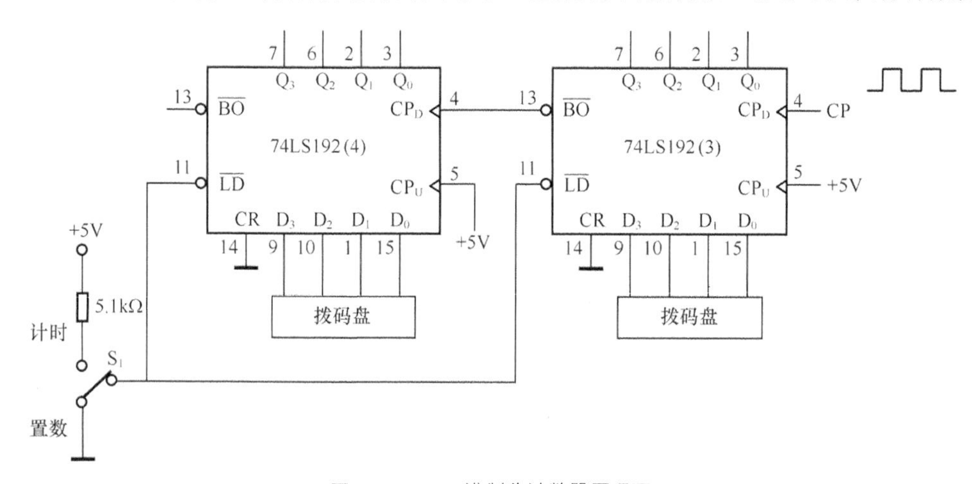

图 10.2.11　60 进制分计数器原理图

（4）译码及显示电路

显示译码器的作用是把计数器输出端用 BCD 码表示的十进制数转换成能驱动数码管正常显示的段信号，以获得数字显示。这里选用 74LS48，用于驱动共阴极的 LED 显示器，故 LED 显示器选用 74LS48。在选用显示译码器和数码管时要注意匹配问题。

（5）控制电路设计

控制电路的主要作用就是完成暂停和继续计时控制功能。考虑到该功能需由外部开关控制，为防止按键抖动，采用由 RS 触发器构成消抖电路来完成控制电路功能的方法，电路设计如图 10.2.12 所示。当 S_2 开关

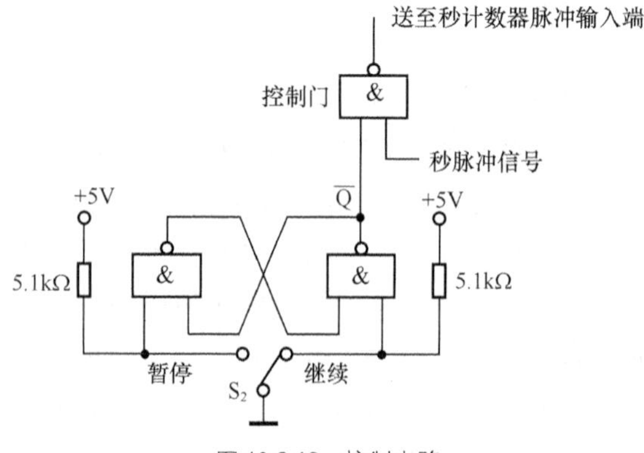

图 10.2.12　控制电路

接到继续端时，1Hz秒脉冲信号可以通过控制门，送至60s计数器74LS192的CP脉冲输入端，计数器正常工作；当“暂停/继续”控制开关S_2接到暂停端时，控制门封锁秒脉冲，计数器停止计数，保持原状态不变。

（6）声响提示电路的设计

根据设计功能要求，当剩余时间为最后一分钟时，限时器发出一个持续时间为1s的短提示音；限时结束时发出一个持续时间为5s的长提示音。如果声响部分由有源式蜂鸣器实现，剩下的设计任务就是如何能够适时地产生一个1s和5s的控制信号给蜂鸣器了。

① 1s控制信号的产生。当电路计时到最后一分钟时，4个数码管依次显示01 00，而它的下一秒是00 59。要想在这种变化过程中产生1s的控制信号给蜂鸣器，可以利用数码管笔画段变化的特点。观察74LS48的真值表，1s控制信号表达式为$Y_1=\overline{a_3+g_3+g_4+\overline{f_4}+\overline{BO_2}}$，其中$a_3$、$g_3$为分个位数码管a、g笔画段管脚，$g_4$、$f_4$为分十位数码管g、f笔画段管脚，$\overline{BO_2}$是秒十位计数器的借位输出端。

② 5s控制信号的产生。当数码管显示00 00，即限时时间到，需要发出一个5s的长提示音。该部分可由555定时器构成的单稳态触发器来完成。电路如图10.2.13所示。

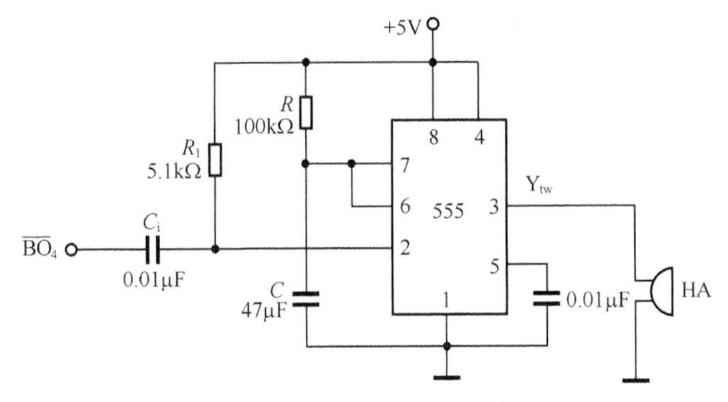

图10.2.13 5s声响控制电路

因为暂稳态时间$t_W=1.1RC$，若取C=47μF，t_w=5s，通过计算，R=96.11kΩ，取标称值R=100kΩ。当4个数码管的状态为00 00时，即限时时间到，最高位的计数器$\overline{BO_4}$端输出低电平，作为单稳态触发器的触发信号，单稳态3脚Y_{tw}输出一个维持时间为5秒的高电平信号，使蜂鸣器发出5s声响。

根据上述设计过程，蜂鸣器的控制信号表达式应为$Y=Y_1+Y_{tw}=\overline{a_3+g_3+g_4+\overline{f_4}+\overline{BO_2}}+Y_{tw}$。因为在置数期间，无论数码管为何种显示状态，蜂鸣器都不应该工作，所以将上式改进为$Y=(\overline{a_3+g_3+g_4+\overline{f_4}+\overline{BO_2}}+Y_{tw})\cdot M$。式中M为手动开关$S_1$的输入信号，当$S_1$开关拨到置数端时，M=0，拨到计时端时，M=1。考虑在满足逻辑功能的前提下，应尽可能地减少芯片的使用品种和数量，所以可将Y的逻辑表达式进行不同表现形式的变换，用不同的门电路实现。

4．总体电路的设计

通过单元电路的设计，最终设计出总体电路如图10.2.14所示。

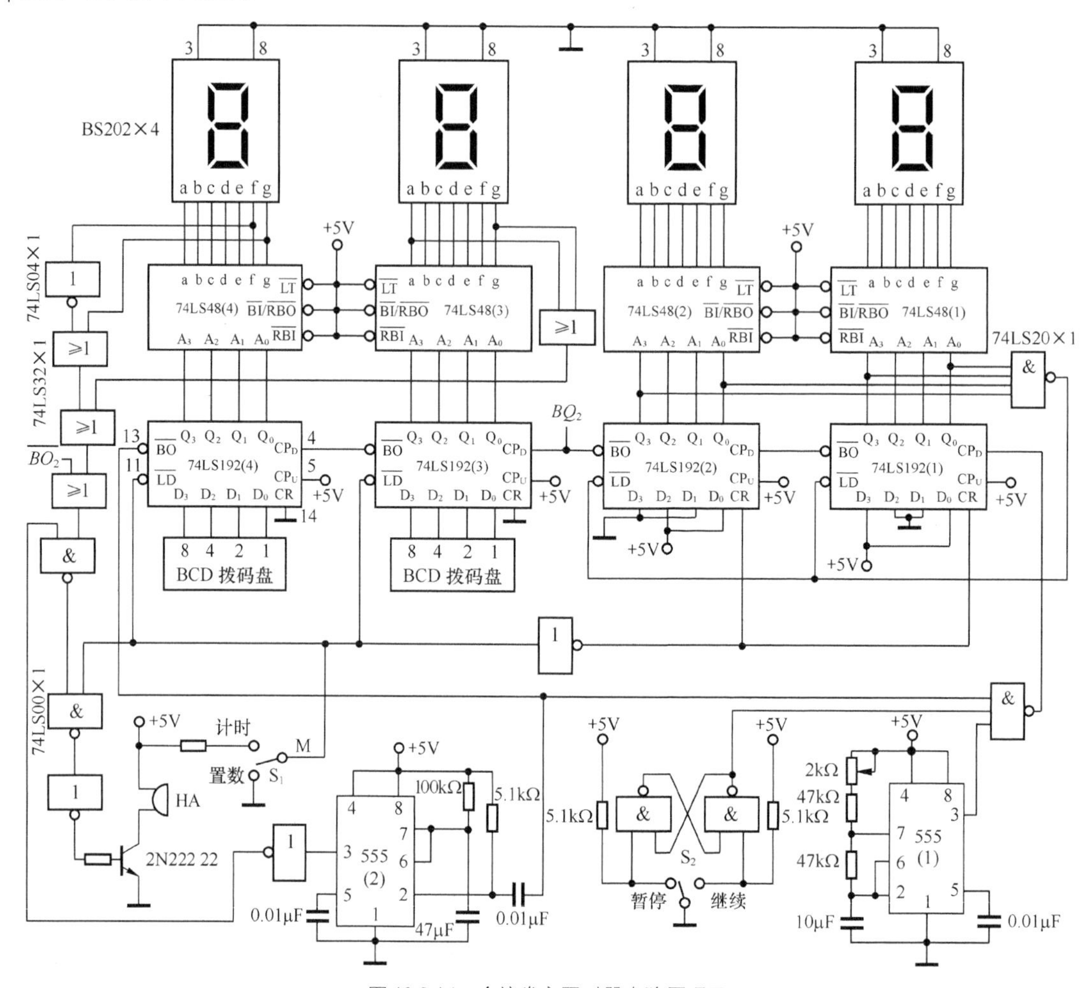

图 10.2.14 会议发言限时器电路原理图

5. 电路调试要点

（1）时基电路的调试：接通电源后，用双踪示波器观察 555（1）时基电路的输出波形，3 脚波形应如图 6.3.2 所示，调整 2kΩ电位器，使周期达到 1s。

（2）5 秒单稳态电路的调试：给 555（2）定时器的 2 脚加触发脉冲，注意应为低电平有效，观察 3 脚是否有持续 5 秒的高电平输出（可借助示波器或万用表观察电平的变化情况）。

（3）置数功能的调试：将 S_1 按钮拨到置数端，分别按动 BCD 码拨码盘，这时两位分钟数码管的显示应和拨码盘窗口数字一致，两位秒的数码管应稳定地显示“00”，并保证 4 个数码管无论是“0100”还是“0000”，声响电路不发声。

（4）计数器的调试：将 S_1 按钮拨到计时端，S_2 按钮拨到连续端，观察秒计数器和分计数器是否工作正常，若有异常，反复检查，直至工作正常。

（5）声响提示电路的调试：在计数器工作正常后，观察在最后一分钟和限时时间到时，声响电路是否工作。

（6）暂停和继续功能的调试：在计数过程中，拨动 S_2 开关交替调到暂停或继续档位，限时器应能够稳定地锁存数据或继续进行计数，不允许有抖动现象产生。

应用举例 3：数字频率计

1．设计要求

用中小规模集成芯片设计并制作数字频率计，具体要求如下。

（1）可以用来测量正弦波、三角波、矩形波等任意周期信号，被测信号幅度范围为 0.2～5V。

（2）频率测量范围为 1～9 999Hz。

（3）用 4 位 LED 数码管显示频率数。

（4）频率准确度 $\frac{\Delta f_x}{f_x} \leqslant 2\times10^{-2}$。

（5）测量时间≤2s。

2．确定总体方案

单位时间内，周期信号发生变化的次数称为频率。构成数字频率计的原理框图如图 10.2.15 所示。

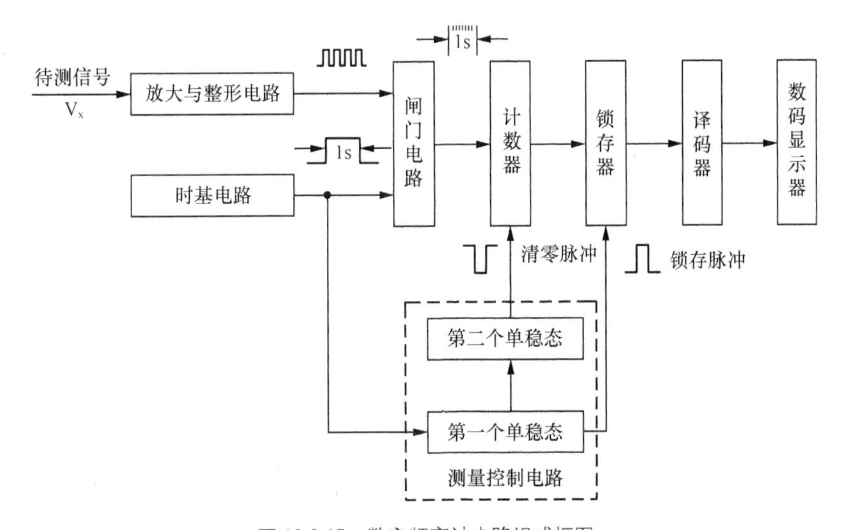

图 10.2.15 数字频率计电路组成框图

该方案的基本思想是由时基电路产生一个闸门信号，该信号是脉冲宽度为 T 的方波信号，用来控制闸门每次开启的时间，脉宽 T 被称为闸门时间。经过放大与整形处理的待测信号频率为 f_x，周期为 T_x，闸门信号和待测信号同时被加到闸门（与门）电路的输入端，在每次闸门开启的时间 T 内，f_x 通过闸门并进入计数器，计数器对输入的待测信号进行计数，并将计数结果通过锁存器、译码器，最终通过数字显示器显示出来，这样就能读取被测信号的频率。框图中测量控制电路的作用有两个，一是产生锁存脉冲，控制锁存器，使数字显示器上的数字稳定；二是产生清零脉冲，使计数器每次测量都是从零开始计数，它可以由两个单稳态触发器构成。若在闸门时间 T 内通过闸门的待测信号脉冲数为 N，则计数器显示的数字为 $N=T/$

$T_x = T f_x$，可见

$$f_x = N / T$$

通过改变闸门时间 T，可以方便地改变量程，T 越大，测量误差就越小，上述便是该方案数字频率计的工作原理。该设计选择闸门时间 T=1s，这样计数器显示的数字就是待测信号的频率 f_x 了。

3．单元电路的设计

（1）放大与整形电路

由于设计要求可以用来测量正弦波、三角波、矩形波等周期信号，被测信号幅度范围为0.2～5V。所以必须对待测信号进行放大与整形处理，使之成为能够被数字电路有效识别的脉冲信号。这里选用 LM358 集成运放构成，LM358 内部包括有两个独立的、高增益、内部频率补偿的双运算放大器，适合于电源电压范围很宽的单电源（3～30V）使用，也适用于双电源（±1.5～±15V）工作模式，在此采用+5V 单电源供电。整形电路选用施密特触发器 CC4093。电路原理图如图 10.2.16 所示。

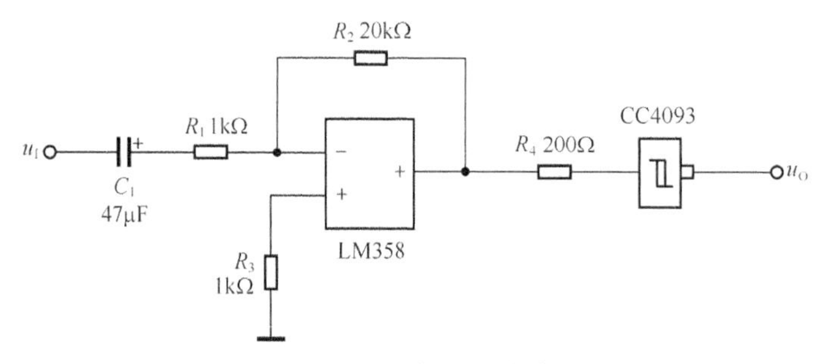

图 10.2.16　放大整形电路

为了保证当输入信号幅度为 0.2V 时，放大电路的输出电压能够达到数字电路输入高电平的要求，取 R_1=1kΩ，R_2=20kΩ，构成放大倍数为 20 的反相比例运算。R_4 是限流保护电阻，在放大器输出最大电压时不致损坏施密特内部保护二极管，取 R_4 为 200Ω。C_1 为耦合电容，取 47μF。

（2）时基电路

时基电路的作用是产生闸门信号，用来控制闸门的开启时间，为计数器提供一个标准的计时时间信号，所以闸门信号的频率准确与否，直接影响到测量精度。该设计中，基准时间设为 1s。时基电路可以由多谐振荡器产生，使多谐振荡器高电平持续时间为 1s。构成多谐振荡器的电路很多，可以由 555 定时器构成，也可以由石英晶体振荡器构成。这里采用一片 CC4060 和 32 768Hz 的晶振构成，电路如图 10.2.17 所示。CC4060 内部包含两个非门和 14 级 2 分频电路，9 脚的 CP_0=32 768Hz 信号经 CC4060 内部 14 级分频后，从 3 脚 Q_{14} 输出频率为 0.5Hz 的方波信号，作为闸门信号。

（3）闸门电路

闸门电路的作用就是用来控制计数器进行计数的时间，当 1s 闸门信号到来时，闸门开通，待测脉冲信号通过闸门，计数器开始计数，当 1s 信号结束时闸门关闭，计数器停止计数。它可以用与门来实现，图 10.2.18 所示的为采用 2 输入端与非门 CC4011 构成的闸门电路和工作波形。

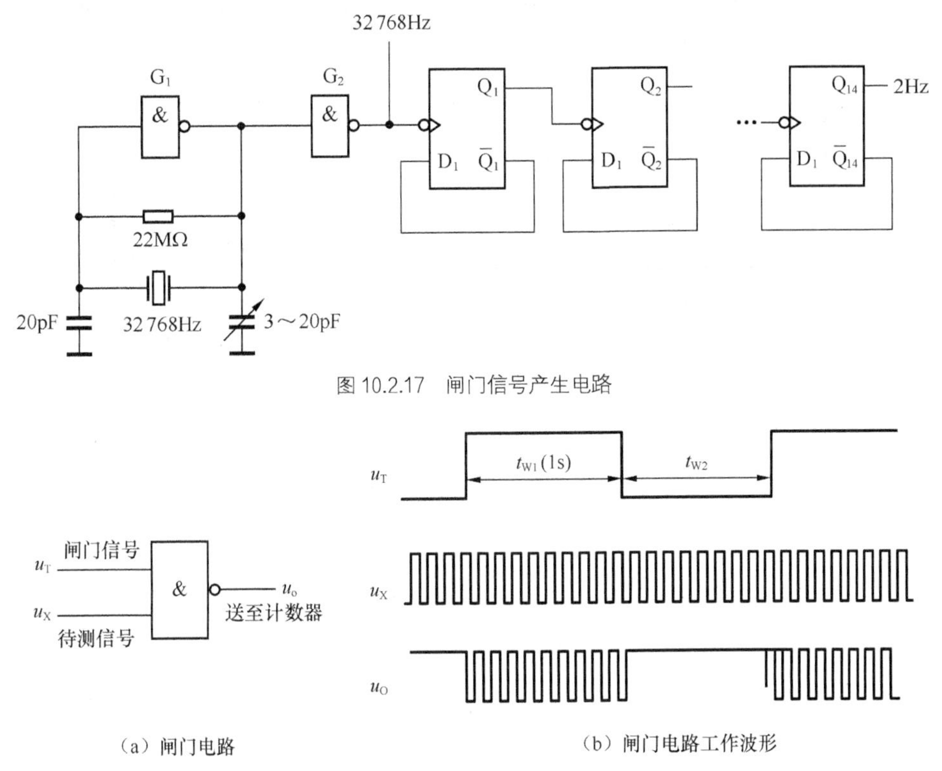

图 10.2.17　闸门信号产生电路

图 10.2.18　闸门电路和工作波形

（4）测量控制电路

测量控制电路由两个单稳态触发器构成，它的作用有两个：一是产生锁存脉冲，二是产生清零脉冲。工作波形图如图 10.2.19 所示。利用闸门信号的下降沿，启动第一个单稳态并利用第一个单稳态输出的上升沿，控制锁存器的数据锁存端，使数字显示器上稳定地显示此时计时器的值，而在下一个计数器计数期间，数码显示器能够始终保持数据不变。第一个单稳态定时时间到，利用第一个单稳态的下降沿，启动第二个单稳态，用于产生清零信号，清除前次读数，并开启本次测量，等待下一个 1s 闸门信号的到来。两个单稳态的暂稳时间确定，是要保证锁存器能够可靠地完成数据锁存操作和计数器可靠清零的。构成单稳态触发器的方法有多种，在此采用 CMOS 双单稳态集成触发电路 CC4528 构成。

CC4528 内部有两个单稳态触发器，每个触发器都有两个可再触发端 TH_+与$\overline{TH_-}$。若用脉冲上升沿触发，触发信号从TH_+端输入，$\overline{TH_-}$端要接高电平；若用脉冲下降沿触发，触发信号从$\overline{TH_-}$端输入，TH_+端要接低电平。$\overline{R}$ 是复位端，低电平有效，Q 和$\overline{Q}$是两个互补输出端，产生一个精确的有较宽范围的输出脉冲，其宽度和精确度由外部时间元件 R、C 确定，当外接定时元件 $C>0.01\mu F$ 时，输出脉冲的宽度 t_{po} 可近似按下式计算

$$t_{po}\approx 0.2RC\ln（V_{DD}-V_{SS}）$$

式中，V_{SS}为 CMOS 的源极电源电压，V_{DD}为漏极电源电压。一般取 V_{SS}=0V，而 V_{DD}为 5～15V。图 10.2.20 所示为 CC4528 双单稳态触发器引脚图，表 10.2.1 为 CC4528 双单稳态触发器逻辑功能表。

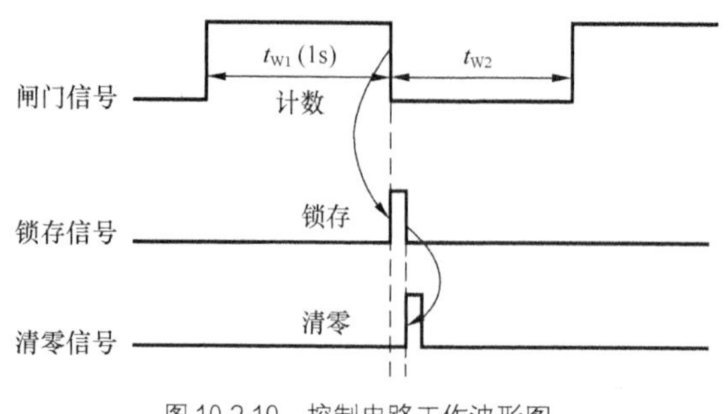

图 10.2.19　控制电路工作波形图

图 10.2.20　CC4528 双单稳态触发器引脚图

表 10.2.1　　　　**CC4528 双单稳态触发器逻辑功能**

输　入			输　出		功　能
TH_+	$\overline{TH_-}$	$\overline{R}$	Q	$\overline{Q}$	
↑	1	1	⊓	⊔	上升沿连续触发
↑	0	1	Q	$\overline{Q}$	触发沿无效
1	↓	1	Q	$\overline{Q}$	触发沿无效
0	↓	1	⊓	⊔	下降沿连续触发
×	×	0	0	1	复位为初态

若两个单稳态触发器的暂稳时间定为 0.02s，V_{DD}为 5V，R 取 15kΩ，计算得 C=4.14μF，取标称值 4.7μF。两个单稳态触发器均在 Q 端输出，并采用下降沿触发方式。电路如图 10.2.21 所示。

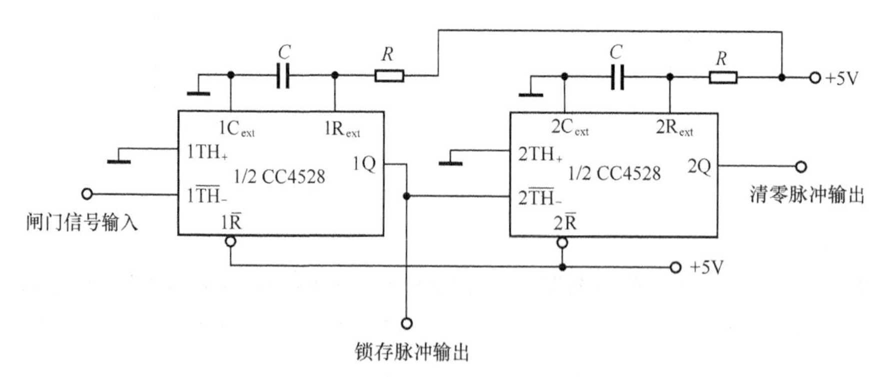

图 10.2.21　测量控制电路

（5）锁存、计数、译码及显示电路

锁存器的作用是将计数器在 1s 结束时所计得的数进行锁存，使数字显示器上稳定地显示此时计时器的值，这里选用 8D 锁存器 74HC374，当锁存器的脉冲输入端有上升沿时，锁存器的输出等于输入，即 $Q^{n+1}=D$，正脉冲结束后，无论 D 为何值，输出端状态保持不变，所以数码显示器能够始终保持到下一个计数器计数期间，数据不变。

计数器的作用是对输入脉冲计数。根据设计要求，最高测量频率为 9999Hz，故应该采用 4 位十进制计数器。这里选用两块双 BCD 同步加法计数器 CC4518 构成。

译码器选用 CC4511，由于 CC4511 输出 a～g 的信号均为高电平有效，所以选用共阴极 LED 数码管。

4. 总体电路的设计

通过单元电路的设计，最终设计出总体电路如图 10.2.22 所示。

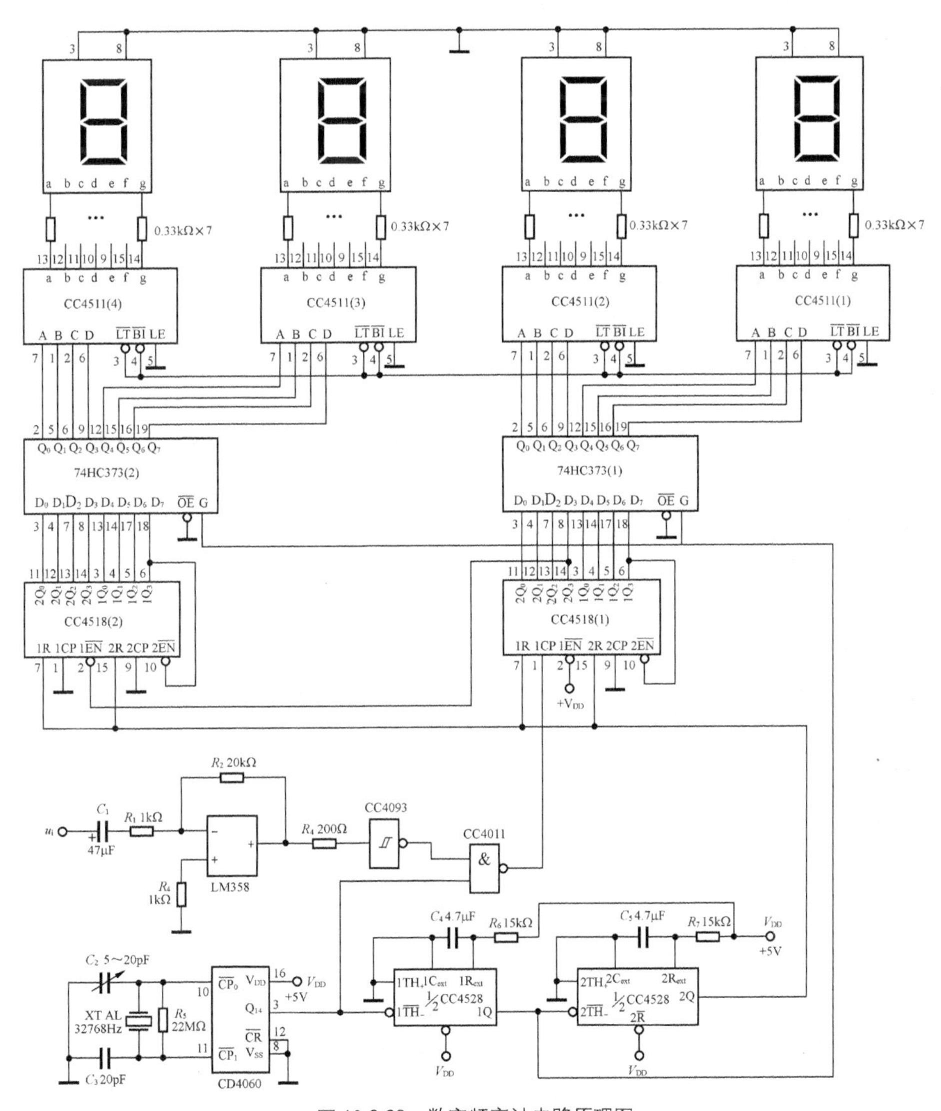

图 10.2.22　数字频率计电路原理图

5．电路调试要点

（1）时基电路的调试：接通电源后，用双踪示波器观察 CD4060 的 Q_{14} 的输出波形，波形应为脉宽 1s，周期 2s 的时基波形。然后改变示波器的扫描速率旋钮，观察 CC4528 的 6 脚和 10 脚，应有图 10.2.19 所示的锁存脉冲和清零脉冲波形。

（2）将锁存器 74HC374 的 CLK 端全部接低电平（锁存端不起作用），计数器 CC4518 的清零端也全接低电平（清零端不起作用），在个位计数器的时钟输入端加入脉冲信号，检查 4 位计数、锁存、译码、显示器是否能够正常加计数。

（3）在放大电路的输入端加入 f=1kHz，V_{P-P}=1V 的正弦信号，用示波器观察放大电路和整形电路的输出波形，应为与被测信号同频率的脉冲波，显示器上的读数应为 1 000。

（4）按设计要求的技术指标，分别调整被测信号的波形、幅度及频率，检测频率计的显示是否满足设计要求。

本 章 小 结

电子电路设计一般按照确定总体方案→设计单元电路→选择元器件→计算参数→画总体电路图→组装与调试等步骤进行。由于电子电路种类繁多，千差万别，设计方法和步骤也因情况不同而各异，因而上述设计步骤需要交叉进行，有时甚至会出现反复。因此在设计时应根据实际情况灵活掌握。

显示译码器和计数器是数字电子系统中应用比较普遍的典型电路，很多数字系统中都要用到。抢答电路为比较典型的组合逻辑电路的应用，频率计的设计方法很具有代表性，数字转速表、数字脉搏仪、数字脉冲宽度测量仪等的设计方法都和数字频率计的设计方法有共同之处。所以本章以“八路数显抢答器”“会议发言限时器”和“数字频率计”为例，介绍了数字电路的分析方法及其设计和调试步骤。通过本章的学习，希望能够达到以下几方面的训练效果。

（1）进一步熟悉数字电子技术这门课程的主要知识点及其在实际工作中的用途。

（2）通过查阅手册和文献资料，培养独立分析和解决实际问题的能力。

（3）进一步熟悉常用电子器件的类型和特性，并掌握合理选用的原则。

（4）掌握电子电路识图的基本技能，为电子课程设计打下良好的基础。

习 题

习题 10.1 说明图 10.2.7 电路中 VD_1～VD_9 构成的电路功能。

习题 10.2 说明图 10.2.13 中的 R_1 和 C_1 构成的是什么电路。如果没有该环节，会有什么问题吗？

习题 10.3 在声响控制信号表达式中，为什么要有 M 这一项，如果没有，会有什么问题吗？

习题 10.4 试用中小规模集成芯片设计并制作供会议发言限时使用的计数器，要求限时范围为 1～99min，用两位数码管按分钟显示剩余时间。当剩余时间为最后一分钟时，两位数码管的显示自动变为以 s 为单位，即 59、58、57、…、00，同时声响提示电路发出一秒一响的提示音，当限时时间到，发出长达 5s 的提示音。

习题 10.5　结合图 10.2.15 所示数字频率计电路组成框图，请提出其他形式的数字频率计设计方案，并进行方案论证。

习题 10.6　在图 10.2.22 所示数字频率计电路原理图中，如果不用集成单稳态电路构成逻辑控制电路，是否还可以用其他器件或电路完成逻辑控制电路的功能？画出设计的逻辑控制电路。

习题 10.7　试用中小规模集成芯片设计并制作 4 位数字频率计，要求具有频率量程自动转换功能。

部分习题参考答案

第 1 章

习题 1.1　填空题

（1）十进制；二进制　（2）$(1011010)_2$；$(132)_8$；$(90)_{10}$　（3）$(110101.01)_2$；$(35.4)_{16}$

（4）$(835)_{10}$　（5）$(1\ 0011\ 0111)_{8421BCD}$；$(100\ 0110\ 1010)_{余3BCD}$

（6）7　（7）与；或；非　（8）代入规则；反演规则；对偶规则

（9）$\overline{A+\overline{B}\cdot(\overline{C}+D)(B+C)}$　（10）0

习题 1.2　选择题

（1）A　（2）D　（3）C　（4）B　（5）D

（6）A　（7）B　（8）D　（9）C　（10）C

习题 1.3　（1）9　（2）12.625　（3）169　（4）137

习题 1.4　（1）1011　（2）10111　（3）1100010　（4）1111111.011

习题 1.5　（1）13　（2）1B　（3）58　（4）7D

习题 1.6　（1）11011　（2）10011100　（3）10101110　（4）1101100111

习题 1.7

（1）$(1000)_{8421BCD}$　（2）$(100101)_{8421BCD}$　（3）$(1110101)_{8421BCD}$　（4）$(1001100110)_{8421BCD}$

（1）$(1011)_{余3BCD}$　（2）$(01011000)_{余3BCD}$　（3）$(10101000)_{余3BCD}$　（4）$(010110011001)_{余3BCD}$

习题 1.8

（1）$\overline{Y_1}=(\overline{A}+\overline{B})(A+B)=A\overline{B}+\overline{A}B$

（2）$\overline{Y_2}=(\overline{A}+\overline{B})(\overline{A}+\overline{C})(\overline{B}+\overline{C})=\overline{A}\,\overline{B}+\overline{A}\,\overline{C}+\overline{B}\,\overline{C}$

（3）$\overline{Y_3}=\overline{A}\,\overline{\overline{B}(\overline{C}+D)}\,(\overline{\overline{A}+\overline{D}}+B+C)$ 或 $\overline{Y_3}=\overline{A}(B+C\overline{D})(AD+B+C)$

（4）$\overline{Y_4}=(\overline{A}+B+C)\left[\overline{A}+\overline{C}+(\overline{B}+\overline{D})(D+\overline{E})\right]$ 或 $\overline{Y_4}=(\overline{A}+B+C)\left[\overline{A}+\overline{C}+BD(D+\overline{E})\right]$

习题 1.9～1.10　略。

习题 1.11　（1）$Y_1=A\overline{B}+\overline{D}$　（2）$Y_2=1$　（3）$Y3=\overline{A}\,\overline{B}+\overline{B}\,\overline{D}+BE+C$

（4）$Y_4=\overline{A}B+\overline{C}$　（5）$Y_5=\overline{A}\,\overline{B}$　（6）$Y_6=A+B+D$

习题 1.12　(a) $B\overline{C}+\overline{AC}+A\overline{B}C$

(b) $\overline{C}+A\overline{B}$

(c) $\overline{C}D+\overline{A}\,\overline{C}+\overline{B}C\overline{D}$

(d) $B\overline{D}+\overline{B}D+A\overline{C}\,\overline{D}+ACD+\overline{A}\,\overline{C}D+\overline{A}C\overline{D}$　（后 4 个与项答案不唯一）

(e) $\overline{B}\,\overline{D}+AB\overline{C}+ACD+\overline{A}BC+\overline{A}\,\overline{C}D$　(f) $\overline{A}\,\overline{D}+ABD+B\overline{C}D+\overline{B}C\overline{D}$

(g) $AB+B\overline{D}+\overline{A}\,\overline{C}\,\overline{D}$　(h) $\overline{D}+AB$

习题 1.13　（1）$Y_1=1$　（2）$Y_2=A+\overline{D}+\overline{B}C$　（3）$Y_3=AB+D+AC+BC$

（4）$Y_4=\overline{C}+A\overline{B}$　（5）$Y_5=A\overline{B}+C$　（6）$Y_6=AB\overline{C}+\overline{A}BC+ACD+\overline{A}\,\overline{C}D$

（7）$Y_7=AB+C\overline{D}+\overline{A}C$　（8）$Y_8=\overline{C}\,\overline{D}+\overline{A}B+\overline{B}\,\overline{D}$

习题 1.14　$F=\overline{\overline{\overline{A}\,\overline{B}C}\cdot\overline{\overline{A}B\overline{C}}\cdot\overline{A\overline{B}\,\overline{C}}\cdot\overline{ABC}}=$

$=\overline{A}\,\overline{B}C+\overline{A}B\overline{C}+A\overline{B}C+ABC$　即$Y=\overline{A}\,\overline{B}C+\overline{A}B\overline{C}+A\overline{B}\,\overline{C}+ABC$

习题 1.15　$Y=B\overline{C}+\overline{B}C$

习题 1.16　000；001；100；101；110；111

第 2 章

习题 2.1　填空题

（1）1，0　（2）3.6，0.3，1.4　（3）晶体管　（4）低，高　（5）截止和饱和

（6）V_{DD}，0，$\frac{V_{DD}}{2}$　（7）静态，动态　（8）高阻

（9）悬空，低电平，高电平　（10）扇出系数

习题 2.2　选择题

（1）C　（2）C　（3）C　（4）B　（5）A

（6）B　（7）A　（8）D　（9）B　（10）B

习题 2.3　三极管在 TTL 门电路中作开关使用。

习题 2.4　传输延时：指与非门输出波形相对于输入波形的延时。

影响 TTL 门的传输延时的主要因素是晶体管的开关特性，电路结构和电路中各电阻的阻值。

习题 2.5　扇出系数：是一个门能够驱动同类型门的个数。

习题 2.6　线或逻辑：指 TTL 门的输出端用连线并联在一起，构成的或逻辑。

三态门：逻辑门中除了逻辑 0 和逻辑 1 两种逻辑状态外，还有第三种状态高阻状态的门电路。

习题 2.7　当 C 为 1（$\overline{C}$ 为 0）时，传输门导通，反之则关断。

习题 2.8　略。

习题 2.9　（a）$\overline{EN}=0, Y_1=\overline{A}$；$\overline{EN}=1, Y_1=Z$

（b）$EN=0, Y_2=A$; $EN=1, Y_2=Z$

（c）$\overline{EN}=0$, $Y_3=\overline{A}$；$\overline{EN}=1, Y_3=Z$

（d）$\overline{EN}=0, Y_4=Z$; $\overline{EN}=1, Y_4=A$

习题 2.10　略。

习题 2.11　（1）低电平　（2）高电平　（3）低电平　（4）低电平　（5）高电平

（6）高阻态　（7）低电平　（8）低电平

习题 2.12　略。

习题 2.13　$Y_1=\overline{A}, Y_2=A\oplus B, Y_3=\overline{AB+CD}$

习题 2.14　（1）1V（2）10V（3）9.3V（4）0.3（5）4.3V

习题 2.15　$Y=\overline{\overline{AB}\cdot\overline{CD}}$

习题 2.16　$Y_1=AB+BC$；$Y_2=AB\overline{C}+\overline{B}C+\overline{A}\cdot\overline{B}$

第3章

习题 3.1　填空题

（1）有关，无关　（2）全加器　（3）010　（4）11111101

（5）数据分配器　（6）数据选择器　（7）$A\bar{B}$　（8）竞争冒险

习题 3.2　选择题

（1）A　（2）B　（3）C　（4）B　（5）A　（6）B　（7）B　（8）D

（9）A　（10）B　（11）B　（12）D　（13）D　（14）C　（15）A

习题 3.3　主要考察逻辑函数不同表示形式之间的关系和转换方法。

（1）首先找出真值表中使逻辑函数等于1的那些输入变量取值的组合，然后写出每组输入变量取值的组合所对应的最小项，再将这些最小项相加，即得所求的逻辑函数式。

（2）将输入变量取值的所有组合状态逐一代入逻辑函数式求出函数值，列成表，即可得到真值表。

（3）在逻辑图中从输入端到输出端逐级写出每个图形符号对应的逻辑式，就可以得到对应的逻辑函数式了。

（4）在逻辑函数式中用图形符号代替逻辑式中的运算符号，将它们按逻辑关系相互连接，即得逻辑图。

习题 3.4　（1）略　（2）略　（3）全减器，Z_1 是差，Z_2 是借位。

习题 3.5　（1）略　（2）略　（3）全加器，S_1 本位和，Ci 是向高位进位。

习题 3.6　（1）

$$Y=\overline{AB\cdot\left(\overline{\overline{ABC}+\overline{\overline{\overline{C}}+BC}}\right)}=\overline{AB}+\overline{ABC}+\overline{\overline{\overline{C}}+BC}$$

$$=\bar{A}+\bar{B}+\bar{C}=\overline{ABC}$$

（2）略　（3）略。

习题 3.7　判断“不一致”电路。

习题 3.8　$F=\overline{\overline{\bar{A}\bar{B}C}\cdot\overline{\bar{A}B\bar{C}}\cdot\overline{A\bar{B}\bar{C}}\cdot\overline{ABC}}=\bar{A}\bar{B}C+\bar{A}B\bar{C}+A\bar{B}\bar{C}+ABC$

输入为3位二进制数，当输入中有奇数个1时输出为1，否则输出为0。

习题 3.9　提示：Y=ABC+ABD+ACD+BCD

习题 3.10　提示：$L=C\bar{B}A+CB\bar{A}+CBA$

（a）用与门和或门实现 $L=CA+CB$

（b）用与非门实现 $L=\overline{\overline{CA}\cdot\overline{CB}}$

习题 3.11　提示：$Y=\overline{ABC}+\bar{A}B\bar{C}+ABC=m_0+m_2+m_7=\overline{\bar{m}_0\cdot\bar{m}_2\cdot\bar{m}_7}=\overline{\bar{Y}_0\cdot\bar{Y}_2\cdot\bar{Y}_7}$

习题 3.12　提示：

$$L=ABD+ACD+ABC$$

$$=\overline{\overline{ABD}\cdot\overline{ACD}\cdot\overline{ABC}}$$

习题 3.13　提示：

$$F=\overline{AB}+\bar{A}D+CD+\bar{B}C=\overline{\overline{\overline{AB}}\cdot\overline{\bar{A}D}\cdot\overline{CD}\cdot\overline{\bar{B}C}}$$

习题 3.14 提示：

$$L(A,B,C,D)=\sum_{m}(9,10,11,12,13,14,15,)$$

$$L=AB+AC+AD=\overline{\overline{AB}\cdot\overline{AC}\cdot\overline{AD}}$$

习题 3.15 提示：

$$F=\overline{A}\,\overline{B}\,\overline{C}+\overline{A}\,B\overline{C}+\overline{A}BC+A\overline{B}\,\overline{C}+AB\overline{C}$$

$$F=\overline{C}+\overline{A}B$$

习题 3.16

（1）当 A=1，B=D=0 时，可能会出现冒险现象。

（2）电路在最后一个或非门的输入端增加一个 $\overline{B+D}$ 项。

习题 3.17 电路中 A、B、C、D 及 v_o 各点的波形如图所示。

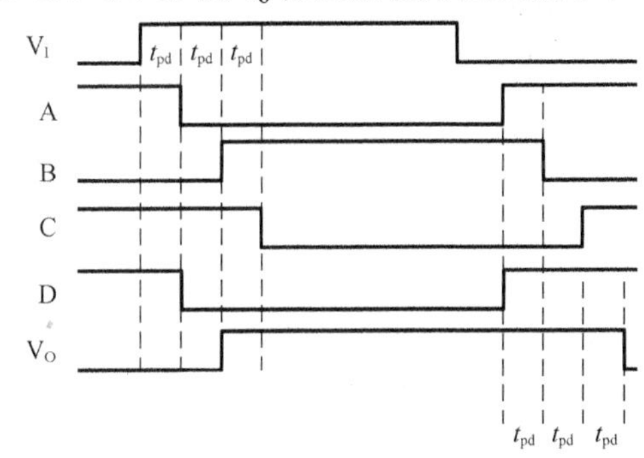

习题 3.18 二极管 0～7 均为亮的，8、9 为熄灭的。

第 4 章

习题 4.1 填空题

（1）RS、JK、D、T、T' （2）真值表、卡诺图、特征方程、状态图、波形图

（3）2 1 （4）空翻 （5）1 1

习题 4.2 选择题

（1）D （2）C （3）A （4）B （5）A （6）C

习题 4.3

JK 触发器的特征方程为：$Q^{n+1}=J\overline{Q^{n}}+\overline{K}Q^{n}$

D 触发器的特征方程为：$Q^{n+1}=D$

T 触发器的特征方程为：$Q^{n+1}=T\overline{Q^{n}}+\overline{T}Q^{n}$

习题 4.4～4.9 略。

习题 4.10

（1）写出各输出表达式

$J_1=S \quad K_1=1$

$J_2=K_2=1$

$Q_1^{n+1}=S\cdot\overline{Q_1^{n+1}}$

$Q_2^{n+1}=\overline{Q_2^{n+1}}$

（2）略。

第5章

习题 5.1　填空题

（1）时序逻辑　（2）组合逻辑；存储　（3）之前；之后　（4）驱动；特性

（5）8；8　（6）左移；右移；双向　（7）两　（8）加法；减法；可逆

（9）n　（10）二；十　（11）二进制计数；译码

习题 5.2　选择题

（1）B　（2）B　（3）D　（4）B　（5）B　（6）A

（7）B　（8）D　（9）D　（10）B　（11）C　（12）B

（13）C　（14）B

习题 5.3　提示：不能自启动的3位环形计数器。

习题 5.4　提示：2位二进制可逆计数器。当X=0时，加法计数；当X=1时，减法计数。

习题 5.5　提示：能够自启动的3进制加法计数器。

习题 5.6　提示：不能自启动的3位扭环形计数器。

习题 5.7　提示：3位二进制异步减法计数器。

习题 5.8　提示：8输出计数型顺序脉冲发生器。

习题 5.9　提示：（a）10进制加法计数器　（b）10进制加法计数器

（c）10进制余3码加法计数器。

习题 5.10　提示：（a）9进制加法计数器　（b）6进制加法计数器　（c）9进制加法计数器。

习题 5.11　（a）A=1时，S_{N-1}=1001，该电路为十进制计数器；

A=0时，S_{N-1}=0011，故为四进制计数器；

（b）A=1时，S_{N-1}=1110，该电路为十五进制计数器；

A=0时，S_{N-1}=0100，故为五进制计数器。

习题 5.12　138进制。

习题 5.13　44进制。

习题 5.14　提示：①$\overline{CR}=\overline{Q_2^nQ_1^n}$　②$\overline{LD}=\overline{Q_2^nQ_0^n}$　③$\overline{CR}=\overline{Q_2^nQ_0^n}$　④$R_{oA}=Q_2^n$，$R_{oB}=Q_1^n$

习题 5.15　提示：① $\overline{CR}=\overline{Q_3^nQ_1^nQ_0^n}$；$\overline{LD}=\overline{Q_3^nQ_1^n}$

② 两片74LS161级联后$\overline{CR}=\overline{Q_5^nQ_4^nQ_0^n}$；$\overline{LD}=\overline{Q_5^nQ_4^n}$

③ 两片74LS161级联后$\overline{CR}=\overline{Q_6^nQ_5^nQ_1^nQ_0^n}$；$\overline{LD}=\overline{Q_6^nQ_5^nQ_1^n}$

④ 两片74LS161级联后$\overline{CR}=\overline{Q_7^nQ_1^n}$；$\overline{LD}=\overline{Q_7^nQ_0^n}$

习题 5.16　提示：① $R_{0A}=R_{0B}=Q_2^nQ_1^nQ_0^n$

② 两片74LS90级联后$R_{0A}=R_{0B}=Q_7^nQ_2^nQ_0^n$

③ 两片74LS90级联后$R_{0A}=R_{0B}=Q_6^nQ_5^nQ_3^n$

④ 两片74LS90级联后$R_{0A}=R_{0B}=Q_7^nQ_4^nQ_3^nQ_0^n$

习题 5.17　略。

习题 5.18　提示：7分频。

习题 5.19～5.22　略。

第 6 章

习题 6.1　填空题

（1）产生一定频率的矩形波；零个；7.1kHz。

（2）上升时间；下降时间；脉冲幅度；脉冲周期。

（3）整形；延时；定时。

（4）波形整形；波形变换；幅度鉴别。

（5）1.1m

（6）回差电压

（7）稳定　暂稳　稳定　暂稳态　暂稳态　稳态

（8）稳定的　暂稳态　无稳态

（9）石英晶体多谐振荡器

（10）$\frac{1}{2}U_{CO}$

习题 6.2　选择题

（1）A　（2）A　（3）C　（4）A　（5）A　（6）C　（7）D　（8）A（9）C　（10）B

习题 6.3

解：

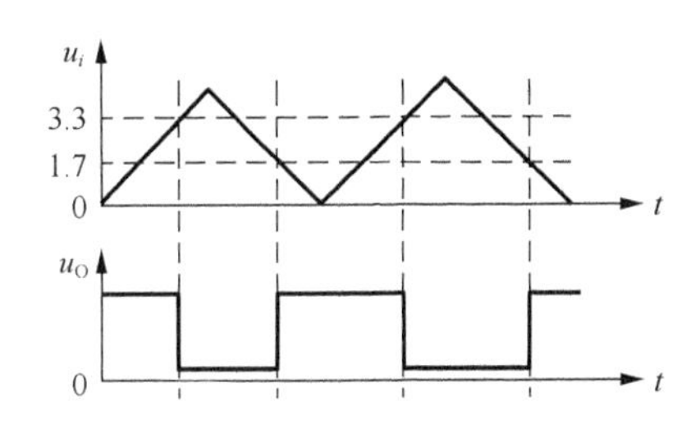

习题 6.4

u_{T+}=8V，u_{T-}=4V，Δu_T=4V

u_{T+}=5V，u_{T-}=2.5V，Δu_T=2.5V

习题 6.5

解：

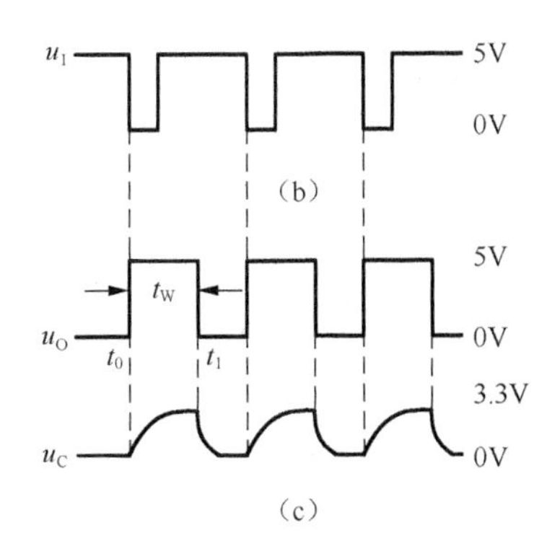

$$暂稳态宽度t_w = RC \cdot \ln\frac{U_C(\infty)-U_C(t_0)}{U_C(\infty)-U_C(t_1)} = RC \cdot \ln\frac{5-0}{5-3.3} = RC\ln_3 \approx 1.1RC$$
$$= 1.1 \times 5.1 \times 0.1 = 0.56\mu s$$

习题 6.6

解：用 555 定时器接成的单稳态触发器电路如图所示，因为 T_W=1.1RC，所以，若选择 R=10kΩ，则如图

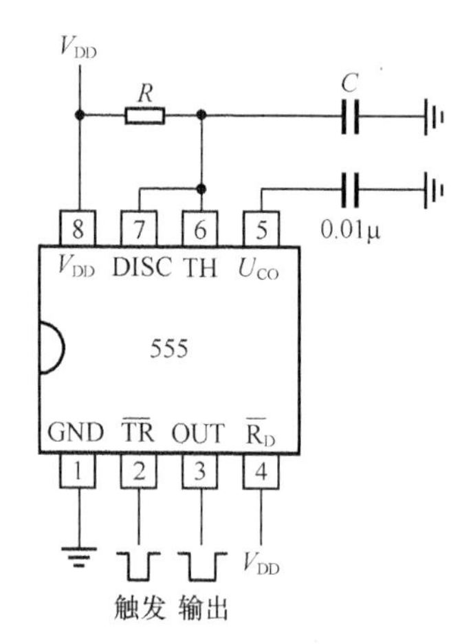

习题 6.7　$f = \dfrac{1}{0.7(R_1+2R_2)C} = 9.34\text{kHz}$

习题 6.8　当电位器 R_W 滑动臂移至上端时 f_1=6.26kHz，$q_1 = 52.2\%$

当电位器 R_W 滑动臂移至下端时 f_1=11.08kHz，$q_1 = 92.3\%$

习题 6.9

①当 S 按下后，电容 C_4 立刻充电至高电平，使 555 定时器的 4 端由低电平变为高电平，多谐振荡器起振，输出交流脉冲信号经隔直电容 C_3 驱动门铃 Y 鸣响。S 断开后，C_4 经 R_w 放电，4 端电位逐渐阵低，在维持一段高电平时间后，变为低电平，门铃停止鸣响。

②改变 C_4，R_w 值。

③改变 R_1，R_2 和 C_3 参数的值。

习题 6.10

（1）555 组成的单稳态触发器。

（2）波形略。输出脉冲宽度由下式求得：

T_w=1.1RC=100×103×3.3×10-6×1.1=363（ms）

第 7 章

习题 7.1　填空题

（1）数字　模拟　模拟　数字　（2）数码寄存器、模拟开关电路、解码网络、求和放大器　（3）A/D 转换器　D/A 转换器　（4）取样、保持、量化、编码　（5）转换精度、转换速度　（6）双积分型 A/D 转换器、并联比较型 A/D 转换器　（7）多　（8）8　（9）7

习题 7.2　选择题

（1）D　（2）A　（3）C　（4）A　（5）B

习题 7.3　权电阻网络 D/A 转换器　倒 T 型电阻网络 D/A 转换器

习题 7.4　并联比较型 A/D 转换器　逐次渐近型 A/D 转换器　双积分型 A/D 转换器

习题 7.5　D/A 转换器分辨率是 D/A 转换器对输入微小量变化敏感度的表征。定义其为 D/A 转换器的最小输出值（对应的输入二进制数只有最低位为 1）与最大输出电压（对应的输入二进制数的所有位全为 1）之比。

A/D 转换器的分辨率描述 A/D 转换器对输入信号的最小变化量的分辨能力，用输出二进制数的位数表示，位数越多，误差越小，分辨率越高。

习题 7.6　提示：将数字量 0FDH 代入倒 T 型电阻网络 D/A 转换器的运放输出电压公式。

习题 7.7　提示：将数字量 01H、80H 和 81H 代入权电阻型 D/A 转换器的总电流公式。

习题 7.8　（1）74290 计数器是按 8421BCD 码计数的方式连接，所以计数状态是 10 个，从 0000～1001。而图的右半部分是一个权电阻 D/A 转换器。

（2）$u_o = -U_{REF}(2^3Q_3 + 2^2Q_2 + 2^1Q_1 + 2^0Q_0)$

（3）当 U_{REF}=1V，$Q_3Q_2Q_1Q_0$=0001 时，$u_o = -1V$，当 $Q_3Q_2Q_1Q_0$=0101 时，$u_o = -5V$

习题 7.9　4 位右移移位寄存器 74195 工作在循环状态，共有 8 个状态，在时钟信号 CP 连续作用下，$Q_3Q_2Q_1Q_0$ 状态依次为 0000、0001、0011、0111、1111、1110、1100、1000、0000…不断循环。因此 $D_9D_8D_7D_6$ 也按此 8 个状态不断循环。D_9、D_8、D_7、D_6 为 1 时，在输出端产生的电压分别为+5V、+2.5V、+1.25V 和+0.625V。u_o 的波形略。

习题 7.10　略。

第 8 章

习题 8.1　填空题

（1）消失　（2）4　（3）读写　（4）10，4　（5）读写线、片选线、地址线

习题 8.2　选择题

（1）B　（2）A　（3）B　（4）C　（5）A　（6）A

习题 8.3　ROM 只可读出数据，不能随意写，RAM 不仅可以读出数据，也可以无数次地写入数据。ROM 不具易失性，即关断电源后，数据不会丢失，RAM 具有易失性，即关断电源后，数据会丢失。

习题 8.4　1024×4

习题 8.5　$Y_0 = \overline{A}\,\overline{B} + A\overline{A}B$，$Y_1 = \overline{A}\,\overline{B} + AB$

习题 8.6　提示：$S_i(A,B,C) = \sum_m (1,2,4,7)$，$C_i(A,B,C) = \sum_m (3,5,6,7)$

习题 8.7　2 片

习题 8.8　提示：4 片，就是把 4 片 RAM 的读写线、片选线、地址线相应地并联就可以。

习题 8.9　$Y_1 = AB + B\overline{B}$，$Y_2 = A\overline{B} + A\overline{A}$，$Y_3 = \overline{A} + B$，$Y_4 = \overline{A} + \overline{B}$

习题 8.10　GAL 与 PAL 阵列结构相同，但输出结构不同，GAL 器件的输出端设置了可编程的输出逻辑宏单元 OLMC。

习题 8.11　可编程器件有 PLA、PAL、GAL、CPLD、FPGA 等，都是由与或阵列组成的。

习题 8.12　略。

第9章

习题 9.1　填空题

（1）可编程逻辑器件　　（2）库；实体；结构体

（3）if 语句；case 语句；信号和变量赋值语句　　（4）图形；硬件描述语言

（5）图形；文本；波形　　（6）out；inout；buffer　　（7）敏感信号

习题 9.2　选择题

（1）B　（2）A　（3）B　（4）A　（5）A

（6）A　（7）B　（8）C　（9）C　（10）C

习题 9.3　变量是可以改变值的量。可以在进程和子程序中定义，变量的赋值立即生效。赋值符号为"：="。信号是电路内部硬件连接的抽象，它定义了电路中的连线和元件的端口。信号不能在进程中说明，但只能在进程中使用。赋值并不立即生效。

习题 9.4　一个 VHDL 模块必须有一个实体，但可以有一个或多个结构体。实体描述一个设计单元的外部接口以及连接信号的类型和方向；结构体描述设计单元的内部行为、元件及连接关系，结构体定义出了实体的功能。

习题 9.5　case 语句中条件表达式的值必须列举穷尽，又不能重复。这时可以不使用 when others。

习题 9.6　略。

习题 9.7　主要使用" clk'event and clk='1' "描述上升沿；使用" clk'event and clk='0' "描述下降沿。

习题 9.8　时序电路的复位和清零信号有同步和异步两种方式。

习题 9.9　描述 T' 触发器的功能。

第10章

习题 10.1～10.7　略。

附录A 数字集成电路命名方法

数字集成电路的型号组成一般由前缀、编号、后缀三部分组成，下面分别介绍 TTL 和 CMOS 系列数字集成电路型号的组成及符号的意义。

1. TTL 74 系列数字集成电路型号的组成及符号的意义

第 1 部分	第 2 部分		第 3 部分		第 4 部分		第 5 部分	
前缀	产品系列		器件类型		器件功能		器件封装形式	
制造厂商	符号	意义	符号	意义	符号	意义	符号	意义
	54	军用 −55℃～125℃		标准	阿拉伯数字	器件功能	W	陶瓷扁平
			H	高速			B	塑料扁平
			S	肖特基			F	全密封扁平
	74	民用 0℃～70℃	LS	低功耗肖特基			D	陶瓷双列直插
			ALS	先进低功耗肖特基			P	塑封双列直插
			AS	先进肖特基				

2. 4000/4500 系列数字集成电路型号的组成及符号意义

第 1 部分		第 2 部分		第 3 部分		第 4 部分	
型号前缀		器件系列		器件种类		工作温度范围、封装形式	
制造厂商		符号	意义	符号	意义	符号	意义
CD	美国无线电公式产品	40 45	产品系列号	阿拉伯数字	器件功能	C	0℃～70℃
CC	中国制造					E	−40℃～85℃
CT	日本东芝公司产品					R	−55℃～85℃
MC1	摩托罗拉公司产品					M	−55℃～125℃

常用的 CMOS 系列集成电路除了 4000/4500 系列外，还有高速 CMOS 标准逻辑电路 54/74HC 系列和先进的 CMOS 逻辑电路 54/74AC 系列等。

3．示例

（1）国产 TTL 双 4 输入与非门

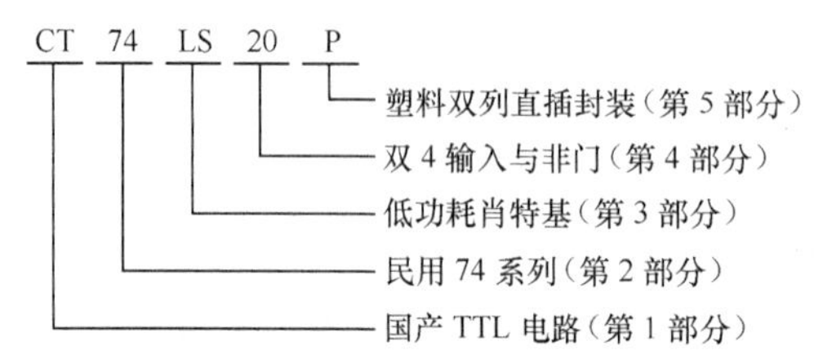

（2）美国产 TTL 4 位并行移位寄存器

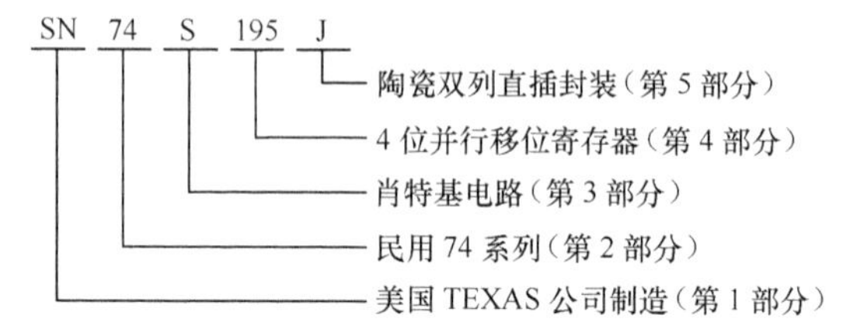

附录 B 常用集成电路外引脚排列图及功能表

1. 74 系列

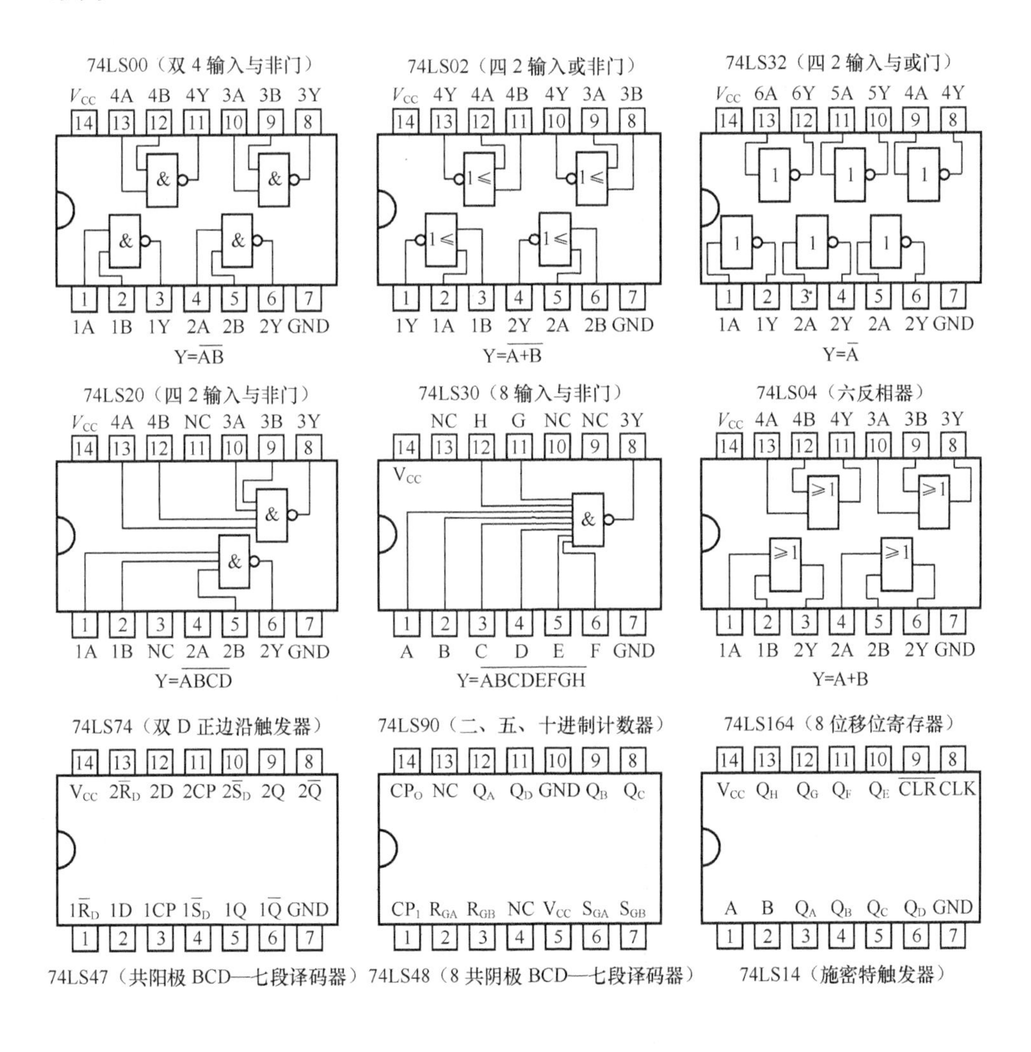

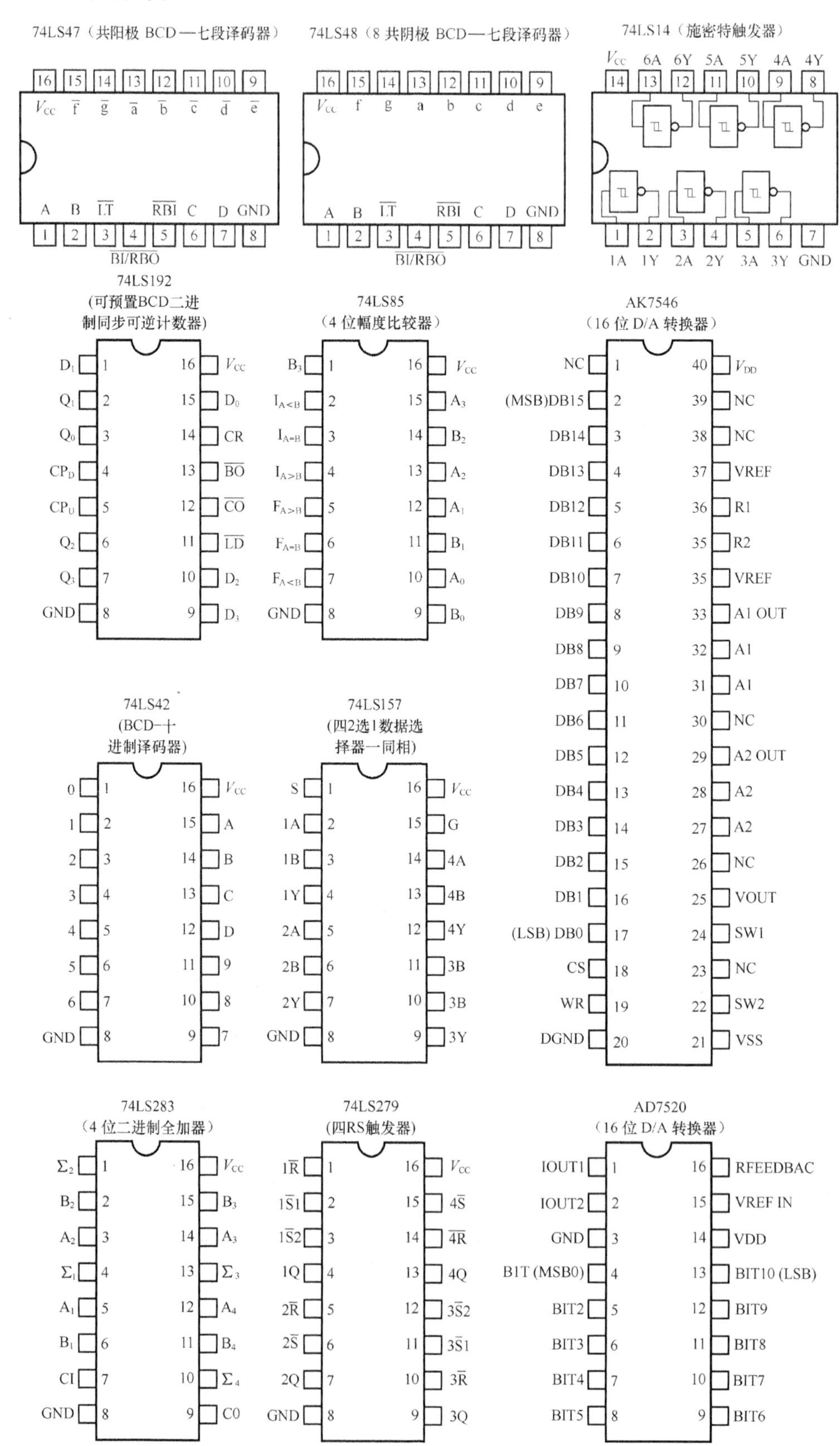
74LS47（共阳极 BCD—七段译码器）
16 15 14 13 12 11 10 9
Vcc f g a b c d e
A B LT RBI C D GND
1 2 3 4 5 6 7 8
BI/RBO
74LS48（8 共阴极 BCD—七段译码器）
16 15 14 13 12 11 10 9
Vcc f g a b c d e
A B LT RBI C D GND
1 2 3 4 5 6 7 8
BI/RBO
74LS14（施密特触发器）
Vcc 6A 6Y 5A 5Y 4A 4Y
14 13 12 11 10 9 8
1 2 3 4 5 6 7
1A 1Y 2A 2Y 3A 3Y GND
74LS192
(可预置BCD二进
制同步可逆计数器)
D1 1 16 Vcc
Q1 2 15 D0
Q0 3 14 CR
CPD 4 13 BO
CPU 5 12 CO
Q2 6 11 LD
Q3 7 10 D2
GND 8 9 D3
74LS85
（4 位幅度比较器）
B3 1 16 Vcc
IA<B 2 15 A3
IA=B 3 14 B2
IA>B 4 13 A2
FA>B 5 12 A1
FA=B 6 11 B1
FA<B 7 10 A0
GND 8 9 B0
AK7546
（16 位 D/A 转换器）
NC 1 40 VDD
(MSB)DB15 2 39 NC
DB14 3 38 NC
DB13 4 37 VREF
DB12 5 36 R1
DB11 6 35 R2
DB10 7 35 VREF
DB9 8 33 A1 OUT
DB8 9 32 A1
DB7 10 31 A1
DB6 11 30 NC
DB5 12 29 A2 OUT
DB4 13 28 A2
DB3 14 27 A2
DB2 15 26 NC
DB1 16 25 VOUT
(LSB) DB0 17 24 SW1
CS 18 23 NC
WR 19 22 SW2
DGND 20 21 VSS
74LS42
(BCD-十
进制译码器)
0 1 16 Vcc
1 2 15 A
2 3 14 B
3 4 13 C
4 5 12 D
5 6 11 9
6 7 10 8
GND 8 9 7
74LS157
(四2选1数据选
择器一同相)
S 1 16 Vcc
1A 2 15 G
1B 3 14 4A
1Y 4 13 4B
2A 5 12 4Y
2B 6 11 3B
2Y 7 10 3B
GND 8 9 3Y
74LS283
（4 位二进制全加器）
Σ2 1 16 Vcc
B2 2 15 B3
A2 3 14 A3
Σ1 4 13 Σ3
A1 5 12 A4
B1 6 11 B4
CI 7 10 Σ4
GND 8 9 CO
74LS279
(四RS触发器)
1R 1 16 Vcc
1S1 2 15 4S
1S2 3 14 4R
1Q 4 13 4Q
2R 5 12 3S2
2S 6 11 3S1
2Q 7 10 3R
GND 8 9 3Q
AD7520
（16 位 D/A 转换器）
IOUT1 1 16 RFEEDBAC
IOUT2 2 15 VREF IN
GND 3 14 VDD
BIT (MSB0) 4 13 BIT10 (LSB)
BIT2 5 12 BIT9
BIT3 6 11 BIT8
BIT4 7 10 BIT7
BIT5 8 9 BIT6

2. 4000 系列

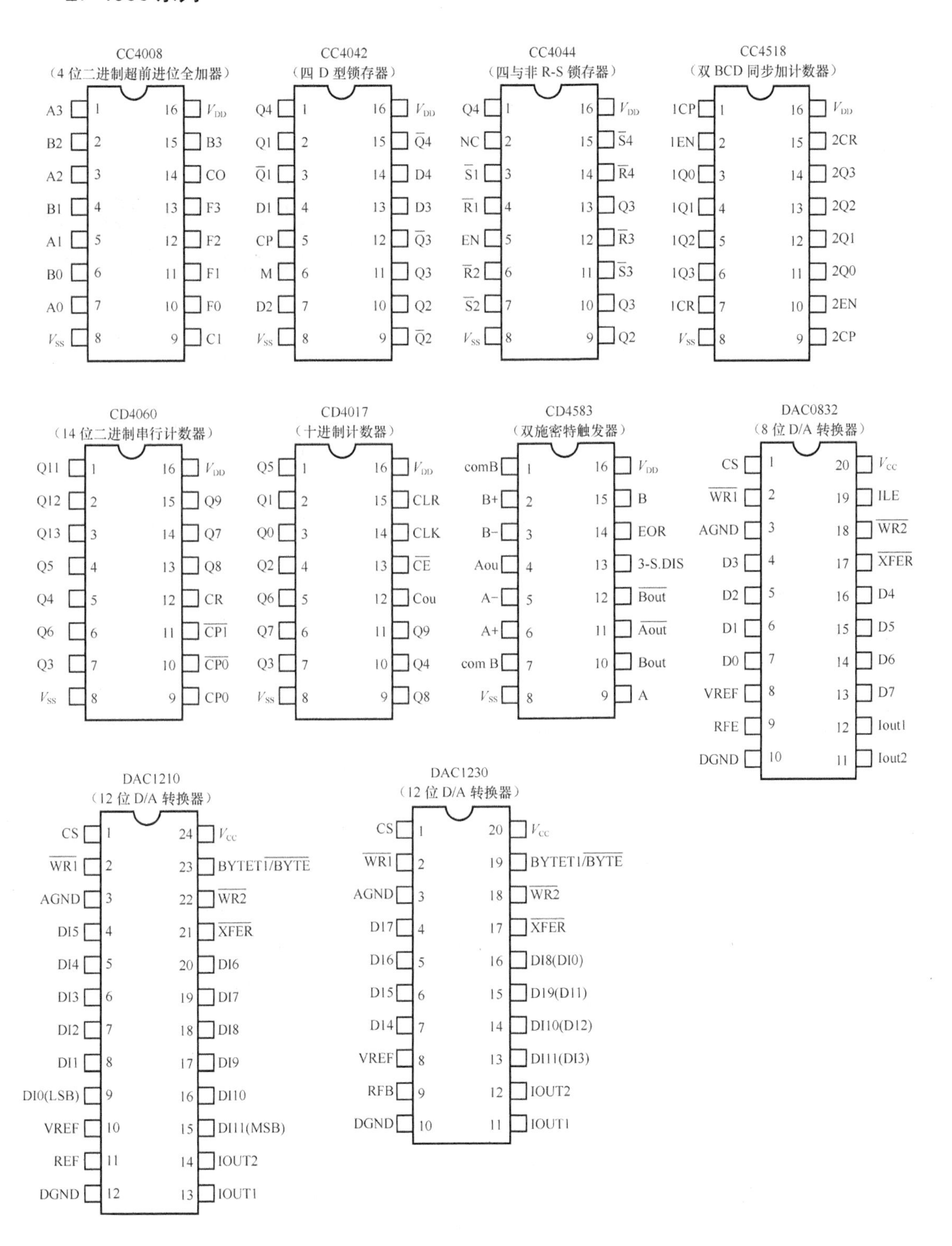
CC4008
（4 位二进制超前进位全加器）
CC4042
（四 D 型锁存器）
CC4044
（四与非 R-S 锁存器）
CC4518
（双 BCD 同步加计数器）
CD4060
（14 位二进制串行计数器）
CD4017
（十进制计数器）
CD4583
（双施密特触发器）
DAC0832
（8 位 D/A 转换器）
DAC1210
（12 位 D/A 转换器）
DAC1230
（12 位 D/A 转换器）

参考文献

[1]余孟尝．数字电子技术基础简明教程[M]．北京：高等教育出版社，2007.
[2]贾立新．数字电路[M]．北京：电子工业出版社，2017.
[3]康华光．电子技术基础：数字部分[M]．5 版．北京：高等教育出版社，2006.
[4]阎石．数字电子技术基础[M]．北京：高等教育出版社，2011.
[5]黄继昌．数字集成电路应用300例[M]．北京：人民邮电出版社，2002.
[6]卿太全．常用数字集成电路原理与应用[M]．北京：人民邮电出版社，2006.
[7]李中发．数字电子技术[M]．2 版．北京：中国水利水电出版社，2007.
[8]张克农．数字电子技术基础[M]．北京：高等教育出版社，2004.
[9]延明．数字电路EDA技术入门[M]．北京：北京邮电大学出版社，2006.
[10]王振红．VHDL数字电路设计与应用实践教程[M]．北京：机械工业出版社，2006.
[11]王鸿明．电工电子技术[M]．北京：高等教育出版社，2008.
[12]路明礼．数字电子技术[M]．武汉：武汉理工大学出版社，2008.
[13]张顺兴．数字电路与系统[M]．南京：东南大学出版社，2001.
[14]刘勇．数字电路[M]．北京：机械工业出版社，2007.
[15]徐新艳．数字与脉冲电路[M]．北京：电子工业出版社，2007.
[16]林捷．模拟电路与数字电路[M]．北京：人民邮电出版社，2007.
[17]谢自美．电子线路设计·实验·测试[M]．2版．武汉：华中科技大学出版社，2000.
[18]赵明富．EDA技术基础[M]．北京：北京大学出版社，2007.
[19]江思敏．VHDL数字电路及系统设计[M]．北京：机械工业出版社，2006.